高等学校信息工程类专业“十二五”规划教材

新编单片机原理与应用

（第三版）

潘永雄　编著

西安电子科技大学出版社

内 容 简 介

本书以增强型 MCS-51 单片机原理及应用为主线，系统地介绍了 8×C5×(包括 8×C5×2)、8×C51RX 系列 MCU 芯片的内部结构、指令系统、资源及扩展方法、接口技术，以及单片机应用系统硬件结构、开发手段、设备等。在编写过程中，着重介绍硬件资源及使用方法、系统构成及连接；注重典型性和代表性，以期达到举一反三的效果。在内容安排上，力求兼顾基础性、实用性、先进性。

本书可作为高等学校电子类专业“单片机原理与应用”课程的教材或教学参考书，亦可供从事单片机技术开发、应用的工程技术人员阅读。

图书在版编目(CIP)数据

新编单片机原理与应用/潘永雄编著. —3 版. —西安：西安电子科技大学出版社，2011.11

高等学校信息工程类专业“十二五”规划教材

ISBN 978－7－5606－2685－7

Ⅰ. ① 新…　Ⅱ. ① 潘…　Ⅲ. ① 单片微型计算机—高等学校—教材　Ⅳ.① TP368.1

中国版本图书馆 CIP 数据核字(2011)第 199758 号

策　　划　马乐惠

责任编辑　杨宗周　马乐惠

出版发行　西安电子科技大学出版社(西安市太白南路 2 号)

电　　话　(029)88242885　88201467　　邮　　编: 710071

网　　址　www.xduph.com　　电子邮箱: xdupfxb001@163.com

经　　销　新华书店

印刷单位　陕西天意印务有限责任公司

版　　次　2011 年 12 月第 3 版　2011 年 12 月第 9 次印刷

开　　本　787 毫米×1092 毫米　1/16　　印　　张　21.5

字　　数　506 千字

印　　数　36 001～42 000 册

定　　价　37.00 元

ISBN 978－7－5606－2685－7/TP・1306

XDUP 2977003－9

＊＊＊ 如有印装问题可调换 ＊＊＊

第三版前言

《新编单片机原理与应用(第二版)》出版已有五年多了，在五年多的时间里，单片机技术、开发工具与开发环境都有了新的发展和突破，为了适应教学要求，反映单片机技术的进展，我们对该书进行了修订。此次修订结合了笔者近几年来对单片机教学、开发应用的经验与体会，在保留第一、二版教材架构的情况下，对内容作了全面修改与调整，并逐字逐句纠正其中模糊或不当的表述。书中绝大部分实例、例题及习题取材于作者近五年来多个单片机开发应用项目，是作者多年来单片机开发应用实践的经验总结，具有一定的实用性。本书的具体修订如下：

(1) 重写了第 1 章、第 4～7 章内容。根据单片机技术现状，在第 4 章中增加了部分定时器改进的内容，删除了第二版第 5 章中与 P89C6××及 P8966×系列芯片有关的内容；在第 6 章中增加了一些新器件、点阵式 LED 驱动电路与驱动程序实例；在第 7 章中增加了软件可靠性设计方法。

(1) 全面纠正了第一、二版中的疏漏；并根据使用第一、二版教材的教师及学生的意见和建议，按教材体例，调整了部分教学内容的顺序，重写并充实了全部的例题和习题。

贺徒、周展怀、何榕礼等教师参与了部分内容的编写、校对工作；在第三版编写过程中，使用本教材第一、二版的教师通过邮件、电话等方式提出了许多宝贵意见和建议，在此一并表示感谢。

尽管我们力求做到尽善尽美，但由于水平有限，书中疏漏在所难免，恳请读者批评指正。

作者

2011 年 9 月于广州

第二版前言

《新编单片机原理与应用》出版后，在三年多的时间里，我们依据单片机技术的新成果、开发工具与开发环境的新突破，以及我们近几年来对单片机教学、开发应用经验与体会，在保留第一版教材架构的情况下，对其中内容作了全面修改与调整，并逐字逐句纠正其中模糊或不当的表述。书中绝大部分实例、例题及习题取材于作者近三年来的近十个单片机开发应用项目，是作者多年来研究单片机开发应用实践的经验总结，具有一定的实用性。

(1) 重写了第 1～5、第 7～8 章内容。根据单片机技术现状，删除了第一版中一些过时芯片的内容，适当介绍了一些新的单片机芯片的功能及特征；全面纠正了第一版中的疏漏；并根据使用第一版教材的教师及学生的意见和建议，按教材体例，调整了部分教学内容的顺序，重写并充实了全部的例题和习题。

(2) 用 LPC900 系列芯片替换了原第 6 章 LPC76×系列芯片内容。

(3) 鉴于本教材配套实验指导书——《新编单片机原理与应用实验》已于 2005 年出版，删除了原附录中的实验内容、I^2C 接口器件原理与 MCS-51 连接等内容。

(4) 基于内置一定容量的 RAM 单片机芯片已成为主流，删除了原第 7 章中与“8155/8156 并行接口芯片”有关的内容，增加了 LCD 显示器件原理与接口方式等教学内容。

感谢使用本教材第一版的教师提出了许多的宝贵意见和建议。广东工业大学物理与光电工程学院周展怀等教师参与了部分内容的编写工作，我院研究生胡敏强利用假期校对了全书内容，在此一并表示感谢。

尽管我们力求做到尽善尽美，但由于水平有限，书中疏漏实在难免，恳请读者批评指正。

作者

2006 年 9 月于广州

第一版前言

单片机技术作为计算机技术的一个重要分支，广泛应用于工业控制、智能化仪器仪表、家用电器甚至电子玩具等各个领域。它具有体积小、功能多、价格低廉、使用方便、系统设计灵活等优点，因此，越来越受到工程技术人员的重视。目前国内中高等学校电子技术、电力技术、自动控制、计算机硬件等专业均开设了“单片机原理与应用”课程。

本书以单片机在电子技术中的应用为主线，以需要掌握和使用单片机技术的高等学校相关专业学生、工程技术人员作为主要的服务对象，从实用角度出发，力争用通俗易懂的语言，由浅入深，系统、详细地介绍增强型 MCS-51 系列单片机的硬件结构、指令系统、程序设计方法、接口技术等方面的基本知识，结合典型应用实例介绍单片机应用系统的开发过程、手段和设备。本书在编写过程中着重介绍系统的硬件组成及连接、系统调试方法；注重典型性和代表性，以期达到举一反三的效果；内容安排上力求兼顾基础性、实用性、先进性。

本书共分 8 章，考虑到部分读者可能没有学过“计算机原理”方面的基础知识，在第 1 章中先介绍计算机系统的基本结构、工作原理等基础知识，为学习后续章节内容奠定基础。第 2 章和第 4 章全面、系统地介绍增强型 MCS-51 内核单片机芯片(包括 8×C5X 和 8×C5××2 系列，彼此之间差别很小)的内部结构、存储器扩展方法、中断控制器、定时/计数器、串行接口电路的功能和使用方法，这是本书的重点。第 3 章简要介绍 MCS-51 指令系统、单片机应用程序结构、设计规则，这是本书的必学内容。为了进一步提高读者单片机开发应用水平，拓宽构建单片机应用系统时芯片的选择范围，在第 5～6 章简要介绍了 89C51R×、P89C6××2、P89C66×、SST89E、P89LPC900 等系列单片机芯片新增硬件资源及使用方法，这是本书的选学内容。一方面这些芯片除了新增硬件功能外，其他方面与增强型 MCS-51 几乎相同，或仅仅做了微小修改，另一方面常用 P89C51RX、P89C6××2、P89C66×芯片仿真增强型 MCS-51 及其兼容芯片，三是，这些芯片新增的硬件功能在某些应用系统中具有重要用途。第 7 章介绍常用输入/输出接口电路；第 8 章扼要介绍单片机应用系统的设计规则、开发设备及过程。

附录 A 安排了较为详细的、可操作的实验内容。

本书可以作为高等学校有关专业“单片机原理与应用”课程的教材或教学参考书，也可以作为需要掌握和使用单片机技术的工程技术人员的参考资料。

为方便教学，避免重复劳动，本书配有光盘，在 Word 2000 环境下打开其中的文档，即可将其中的程序或程序段复制到仿真开发编辑器内，直接汇编（因仿真开发环境不尽相同，部分程序段可能需要略做修改后才能汇编）、运行。

本书在写作过程中，得到了广州周立功单片机发展有限公司、南京伟福实业公司的大力支持，在此一并表示感谢。

由于我们水平有限，书中不当之处恳请读者批评、指正。

编者

2002 年 10 月

目　　录

第 1 章 基 础 知 识

1.1 计算机的基本认识

为理解计算机系统构成、工作原理及过程，我们先来了解用算盘是如何计算下面代数式的：

$$12 \times 34 + 56 \div 7 - 8 = 408$$

首先要有算盘作为计算工具。在计算机里用“运算器”(即算术逻辑运算单元)作为计算工具，由它承担算术运算和逻辑运算。在计算机里，除了加、减、乘、除四则运算外，还有“与、或、非、异或”等逻辑运算。其次需要纸和笔记录算式、计算步骤、中间结果及最终结果。在计算机中，起到纸和笔作用的器件是存储器和寄存器(寄存器在中央处理器内，存取速度快，但数量少，用于存放中间结果；而存储器一般位于中央处理器外，由成千上万个存储单元组成，容量大，与寄存器相比，存取速度慢一些，常用于存放数据、计算步骤，即指令)。在计算上述算式时，先计算 12×34，并把中间结果记录下来，然后计算 56÷7，再记录中间结果，接着将上述两步中间结果相加，并记录下来，再减 8。

以上计算步骤由人脑控制，如果改用计算机进行，可用计算机汇编语言指令写出如下的计算步骤：

```
MOV A, #12        ；将被乘数 12 送 CPU 内寄存器 A
MOV B, #34        ；将乘数 34 送 CPU 内寄存器 B
MUL AB            ；计算 12×34，乘积高 8 位存放在寄存器 B 中，低 8 位存放在
                  ；寄存器 A 中
MOV R2, A
MOV R3, B         ；将中间结果暂存到寄存器 R2、R3 中
MOV A, #56        ；被除数 56 送 CPU 内寄存器 A
MOV B, #7         ；除数 7 送 CPU 内寄存器 B
DIV AB            ；计算 56÷7，商存放在寄存器 A 中，余数存放在寄存器 B 中
ADD A, R2         ；低 8 位相加
MOV R2, A         ；把结果暂存到 R2 中
MOV A, R3         ；取高 8 位
ADDC A, #00       ；低 8 位相加时可能产生进位，用 ADDC 指令将 A 与 00
                  ；相加，将低 8 位相加产生的进位加到高 8 位中
MOV R3, A         ；把结果暂存到 R3 中
MOV A, R2         ；取低 8 位
```

```
CLR C           ; 清进位标志
SUBB A, #08     ; 低 8 位减 8
MOV R2, A       ; 结果送 R2
MOV A, R3       ; 取高 8 位
SUBB A, #00     ; 12 × 34 + 56 ÷ 7 获得的中间结果减 8 时，低 8 位可能产生借位，
                ; 因此需要用 SUBB 指令将高 8 位与 00 相减
MOV R3, A       ; 把结果送 R3。这样算式“12 × 34 + 56 ÷ 7 − 8”的最终结果就
                ; 保存在 R3、R2 中
```

将上述计算步骤存放在存储器中，然后由计算机内的控制器执行，控制器在时钟信号的控制下，从存储器中取出计算步骤(指令)和数据，并根据指令操作码内容发出相应的控制信号。此外，为向计算机输入数据、指令，还需输入设备，如键盘；为输出处理结果或显示机器的状态，还需输出设备，如各类显示器、指示灯等。因此，计算机系统的基本结构大致如图 1-1 所示。

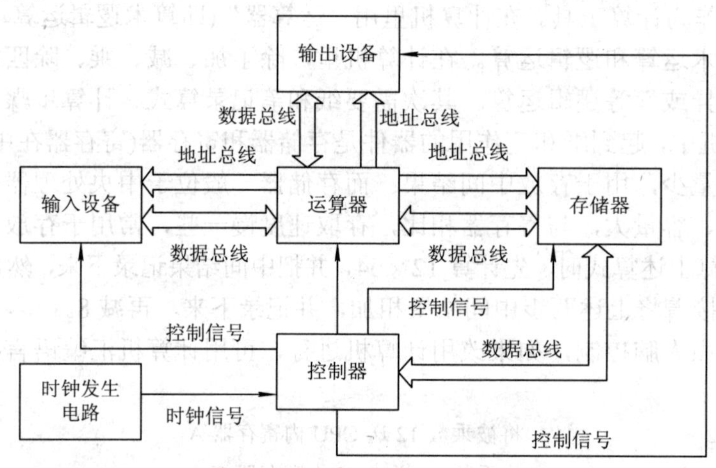

图 1-1　计算机基本结构

在计算机中，往往把运算器、控制器做在同一芯片上，称为中央处理器(Central Processor Unit，CPU)，有时也称为微处理器(Micro-Processor Unit，MPU)。为进一步减小电路板面积，提高系统可靠性、降低成本，将输入/输出接口电路、时钟电路以及一定容量的存储器、运算器、控制器等部件集成到同一芯片内，就成为单片机(也称为微控制单元，即 Micro Controller Unit，MCU)，其意义是一个芯片就具备了一部完整计算机系统所必需的基本部件。为了满足不同的应用需求，将不同功能的外围电路，如定时器、中断控制器、A/D 及 D/A 转换器、串行(如 UART、SPI、I^2C 或 CAN 等)通信接口电路，甚至 LCD 显示驱动电路等集成在一个管芯内，形成系列化产品，就构成了所谓“嵌入式”单片机控制器(Embedded Micro-Controller)。

1. 总线概念

我们知道，电路系统总是由元器件通过电线连接而成的。在模拟电路中，器件、部件之间的连线不多，关系也不复杂，一般按串联方式连接。但在以微处理器为核心的计算机系统电路中，器件、部件均要与微处理器相连，所需连线多，如果仍采用模拟电路的串联

方式，在微处理器与各器件间单独连线，则所需的连线数量将很多，为此在计算机电路中普遍采用总线连接方式，即每一器件的数据线并接在一起，构成数据总线，地址线接在一起，构成地址总线，然后与 CPU 的数据、地址总线相连，属并联关系。为避免混乱，任何时候只允许一个设备与 CPU 通信，因此需要用控制线进行控制和选择，系统(包括器件)中所有的控制线被称为控制总线。

(1) 地址总线(Address Bus，AB)，单向，用于传送地址信息，如图 1-1 中运算器与存储器之间的地址线，地址线的数目决定了可以寻址的存储单元。一根地址线有两种状态，即可以区分两个不同的存储单元；两根地址线有四种状态，可以寻址四个存储单元；依此类推，8 位微处理器通常有 16 根地址线,可以寻址 2^{16}，即 64 K 个存储单元，一般存储单元的大小为一个字节，因此 8 位微处理器的寻址范围通常为 64 KB。

(2) 数据总线(Data Bus，DB)，一般为双向，用于 CPU 与存储器、CPU 与外设，或外设与外设之间传送数据(包括实际数据及指令码)信息。在计算机中，为了提高处理速度，总是一次处理由多位二进制数组成的信息，即在运算器中，数据线的数目应与待处理的数据位数相同。因此，运算器数据线的数目往往不止一条，一般为 4 条、8 条、16 条，甚至 32 条。运算器内数据线的多少称为微处理器的“字长”。字长是衡量微处理器运算速度及精度的重要指标之一，也是划分微处理器档次的重要依据。根据字长，可以将微处理器分为 1 位机、4 位机、8 位机、16 位机、32 位机、64 位机等。1 位机的运算器只有一根数据线，每次只能处理一位二进制数，工业上常用其取代继电器，用于控制线路的通和断、设备的开和关。4 位机有四根数据线，常用于家用电器，如电视机、空调机、洗衣机、电话机等的控制电路中。8 位机功能强大，不仅可用于工业控制、家用电器，也可以作为通用微机系统的中央处理器。

(3) 控制总线(Control Bus，CB)，是计算机系统中所有控制信号线的总称，在控制总线中传送的信息是控制信息。

2. 时钟周期、机器周期及指令周期

(1) 时钟周期：计算机在时钟信号的作用下，以节拍方式工作。因此，必须有一个时钟发生器电路，输入微处理器的时钟信号的周期称为时钟周期。

(2) 机器周期：机器完成一个基本动作所需的时间称为机器周期，一般由一个或一个以上的时钟周期组成，例如在标准 MCS-51 系列单片机中，一个机器周期由 12 个时钟周期组成。

(3) 指令周期：执行一条指令(如“MOV A, #34H”，该指令的含义是将立即数 34H 送到微处理器内的累加器 A 中)所需时间称为指令周期，它由一个到数个机器周期组成。在采用复杂指令系统的微处理器中，指令周期的长短取决于指令的类型，即指令将要进行的操作及复杂程度。简单指令，如 INC A(累加器 A 内容加 1)一般只需一个机器周期；而复杂指令，如 MUL AB(累加器 A 乘以寄存器 B，并将结果放在寄存器 B 和累加器 A 中)将需要数个机器周期。

1.1.1 计算机系统的工作过程及其内部结构

1. CPU 的内部结构

运算器和控制器构成了中央处理器核心部件，8 位通用微处理器内部基本结构可用图 1-2 描述，它由算术逻辑运算单元(Arithmetic Logic Unit，ALU)、累加器 A(8 位)、寄存器 B(8 位)、程序状态字寄存器 PSW(8 位)、程序计数器 PC(有时也称为指令指针，即 IP，16

位)、地址寄存器 AR(16 位)、数据寄存器 DR(8 位)、指令寄存器 IR(8 位)、指令译码器 ID、控制器等部件组成。

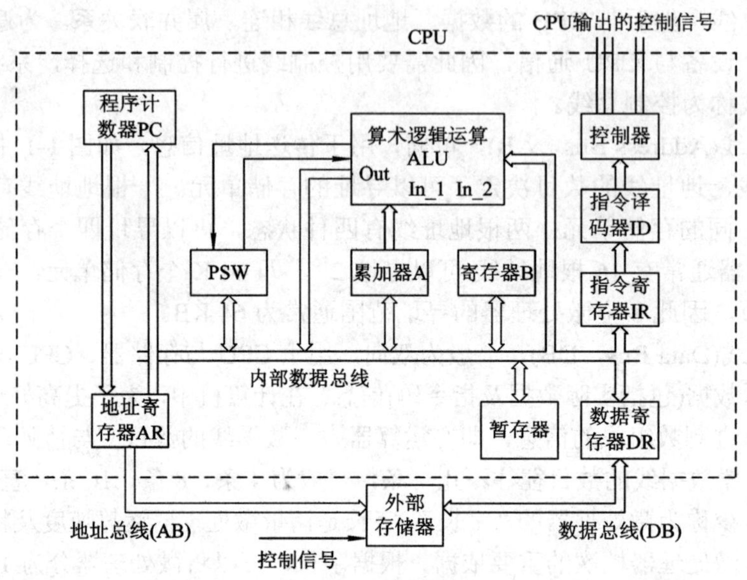

图 1-2　CPU 的内部结构简图

(1) 程序计数器(Program Counter，PC)是 CPU 内部的寄存器，用于记录将要执行的指令码所在存储单元的地址编码。一般来说，PC 长度与 CPU 地址线数目一致，例如 8 位微机 CPU 一般具有 16 根地址线(A15～A0)，PC 的长度也是 16 位。系统复位后，PC 具有确定值，例如在 MCS-51 系列单片机中，复位后，PC＝0000H，即复位后将从程序存储器的 0000H 单元读取第一条指令码。由于复位后，PC 的值就是第一条指令码存放的单元地址，因此在程序设计时，必须了解复位后 PC 的值是什么，以便确定第一条指令码从存储器哪一存储单元开始存放。PC 具有自动加 1 功能，即从存储器中读出一个字节的指令码后，PC 会自动加 1，指向下一存储单元。

(2) 地址寄存器(Address Register，AR，16 位)用于存放将要寻址的外部存储器单元的地址信息。指令码所在存储单元的地址编码由程序计数器 PC 产生，而指令中操作数所在存储单元的地址码由指令的操作数给定。地址寄存器 AR 通过地址总线 AB 与外部存储器相连。

(3) 指令寄存器(Instruction Register，IR)用于存放取指阶段读出的指令代码的第一字节，即操作码，使指令译码器 ID 的输入保持不变。存放在 IR 中的指令码经指令译码器 ID 译码后，输入控制器，产生相应的控制信号，使 CPU 完成指令规定的动作。

(4) 数据寄存器(Data Register，DR)用于存放写入外部存储器或 I/O 端口的数据信息，可见，数据寄存器 DR 对输出数据具有锁存功能，数据寄存器与外部数据总线 DB 直接相连。

(5) 算术逻辑运算单元 ALU 主要用于算术(加、减、乘、除)、逻辑(与、或、非以及异或)运算，由于 ALU 内部没有寄存器，参加运算的操作数必须放在累加器 A 中(运算结果也存放在累加器 A 中)。例如执行：

```
ADD A，B        ；A←A＋B
```

指令时，累加器 A 内容通过输入口 In_1 输入 ALU，寄存器 B 内容通过内部数据总线经输入口 In_2 输入 ALU，A＋B 的结果通过 ALU 的输出口(Out)→内部数据总线→送回累加器 A。

(6) 程序状态字寄存器 PSW 用于记录运算过程中的状态，如是否溢出、进位等。假设累加器 A 的内容为 83H，则执行如下指令后，将产生进位：

```
ADD A,#8AH              ；累加器 A 与立即数 8AH 相加，并把结果存在 A 中
```

其进位产生的原因是：83H+8AH 的结果为 10DH，而累加器 A 的长度只有 8 位，只能存放低 8 位，即 0DH，无法存放结果中的最高位 b8。为此，在 CPU 内设置一个进位标志 C，当执行加法运算出现进位时，进位标志 C 为 1。

程序状态字寄存器中各标志位的含义与 CPU 类型有关，在 2.3 节将详细介绍 MCS-51 CPU 内各标志位的含义。

2. 存储器

存储器是计算机系统中必不可少的存储设备，主要用于存放程序(指令)和数据。尽管寄存器和存储器均用于存储信息，但 CPU 内的寄存器数量少，存取速度快，主要用于临时存放参加运算的操作数和中间结果。存储器一般在 CPU 外(但单片机 CPU 例外，其内部一般均含有一定容量的存储器)，单独封装。在存储器芯片内，存储单元数目多，从几千字节到数百兆字节，能存放大量的信息，但存取速度比 CPU 内部的寄存器要慢得多。目前，存储器的存取速度已成为制约计算机运行速度的关键因素之一。

存储器的种类很多，根据存储器能否随机读写，将存储器分为两大类：只读存储器(Read Only Memory，ROM)和随机读写存储器(Random Access Memory，RAM)。根据存储器存储单元结构和信息保存方式的不同，又可将随机读写存储器分为静态 RAM(由多个双极型晶体管或 CMOS 管构成，存取速度快，无需刷新，但组成一个存储单元所需的晶体管数目较多，集成度低，价格略高)和动态 RAM(依靠 MOS 管栅极与衬底之间的寄生电容保存信息，多为单管结构，集成度高，但寄生电容容量小，漏电大，信息保存时间短，仅为毫秒级，需要刷新电路，致使动态 RAM 存储器系统电路复杂化，不适用于仅需要少量存储容量的单片机系统)。

只读存储器中“只读”的含义是信息写入后，只能读出，不能随机修改，适合存放系统监控程序。

在单片机应用系统中，所需的存储器容量不大，外围电路应尽可能简单，因此几乎不使用动态 RAM，常使用 PROM(可编程的只读存储器)、EPROM(紫外光可擦写的只读存储器，目前已被 OTP ROM、Flash ROM 取代)、OTP ROM(一次性编程的只读存储器，内部结构、工作原理与 EPROM 相似，是一种没有擦除窗口的 EPROM)、EEPROM(也称为 E^2PROM，是一种电可擦写的只读存储器，结构与 EPROM 类似，但绝缘栅很薄，高速电子即可穿越绝缘层，中和浮栅上的正电荷起到擦除目的，也就是说可通过高电压擦除)、Flash ROM(电可擦写只读存储器，写入速度比 E^2PROM 快，因此也称为闪烁存储器)等只读存储器作为程序存储器，使用 SRAM(静态存储器)作随机读写 RAM，使用 E^2PROM 或 FRAM(铁电存储器，读写速度快，操作方式与 SRAM 相似)作非易失的数据存储器。尽管这些存储器工作原理不同，但内部结构基本相同。

1) 内部结构

EPROM、E^2PROM、Flash ROM、SRAM、FRAM 等存储器内部结构可以用图 1-3 描述，由地址译码器、存储单元、读写控制电路等部分组成。

寄存器或存储器中的一个存储单元等效于一组触发器，每个触发器有两个稳定状态，

可以记录一位二进制数。每一存储单元包含的触发器的个数称为存储单元的字长，对于并行存取的存储器芯片，存储单元内包含的触发器的个数与存储器芯片数据线条数相同。

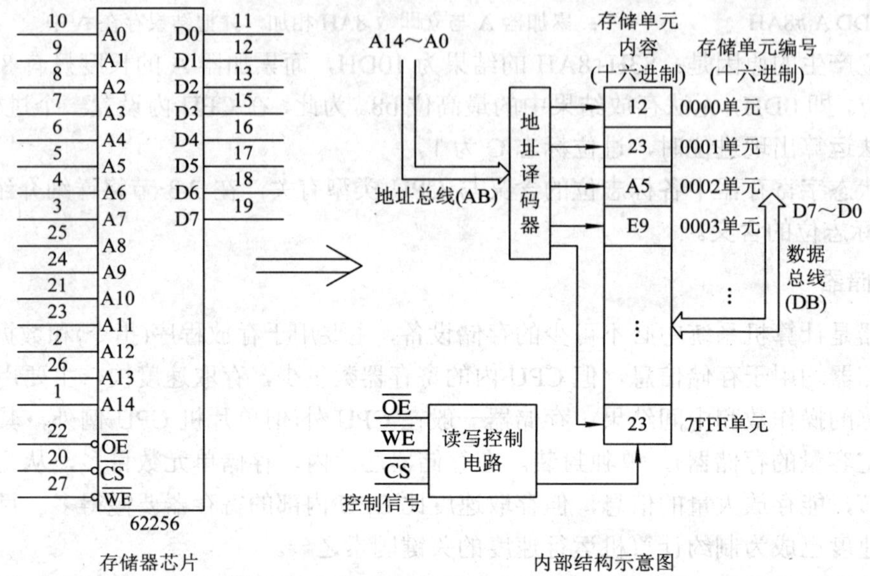

图 1-3　存储器芯片及内部结构示意图

例如由 8 个触发器并排在一起构成的存储单元的字长为 8 位，它可以存放一个 8 位二进制数(一个字节)。在计算机中，为提高处理速度，一次操作(如数据传送或运算)往往要同时处理多位二进制数。因此，在并行存取的存储器芯片中，一个存储单元的容量通常为 8 位。

存储器芯片内存储单元数目与存储器芯片地址线条数有关。例如，图 1-3 中的 62256 随机读写静态存储器芯片含有 15 根地址线(A14～A0)，可以寻址 2^{15} 共 32 K 个存储单元。为了便于存取，给每个存储单元编号(通常用存储器地址线状态编码作为存储单元的编号)，图 1-3 中的 32 K 个存储单元的地址编码范围为 0000H～7FFFH。由于该芯片每个存储单元可以容纳一个 8 位二进制数，即该芯片存储容量为 32 KB。

但存储单元长度也可以大于或小于 8 位，例如 PIC16C56 单片机内的程序存储器容量为 1 K × 12 位，即共有 1024 个存储单元，每个存储单元可以存放 12 位二进制数，即存储单元的字长为 12 位。

存储单元地址编码与存储单元中的内容是两个不同的概念，存储单元地址编码的长度由存储器芯片所包含的存储单元的个数决定。例如，6264 存储器芯片含有 8 K 个(13 根地址线)存储单元，地址编码范围为 0 0000 0000 0000B～1 1111 1111 1111B(用十六进制表示时，地址编码范围为 0000H～1FFFH)，每个存储单元长度为 8 位。因此，每个存储单元的内容可以是 00H～FFH 之间的二进制数。又如，图 1-3 中的 62256 存储器含有 32 K 个(15 根地址线)存储单元，地址编码从 000 0000 0000 0000B～111 1111 1111 1111B(用十六进制表示时，地址编码为 0000H～7FFFH)，每个存储单元的长度也是 8 位，图中 0000H 单元内容为 12H，0001H 单元内容为 23H，而 0002H 单元内容为 0A5H。PIC16C56 单片机程序存储器容量为 1 K × 12 bit，因此存储单元地址编码范围为 00 0000 0000B～11 1111 1111B(用十六进制表示时，地址编码为 000H～3FFH)，每个存储单元长度为 12 位。因此，每个存储单元的内容可以是 000H～FFFH 之间的二进制数。又如在内置 128 字节 RAM 的 MCS-51 单片机芯片中，内部

RAM 存储单元的地址编码为 00～7FH，每个单元内容可以是 00～FFH 之间的二进制数。

2) 存储器工作状态

存储器芯片工作状态由存储器控制信号电平状态决定，如表 1-1 所示。

表 1-1　存储器的工作状态

工作模式	控制信号			输出
	片选信号 $\overline{CS}$	输出允许信号 $\overline{OE}$	写允许信号 $\overline{WE}$	
读	L	L	H	数据输出
输出禁止	L	H	H	高阻态
待用(功率下降)	H	×	×	高阻态
写入	L	H	L	数据输入

3) 存储器读操作

下面以 CPU 读取存储器中地址编号为 0000H 的存储单元的内容为例，说明 CPU 读存储器中某一存储单元信息的操作过程(如图 1-4 所示)。

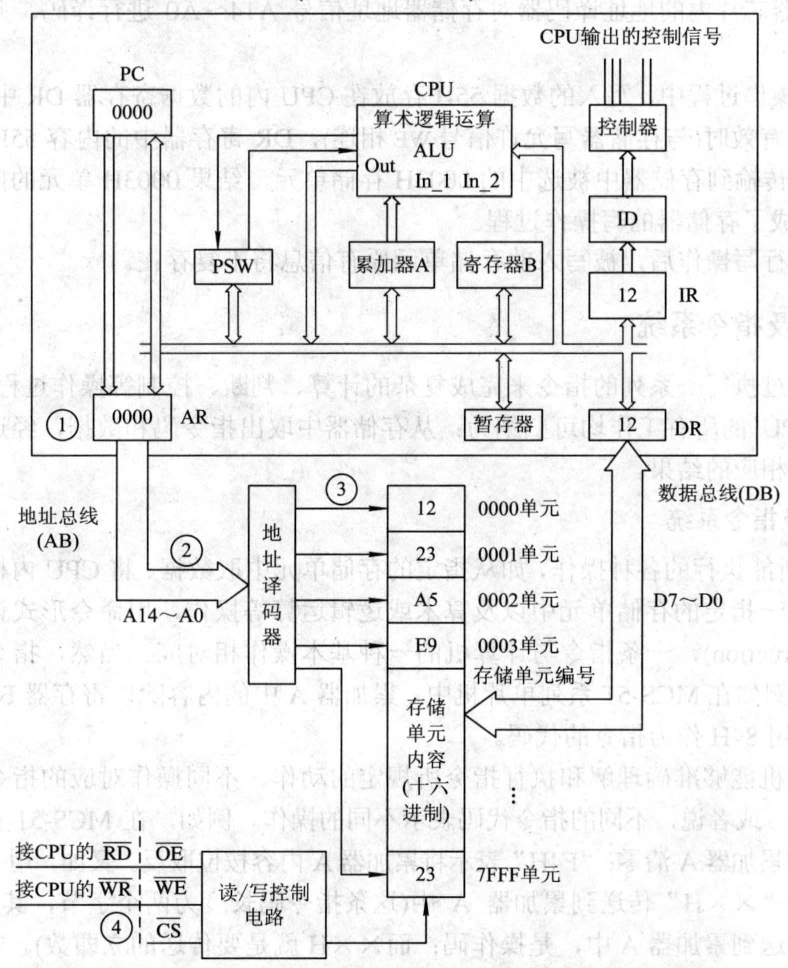

图 1-4　CPU 读取存储器操作过程示意图

(1) CPU 地址寄存器 AR 给出将要读取的存储单元地址信息，即 0000H；

(2) 存储单元地址信息通过地址总线 A15～A0 输入到存储器芯片地址线上(CPU 地址总线与存储器地址总线相连)；

(3) 存储器芯片内的地址译码器对存储器地址信号 A14～A0 进行译码，并选中 0000H 单元；

(4) CPU 给出读控制信号 $\overline{RD}$ (接存储器的 $\overline{OE}$ 端)，将选中的 0000H 存储单元内容输出到数据总线 D7～D0(存储器数据总线与 CPU 数据总线相连)，结果 0000H 单元的内容 12H 就通过存储器数据总线输入到 CPU 内部的数据寄存器 DR 中，然后送到 CPU 内部某一特定寄存器或暂存器内，这样便完成了存储器的读操作过程。

对于存储器来说，读操作后，被读出的存储单元信息将保持不变。

4) *存储器写操作*

把某一数据，如 55H 写入存储器内某一存储单元，如 0003H 单元的操作过程如下：

(1) CPU 地址寄存器 AR 给出待写入的存储单元的地址编码，如 0003H，通过地址总线 A15～A0 输入到存储器芯片地址线 A14～A0 上；

(2) 存储器芯片内的地址译码器对存储器地址信号 A14～A0 进行译码，并选中 0003H 单元；

(3) 在写操作过程中，写入的数据 55H 存放在 CPU 内的数据寄存器 DR 中，当 CPU 写控制信号 $\overline{WR}$ 有效时(与存储器写允许信号 $\overline{WE}$ 相连)，DR 寄存器中的内容 55H 就通过数据总线 D7～D0 传输到存储器中被选中的 0003H 存储单元，结果 0003H 单元的内容即刻变为 55H，这便完成了存储器的写操作过程。

可见，执行写操作后，被写入的存储单元原有信息将不复存在。

1.1.2　指令及指令系统

计算机通过执行一系列的指令来完成复杂的计算、判断、控制等操作过程。从 CPU 内部结构看，CPU 的所有工作均可归纳为：从存储器中取出指令码和数据，经过算术或逻辑运算后，输出相应的结果。

1. 指令及指令系统

将 CPU 所能执行的各种操作，如从指定的存储单元中取数据、将 CPU 内核寄存器内容写入存储器某一指定的存储单元中以及算术或逻辑运算等操作，用命令形式记录下来，就称为指令(Instruction)，一条指令与计算机的一种基本操作相对应。当然，指令只能用二进制代码表示，例如在 MCS-51 系列单片机中，累加器 A 中的内容除以寄存器 B 中的内容(即 A ÷ B)的操作用 84H 作为指令的代码。

为使计算机能够准确理解和执行指令所规定的动作，不同操作对应的指令要用不同的指令代码表示，或者说，不同的指令代码表示不同的操作。例如，在 MCS-51 系列单片机中“E4H”表示将累加器 A 清零；“F4H”表示将累加器 A 内容按位取反。又如，用“74H ××H”表示将立即数“××H”传送到累加器 A 中(这条指令码长度为两个字节，其中“74H”表示将立即数传送到累加器 A 中，是操作码；而××H 就是要传送的立即数)。在计算机中，所有指令的集合称为指令系统。

一条指令通常由操作码和操作数两部分组成，操作码(Operation code)决定了指令要执行的动作，一般用一个字节表示，除非指令数目很多，才需要用两个字节表示(用一个字节表示指令操作码时，最多可以表示 256 种操作，即 256 条指令，一般已足够，计算机系统所包含的指令数目并不很多，尤其是单片机系统，如 PIC16 系列单片机系统仅含有几十条指令)；而操作数(Operand)指定了参加操作的数据或数据所在的存储单元的地址。

不同计算机指令系统所包含的指令种类、数目、指令代码对应的操作等由 CPU 设计人员指定。因此，不同种类的 CPU 具有不同的指令系统。一般来说，不同系列 CPU 的指令系统不一定相同，除非它们彼此兼容。根据计算机指令系统的特征，可将计算机指令系统分为两大类，即复杂指令系统(Complex Instruction Set Computer，CISC 指令结构)和精简指令系统(Reduced Instruction Set Computer，RISC 指令结构)。

采用复杂指令结构的计算机系统，如 MCS-51 系列单片机具有如下特点：

(1) 指令机器码长短不一，简单指令码只有一个字节，而复杂指令可能需要两个或两个以上字节描述。如空操作指令，仅有操作码(如 00H)，没有操作数，指令码仅为一个字节；此外某些指令使用了约定的操作数，例如，操作码 E4H 规定的动作是将累加器 A 清零，操作对象明确，无须再指定，这类指令码也只用一个字节表示，或者说，这类指令的操作数隐含在操作码字节中；而有些指令，如将立即数送累加器 A，就必须给出操作数，这样的指令需要用两个字节表示，第一字节表示指令的操作码，第二字节表示操作数，例如在 MCS-51 系列单片机中，这一指令表示为 74H(操作码)、××H(操作数)；有些指令含有两个操作数，如在 MCS-51 系列单片机中，CPU 内不同存储单元之间的数据传送指令码为 85H(操作码)、××H(存储单元地址)、××H(另一存储单元地址)，可见，这样的指令需要用三个字节表示。

在上面列举的指令中，指令的操作码和操作数均用二进制代码表示，且指令格式约定为：操作码(第一字节)+操作数(第二、三字节表示操作数或操作数所在存储单元的地址)。

由于指令操作码和操作数均存放在存储器中，而每条指令占用的字节数，即长短不同。因此，指令中的操作码不仅指明了该指令所要执行的操作，也隐含了指令占用的字节数。根据指令代码的长短，可将指令分为

单字节指令：这类指令仅有操作码，没有操作数，或者操作数隐含在操作码字节中。

双字节指令：这类指令第一字节为操作码，第二个字节为操作数。

多字节指令：这类指令第一字节为操作码，第二、三字节为操作数或操作数所在存储单元地址。

(2) 可选择两条或两条以上指令完成同一操作，程序设计灵活性大，但缺点是指令数目较多(这类 CPU 一般具有数十条到百余条指令)。例如，在 MCS-51 系列单片机中，将累加器 A 内容清 0，可以选择下列指令之一实现：

```
CLR A            ；直接对累加器 A 清 0
MOV A, #00H      ；将立即数 00H 写入累加器 A 中
ANL A, #00H      ；用立即数 00H 与累加器 A 内容相与，使累加器 A 内容变为 0
```

(3) CISC 指令内核结构复杂，元件数目较多，功耗较大。

采用精简指令技术的计算机指令系统情况刚好相反，完成同一操作，一般只有一条指令可供选择，指令数目相对较少，尤其是采用了精简指令的单片机 CPU，如 PIC 系列、ATMEL

的 AVR 系列单片机，指令数目仅为数十条。另外，在采用精简指令技术的计算机系统中，指令机器码长度相同，例如 PIC16C54 单片机任一指令机器码长度均为 12 位(1.5 字节)，由于所有指令码长度相同，取指、译码过程中不必做更多的判断，因而指令执行速度较快。

无论采用何种类型的指令系统，任何 CPU 的指令系统都包含数据传送指令、算术/逻辑运算指令、控制转移指令等四种基本类型。此外，在单片机系统中，可能还要具有位操作指令，以简化控制系统的程序设计。

用二进制代码表示的指令又称为机器语言指令，其中的二进制代码称为指令的机器码。机器语言指令是计算机系统惟一能够理解和执行的指令。正因如此，才形象地将二进制代码形式的指令称为机器语言指令。

2. 程序

程序(Program)是指令的有机组合，是完成特定工作所用到的所有指令的总称。一段程序通常由多条指令组成，程序中所包含的指令数目及种类由程序功能决定。

用机器语言指令码编写的程序，就称为机器语言程序，如：

机器语言指令	含义(即对应汇编语言指令)
74 AA	; MOV A, #0AAH
E4	; CLE A
85 40 30	; MOV 30H,40H

3. 汇编语言及汇编语言程序

由于机器语言指令中的操作码和操作数均用二进制数表示、书写，没有明显的特征，一般人很难理解和记忆，使程序编写工作成了一件非常困难和乏味的事。为此，人们想出了一个办法：将每条指令操作码所要完成的动作用特定符号表示，即用指令功能的英文缩写替代指令操作码，形成了指令操作码的助记符；并将机器语言指令中的操作数也用 CPU 内的寄存器名、存储单元地址或 I/O 端口号代替，这样便形成了操作数助记符。以这种方式表示的指令称为“汇编语言指令”。例如，将累加器 A 内容清零，记为“CLR A”；用“MOV”作为数据传送指令的助记符，于是将立即数 23H 传送到累加器 A 中的指令，就可以用“MOV A,#23H”(# 是立即数标志)表示；将存储器 4FH 单元中的内容传送到累加器 A 中，就用“MOV A, 4FH”表示。汇编语言指令比机器语言指令容易理解和记忆。

由汇编语言指令构成的程序，称为汇编语言程序(有时也称为汇编语言源程序)。汇编语言程序容易理解、可读性强，便于编写和维护。

由于汇编语言指令与机器语言指令一一对应，而机器语言指令中每一指令码的含义由 CPU 决定，因此不同计算机系统汇编语言指令格式、助记符等不一定相同。例如，在 Intel MCS-51 系列单片机芯片中，将立即数 55H 送累加器 A 的汇编语言指令记作：

```
MOV A, #55H
```

但在 Motorola M6805 系列单片机中，却表示为

```
LDAA $55
```

在 PIC 系列单片机中，用

```
MOVLW 0x55
```

表示，其中“MOVLW”是“MOV Literal to W”的缩写，含义是“操作数传送到工作寄存

器 W 中”(在 PIC 系列单片机 CPU 内，工作寄存器 W 与 MCS-51 CPU 内累加器 A 的地位、作用相同)；“0x”表示随后的数是十六进制数。

当然，计算机只能理解和执行二进制代码形式的机器语言指令，不能理解和执行汇编语言指令。但可以通过专门软件或手工查表方式将汇编语言源程序中的汇编语言指令逐条翻译成对应的机器语言指令。将汇编语言程序转换为机器语言程序的过程称为汇编过程，将完成汇编语言指令转换为机器语言指令的程序称为汇编程序，可见汇编程序的功能就是逐一读出汇编语言源程序中的汇编语言指令，再通过查表、比较方式，将其中的汇编语言指令逐一转换成相应的机器语言指令。当然这一过程也可以由人工查表完成，即所谓的人工汇编。

4. 伪指令(Pseudoinstruction)

在汇编语言源程序中，除了包含可以转化为特定计算机系统的机器语言指令所对应的汇编语言指令外，还可能包含一些伪指令，如“ORG 2000H”、“END”等。“伪”者，假也。尽管它不是计算机系统对应的指令，汇编时也不产生机器码，但汇编语言程序中的伪指令并非可有可无。伪指令的作用是指导汇编程序对源程序的汇编，例如“ORG 2000H”伪指令，指示汇编程序将该伪指令后的汇编语言指令对应的机器码从 2000H 单元开始存放。

由于伪指令不是 CPU 指令，汇编时不产生机器码。显然，伪指令与 CPU 类型无关，仅与汇编程序(也称为汇编器)版本有关，因此程序中引用某一伪指令时，只需考虑用于将“汇编语言源程序”转化为对应 CPU 机器语言指令的“汇编程序”是否支持所用的伪指令。下面是 MCS-51 不同版本汇编程序支持的、常见的伪指令：

(1) ORG nnnn：其中 nnnn 是 16 位二进制数，该指令的含义是随后的汇编语言指令机器码从 nnnn 单元开始存放。

(2) DB n1, n2, n3, …：字节定义伪指令，将随后的一串 8 位二进制数(字节，彼此由逗号隔开)连续存放在存储器中，用于定义字节常数表。

(3) DW nn1, nn2, nn3, …：字定义伪指令，将随后的一串 16 位二进制数(两个字节，彼此由逗号隔开)连续存放在存储器中，用于定义字常数表。在 Intel 系列 CPU 中，字、双字(由四个字节组成)等的存放规则是低字节存放在低地址中，高字节存放在高地址中，例如：

```
ORG 2000H
DW 0F012H, 5678H
```

则这两个 16 位二进制数的存放规则是 2000H 单元内容为 12H(低位字节)，2001H 单元内容为 F0H(高位字节)；2002H 单元内容为 78H(低位字节)，2003H 单元内容为 56H(高位字节)。

(4) DS n：保留 n 个存储单元伪指令。

(5) 符号名 EQU 数或汇编符号：等值定义伪指令，将某一常数或汇编符号用另一字符串代替，其中的汇编符号可以是寄存器名，存储单元地址，甚至是指令操作码助记符。

例如“FMADRL EQU 0E6H”伪指令将 0E6H 常数定义为 FMADRL；如“PDATAF EQU 0EE00H”伪指令将 0EE00H 存储单元定义为 PDATAF；而“DATASP EQU DPTR”伪指令将数据指针寄存器 DPTR 重新命名为 DATASP。

(6) “符号名 Bit bit”：位地址(位变量)定义伪指令，将某一位存储单元地址用字符串代替。例如“PWON BIT 00H”伪指令将 00H 位存储单元定义为 PWON；“OE BIT P1.0”伪指令将 P1 口的 P1.0 位锁存器定义为 OE。

(7) “符号名 DATA nn”：字节地址(字节变量)定义伪指令，将某一存储单元地址用字符串代替。例如“TIMEL DATA 30H”伪指令的含义是存储器 30H 单元用“TIMEL”地址变量表示。

(8) END：汇编结束伪指令，该指令将告诉汇编程序下面没有需要汇编的指令。

5. 汇编语言指令的一般格式

Intel 系列 CPU 汇编语言指令格式为：

[标号：]指令操作码助记符[第一操作数] [，第二操作数] [，第三操作数] [；注释]

指令操作码助记符是指令功能的英文缩写，必不可少。例如，用“MOV”作为数据传送指令的操作码助记符。

指令操作码助记符后是操作数，不同指令所包含的操作数个数不同。有些指令，如空操作指令“NOP”没有操作数；有些指令仅含有一个操作数，操作数与操作码之间用“空格”隔开，如累加器 A 内容加 1 指令，表示为“INC A”(其中 INC 为指令的助记符，是英文“Increase”的缩写，A 是操作数，即累加器 Acc 的简称)；有些指令含有两个操作数，例如将立即数 55H 传送到累加器 A 中的指令表示为“MOV A,#55H”(其中 MOV 是指令操作码助记符，第一操作数为累加器 A，第二操作数为“55H”,#表示立即数)；有些指令含有三个操作数，如“当累加器 A 不等于某一个数时，转移”指令，用“CJNE A,#55H,LOOP”(其中 CJNE 是指令操作码助记符，LOOP 是标号，即相对地址)。在多操作数指令中，各操作数之间用“，”(逗号)隔开。

“；”(分号)后的内容是注释信息，在指令后加注释信息是为了提高指令或程序的可读性，以方便阅读、理解该指令或程序段的功能。汇编时，汇编程序不理睬分号后的注释内容，换句话说，加注释信息不影响程序的汇编和执行。尽管注释内容可有可无，但为了提高程序的可读性，方便程序的维护，在指令后加适当的注释信息是必要的。其实一个有经验的程序员，往往用大部分时间写注释信息。由于在汇编时，汇编程序不理睬分号后的内容，因此，注释信息可以加在指令后，也可以单独占据一行。

标号是符号化了的地址码，在分支程序中经常用到。

6. 指令的执行过程

程序中的指令机器码顺序存放在存储器中，例如：将存储器 0020H 单元与 0021H 单元中的内容相加，结果存放在 002FH 单元中，可以用如下指令实现：

```
MOV A, 0020H     ；将存储器 0020H 单元中的内容传送到累加器中。该指令对应的机器码为
                 ；E5 20 00
ADD A, 0021H     ；将存储器 0021H 单元中的内容与累加器内容相加，和存放在累加器 A
                 ；中。该指令对应的机器码为 25 21 00
MOV 002FH, A     ；将结果传送到存储器 002FH 单元中。该指令对应的机器码为 F5 2F 00
```

假设这些指令的机器码从存储器 0000H 单元开始存放，如图 1-5 所示。我们知道：对于特定的 CPU 来说，复位后，程序计数器 PC 的值是固定的。为方便起见，假设复位后，PC 的值正是我们这个小程序第一条指令所在的存储单元地址，即 0000H。

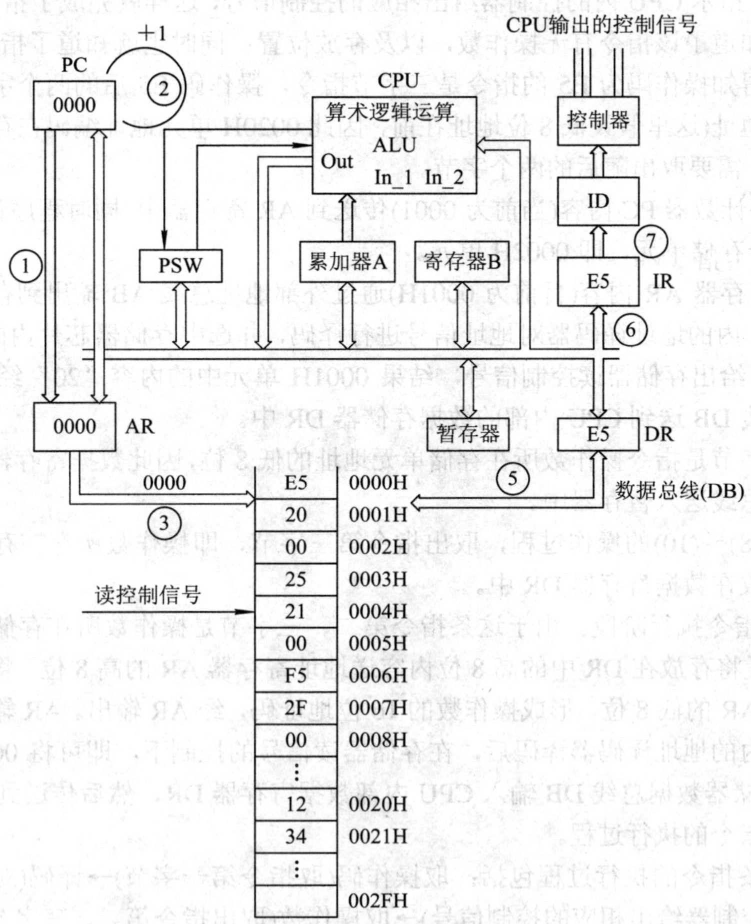

图 1-5　指令执行过程示意图

下面我们来看计算机执行存储单元中指令代码的操作过程：

(1) 将程序计数器 PC 中的内容，即第一条指令所在的存储单元地址 0000H 通过内部地址总线送地址寄存器 AR 中。

(2) 当 PC 中的内容可靠地传送到 AR 后，PC 内容自动加 1，指向下一存储单元。

(3) 地址寄存器 AR 中的内容通过外部地址总线 AB 将 0000H 单元地址信息送到存储器地址总线上。

(4) 存储器芯片内的地址译码器对地址信号进行译码，并选中存储器芯片内的 0000H 单元。

(5) CPU 给出存储器读控制信号，结果 0000H 单元中的内容“E5”经存储器和 CPU 之间的数据总线 DB 送到 CPU 内部的数据存储器 DR 中。

(6) 由于指令第一字节是操作码，不是操作数(CPU 设计时约定)，因此进入 DR 寄存器中的 E5H，即指令的第一字节将送入指令寄存器 IR 中保存，这样就完成了第一条指令操作码的取出过程。

(7) 接着指令译码器 ID 对指令寄存器 IR 中的内容(即操作码)进行译码，以确定指令所要执行的操作，指示 CPU 内的控制器给出相应的控制信号，这样就完成了指令的译码过程。译码后，也就知道了该指令有无操作数，以及存放位置；同时也就知道了指令的字节数。

译码后，得知操作码为 E5 的指令是三字节指令，操作码 E5 后的两个字节是操作数所在的存储单元地址(这里假设低 8 位地址在前，因此 0020H 单元地址编码在存储器中的存放顺序是 20 00)，需要取出随后的两个字节。

(8) 将程序计数器 PC 内容(当前为 0001)传送到 AR 寄存器中，同时程序计数器 PC 自动加 1，指向下一存储单元，即 0002H 单元。

(9) 地址寄存器 AR 内容(目前为 0001H)通过外部地址总线 AB 输出到存储器地址总线上。存储器芯片内的地址译码器对地址信号进行译码，并选中存储器芯片内的 0001H 单元。

(10) CPU 给出存储器读控制信号，结果 0001H 单元中的内容“20”经存储器和 CPU 之间的数据总线 DB 送到 CPU 内部的数据存储器 DR 中。

由于第二字节是指令操作数所在存储单元地址的低 8 位，因此数据寄存器 DR 中的内容通过内部数据总线送入暂存器中。

(11) 重复(8)～(10)的操作过程，取出指令第三字节，即操作数所存在存储单元地址的高 8 位，并存放在数据寄存器 DR 中。

(12) 进入指令执行阶段。由于这条指令第二、三字节是操作数所在存储单元地址，因此，在执行阶段将存放在 DR 中的高 8 位内容送地址寄存器 AR 的高 8 位，将存放在暂存器中的低 8 位送 AR 的低 8 位，形成操作数的 16 位地址码，经 AR 输出。AR 输出的地址信号经存储器芯片内的地址译码器译码后，在存储器读信号的控制下，即可将 0020H 单元中的内容 12H 经存储器数据总线 DB 输入 CPU 内部数据寄存器 DR，然后传送到累加器 A 中，这样就完成了指令的执行过程。

可见，一条指令的执行过程包括：取操作码(取指令第一字节)→译码(对指令操作码进行翻译，指示控制器给出相应的控制信号)→取操作数(取出指令第二、三字节，指令第一字节，即操作码字节将告诉 CPU 该指令的长短)→执行指令规定的操作。然后，不断重复“取操作码→译码→取操作数→执行”的过程，执行随后的指令，直到程序结束(如遇到停机或暂停指令)。

在指令取出过程中，程序计数器 PC 每输出一个地址编码到地址寄存器 AR 后，PC 内容自动加 1，指向下一个存储单元。

1.2　寻址方式

指令由操作码和操作数组成，确定指令中操作数所在存储单元地址的方式，就是寻址方式。对于只有操作码的指令，不存在寻址方式问题；对于双操作数指令来说，每一操作数都有自己的寻址方式。例如，在含有两个操作数的指令中，第一操作数(也称为目的操作数)有自己的寻址方式；第二操作数(称为源操作数)也有自己的寻址方式。在现代计算机系统中，为减少指令码的长度，对于算术、逻辑运算指令，一般将第一操作数和第二操作数的运算结果经 ALU 数据输出口回送 CPU 内部数据总线，再存放到第一操作数所在的存储单元(或 CPU 内某一寄存器)中。例如，累加器 A 内容(目的操作数)加寄存器 B(源操作数)内容，所得的“和”将存放到累加器 A 中，这样就不必为运算结果指定另一存储单元地址，缩短了指令码的长度。当然，运算后，累加器 A 中的原有信息(即被加数)将不复存在。如果在其后的指令中还需要用到指令执行前目的操作数中的信息，可先将目的操作数保存到 CPU 内另一寄存器或存储器的某一存储单元中。

指令中的操作数只能是下列内容之一：

(1) CPU 内某一寄存器名，如累加器 A、通用寄存器 B、堆栈指针 SP 等。CPU 内含有哪种寄存器由 CPU 类型决定。例如，在 MCS-51 系列单片机 CPU 内，就含有累加器 A、通用寄存器 B、堆栈指针 SP、程序状态字寄存器 PSW 以及工作寄存器组 R7～R0。而在 PIC16C5X 系列 CPU 内，含有工作寄存器 W(其作用类似于其他 CPU 的累加器 A)、状态寄存器 STATUS(其功能类似于其他 CPU 的程序状态字寄存器 PSW)、特殊功能寄存器 SFR、端口控制寄存器 TRISA、TRISB、TRISC 等。

(2) 存储单元。存储单元地址范围由 CPU 寻址能力及实际安装的存储器容量、连接方式决定。

(3) I/O 端口号。在通用微机系统中，I/O 地址空间与存储器地址空间相互独立。不过在单片机系统中，I/O 端口地址空间往往与外存储器地址空间连在一起，不再区分。

(4) 常数。常数类型及范围也与 CPU 类型有关。

在计算机中，常使用下列七种寻址方式之一确定操作所在存储单元的地址。

1. 立即寻址方式

当指令第二操作数(源操作数)为 8 位或 16 位常数时，就称为立即寻址方式。其中的常数称为立即数，如：

```
MOV A, #23H          ; 其中第二操作数“23H”就是立即数，含义是将立即数 23H 传送到累加
                     ; 器 A(目的操作数)中
```

又如：

```
MOV DPTR, #2000H  ; 将立即数 2000H 送到数据指针 DPTR(16 位寄存器)寄存器中
```

在立即寻址方式中，立即数包含在指令码中，取出指令码时也就取出了可以立即使用的操作数(也正因如此，该操作数被称为“立即数”，并把这一寻址方式形象地称为“立即寻址”方式)。例如“MOV A,#23H”指令机器码为“74 23”，在存储器中的存放位置及执行结果可用图 1-6 表示。

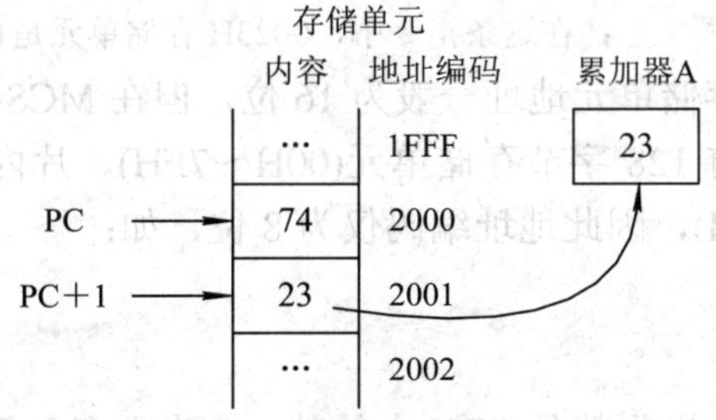

图 1-6　立即寻址示意图

只有源操作数能使用立即寻址方式，因为在立即寻址方式中，操作数是一个常数，不是某一寄存器或存储单元。“#”是立即数标志，以便与下面介绍的直接寻址方式中的存储

单元地址相区别。

此外，立即数长度必须小于或等于目的操作数的长度。在上例中，如果累加器 A 字长为 8 位，则不能将 16 位二进制数传送到累加器 A 中，即如下指令在汇编时将出错：

```
MOV A,#1234H            ；由于累加器 A 长度只有 8 位，无法装入 16 位二进制数 1234H
```

但立即数长度可以小于目的操作数的长度，如：

```
MOV DPTR, #0002H        ；DPTR 是 MCS-51 CPU 内一个 16 位寄存器
MOV DPTR, #02H
MOV DPTR, #2H
```

这三条指令完全等效，汇编时均当作“MOV DPTR, #0002H”指令处理。

2. 直接寻址方式

在直接寻址方式中，操作数是某一存储单元的地址码。例如：

```
MOV A,0023H             ；直接使用存储单元地址作为源操作数
```

该指令的含义是将 0023H 存储单元中的内容传送到累加器 A 中，其中的“0023H”不再是立即数，而是存储单元的地址编码。假设存储器中 0023H 单元的内容为 55H，则该指令执行后，累加器 A 中的内容将变为 55H，指令代码和执行结果可用图 1-7 表示。

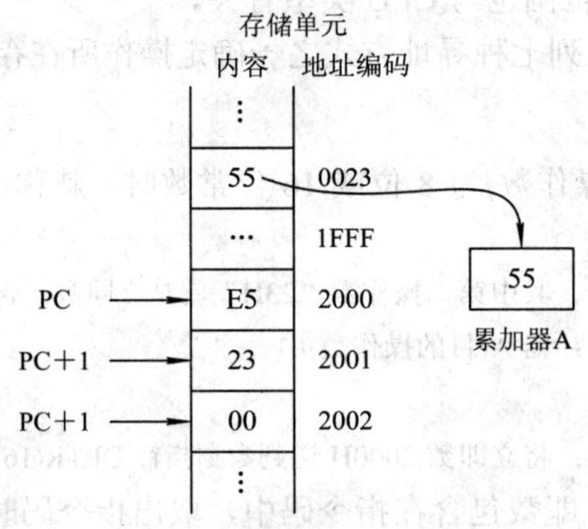

图 1-7　直接寻址示意图

直接寻址方式可以用在源操作数中，也可以用在目的操作数中，如：

```
MOV 0023H，A            ；指令含义是将累加器 A 中内容送到 0023H 存储单元中，
                        ；在这条指令中，0023H 存储单元是目的操作数
```

在直接寻址方式中，存储单元地址一般为 16 位，但在 MCS-51 系列单片机中，直接寻址方式仅限于内部 RAM 前 128 字节存储单元(00H～7FH)、片内位存储单元(00H～7FH)、特殊功能寄存器(80H～FFH)，因此地址编码仅为 8 位，如：

```
MOV 23H，A
```

3. 寄存器寻址方式

在寄存器寻址方式中，操作数是 CPU 内的某一寄存器名。例如：

```
MOV A,23H               ；在这条指令中，目的操作数是累加器 A。因此，这条指令目的操作
                        ；数采用寄存器寻址方式
```

寄存器寻址方式可以用在目的操作数中，也可以用在源操作数中，如：

MOV 23H，A　　；在这条指令中，累加器 A 是源操作数。因此，这条指令源操作数
　　；采用寄存器寻址方式

在 MCS-51 中，可用于寄存器寻址方式的寄存器有：累加器 A、寄存器 B(但仅限于乘法指令)、数据指针 DPTR、位操作指令中的进位标志 Cy、工作组寄存器 R7～R0。

4. 寄存器间接寻址方式

将寄存器内容作为指令中操作数所在存储单元地址编码的寻址方式，称为寄存器间接寻址方式。例如：

MOV A,@R0

该指令的含义是将寄存器 R0 内容指定的内部 RAM 单元的内容传送到累加器 A 中。假设 R0=23H，而内部 RAM 23H 单元的内容为 55H，则指令执行后，累加器 A 的内容将为 55H。指令中的“@”是间接寻址标志，该指令与“MOV A,R0”不同，“MOV A,R0”指令源操作数采用寄存器寻址方式，含义是将寄存器 R0 内容传送到累加器中，因此“MOV A,R0”指令执行后，A 的内容将是 23H。

寄存器间接寻址方式可以用在源操作数中，也可以用在目的操作数中，如：

MOV @R0，A

含义是将累加器 A 中的内容传送到由 R0 内容指定的存储单元中。假设 A=34H，R0=23H，则指令执行后，内部 RAM 23H 单元内容将为 34H。

一般来说，CPU 内仅有部分寄存器可用作间接寻址寄存器，至于哪些寄存器可用作间接寻址寄存器由 CPU 指令系统决定。例如，在 MCS-51 系列单片机中，只能使用寄存器 R0、R1 以及 DPTR 作间接寻址寄存器。

5. 变址寻址方式

将某一寄存器作为基址寄存器，另一寄存器作为变址寄存器，两者内容相加后作为操作数所在存储单元地址的寻址方式就称为变址寻址方式。例如：

MOVC A, @A+DPTR

数据指针寄存器 DPTR(16 位，作为基址寄存器)的内容加上累加器 A(作为变址寄存器)的内容后获得存储单元地址，并将该单元内容传送到累加器 A 中。在这一指令中，源操作数采用了变址寻址方式。

6. 相对寻址

相对寻址的含义是以程序计数器 PC 的当前值加上指令中给出的相对偏移量 rel 作为程序计数器 PC 的值，这一寻址方式用在条件转移指令中。例如：

JZ lable　　；其中 lable 为转移的目标地址

假设该指令代码占两个字节，则当累加器 A 为零时，PC←PC + 2 + rel(其中 rel 为相对偏移量，与目标地址 lable 有关)，即程序发生了转移；而当 A ≠ 0 时，PC←PC + 2，即没有转移，顺序执行“JZ lable”指令的下一条指令。该指令代码和执行结果可用图 1-8 描述，假设该指令代码存放在 2000H(操作码)、2001H(操作数，即相对偏移地址)单元中，开始执行“JZ lable”指令时，PC = 2000H，取出指令操作码后，PC←PC + 1，即 PC = 2001H，指向操作数(相对偏移地址)存储单元；译码后，再取出操作数时，PC←PC + 1，即 PC = 2002H，指向下一条指令码的首地址，因此执行了“JZ lable”指令后，PC 的当前值为 2002H。

指令中的相对偏移量是一个带符号的 8 位二进制数(用补码表示)，当 rel 为正时，表示向下跳转，rel 为负时，向上跳转。

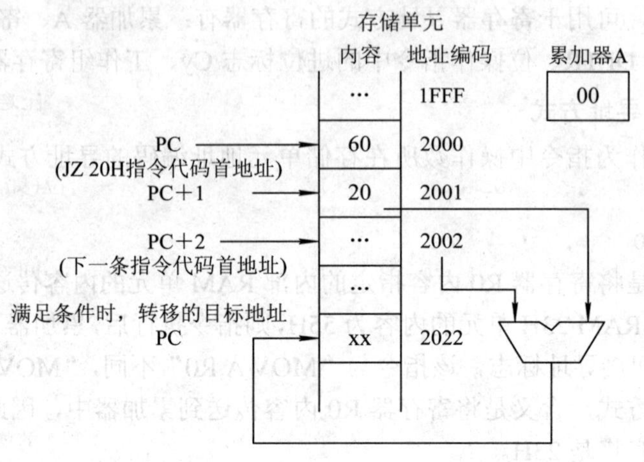

图 1-8　相对寻址示意图

7. 位寻址方式

位寻址方式是 MCS-51 系列单片机特有的一种寻址方式，尽管目前控制系统中多用 4 位、8 位、16 位，甚至 32 位单片机芯片，但有时只需执行简单的逻辑控制，如电机的开、关；指示灯的亮、灭，为此 8 位单片机系统也具有位寻址功能，例如：

```
MOV C, 23H        ；指令中的“C”是进位标志 Cy 的简称，23H 是位寻址空间内的位地址
```

操作码与操作数不同寻址方式的组合就构成了特定 CPU 的指令系统，但在特定 CPU 指令系统内，操作码支持何种类型的寻址方式，由 CPU 决定。例如在 MCS-51 指令系统中，PUSH 指令(将操作数压入堆栈)只支持直接寻址方式。

1.3　单片机及其发展概况

目前计算机硬件技术向巨型化、微型化和单片化三个方向高速发展。自 1975 年美国德克萨斯仪器公司(Texas Instruments)第一块单片微型计算机芯片 TMS-1000 问世以来，在短短的数十年间，单片机技术已发展成为计算机技术一个非常有前途的分支，它有自己的技术特征、规范、发展道路和应用领域。单片机芯片具有体积小、个性突出(某些方面的性能指标大大优于通用微机中央处理器)、价格低廉等优点。一方面，单片机芯片是自动控制系统的核心部件，广泛应用于工业控制、智能化仪器仪表、通信终端设备、家用电器、高档电子玩具等领域；另一方面，由于模拟技术的局限性——模拟信号在传输、存储、重现过程中不可避免地存在失真以及保密性差等无法克服的缺点，在高速 ADC 与 DAC、数字信号处理技术的推动下，电子技术正逐步向数字化方向发展，而电子技术数字化的关键和核心是数字信号的处理，单片机正是电子技术数字化的核心部件之一。

1.3.1　单片机及其特点

在通用微机中央处理器基础上，将输入/输出(I/O)接口电路、时钟电路以及一定容量的

存储器等部件集成在同一芯片上，再加上必要的外围器件，如晶体振荡器，就构成了一个较为完整的计算机硬件系统。由于这类计算机系统的基本部件均集成在同一芯片内，因此被称为单片微控制器(Single-Chip-Micro Controller，简称单片机——国内习惯称谓)、微控制单元(MicroController Unit，MCU)或嵌入式控制器(Embedded Controller)。

对于通用微处理器来说，其主要任务是数值计算和信息处理，在运算速度和存储容量方面的要求是速度越快越好，容量越大越好，因此它沿着高速、大容量方向发展：字长由8位(如8085)、16位(如8086、80286)，迅速向32位(如80486)、64位(如Pentium系列CPU，Pentium系列CPU内部数据总线为32位，对外数据总线为64位，因而Pentium还不是真正意义上的64位微处理器)过渡，时钟信号的频率由最初的4.77 MHz向33 MHz、66 MHz、100 MHz、200 MHz、400 MHz、600 MHz、1 GHz、2 GHz、3 GHz，甚至更高频率过渡。而单片机主要面向工业控制，8位字长已足够(在工业控制中，一般仅需要控制线路的通、断，触点的吸合与释放，有时4位单片机也能胜任)，尽管也有16位、32位的单片机芯片，但这些高档单片机芯片主要用于语音及图像处理、Internet及局域网系统，绝对数量不多；单片机的时钟信号频率不高，一般在数十兆以内。单片机主要发展方向是不断强化控制功能(即将更多的外设电路单元集成到同一封装模块内)、低功耗(以便电池供电)、低成本(例如在CPU芯片内，按用途分别集成不同的外围电路，形成系列化产品，这样既能满足不同应用领域的需求，也减少了芯片的面积，同时也降低了成本)。

单片机芯片作为控制系统的核心部件，除了具备通用微机CPU的数值计算功能外，还必须具有灵活、强大的控制功能，以便实时监测系统的输入量、控制系统的输出量，实现自动控制功能。单片机主要面向工业控制，工作环境比较恶劣，如高温、强电磁干扰，甚至含有腐蚀性气体，在太空中工作的单片机控制系统，还必须具有一定的抗辐射功能，因而决定了单片机CPU与通用微机CPU具有以下不同的技术特征和发展方向：

(1) 抗干扰性强，工作温度范围宽(按工作温度分类，有民用级、工业级、汽车级及军用级)。而通用微机CPU一般只要求在室温下工作(与民用级单片机芯片工作温度大致相同)，抗干扰性能也较差。

(2) 可靠性高。在工业控制中，任何差错都可能造成极其严重的后果，因此在单片机芯片中普遍采用硬件看门狗技术，通过定时“复位”方式唤醒处于“失控”状态下的单片机芯片。

(3) 电磁辐射量小。高可靠性和低电磁辐射指标决定了单片机系统时钟频率比通用微处理器低得多。为此，单片机芯片一般采用Harvard双总线结构，指令和数据存储器空间相互独立，并通过各自的数据总线与CPU相连，使取指、读写数据能同时进行，以提高数据的吞吐率，以便在不降低数据吞吐率条件下，能使用更低的时钟频率。而通用微处理器一般采用传统的冯·诺依曼(Von Neumann)结构，指令、数据位于同一存储空间内，共用同一数据总线，取指、读写数据不同时进行，只能通过提高时钟频率方式来提高数据的吞吐率。

(4) 控制功能很强，数值计算能力较差。而通用微机CPU具有很强的数值运算能力，但控制能力相对较弱，将通用微机用于工业控制时，一般需要增加一些专用的接口电路，如承担A/D或D/A转换任务的数据采集卡等。

(5) 指令系统比通用微机系统简单。

(6) 单片机芯片往往不是单一的数字电路芯片，而是数字、模拟混合电路系统，即单片机芯片内集成了一定数量的模拟比较器、1～2 路多个通道 8 位、10 位或 12 位分辨率的 A/D 及 D/A 转换电路。

目前内置 8 位或 10 位分辨率 ADC 的 8 位、32 位 MCU 芯片比比皆是，如 MCS-51 兼容芯片中的 P89LPC900 系列、AT89LPC21X 系列、STC12C54××AD 系列等；而 STM8 内核 8 位 MCU 芯片均集成了 10 位或 12 位多个通道的 ADC 转换器；ARM 内核的 32 位 MCU 芯片几乎均带有 10 位或 12 位的 ADC 转换器。

(7) 采用嵌入式结构。尽管同一系列内品种、规格繁多，但彼此差异却不大。

(8) 更新换代速度比通用微处理器慢得多。Intel 公司 1980 年推出标准 MCS-51 内核 8051(HMOS 工艺)、80C51(CHMOS 工艺)单片机芯片后，持续生产、使用了十余年，直到 1996 年 3 月才被增强型 MCS-51 内核 8XC5×芯片取代。

1.3.2　单片机技术现状及将来发展趋势

目前单片机芯片系列、品种、规格繁多，先后经历了 4 位机、8 位机、16 位机、新一代 8 位机、32 位机等几个具有代表性的发展阶段。4 位机主要用在家用电器，如电视机、空调机、洗衣机中，不过随着 8 位机价格的下降，在家用电器中已开始大量采用 8 位机，以便在家用电器中采用一些新技术，如模糊控制、变频调速等；16 位机具有较强的数值运算能力和较快的反应速度，常用在需要实时控制、处理的系统中，尽管 16 位单片机进入市场也有十余年了，但一直未能取代 8 位机芯片而成为主流品种，目前已被强化了控制接口功能的新一代 8 位机和数值运算能力更强的 32 位嵌入式单片机芯片所取代；32 位嵌入式单片机芯片具有很强的数值计算能力，在语音识别、图像处理、机器人控制、Internet 接入设备需求的刺激下，32 位嵌入式单片机芯片的销量也在迅速上升。在今后一段时期内，8 位、16 位和 32 位嵌入式单片机芯片销量的绝对值可能会有不同程度的增长，但在目前，甚至今后相当长的时间，如 5 年、10 年内 8 位单片机芯片，尤其是强化了控制接口功能的新一代 8 位单片机，如 STM8 内核芯片、80C51 内核芯片、PIC 系列、Freescale(飞思卡尔，前身为 Motorola 公司的半导体事业部，2004 年从 Motorola 公司独立出来)的 RS08(即 MC9RS08×××)与 HCS08(MC9S08×××)系列、ATMEL 的 AVR 系列等依然是单片机芯片的主流品种。尽管个别厂家、销售商声称 32 位 MCU 芯片将取代 8 位 MCU 芯片，但系统设计者非常清楚，32 位 MCU 芯片内核复杂，功耗较 8 位 MCU 大，生产成本也较高，在价格敏感的单片机应用系统中，生产商不会“杀鸡用牛刀”。

1. 新一代 8 位单片机芯片

8 位单片机先后经历了三个发展阶段，其中，第一代 8 位单片机芯片(如 Intel 公司的 MCS-48 系列)功能较差，它实际上是 8 位通用微处理器单元电路和基本 I/O 接口电路、小容量存储器、中断控制器等部件的简单组合。这类芯片没有串行通信功能，不带 A/D(模/数)、D/A(数/模)转换器，中断控制和管理能力也较弱，功耗大，因而应用范围受到了很大的限制。

为提高单片机的控制功能，拓宽其应用领域。在 20 世纪 80 年代初，Intel、Motorola 等公司在第一代 8 位单片机电路基础上，嵌入了通用串行通信控制和管理接口部件(UART)，以强化中断控制器功能，增加定时/计数器个数，更新存储器种类，扩展存储器容量，部分系列、型号芯片内还集成了 A/D(模/数)、D/A(数/模)转换接口电路，形成了第二代 8 位 MCU

芯片，如Intel公司的MCS-51系列、Motorola公司的6801及6805系列、Zilog公司的Z8系列等，以及NEC公司的uPD7800系列等MCU芯片。第二代8位单片机芯片投放市场后，迅速取代了第一代8位单片机芯片成为当时单片机芯片的主流，并持续了十余年。

第二代8位单片机芯片特点是通用性强，但个性依然不突出，控制功能也有限，仍不能满足不同应用领域、不同测控系统的需求。20世纪90年代后，各大芯片厂商，如Intel、NXP(恩智蒲，前身为Philips公司半导体事业部，2006年末从Philips公司独立出来)、Winbond、ATMEL、SST(即Silicon Storage Technology)、Microchip、Freescale、Temic Semiconductor Technology等在第二代8位单片机CPU内核基础上，除了进一步强化原有功能(如在串行接口部件中增加帧错误侦测和地址自动识别功能)外，针对不同的应用领域，将不同功能、不同用途的外围接口电路嵌入到第二代单片机CPU内，形成了规格、品种繁多的新一代8位单片机芯片，如Intel、NXP、ATMEL、Silicon Laboratories、SST、Winbond公司的MCS-51系列，ST公司的ST7以及最近两年进入市场的STM8系列，Freescale的RS08(即MC9RS08×××芯片)与HCS08(MC9S08×××芯片)系列，MicroChip公司的PIC系列等。

新一代8位单片机芯片系列、品种繁多，主流品种有：

1) ST公司的ST8M内核系列

ST(意法半导体)公司的ST8M内核MCU是最近两年进入市场的MCU芯片，包括STM8S(标准系列)、STM8L(低压低功耗系列)、STM8A(汽车专用系列)三个子系列，采用0.13 μm工艺、CISC指令系统，是目前8位MCU市场上功能较完备、性价比较高的主流品种之一。其主要特点是功耗低、集成的外设种类多，且与ST公司Cortex-M3内核的STM32芯片兼容，内嵌单线仿真接口电路(开发设备简单)、可靠性高、价格低廉。在工业控制、智能化仪器仪表、家用电器等领域有广泛的应用前景，是中低价控制系统的首选芯片之一。

2) Freescale的HCS08、RS08内核系列

Freescale的RS08(即MC9RS08×××)与HCS08(MC9S08×××，飞思卡尔8位MCU的主流芯片)系列，以及已经停产的原Motorola公司的MC68HC05、MC68HC11、MC68HC12系列的特点是在相同的处理速度下所用的时钟频率较MCS-51内核芯片低得多，因而高频噪声低、抗干扰能力强，特别适合在工控领域及恶劣环境下使用。

3) MicroChip PIC系列及兼容芯片

MicroChip(微芯科技)公司8位单片机主要包括PIC10F、PIC12C/F、PIC 16C/16F、PIC17C、PIC18C/18F等系列，也是目前国内8位MCU芯片的主流品种之一。该系列单片机采用RISC指令系统，其指令数目少、运行速度快、工作电压低、功耗小、I/O引脚支持互补推挽输出方式，驱动能力较强，任一I/O口均可直接驱动LED发光二极管。国内开发设备较多，品种规格齐全。该系列MCU芯片最大缺点是集成的外设种类不多，功能有限，即性价比不高，适用于用量大、档次低、价格敏感的电子产品——在办公自动化设备、电子通信、智能化仪器仪表、汽车电子、金融电子、工业控制等领域有一定的优势。

PIC系列兼容芯片主要有台湾MICON(麦肯)公司的MDT20××系列、台湾义隆电子股份有限公司的EM78系列(与Microchip公司的PIC16C××系列引脚兼容)，主要特点是价格低廉，甚至比中小规模数字IC芯片高不了多少。

4) MCS-51 系列及兼容芯片

MCS-51 系列最先由 Intel 公司开发，后来其他公司通过技术转让、技术交换等方式获得了 MCS-51(包括 8051 与 80C51)内核技术。生产厂家众多，目前主要生产商有 NXP、ATMEL、Winbond(W78、W77、W79 系列)、SST、STC、Infineo(英飞凌的 XC866、XC886 系列)、Silicon Laboratories(C8051F×××系列)、LG(GMS90 系列)等。其特点是通用性较强，采用 CISC(复杂)指令系统，指令格式与 Intel 公司 8 位微处理相同或相近。由于 MCS-51 进入市场时间早，总线技术开放，开发设备多，芯片及其开发设备价格低廉，操作速度较快，电磁兼容性也较好，因此它曾经是国内 8 位单片机芯片的主流品种之一。

尽管 MCS-51 系列问世初期，给人的印象是功能少，性价比不高，但经历数十年的改进后，现在的 MCS-51 兼容芯片无论在功能，还是性能指标上都有了质的飞跃，例如 Silicon Laboratories 的 C8051F×××系列功能很强，开发环境也有较大的改善，只是价格偏高。当然由于内部架构的限制，MCS-51 内核兼容芯片的性价比不可能太高，但其功耗却较大。也正因为如此，最近一两年来，许多知名的 MCU 芯片生产厂家不再推出新的 MCS-51 兼容芯片。

5) ATMEL 公司的 AVR 系列

AVR 系列单片机采用增强型 RISC 结构，在一个时钟周期内可执行复杂指令，每兆赫兹具有 1 M IPS(每秒指令数)的处理能力。AVR 单片机工作电压为 2.7～6.0 V，功耗小，广泛应用于计算机外部设备、工业实时控制、仪器仪表、通信设备、家用电器、宇航设备等领域。

2. 16 位单片机

16 位单片机操作速度及数据吞吐能力等性能指标比 8 位机有较大的提高，但市场占有率远没有 8 位、32 位 MCU 芯片高，生产厂家也少，目前主要有 RENESAS(瑞萨科技)的 H8S、H8SX、R8C、MC16C 系列，Freescale 的 S12、S12X、HC16 系列，Microchip 公司的 PIC24F、PIC24H、dsPIC30F、dsPIC33D 系列，Infineon 的 C166/XC166 系列，TI(德州仪器)的 MSP430 16 系列、凌阳科技的 SPMC75 系列。

16 位单片机主要应用于工业控制、汽车电子、医疗电子、智能化仪器仪表、便携式电子设备等领域。其中 TI 的 MSP430 系列以其超低功耗的特性广泛应用于低功耗场合。

3. 32 位单片机

由于 8 位、16 位单片机数据吞吐率有限，在语音、图像、工业机器人、Internet 以及无线数字传输技术需求的驱动下，开发、使用 32 位单片机芯片就成了一种必然趋势。目前各大芯片厂家正纷纷推出各自的 32 位嵌入式单片机芯片，主要有 Freescale、TOSHIBA、HITACH、NEC、EPSON、MITSUBISHI、SAMSUNG、ATMEL、NXP、Winbond 等，其中以 ARM 内核 32 位 MCU、RENESAS 的 M32C 与 R32C 内核的 32 位 MCU、Microchip 的 PIC32M 系列、Freescale ColdFire 内核的 MCF5×××系列 32 位 MCU 应用较为广泛，产量也较大。

ARM(Advanced RISC Machines)是微处理器行业的名企，但它本身并不生产芯片，通过转让设计方式由合作伙伴来生产各具特色的芯片。ARM 公司设计了大量高性能、廉价、耗能低的 RISC(精简指令)处理器、相关产品及软件。目前，包括 Intel、IBM、SAMSUNG、

OKI、LG、NEC、SONY、NXP 等公司在内的 30 多家半导体公司与 ARM 签订了硬件技术使用许可协议。

ARM 处理器目前有 6 个系列(ARM7、ARM9、ARM9E、ARM10、ARM11 和 SecurCore)数十种型号。进一步产品来自合作伙伴，例如 Intel Xscale 微体系结构和 StrongARM 产品。ARM7、ARM9、ARM9E、ARM10 是 4 个通用处理器系列。每个系列提供一套特定的性能来满足设计者对功耗、性能、体积的需求。SecurCore 是第 5 个产品系列，专门为安全设备设计。

ARM 已成为移动通信、手持计算器、多媒体数字消费等嵌入式产品解决方案的 RISC 标准。ARM 内核芯片广泛应用在如下领域：

(1) 无线产品：手机、PDA。据报道目前 75%以上的手机使用基于 ARM 内核处理器作控制芯片。

(2) 汽车产品：车载娱乐系统、车载安全装置、导航系统等。

(3) 消费娱乐产品：数字视频、Internet 终端、交互电视、机顶盒、网络计算机、数字音频播放器、数字音乐板、游戏机等。

(4) 数字影像产品：如信息家电、数码照相机、打印机等。

(5) 工业设备：机器人控制、工程机械、冶金控制等。

(6) 网络产品：PCI 网络接口卡、ADSL 调制解调器、路由器、无线 LAN 访问点等。

(7) 安全产品：电子付费终端、银行系统付费终端、智能卡、32 位 SIM 卡等。

(8) 存储产品：PCI 到 Ultra2 SCSI64 位 RAID 控制器、硬盘控制器等。

在 32 位单片机芯片中，基于 ARM7、ARM9、ARM9E 架构芯片最为丰富。其中基于 ARMv7-M 架构的 Cortex-M0、Cortex-M3 以及未来一两年后可能进入市场的 Cortex-M4 (集成了 DSP 部件，数学处理能力比 Cortex-M3 强)内核芯片有可能成为 32 位 MCU 芯片的主流。它采用哈佛 3 级流水线结构，支持 Thumb-2 指令集，并内置了 32 位单周期硬件乘法、除法部件。目前 Cortex-M3 内核芯片主要有 ST 公司的 STM32F1××系列、NXP 的 LPC1300 与 LPC1700 系列，以及 Luminary Micro(流明诺瑞，已被 TI 公司并购)的 Stellaris(群星)系列；NXP 公司在 2009 年底正式推出了基于 Cortex-M0 内核的 LPC1100 系列芯片。这类芯片速度快、功能完善、价格低廉(如 LPC1111 芯片的批量价仅为 0.65 美元)，功耗也不高，在某些应用领域大有取代 8 位 MCU 芯片的趋势。

1.3.3 增强型 MCS-51 单片机芯片特征及主流

目前增强型 MCS-51 兼容单片机芯片生产厂商较多，主要有 Philips、ATEML、Temic Semiconductor (简称 TS)、Winbond(华邦)、SST、STC 等(Intel 已不再是 MCS-51 单片机芯片的主要生产商)。

1. 增强型 MCS-51 单片机芯片的主要特征

以增强型 MCS-51 为内核的 8×C5×系列新一代 8 位嵌入式单片机的主要特点如下：

(1) 片内存储器容量大，规格多，程序存储器类型也趋于多样化，Flash ROM 将逐步取代 OTP ROM 成为程序存储器的主流。

该系列不同品种的片内程序存储器容量从 4 KB 扩展到 8 KB、32 KB、64 KB，甚至 128 KB；片内 RAM 存储器容量从 128 B 扩展到 512 B、1 KB、2 KB，甚至 8 KB(如 P89C668

芯片)。片内程序存储器种类也不再局限于掩膜 ROM、OTP ROM，而是以 Flash ROM(如 Philips 公司的 P89C51/52/54/58 系列、P89C51R×系列、P89V51 系列、P89LPC900 系列，ATMEL 公司的 AT89C51、AT89S51 系列)为主，随着半导体存储器生产工艺的日益成熟、完善，Flash ROM 将逐步取代 OTP ROM 成为单片机程序存储器的主流，使芯片具备 ISP(在系统中编程)、IAP(在应用中编程)或 ICP(在电路中编程)功能，利于 LQFP 表面封装形式芯片的编程、应用系统软件的升级与维护。

目前多数 MCS-51 兼容芯片，除了内置容量为 256 字节的传统 RAM 外，还内置 256 B～2 KB 的扩展 RAM(简称 ERAM)，甚至个别型号芯片还内置了一定容量的 E^2PROM(或 FRAM)，形成“ROM+RAM+ERAM”或“ROM+RAM+ERAM+NVMRAM(多为 E^2PROM 或 FRAM)”，以减少应用系统芯片的数目。

目前一些系列单片机芯片，如 P89LPC900 系列、AT98LPC21X 系列等芯片内嵌的 Flsah ROM 存储器支持单字节擦除—编程功能，未用的程序存储器单元均可通过 IAP 编程方式擦写，使 Flash ROM 可作为非易失性数据存储器，如 E^2PROM 使用。

(注：片内 Flash ROM 具有下列条件之一，才可作为 E^2PROM 使用：Flash ROM 支持单字节擦写操作；或 Flash ROM 以扇区方式组织，每扇区容量不大，一般要求片内 RAM 容量至少是扇区容量的 2 倍以上，且 Flash ROM 擦写次数不小于 10000 次)。

使用第一、二代 8 位单片机芯片组建控制系统时，由于片内存储器品种单一、容量有限，常需要通过外部存储器芯片，如只读存储器芯片(27 系列 EPROM 存储器芯片)以及随机读写静态存储器芯片来扩展系统存储器容量。此外，为了扩展存储器容量，有时还必须增加地址锁存器芯片(如 74HC373)，锁存“地址/数据”分时复用引脚上的地址信息，失去了“单片”的意义。

(2) 指令执行时间大大缩短，一方面最高时钟频率从 12 MHz 提高到 16 MHz、24 MHz、33 MHz、40 MHz，甚至 60 MHz；另一方面减少了每机器周期的时钟数，如 8×C5××2、P89C6××2、P89C51R×、P89C66×、P87LPC76×系列等提供了 6 时钟/机器周期运行模式，Winbond(华邦)公司的 W77 系列(如 W77E58 芯片)、W89E 系列(如 W89E825 芯片)采用“4 时钟/机器周期”80C51 兼容内核，运行速度是标准 MCS-51 内核芯片的 3 倍，而 Philips 公司 LPC 900 系列采用了“2 时钟/机器周期”高速 80C51 内核，指令执行速度是标准 MCS-51 的 6 倍，AT89LPC21X 采用“1 时钟/机器周期”高速 80C51 内核，实现了 1 MPS/MHz(每兆赫每秒执行百万条指令)吞吐率，运行速度更快。极大地提高了系统的实时处理能力，降低了电磁辐射量(由于缩短了指令执行时间，在运行速度相同情况下，可使用更低的时钟频率)。

(3) 扩展了接口电路功能，如增加了高速 I/O 接口；扩展了 I/O 口引线数目，Philips 公司的 80C451、83C451、87C451 品种 I/O 引脚数目高达 56 条，即有 7 个 I/O 口；扩展了中断源数量，Philips 公司的 80CL31、80CL51、80CL410、83CL410 可以直接控制、管理多达 10 个外部中断源，无需专门扩展；在部分型号中，集成了 PWM 脉冲宽度调制输出接口、可编程计数阵列 PCA、比较捕获单元 CCU，甚至 LCD 控制器。

增加了串行接口部件规格和数量，除了保留通用异步串行通信接口部件 UART 外，还增加了 I^2C、SPI 或 CAN 串行总线接口。Winbond 的 W77 系列、Philips 的 P87C51MC2、P87C51MB2 具有两个增强型串行接口 UART 部件。如 P89LPC76×系列、P89LPC900 系列大部分型号都集成了 I^2C 总线接口部件，与 I^2C 总线接口存储器、日历时钟芯片等外设器件连接非常方便。LPC900 系列、SST89E5XRD2 等均内置了 SPI 总线接口部件，与 SPI 接口存储器、语音芯片等器件连接也非常方便。

因此，新一代 MCS-51 及兼容 8 位单片机芯片的内部结构是“增强型 MCS-51 内核 + 不同功能的接口电路”。

(4) 内置了单片机应用系统前/后向通道所需的模拟电路，如 1～2 路模拟比较器；1～2 路 8 位，甚至 10 位分辨率 A/D 与 D/A 转换器，转换速度一般可达 100 K/s 以上。因此，在单片机应用系统中使用低分辨率、低速外置低 A/D 转换芯片，如 ADC0809 除了降低系统性价比外，还降低了系统可靠性；使用外置分辨率 DAC 转换芯片，如 DAC0832 也存在类似问题(对于没有 D/A 功能的芯片，可使用 PWM 输出实现)。

(5) 内置了 RC 振荡电路、复位电路。例如，在由 P87LPC76×、P89LPC900、AT89LPC21×系列芯片构成的单片机控制系统中，因为这类芯片内置的 RC 振荡器精度高(误差仅为 2.5%)、温漂小，几乎不需要其他外围电路就能工作。

(6) 可选择 I/O 引脚输出方式。例如，在 P87LPC76×、P89LPC900、AT89LPC21×、W79E82×等系列中，除少数引脚外，大部分 I/O 引脚均可定义为准双向输出、互补推挽、漏极开路和高阻输入四种方式之一，简化了外部接口电路的设计。

(7) 增加了 CPU 时钟分频器，可实时调整 CPU 的时钟频率。如在 P87LPC76×、P89LPC900 系列中，改变分频寄存器 DIVM 即可在运行中调整 CPU 内核的时钟频率，这样既提高了系统反应速度，又降低了系统功耗。

(8) 系统功耗低。除正常运行模式外，还提供了节电运行方式(CPU 内核处于暂停状态，CPU 功耗只有正常运行模式的 20%左右)和掉电运行方式(CPU 内各单元电路均处于停止状态，功耗只有正常运行状态下的 1‰，工作电流仅为数十微安，甚至小到 1 μA)。改善了电源管理功能，大部分中断均可唤醒处于掉电状态下的 CPU。

(9) 强化了电磁兼容性设计。在输入引脚增加了施密特触发器和噪声滤波电路，提高了系统本身的抗干扰能力；适当增大输出信号边沿过渡时间，减少了芯片本身电磁辐射量，如 P89LPC900、P87LPC76×、AT89LPC21×系列电磁辐射很小。

(10) 内置定时复位(Watchdog)监控电路以及电源电压监控电路，提高了应用系统的可靠性。

(11) 封装形式多样化，同一型号的 CPU 具有多种封装形式，如 PDIP 封装(Plastic Dual In-line Package，即塑料双列直插式)、PLCC(无引线方形壁插塑封)、PQFP(塑料方形四边引线扁平封装)、TSSOP(超薄、超小型封装)。占用电路板面积小、封装成本低的“超薄、微型”封装形式将逐渐成为单片机芯片主流封装形式。这样在研发阶段就可以使用拔插方便的 DIP 或 LCC 封装形式芯片，在批量生产时采用 PQFP、TSSOP 等超薄、微型封装形式。

2. 增强 MCS-51 内核主流芯片

根据单片机技术现状及应用特征，今后数年内下列芯片最有希望成为增强型 MCS-51 主流芯片。

低档的 P87LPC76×系列、P89LPC900 系列、AT89LPC21×系列、STC12C54××系列、W89E82X 系列等。

其中 P87LPC76×系列包括 P87LPC759、P87LPC760、P87LPC761、P87LPC762、P87 LPC

764、P87 LPC767、P87 LPC768、P87 LPC769 等型号。该系列采用 OTP ROM 存储器，外围电路多，功能较完善，工作温度范围宽，价格低廉，非常适合作为空调、洗衣机、微波炉等家用电器的控制器，以及各类安防产品的控制器，如解码、编码器等。

功能较完善、性价比高的 P89LPC900 系列具有多个型号。该系列除了具有 LPC76×系列功能、优点外，还增加了 SPI 接口、实时时钟 RTC 计数器、比较捕获单元 CCU、A/D、D/A 转换器等外设电路；采用 2 时钟机器周期内核，速度快、功耗小，指令系统与标准 MCS-51 内核兼容；绝大部分输入引脚均内置了噪声滤波器，抗干扰性能优于 LPC76×系列；提供了单字节擦写功能，使未用的程序存储单元均可作 E^2PROM 使用，只是程序存储器容量偏小，这是该系列芯片的不足之处。

中档的8×C5×系列(包括87C51/52/54/58、89C51/52/54/58及ATMEL公司的AT89S51/52/53等型号)、P8×C5××2 系列(包括 87C51×2/52×2/54×2/58×2、89C51×2/52×2/54×2/58×2 等型号)、Winbond 公司的 W78(如 W78E58)、W77(如 W77E58)系列等。这些系列芯片的软硬件与标准 MCS-51 芯片保持 100%的兼容，彼此之间差别也不大，价格低，仿真开发设备多，通用性强，能满足一般应用要求，是单片机教学的首选机型。

高档的 P89C51RX 系列，包括 Philips 公司的 P89C51RX2、P89V51RD2 系列，ATMEL 公司的 AT89C51RX 系列，Temic Semiconductor 公司的 TS89C51RX 系列，SST 公司的 SST89E554RD、SST89V554RD、SST89E564RD、SST89V564RD 以及 SST89E5XRD2 系列等。特点是功能齐全，片内数据存储器容量大，带有可编程计数器阵列，使用灵活，电磁兼容性好，能满足绝大部分应用。

Infineon(英飞凌)的 XC866 与 XC886 系列芯片采用高性能 MCS-51 内核，功能很强，扩充、完善了 MCS-51 中许多硬件资源，XC886 系列还增加 32 位硬件乘除法部件、坐标旋转运算器、网络接口部件，具有很高的性价比。

因此，本书以中档 8×C5×、8×C5××2 单片机芯片为核心，适当兼顾不同应用领域及要求，简要介绍 P89C51RX 系列、P89LPC900 系列、SST89E5XRD2 系列新增功能和应用方法。

根据多年单片机控制系统开发、应用经验，比较理想的 8 位单片机芯片最好具备如下功能：

(1) 集成了硬件看门狗计数器。

(2) 以 Flsah ROM 作为片内程序存储器，容量视芯片设计用途而定(8～64 KB)，支持 ISP 编程，最好还支持单字节 IAP 编程方式；可反复擦除 1 万次，甚至 10 万次以上。

(3) 具有完善的电源管理功能，如上电、掉电检测复位电路。

(4) I/O 引脚结构可编程选择，可选择准双向输入/输出方式、OD 输出、互补推挽输出以及高阻输入方式，以简化外设接口电路的设计。

(5) 片内数据存储器容量大，在 1 KB 以上。

(6) 指令执行效率尽可能高，即指令周期对应的时钟周期尽可能少。

(7) 外设部件要多。定时/计数器个数多、通信接口种类多，除了传统的 UART 接口外，最好提供 SPI，甚至 USB、CAN 等总线接口部件。

(8) 完善的中断控制功能，外部中断、定时器溢出中断等均能唤醒处于掉电状态下的 CPU。

(9) 集成一定数量的模拟比较器、10 位或更高精度 1～2 路多个通道的 A/D 及 D/A 转换器。

(10) 完善的加密技术。

(11) 多种封装形式。

习 题 1

1-1 假设某 CPU 含有 16 根地址线，8 根数据线，则该 CPU 最大寻址能力为多少千字节？

1-2 在计算机中，一般具有哪三类总线？请说出各自的特征(包括传输的信息类型、单向传输还是双向传输)。

1-3 时钟周期、机器周期、指令周期三者关系如何？CISC 指令系统 CPU 的所有指令周期均相同吗？

1-4 计算机字长的含义是什么？MCS-51 单片机的字长是多少？

1-5 ALU 单元的作用是什么？一般能完成哪些运算操作？

1-6 CPU 内部结构包含了哪几部分？单片机(MCU)芯片与通用微机 CPU 有什么异同？

1-7 在单片机系统中常使用哪些存储器？

1-8 指令由哪几部分组成？

1-9 什么是汇编语言指令？为什么说汇编语言指令比机器语言指令更容易理解和记忆？通过什么方式可将汇编语言程序转化为机器语言程序？

1-10 汇编语言程序和汇编程序两术语含义相同吗？

1-11 什么是寻址方式？对于双操作数指令来说，为什么不需要指定操作结果存放位置？

1-12 指出下列指令中每一操作数的寻址方式。

(1) MOV A, #23H

(2) MOV 23H, A

(3) MOV 90H, 23H

(4) MOV 23H, @R0

(5) INC A

1-13 单片机主要用途是什么？新一代 8 位单片机芯片具有哪些主要技术特征？列举目前应用较为广泛的 8 位、32 位单片机品种。

第 2 章　增强型 MCS-51 单片机结构

由于 MCS-51 系列单片机总线技术开放，开发工具成熟，单片机芯片及其开发工具供货商多，价格低廉，同时该系列单片机进入市场时间早，汇编语言指令格式与 Intel 公司 8 位通用微处理器相似，很容易被接触过 Intel 通用微处理器汇编语言的用户所接受。因此，在单片机应用中占有重要地位，目前仍是单片机教学的首选机种。理解 MCS-51 系列单片机芯片内部结构、工作原理、典型应用实例后，将非常容易理解和使用其他系列，如 NEC、Motorola、MicroChip 等单片机芯片。考虑到标准 MCS-51 内核单片机芯片，如 8031/32、8051/52、8751/52 等已停产，目前主流 MCS-51 及其兼容芯片均以增强型 MCS-51 作内核。因此本章将详细介绍 8×C5×、8×C5××2 芯片的内部结构、引脚功能以及典型应用实例。

增强型 MCS-51 及其兼容芯片主要包括 Intel 公司的 8×C52/54/58 系列、Philips 公司的 P8XC52/54/58 系列、ATMEL 公司的 AT89S51/52/53 系列(但 ATMEL 公司的 AT8XC5×系列采用标准 MCS-51 内核)、Winbond 公司的 W78E 系列等——简称 8×C5×系列芯片。此外，2000 年后 Philips 公司、ATMEL 公司又相继推出“6 时钟/机器周期”的 P8×C52×2/8×C54×2/8×C58×2 和 TS 8×C52×2/8×C54×2/8×C58×2 系列——简称 8×C5××2 系列，其特点是硬件资源与 8×C5×系列兼容，但运行速度比 8×C5×系列快一倍。为便于比较，表 2-1 列出了增强型 MCS-51 主流芯片的主要性能指标。

表 2-1　增强型 MCS-51 主流芯片性能指标

系列	型 号	片内程序存储器类型及容量			片内 RAM 容量(B)	定时器		中断资源			双 DPTR	低 EMI (可禁止 ALE 输出)	I/O 引脚数	时钟\机器周期	T2 可编程时钟输出	工作频率 MHz (5.0 V)	工作频率 MHz (2.7～5.5 V)
		ROM	EPROM(OTP)	Flash ROM		定时/计数器	看门狗(WDT)	中断源	外中断源	优先级							
Intel 8×C5×	80C32	-	-	-	256	3	-	6	2	4	-	√	32	12	√	33	-
	80C52	8K	-	-	256	3	-	6	2	4	-	√	32	12	√	33	-
	87C52	-	8K	-	256	3	-	6	2	4	-	√	32	12	√	33	-
	80C54	16K	-	-	256	3	-	6	2	4	-	√	32	12	√	33	-
	87C54	-	16K	-	256	3	-	6	2	4	-	√	32	12	√	33	-
	80C58	32K	-	-	256	3	-	6	2	4	-	√	32	12	√	33	-
	87C58	-	32K	-	256	3	-	6	2	4	-	√	32	12	√	33	-
Philips P8×C5×	P80C31	-	-	-	128	3	-	6	2	4	√	√	32	12	√	33	16
	P80C32	-	-	-	256	3	-	6	2	4	√	√	32	12	√	33	16
	P80C51	4K	-	-	128	3	-	6	2	4	√	√	32	12	√	33	16
	P80C52	8K	-	-	256	3	-	6	2	4	√	√	32	12	√	33	16
	P80C54	16K	-	-	256	3	-	6	2	4	√	√	32	12	√	33	16

续表

系列	型号	片内程序存储器类型及容量			片内 RAM 容量(B)	定时器		中断资源			双 DPTR	低 EMI(可禁止 ALE 输出)	I/O 引脚数	时钟机器周期	T2 可编程时钟输出	工作频率 MHz(5.0 V)	工作频率 MHz (2.7～5.5 V)
		ROM	EPROM(OTP)	Flash ROM		定时/计数器	看门狗(WDT)	中断源	外中断源	优先级							
Philips P8×C5×	P80C58	32K	-	-	256	3	-	6	2	4	√	√	32	12	√	33	16
	P87C51	-	4K	-	128	3	-	6	2	4	√	√	32	12	√	33	16
	P87C52	-	8K	-	256	3	-	6	2	4	√	√	32	12	√	33	16
	P87C54	-	16K	-	256	3	-	6	2	4	√	√	32	12	√	33	16
	P87C58	-	32K	-	256	3	-	6	2	4	√	√	32	12	√	33	16
	P89C51	-	-	4K	128	3	-	6	2	4	√	√	32	12	√	33	-
	P89C52	-	-	8K	256	3	-	6	2	4	√	√	32	12	√	33	-
	P89C54	-	-	16K	256	3	-	6	2	4	√	√	32	12	√	33	-
	P89C58	-	-	32K	256	3	-	6	2	4	√	√	32	12	√	33	-
Philips P8×C5××2	P80C31×2	-	-	-	128	3	-	6	2	4	√	√	32	12/6	√	33/30	16
	P80C32×2	-	-	-	256	3	-	6	2	4	√	√	32	12/6	√	33/30	16
	P80C51×2	4K	-	-	128	3	-	6	2	4	√	√	32	12/6	√	33/30	16
	P80C52×2	8K	-	-	256	3	-	6	2	4	√	√	32	12/6	√	33/30	16
	P80C54×2	16K	-	-	256	3	-	6	2	4	√	√	32	12/6	√	33/30	16
	P80C58×2	32K	-	-	256	3	-	6	2	4	√	√	32	12/6	√	33/30	16
	P87C51×2	-	4K	-	128	3	-	6	2	4	√	√	32	12/6	√	33/30	16
	P87C52×2	-	8K	-	256	3	-	6	2	4	√	√	32	12/6	√	33/30	16
	P87C54×2	-	16K	-	256	3	-	6	2	4	√	√	32	12/6	√	33/30	16
	P87C58×2	-	32K	-	256	3	-	6	2	4	√	√	32	12/6	√	33/30	16
	P89C51×2	-	-	4K	128	3	-	6	2	4	√	√	32	12/6	√	33/20	-
	P89C52×2	-	-	8K	256	3	-	6	2	4	√	√	32	12/6	√	33/20	-
	P89C54×2	-	-	16K	256	3	-	6	2	4	√	√	32	12/6	√	33/20	-
	P89C58×2	-	-	32K	256	3	-	6	2	4	√	√	32	12/6	√	33/20	-
ATMEL TS8×C5×2	TS80C54×2	16K	-	-	256	3	√	6	2	4	√	√	32	12/6	√	40/30	30/20
	TS80C58×2	32K	-	-	256	3	√	6	2	4	√	√	32	12/6	√	40/30	30/20
	TS87C54×2	-	16K	-	256	3	√	6	2	4	√	√	32	12/6	√	40/30	30/20
	TS87C58×2	-	32K	-	256	3	√	6	2	4	√	√	32	12/6	√	40/30	30/20
	TS89C51×2	-	-	4K	128	3	√	6	2	4	√	√	32	12/6	√	33/20	
	TS89C52×2	-	-	8K	256	3	√	6	2	4	√	√	32	12/6	√	33/20	
	TS89C54×2	-	-	16K	256	3	√	6	2	4	√	√	32	12/6	√	33/20	
	TS89C58×2	-	-	32K	256	3	√	6	2	4	√	√	32	12/6	√	33/20	
ATMEL	AT89S51			4K	128	2	√	6	2	4	√	√	32	12	√	24	支持 ISP 编程
	AT89S52			8K	256	3	√	6	2	4	√	√	32	12	√	24	
	AT89S53			12K	256	3	√	6	2	4	√	√	32	12	√	24	
Winbond	78E52B			8K	256+256 ERAM	3	√	6/8	2/4	2	-	-	32/36	12	√	40	
	78E54B			16K													
	78E58B			32K													
	78E516B			64K													
	77E58			32K	256+ 1KB ERAM	3	√	6/8	2/4	2	√	√	32/36	4	√	25	注：具有双串口
	77E516			64K													
	77E532			128K													

由表 2-1 可见，在这几个品牌中，就功能、性能而言，ATMEL TS8×C5××2 系列最高，Philips、Winbond 次之，Intel 最低。

ATMEL 公司的 AT89S5×系列最大优点是支持 ISP 编程、内置了硬件看门狗计数器，其中 AT89S53 还集成了 SPI 总线接口部件。

2.1 内部结构和引脚功能

2.1.1 内部结构

8×C5×芯片由一个 8 位通用中央处理器(CPU)、程序存储器、随机读写数据存储器、常用外设电路等部件组成，如图 2-1 所示。

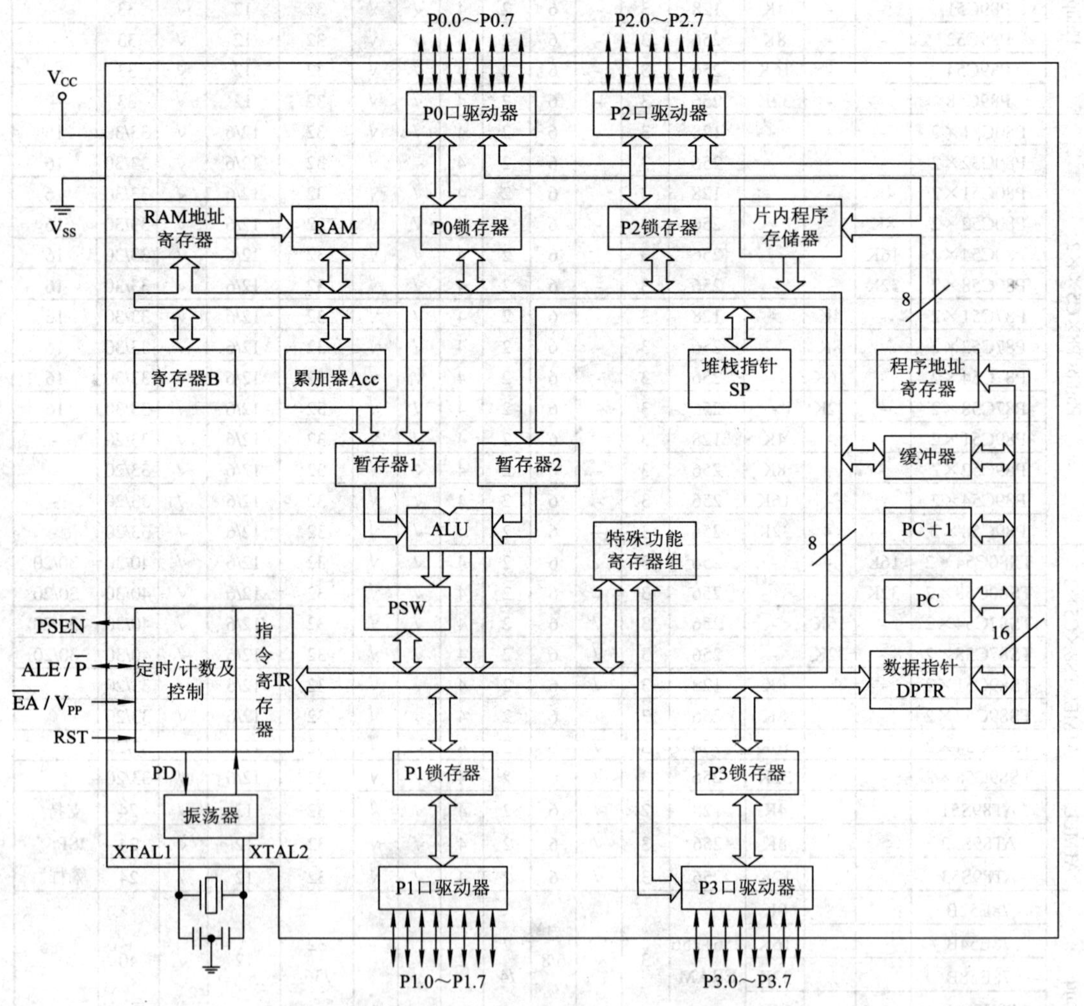

图 2-1　增强型 MCS-51 MCU 内部结构

其中 8 位通用 CPU 的内部结构与第 1 章介绍的 CPU 内部结构相同，由算术逻辑运算单元 ALU、累加器 Acc、程序状态字寄存器 PSW、堆栈指针 SP、寄存器 B、程序计数器(指令指针)PC、指令寄存器 IR、暂存器等部件组成，是增强型 MCS-51 MCU 的核心。

将不同种类、容量的存储器与 CPU 内核集成在同一芯片内是单片机芯片的主要特征之一，8×C5×芯片内部集成了不同容量(从 4～32 KB)的掩膜 ROM、OTP ROM 或 Flash ROM 作为程序存储器(常称为片内程序存储器)；此外还集成了 128～256 B 随机读写存储器作为数据存储器(常称为内部 RAM)。当片内存储器容量不够时，可通过 I/O 口接 OTP ROM(如 2764、27128、27512)或 Flash ROM 等存储器芯片扩展系统的程序存储器，构成外部程序存储器(最大容量为 64 KB，但目前已很少扩展外部程序存储器)；接 6264、62256 等随机读写静态存储器芯片，构成外部数据存储器(扩展的外部数据存储器，最大容量也是 64 KB)。在 MCS-51 芯片中，P0 口、P2 口可作为一般的 I/O 端口使用；当需要扩展外部存储器时，P0 口将作为低 8 位地址总线(A7～A0)/数据总线(D7～D0)使用，P2 口作为高 8 位地址总线(A15～A8)使用。

将一些基本的、常用的外围电路，如振荡器、定时/计数器、串行通信接口电路、中断控制器、I/O 接口电路与 CPU 内核集成在同一芯片内是单片机芯片的又一特征。增强型 MCS-51 芯片内部含有三个 16 位定时/计数器，可以管理 6 个中断源的中断控制器(具有四个优先级)，用于多机通信或 I/O 口扩展的增强型全双工串行口 UART(通用异步收发器)，片内振荡器及时钟电路等。

由于定时/计数器、串行通信、中断控制器等外围电路集成在 CPU 芯片内，因此增强型 MCS-51 MCU 内部也就包含了这些外围电路的控制寄存器、状态寄存器以及数据输入/输出寄存器，这些外设电路接口寄存器构成了增强型 MCS-51 的特殊功能寄存器。

2.1.2　引脚功能

增强型 MCS-51 系列芯片封装形式、引脚排列与标准 MCS-51 系列芯片兼容，如图 2-2 所示(为了便于比较，图中还给出了标准 MCS-51 内核芯片 DIP40 封装引脚排列图)，引脚逻辑如图 2-3 所示，引脚功能如表 2-2 所示。

表 2-2　引 脚 功 能

引脚名称	引脚编号			类型	功能说明
	DIP40	LCC44	QFP44		
V_{SS}	20	22	16		电源地
V_{CC}	40	44	38	I	电源引脚。正常操作、空闲、掉电以及对 OTP ROM、Flash ROM 编程或校验时的工作电压为 2.7～6.0 V (89C5×、89C5××2 电源电压一般为 5.0 V)
P0.0～P0.7	39～32	43～36	37～30	I/O	P0 口作为 I/O 引脚使用时，是漏极开路双向口，向口锁存器写入 1 时，I/O 引脚将悬空，是高阻输入引脚；在读写外部存储器时，P0 口作“低 8 位地址/数据”总线
P1.0～P1.7	1～8	2～9	40～44 1～3	I/O	P1 口内部带有弱上拉的准双向 I/O 口，作输入引脚使用前，先向 P1 口锁存器写入 1，使 P1 口引脚被上拉至高电平。 P1.0、P1.1 引脚除了可作为一般 I/O 引脚使用外，还具有第二输入/输出功能： T2(P1.0)——定时器 T2 的计数输入端或定时器 T2 的时钟输出端。 T2EX(P1.1)——定时器 T2 外部触发输入端

续表

引脚名称	引脚编号			类型	功 能 说 明
	DIP40	LCC44	QFP44		
P2.0～P2.7	21～28	24～31	18～25	I/O	P2 口内部带有弱上拉的准双向 I/O 口，作输入引脚使用前，先向 P2 口锁存器写入 1，使 P2 口引脚被上拉至高电平。 在读写外部存储器时，P2 口输出高 8 位地址信号 A15～A8
P3.0～P3.7	10～17 10 11 12 13 14 15 16 17	11， 13～19 11 13 14 15 16 17 18 19	5， 7～13 5 7 8 9 10 11 12 13	I/O I O I I I I O O	P3 口内部带有弱上拉的准双向 I/O 口，作输入引脚使用前，先向 P3 口锁存器写入 1，使 P3 口引脚被上拉至高电平。 P3 口除了可作为一般 I/O 引脚使用外，还具有第二输入/输出功能： RXD(P3.0)——串行数据接收(输入)端。 TXD(P3.1)——串行数据发送(输出)端。 $\overline{\text{INT0}}$ (P3.2)——外中断 0 输入端。 $\overline{\text{INT1}}$ (P3.3)——外中断 1 输入端。 T0(P3.4)——定时/计数器 T0 的外部输入端。 T1(P3.5)——定时/计数器 T1 的外部输入端。 $\overline{\text{WR}}$ (P3.6)——外部数据存储器写选通信号，低电平有效。 $\overline{\text{RD}}$ (P3.7)——外部数据存储器读选通信号，低电平有效
RST	9	10	4	I	复位信号输入端，高电平有效
ALE	30	33	27	O	低 8 位地址锁存信号。在访问外部存储器时，用 ALE 下降沿锁存从 P0 口输出的低 8 位地址信息 A7～A0，以便随后将 P0 口作数据总线使用。 在正常情况下 ALE 输出信号恒定为 1/6 振荡频率，并可用作外部时钟或定时信号。注意每次访问外部数据存储器时一个 ALE 脉冲将被忽略，ALE 可以通过置位 SFR 的 auxlilary.0 位禁止 ALE 输出，这样 ALE 只在执行 MOVX 指令时才被激活
$\overline{\text{PSEN}}$	29	32	26	O	外部程序存储器读选通信号，低电平有效。从外部程序存储器取指令时，每个机器周期 $\overline{\text{PSEN}}$ 信号被激活两次。只有执行外部程序存储器中的指令时，$\overline{\text{PSEN}}$ 才有效，而其他操作 $\overline{\text{PSEN}}$ 无效
$\overline{\text{EA}}/V_{PP}$	31	35	29	I	外部程序存储器选择信号，低电平有效。在复位期间 MCU 检测并锁存 $\overline{\text{EA}}/V_{PP}$ 引脚电平状态，当发现该引脚为高电平时，从片内程序存储器取指令，只有当程序计数器 PC 超出片内程序存储器地址编码范围时，才转到外部 ROM 中取指令；当该引脚为低电平时，一律从外部程序存储器中取指令
XTAL1	19	21	15	I	片内晶振电路反相放大器输入端
XTAL2	18	20	14	O	片内晶振电路反相放大器输出端

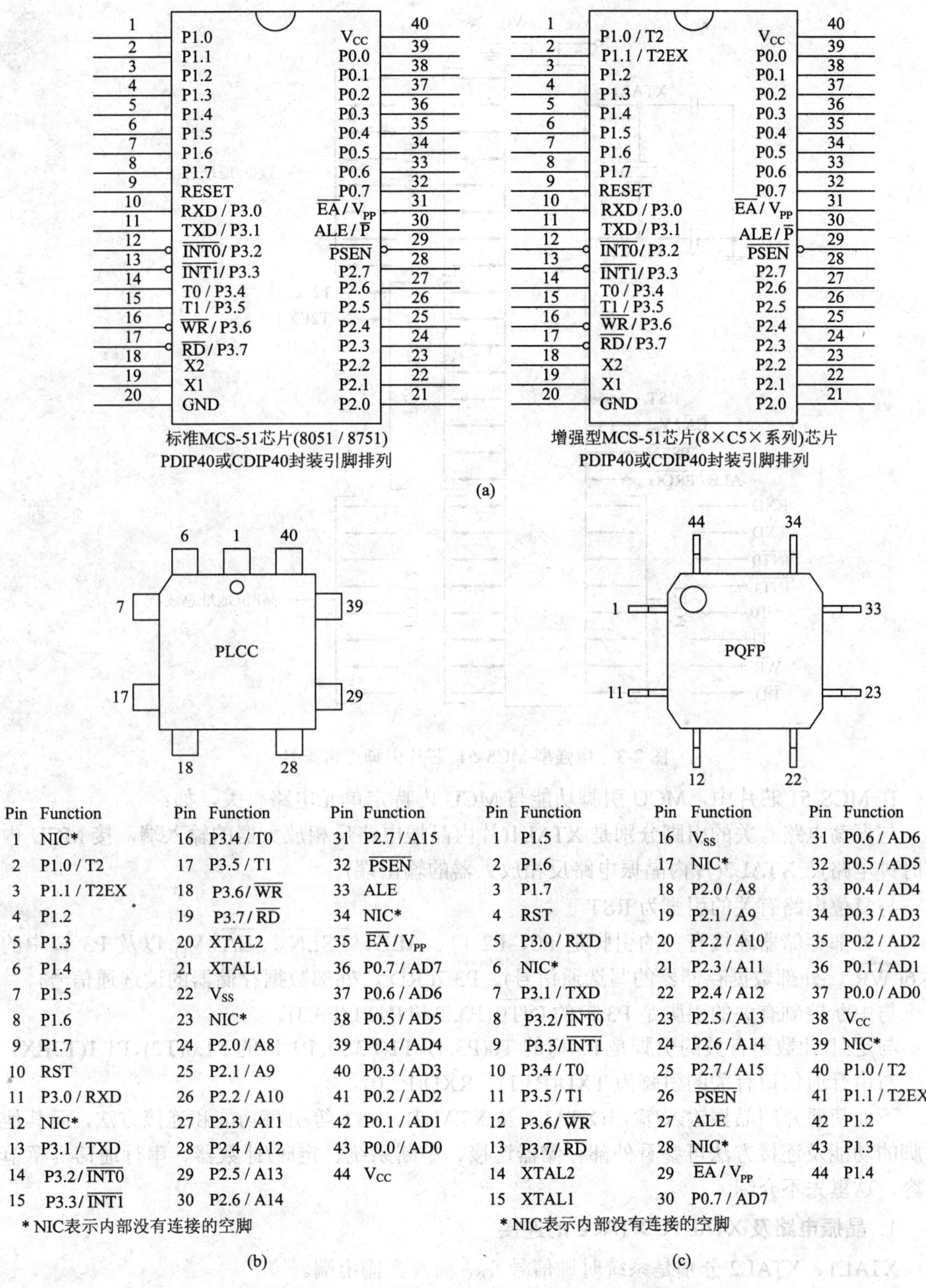

图 2-2　增强型 MCS-51 芯片常见封装形式及引脚排列

(a) DIP 封装；(b) PLCC 封装；(c) PQFP 封装

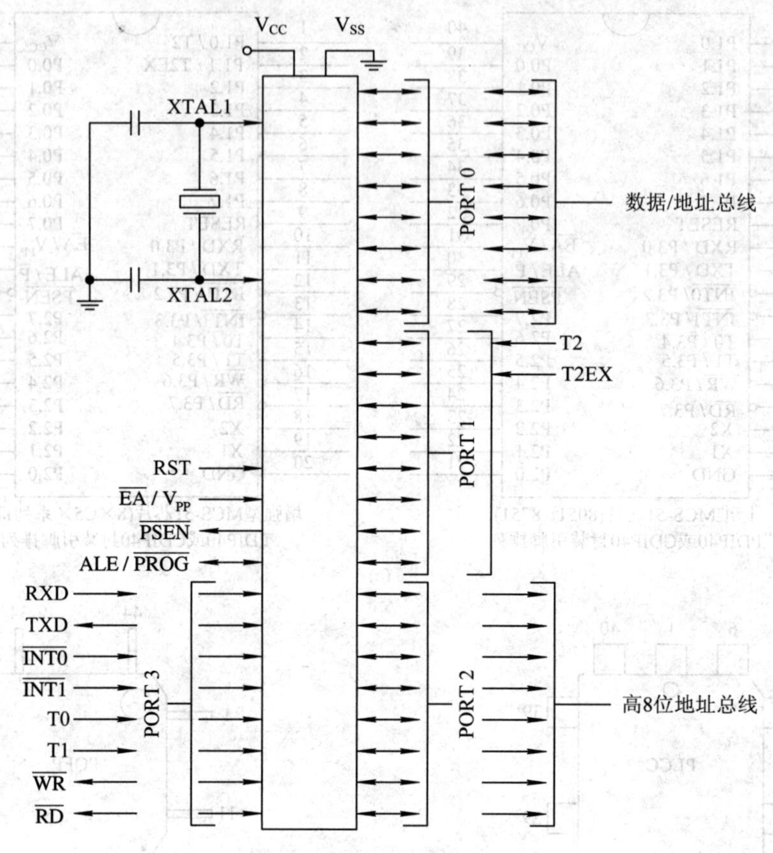

图 2-3　增强型 MCS-51 芯片引脚逻辑符号

在 MCS-51 芯片中，MCU 引脚功能与 MCU 内特定单元电路有关，如：

与振荡电路有关的引脚分别是 XTAL1(片内晶振电路反相放大器的输入端，接 MCU 内部时钟电路)、XTAL2(片内晶振电路反相放大器的输出端)。

与复位电路有关的引脚为 RST。

与外部存储器连接有关的引脚是 P0、P2 口、ALE、$\overline{PSEN}$、$\overline{EA}$ / V_{PP} 以及 P3 口中的 P3.6($\overline{WR}$，外部数据存储器的写选通信号)、P3.7($\overline{RD}$，外部数据存储器的读选通信号)。

与中断控制有关的引脚是 P3 口的 $\overline{INT0}$(P3.2)和 $\overline{INT1}$(P3.3)。

与定时/计数器有关的引脚是 P3 口的 T0(P3.4)、T1(P3.5)；P1 口的 P1.0(T2)、P1.1(T2EX)。

与串行通信口有关的引脚为 TXD(P3.1)、RXD(P3.0)。

下面简要介绍晶振输入/输出(XTAL1 及 XTAL2)、RST 等引脚功能和连接方法，而其他引脚的功能及连接方法可参看外部存储器连接、中断系统、定时/计数器、串行通信等章节内容，这里先不介绍。

1. 晶振电路及 XTAL1、XTAL2 的连接

XTAL1、XTAL2 分别是系统时钟信号 f_{OSC} 输入、输出端。

当使用片内振荡电路时，XTAL1、XTAL2 与晶体振荡器及电容 C_1、C_2 按图 2-4 所示方式连接。晶振、电容 C_1、C_2 以及片内与非门(起反馈、放大元件作用，类似于电容三点式振

荡电路中的三极管)构成了电容三点式振荡器，其中 R_f 为内部负反馈电阻，使与非门等效为反相放大器，R_S 用于限制晶振的驱动电平。在由晶振构成的电容三点式振荡电路中，由于石英晶体振荡器静态电容 C_0、外接振荡电容 C_1 和 C_2 均远大于晶片弹性等效串联电容 C_s，因此振荡频率主要由晶体振荡器并联谐振频率 f_P 决定。振荡电容 C_1、C_2 取值范围与晶振种类及频率有关，如表 2-3 所示。

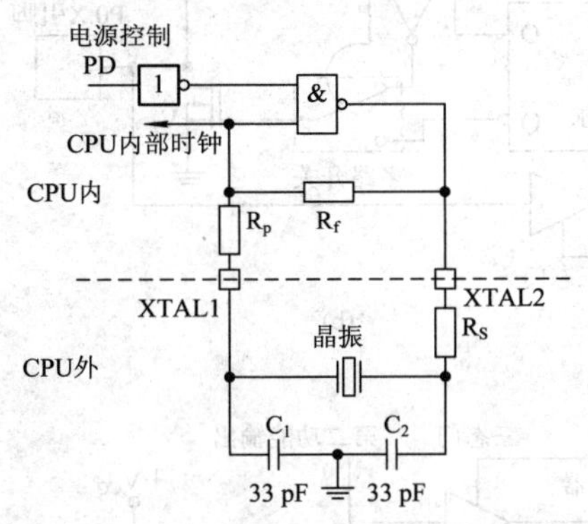

图 2-4　增强型 MCS-51 芯片晶振电路及连接

表 2-3　振荡电容 C_1、C_2 的取值范围

晶振种类	C_1、C_2 典型值
石英晶体振荡器	20～33 pF
陶瓷振荡器	40～47 pF

为了减少寄生电容对振荡频率的影响，在印制板上，C_1、C_2 应尽可能靠近 MCU 芯片的 XTAL1、XTAL2 引脚，必要时采用温度系数较小的 NPO 电容。在时钟信号频率稳定性要求不高的控制系统中，也可以采用陶瓷振荡器代替石英晶体振荡器。在这种情况下，C_1、C_2 典型值为 47 pF。为避免振荡电路对系统其他电路造成的潜在干扰，在满足速度要求的前提下，尽可能降低晶振频率。

一般情况下，无需在 XTAL2 引脚串联电阻 R_s，只有当晶振频率较低，如 6 MHz 以下，且发现系统干扰大、稳定性差时，才需要在 XTAL2 引脚串联阻值在 100 Ω～2.7 kΩ 的电阻 R_S。

当采用外部时钟信号时，外部时钟信号需从 XTAL1 引脚输入，XTAL2 引脚悬空，原因是 8×C5× MCU 的片内时钟信号取自作为反馈放大元件的二输入与非门的一个输入端，如图 2-4 所示。此外，8×C5×芯片的时钟信号还受 PD(电源控制/波特率倍增寄存器 PCON 中的 b1 位)控制，当 PD 位为 1 时，反相器输出低电平，与非门输出高电平，振荡器停振，系统进入掉电状态。

2. 复位电路及复位引脚 RST 的连接

RST 引脚为复位输入端，MCS-51 采用高电平复位方式。

RST 引脚对 GND(地)电阻值(即复位电阻 R_{RST})约在 40～220 kΩ 之间，因此在 RST 引脚和电源 V_{CC} 之间接一容量为 10～22 μF 的电容后，即可构成最简单 RC 复位电路(可参看 2.6 节“复位电路”中的图 2-22)。

2.2　输入/输出(I/O)口

MCS-51 系列单片机理论上有四个 8 位 I/O 口，即 P0 口、P1 口、P2 口和 P3 口，其等效电路如图 2-5 所示。

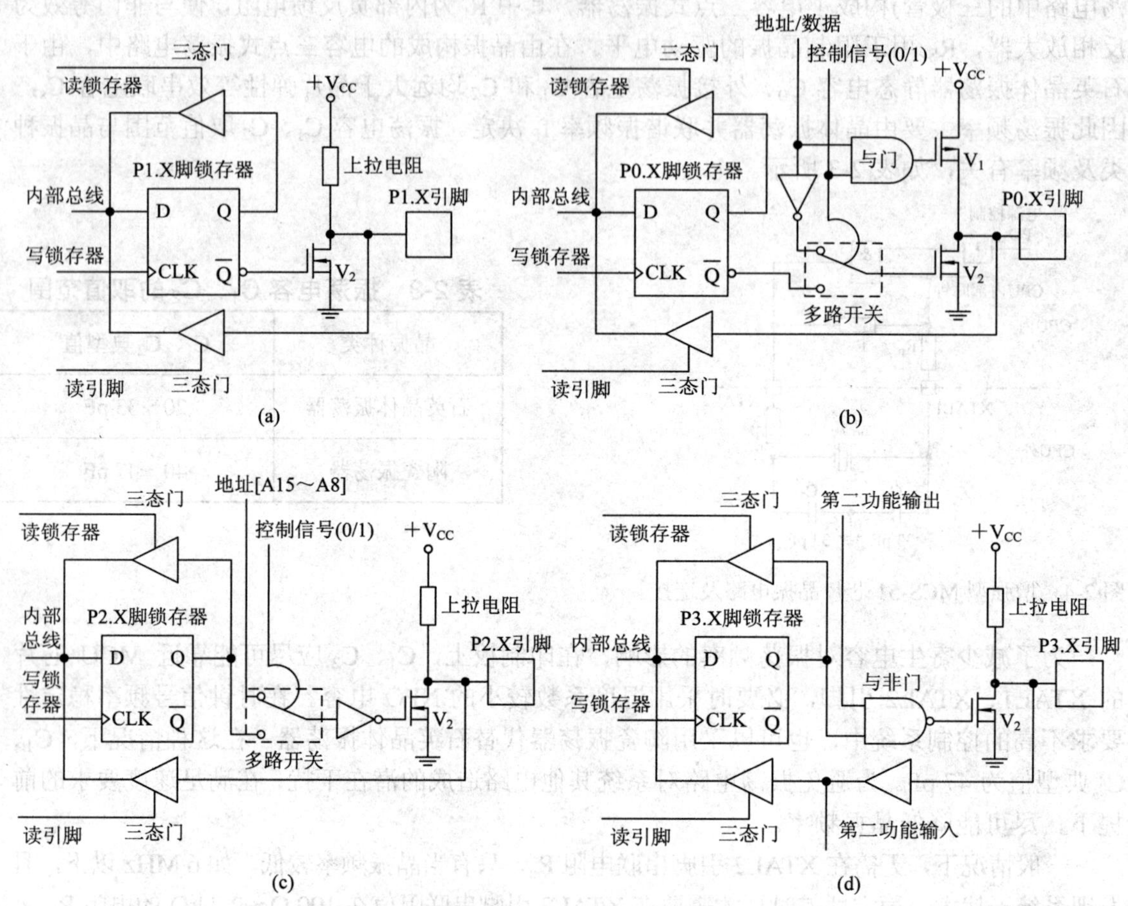

图 2-5　MCS-51 系列单片机 I/O 口等效电路

(a) P1 口；(b) P0 口；(c) P2 口；(d) P3 口

2.2.1　P1 口内部结构及使用

P1 口的结构最简单，如图 2-5(a)所示，用途也较单一，除 P1.0、P1.1 引脚具有第二输入/输出功能外，P1.7～P1.2 仅作为数据输入/输出引脚使用。

输出时，数据经内部总线、锁存器反相输出端$\overline{Q}$、V_2管栅极、漏极到 P1 口引脚。例如输出“1”电平时，在写锁存器脉冲作用下，锁存器反相输出端$\overline{Q}$为低电平，V_2管截止，漏极输出高电平，结果 P1 口对应引脚输出高电平；反之，输出“0”电平时，在写锁存器脉冲作用下，锁存器反相输出端$\overline{Q}$为高电平，V_2管导通，漏极输出低电平(漏源之间导通电阻很小，仅为几十欧姆到几百欧姆，而漏极等效上拉电阻一般为数十千欧姆，分压后，P1.X 引脚电位接近 0 V，输出低电平)。

P1 口作为输入口时，必须先执行写端口指令，如“SETB P1.X”或“MOV P1, #0FFH”等指令将 P1 口锁存器置 1，锁存器反相端$\overline{Q}$输出低电平，使 V_2 管截止，否则 P1.X 引脚有可能被钳位在低电平状态。例如，在图 2-6 所示电路中，当三极管基极输入低电平时，集电极输出高电平，但如果 P1.X 锁存器反相输出端$\overline{Q}$为高电平，V_2 管导通，则 P1.X 引脚将被钳位在低电平状态，读入一个错误信息。因此，当把 P1.X 引脚作为输入引脚使用时，必须确保 P1 口锁存器相应位为“1”，这样才能在读引脚信号作用下，使输入信息经 P1.X 引脚、读引脚三态门电路到内部总线。

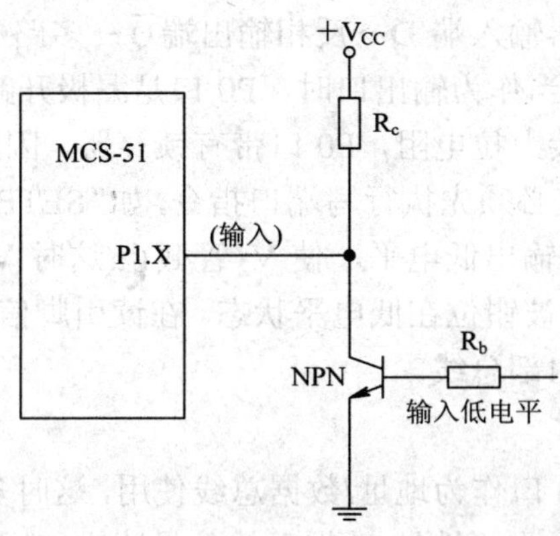

图 2-6　P1.X 作为输入引脚的示意图

之所以在 I/O 电路中安排读锁存器三态门，是为了防止当输出端驱动 NPN 三极管基极时，读引脚获得错误信息。在图 2-7 中，当 I/O 锁存器为“1”时，P1.X 引脚输出高电平，三极管导通，但三极管导通后，输出端却被钳位在 0.7 V(硅管)左右，这样读引脚将得到“低电平”的错误信息，而实际上，P1.X 是输出高电平的。

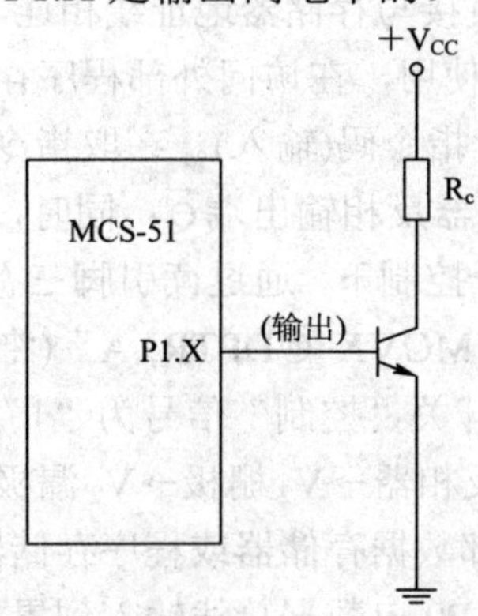

图 2-7　驱动三极管基极时 I/O 引脚被钳位

在增强型 MCS-51 芯片中，P1.0 和 P1.1 引脚具有第二输入/输出功能，即除了可作为一般 I/O 引脚使用外，P1.0 引脚还可作为定时器 T2 的计数输入端或 T2 定时时钟输出端；而 P1.1 引脚可作为定时器 T2 外部触发输入端 T2EX。

2.2.2　P0 口内部结构及使用

P0 口内部结构如图 2-5(b)所示，对于内置了 ROM、EPROM、OTP ROM、Flash ROM 的 80C5×、87C5×、89C5×芯片来说，当不使用外部存储器(包括程序存储器和数据存储器)时，P0 口可作为通用的输入/输出端口(I/O)使用；当需要扩展外部存储器时，P0 口是“地址/数据”总线，下面分别介绍 P0 口作为 I/O 引脚和地址/数据总线使用时的工作过程和信号流向。

1．作为 I/O 端口时

P0 口作为 I/O 端口使用时，多路开关“控制”信号为“0”(低电平)，与非门输出高电平，V_1 管截止，同时多路开关转向锁存器反相输出端 $\overline{Q}$。输出时，写锁存器脉冲 CLK 有效，输出信号经内部总线→锁存器输入端 D→反相输出端 $\overline{Q}$→多路开关→V_2 管栅极→V_2 管漏极到输出端，由于 V_1 管截止，当作为输出口时，P0 口是漏极开路输出(即 OD 输出方式)，当驱动拉电流负载时，需要外接上拉电阻，P0 口带有锁存器，因此具有输出锁存功能。P0 作为输入口时，与 P1 口类似，也必须先执行写端口指令，如“SETB P0.X”或“MOV P0, #0FFH”将 P0 口锁存器置“1”，$\overline{Q}$ 端输出低电平，使 V_2 管截止(这时 V_1、V_2 均截止，P0.X 引脚悬空)，否则 P0.X 引脚也有可能被钳位在低电平状态。在读引脚信号作用下，输入信息经 P0.X 引脚→读引脚三态门电路到内部总线。

2．作为地址/数据总线时

在访问外部存储器时，P0 口作为地址/数据总线使用，这时多路开关“控制”信号为“1”，与非门解锁，与非门输出电平由“地址/数据”线信号决定；同时多路开关与反相器的输出端相连，地址信号经“地址/数据”线→反相器→V_2 管栅极→V_2 管漏极输出，例如地址信号为“0”，与非门输出高电平，V_1 管截止；反相器输出高电平，V_2 管导通，输出引脚的地址信号为低电平。反之，地址信号为“1”，与非门输出低电平，V_1 管导通；反相器输出低电平，V_2 管截止，输出引脚的地址信号为高电平。可见，在输出“地址/数据”信息时，V_1、V_2 交替导通，负载能力很强，可直接与存储器地址线相连，无需增加总线驱动器。

同时 P0 口又可作为数据总线使用，在访问外部程序存储器时，P0 口输出低 8 位地址信息后，将变为数据总线，以便读指令码(输入)。在取指令期间，“控制”信号为“0”，V_1 管截止，多路开关也跟着转向锁存器反相输出端 $\overline{Q}$；同时，CPU 自动将 0FFH 写入 P0 口锁存器，使 V_2 管截止，在读引脚信号控制下，通过读引脚三态门电路将指令码读到内部总线。

如果该指令是输出数据，如“MOVX @DPTR, A”(将累加器 A 内容通过 P0 口数据总线传送到外部 RAM 中)，则多路开关“控制”信号为“1”，与非门解锁，与输出地址信号类似，数据由“地址/数据”线→反相器→V_2 栅极→V_2 漏极输出。

如果该指令是输入数据(读外部数据存储器或程序存储器)，如“MOVX A, @DPTR”(将外部 RAM 某一存储单元内容通过 P0 口数据总线输入到累加器 A 中)，则输入的数据仍通过读引脚三态门到内部总线，其过程类似于读指令码。

通过以上分析，可以看出当 P0 口作为地址/数据总线使用时，在读指令码或输入数据前，CPU 自动向 P0 口锁存器写入 0FFH，破坏了 P0 口原来的状态。因此，不能作为通用 I/O 端口，这点在系统设计时务必注意，即程序中不能再含有以 P0 口作为操作数(包括源操作数和目的操作数)的指令。

2.2.3　P2 口内部结构及使用

P2 口的内部结构如图 2-5(c)所示，可以作为通用的 I/O 端口使用，也可以作为外部存储器高 8 位地址总线使用，在读写外部存储器期间，输出高 8 位(A15～A8)地址信息。

1．作为 I/O 端口时

没有外部程序存储器或虽然有外部数据存储器，但容量不大于 256 字节，不需要高 8

位地址时(在这种情况下，不能通过数据地址寄存器 DPTR 读写外部数据存储器)，P2 口可以作为 I/O 端口使用。这时，“控制”信号为“0”，多路开关转向锁存器同相输出端 Q，输出信号经内部总线→锁存器输出端 Q→反相器→V_2 管栅极→V_2 管漏极输出。由于 V_2 管漏极带有上拉电阻，可以提供一定的上拉电流，负载能力约为 4 个 TTL 门电路；作输入口前，同样需要向锁存器写入“1”，使反相器输出低电平，V_2 管截止，即引脚悬空时为高电平，防止引脚被钳位在低电平。读引脚信号有效后，输入信息经读引脚三态门电路到内部数据总线。

2．作为地址总线时

P2 口作为地址总线时，“控制”信号为“1”，多路开关转向“地址”线，地址信息经反相器→V_2 管栅极→V_2 管漏极输出，由于 P2 口输出高 8 位地址，与 P0 口不同，无需分时使用，因此 P2 口上的地址信息(程序存储器的 A15～A8)或数据地址寄存器高 8 位 DPH 保存时间长，无需锁存，关于这点可参看如图 2-19 所示的外部存储器读写时序。

2.2.4　P3 口内部结构及使用

P3 口内部结构如图 2-5(d)所示，P3 口是个多功能口，它除了可作为一般的 I/O 口外，还具有第二功能，如表 2-2 所示。

P3 口作为 I/O 口时，第二功能输出控制信号为高电平，与非门等效为一个反相器，与 P2 口情况类似。此外，作第二功能输出时，CPU 会自动向锁存器写入“1”，打开与非门，这时与非门同样等效于一个反相器，第二功能输出信号经与非门→V_2 管栅极→V_2 管漏极→P3.X 引脚；作第二功能输入时，“第二功能输出”控制端、锁存器输出端均为“1”，与非门输出低电平，V_2 管截止，输入信号经引脚→缓冲器→第二功能输入。

从图 2-5 看出，I/O 引脚作“第二功能输出”引脚使用前并不需要对引脚切换进行任何设置，只要相应外设处于使能状态，对应 I/O 引脚就具有第二功能输出。例如在“MOVX @DPTR, A”指令执行期间，P3.6 引脚自动输出外部数据存储器写控制信号 $\overline{WR}$。而作为第二功能输入引脚使用前，也无须设置，只要相应引脚 I/O 口锁存器位为 1(否则 I/O 口下拉 MOS 管导通，输入信号被钳位在 0 电平)，则当对应外设处于使能状态时，就自动具有第二功能输入特性(当然这时仍可通过读引脚指令获取引脚的电平状态)。

2.2.5　I/O 口负载能力

由于 P1～P3 口上拉电阻较大，约为 20～40 kΩ，属“弱上拉”，因此 P1～P3 口引脚输出高电平电流 I_{OH} 很小(约为 30～60 μA)。而输出低电平时，下拉 N 沟道 MOS 管导通，可吸收 1.6～15 mA 的灌电流，负载能力较强，即 P1～P3 口负载能力约为 3～4 个 TTL 门电路。

作为输出口驱动 NPN 三极管时，在最坏情况下(上拉电阻为 40 kΩ)，如果三极管电流放大系数 β 为 100，则最大集电极电流 I_{CMAX} 约为 10 mA。因此，P1～P3 口可以直接驱动小功率 NPN 三极管，如图 2-8(a)所示。当需要驱动电流较大的中功率 NPN 三极管时，必须外接上拉电阻(但上拉电阻不得小于 3.3 kΩ，否则输出低电平时灌电流会大于 1.6 mA，使 V_{OL} 偏高，当 V_{OL} 大于 0.5 V 时，NPN 管将导通，出现逻辑错误)，如图 2-8(b)中的 R_b。

作为输出口驱动 PNP 三极管时，必须在 I/O 端口与三极管基极之间串接限流电阻(阻值大小与最大集电极输出电流有关)，限制输出低电平时 I/O 口的灌电流，如图 2-8(c)中的 R_b。MCS-51 芯片 I/O 口输出级采用准双向结构，低电平驱动电流较大——多数增强型 MCS-51 芯片 I/O 引脚能够吸收 1.6～15 mA 的灌电流(但同一 I/O 口所有引脚灌电流总和 $\sum I_{OL}$，以及全部 I/O 引脚灌电流总和存在一个最大值，大小可从器件手册中查到)，当三极管电流放大系数 β 为 100 时，则最大集电极电流 I_{CM} 大于 160 mA，足可以驱动小型继电器。此时限流电阻 R_b 约为 2.7 kΩ(假设电源电压为 5.0 V)。因此当需要驱动工作电流较大的 LED 发光二极管、蜂鸣器、小型继电器时，可采用图 2-8(d)～(f)所示的驱动方式(负载应串接在集电极，而不是发射极，否则 PNP 驱动管不可能进入饱和状态，由于其功耗大，同时负载压降小，将造成负载，如继电器不能可靠吸合)。

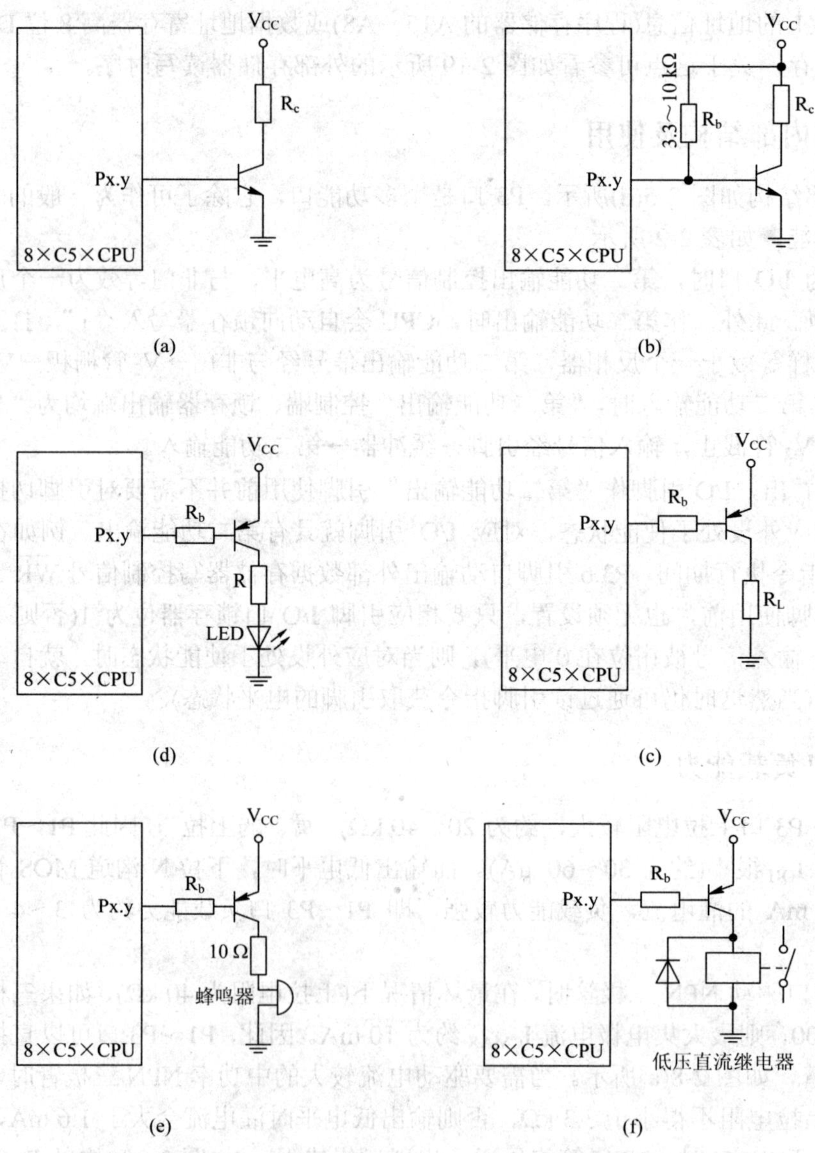

图 2-8　P1～P3 口驱动三极管电路

采用低电平有效驱动方式，除了驱动能力较强外，不输出时 Px.y 引脚锁存器输出高电平，I/O 口输出级下拉 N 沟道 MOS 管以及负载驱动管(PNP)均截止，功耗小；另一方面也避免了复位期间或复位后立即输出的弊端。

作为 I/O 口使用时，P0 口漏极开路，当需要驱动拉电流负载时，必须外接上拉电阻；输出低电平负载能力比 P1～P3 口强，可以吸收 3.2 mA 以上的灌电流，能驱动 8 个 TTL 门电路。

由于 P1～P3 口上拉电阻较大，而 P0 口为漏极开路，因此作为输出口使用时 P0、P1～P3 口引脚均具有“线与”功能。

2.2.6 读锁存器和读引脚指令

当把 P0～P3 口作为输入引脚使用时，以 I/O 口作为源操作数的数据传送指令、算术及逻辑运算指令、位测试转移指令等属于读引脚指令，如：

```
MOV    C, P1.0        ；将 P1.0 引脚状态读到位累加器 C 中
MOV    A, P1          ；将 P1 口的 P1.0～P1.7 引脚信号读到累加器 A 中
ANL A, P1             ；将 P1 口的 P1.0～P1.7 引脚信号与累加器 A 相与
ADDA, P1              ；将 P1 口的 P1.0～P1.7 引脚信号与累加器 A 相加
JB  P1.0, LOOP        ；P1.0 引脚信号为 1，则转移
JNB P1.0 ,LOOP        ；P1.0 引脚信号为 0，则转移
```

而所有的“读—改—写”指令均读 I/O 口锁存器，如：

```
JBC P1.0, LOOP        ；P1.0 锁存器为 1 转移，且将 P1.0 锁存器清 0
DEC P1                ；P1 口锁存器内容减 1
INC P1                ；P1 口锁存器内容加 1
CPL P1.0              ；P1.0 引脚 I/O 口锁存器位取反
```

2.3 存储器系统及访问

多数单片机系统，包括 MCS-51 系列单片机存储器组织方式与通用微机系统不同，其程序存储器地址空间和数据存储器地址空间相互独立，并通过各自数据总线与 CPU 相连，以加快程序的执行速度。而通用微机系统的程序存储器和数据存储器往往共用同一存储区，统一编址。

8×C5×系列单片机存储器系统由三部分组成，即程序存储器(包括片内程序存储器，大小与芯片型号有关，如 89C52 片内程序存储器容量为 8 KB，地址编码从 0000H～1FFFH；89C54 片内程序存储器容量为 16 KB，地址编码从 0000H～3FFFH；89C58 片内程序存储器容量为 32 KB，地址编码从 0000H～7FFFH；外部程序存储器地址编码从 0000H～FFFFH，容量为 64 KB)、片内数据存储器(包括内部 RAM 存储器 00H～FFH，容量为 256 字节及特殊功能寄存器)、外部数据存储器(0000H～FFFFH，容量为 64 KB)，如图 2-9(a)所示。

对于 80C31、8×C51 芯片来说，片内数据存储器容量仅为 128 字节(00H～7FH)，如图 2-9(b)所示。

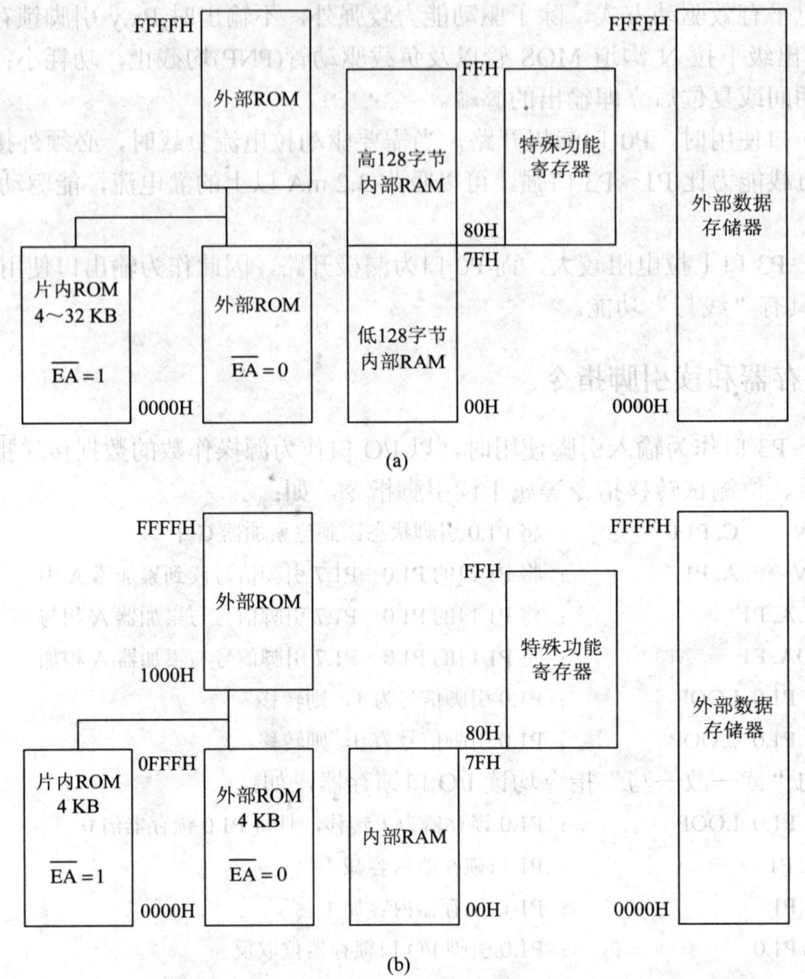

图 2-9　8×C5×/8×C5××2 系列单片机存储器结构

尽管数据存储器地址空间与程序存储器地址空间重叠，但不会造成混乱，原因是 MCS-51 采用 Harvard 双总线结构，且访问外部程序存储器时用 $\overline{PSEN}$ 信号选通(接只读存储器的输出允许端 $\overline{OE}$)；而访问外部数据存储器时，由 $\overline{RD}$ (P3.6)信号(读)和 $\overline{WR}$ (P3.7)信号(写)选通。

数据存储器由片内数据存储器(内部 RAM)和外部数据存储器组成，尽管地址空间重叠，但也不会造成混乱。原因是内部数据存储器通过 MOV 指令读写，使用内部数据总线，此时外部数据存储器读写选通信号($\overline{RD}$、$\overline{WR}$)无效；而外部数据存储器通过 MOVX 指令访问，分别由 $\overline{RD}$ (读操作)或 $\overline{WR}$ 信号(写操作)选通。

在 8×C32/8×C52/54/58 芯片中，尽管高 128 字节内部 RAM 地址空间与特殊功能寄存器地址重叠，但同样不会造成混乱，原因是 MCS-51 约定：只能用寄存器间接寻址方式访问高 128 字节内部 RAM，用直接寻址方式访问特殊功能寄存器。

2.3.1　片内数据存储器

片内数据存储器由内部 RAM 和特殊功能寄存器组成。

1. 片内 RAM 及其寻址方式

对于 8×C51、8×C31 芯片来说，内部 RAM 的容量为 128 字节(00H～7FH)；对于 8×C52/54/58 芯片来说，片内 RAM 容量为 256 字节(00H～0FFH)。根据用途可划分为工作寄存器区、位寻址区和用户数据存储器区(可作为用户 RAM 或堆栈区)，如表 2-4 所示。

表 2-4　内部 RAM 地址空间的区域划分

高 128 字节内部 RAM									字节地址
									FFH～80H
用户 RAM 和堆栈区									7FH～30H
位寻址区(位地址)	7FH	7EH	7DH	7CH	7BH	7AH	79H	78H	2FH
	77H	76H	75H	74H	73H	72H	71H	70H	2EH
	6FH	6EH	6DH	6CH	6BH	6AH	69H	68H	2DH
	67H	66H	65H	64H	63H	62H	61H	60H	2CH
	5FH	5EH	5DH	5CH	5BH	5AH	59H	58H	2BH
	57H	56H	55H	54H	53H	52H	51H	50H	2AH
	4FH	4EH	4DH	4CH	4BH	4AH	49H	48H	29H
	47H	46H	45H	44H	43H	42H	41H	40H	28H
	3FH	3EH	3DH	3CH	3BH	3AH	39H	38H	27H
	37H	36H	35H	34H	33H	32H	31H	30H	26H
	2FH	2EH	2DH	2CH	2BH	2AH	29H	28H	25H
	27H	26H	25H	24H	23H	22H	21H	20H	24H
	1FH	1EH	1DH	1CH	1BH	1AH	19H	18H	23H
	17H	16H	15H	14H	13H	12H	11H	10H	22H
	0FH	0EH	0DH	0CH	0BH	0AH	09H	08H	21H
	07H	06H	05H	04H	03H	02H	01H	00H	20H
工作寄存器区	3 区(8 个字节)								1FH～18H
	2 区(8 个字节)								17H～10H
	1 区(8 个字节)								0FH～08H
	0 区(8 个字节)								07H～00H

对于 00H～7FH 前 128 字节内部 RAM(C51 定义为 DATA 变量类型)存储器，可使用直接寻址方式或寄存器间接寻址方式读写，如：

```
MOV 30H, 40H          ; 内部 RAM 40H 单元内容写入内部 RAM 30H 单元
MOV 30H, #35H         ; 将立即数 35H 写入内部 RAM 30H 单元
MOV @R0, #35H         ; 通过寄存器间接寻址方式将立即数 35H 写入由 R0 指定的内部
                      ; RAM 单元中
```

如果该指令执行前，R0 内容为 30H，则上述两条指令执行结果相同，均把立即数 35H 写入内部 RAM 30H 单元中。

由于后 128 字节(80H～FFH)内部 RAM(C51 定义为 iDATA 变量类型)地址编码与特殊功能寄存器地址重叠，因此，只能用寄存器间接寻址方式访问，如：

```
MOV R0, #80H      ；内部 RAM 地址送间接寻址寄存器 R0
MOV A, @R0        ；通过间接寻址方式，将 80H 单元内容送累加器 A(读)
MOV @R0, A        ；通过间接寻址方式，将累加器 A 内容送 80H 单元(写)
```

注：由于后 128 字节内部 RAM 只支持间接寻址方式，灵活性没有前 128 字节内部 RAM 高，因此常用变量尽可能安排在 30H～7FH 的内部 RAM 单元中。

(1) 工作寄存器区大小为 32 个字节，分为四个区，每区 8 个字节，对应 R0～R7 寄存器名。因此，R0 的物理地址可能是 00H，也可能是 08H、10H 或 18H；同理，R1 的物理地址可能是 01H，也可能是 09H、11H 或 19H。任何时候只能选择四个工作寄存器区中的一个区作为当前工作寄存器区，当前工作寄存器区由程序状态字寄存器 PSW 的 b4(RS1)、b3(RS0)位确定，具体情况如下：

PSW 寄存器 b4、b3 位	当前工作寄存器区	寄存器 R7～R0 地址
00	0 区	07H～00H
01	1 区	0FH～08H
10	2 区	17H～10H
11	3 区	1FH～18H

复位后 PSW 的 b4、b3 位为 00，因此复位后将选择 0 区作为当前工作寄存器区。修改 PSW 的 b4、b3 位即可选择不同的工作寄存器区，这有利于快速保护现场，提高程序执行效率和中断的响应速度。

(2) 20H～2FH 单元，共 16 字节，属位寻址区。该区域可以按字节读写，也可以按位读写。位地址从 20H 单元开始，20H 单元 b0 位的位地址为 00H，20H 单元 b1 位的位地址为 01H，20H 单元 b2 位的位地址为 02H。依此类推，21H 单元 b0 位的位地址为 08H，2FH 单元 b7 位的位地址为 7FH，如表 2-4 所示。

如果系统中需要位操作，则最好保留 20H～2FH 单元的部分或全部，作位存储区，以方便位寻址操作。

MCS-51 系列单片机既是 8 位机，同时也是功能完善的一位机。作一位机使用时，它有自己的 CPU、位存储区、位寄存器、“位累加器”(进位标志 Cy)以及完整的位操作指令，包括置 1、清零、非(取反)、与、或、传送、测试转移等。

对于位存储器(即 20H～2FH 单元中的 128 个位)，只能使用直接寻址方式确定操作数所在的存储单元，如：

```
MOV C, 23H        ；位传送指令，即将位地址 23H 单元(对应 24H 字节单元的 b3 位)内容传
                  ；送到位累加器 C 中
```

(3) 30H 单元以后可作内部用户 RAM 区或堆栈区。复位后，堆栈指针 SP 指向 07H 单元。因此，一般需要修改，将 SP 设在 2FH 之上。

2．特殊功能寄存器(SFR)

由于单片机芯片内集成了一些常用的外围接口电路，如并行 I/O 端口、串行口、

定时/计数器、中断控制器等，因此这些外围接口电路的控制寄存器、状态寄存器以及数据寄存器也就位于芯片内，统称为特殊功能寄存器(Special Function Registers)。

MCS-51 MCU 与通用微处理不同，除了给外设接口电路相关寄存器，如定时/计数器控制寄存器 TCON 分配字节地址外，CPU 内的寄存器也分配有字节地址，如累加器 Acc 的字节为 0E0H。增强型 MCS-51 系列单片机内共有 32 个特殊功能寄存器(在标准 MCS-52 基础上，增加了 6 个新的特殊功能寄存器)，地址分散在 80H～FFH 之间，如表 2-5 所示。

表 2-5　特殊功能寄存器地址映象

SFR 寄存器名	符号	位地址/位定义名								字节地址	复位后初值
		b7	b6	b5	b4	b3	b2	b1	b0		
*累加器	Acc	E7H	E6H	E5H	E4H	E3H	E2H	E1H	E0H	E0H	00H
*B 寄存器	B	F7	F6	F5	F4	F3	F2	F1	F0	F0H	00H
辅助功能寄存器	AUXR	—	—	—	—	—	—	—	A0	8EH	××××××××0B
辅助功能寄存器 1	AUXR1	—	—	—	—	GF2/WUPD	0	—	DPS	A2H	××××00×0B
时钟控制寄存器	CKCON	—	—	—	—	—	—	—	X2	8FH	××××××××0B
堆栈指针	SP									81H	07H
数据指针低 8 位	DPL									82H	00H
数据指针高 8 位	DPH									83H	00H
*程序状态字	PSW	D7H	D6H	D5H	D4H	D3H	D2H	D1H	D0H	D0H	000000×0B
		Cy	AC	F0	RS1	RS0	OV	—	P		
*中断允许控制寄存器	IE	AFH	AEH	ADH	ACH	ABH	AAH	A9H	A8H	A8H	0×000000B
		EA	—	ET2	ES	ET1	EX1	ET0	EX0		
*中断优先级控制寄存器	IP	BFH	BEH	BDH	BCH	BBH	BAH	B9H	B8H	B8H	××000000B
		—	—	PT2	PS	PT1	PX1	PT0	PX0		
中断优先级控制寄存器(高 8 位)	IPH	—	—	PT2H	PSH	PT1H	PX1H	PT0H	PX0H	B7H	××000000B
I/O 端口 0(P0 口)	P0	87H	86H	85H	84H	83H	82H	81H	80H	80H	FFH
		P0.7	P0.6	P0.5	P0.4	P0.3	P0.2	P0.1	P0.0		
*I/O 端口 1(P1 口)	P1	97H	96H	95H	94H	93H	92H	91H	90H	90H	FFH
		P1.7	P1.6	P1.5	P1.4	P1.3	P1.2	P1.1	P1.0		
*I/O 端口 2(P2 口)	P2	A7H	A6H	A5H	A4H	A3H	A2H	A1H	A0H	A0H	FFH
		P2.7	P2.6	P2.5	P2.4	P2.3	P2.2	P2.1	P2.0		
*I/O 端口 3(P3 口)	P3	B7H	B6H	B5H	B4H	B3H	B2H	B1H	B0H	B0H	FFH
		P3.7	P3.6	P3.5	P3.4	P3.3	P3.2	P3.1	P3.0		
串行数据缓冲	SBUF									99H	不确定

续表

SFR 寄存器名	符号	位地址/位定义名								字节地址	复位后初值
		b7	b6	b5	b4	b3	b2	b1	b0		
*串行控制	SCON	9FH	9EH	9DH	9CH	9BH	9AH	99H	98H	98H	00H
		SM0/FE	SM1	SM2	REN	TB8	RB8	TI	RI		
电源控制及波特率选择	PCON	SMOD1	SMOD0	—	POF	GF1	GF0	PD	IDL	87H	00××0000B
从地址寄存器	SADDR									A9H	00H
从地址掩蔽寄存器	SADEN									B9H	00H
定时/计数器方式控制寄存器	TMOD	GATE	C/$\overline{T}$	M1	M0	GATE	C/$\overline{T}$	M1	M0	89H	00H
*定时/计数器控制	TCON	8FH	8EH	8DH	8CH	8BH	8AH	89H	88H	88H	00H
		TF1	TR1	TF0	TR0	IE1	IT1	IE0	IT0		
定时器 T1 高 8 位	TH1									8DH	00H
定时器 T0 高 8 位	TH0									8CH	00H
定时器 T1 低 8 位	TL1									8BH	00H
定时器 T0 低 8 位	TL0									8AH	00H
*定时/计数器 T2 控制寄存器	T2CON	CFH	CEH	CDH	CCH	CBH	CAH	C9H	C8H	C8H	00H
		TF2	EXF2	RCLK	TCLK	EXE2N	TR2	C/$\overline{T2}$	CP/$\overline{RL2}$		
定时/计数器 T2 模式控制寄存器	T2MOD	—	—	—	—	—	—	T2OE	DCEN	C9H	××××××00B
定时器 T2 低 8 位	TL2									CCH	00H
定时器 T2 高 8 位	TH2									CDH	00H
定时器 T2 重装、捕获低 8 位	RCAP2L									CAH	00H
定时器 T2 重装、捕获高 8 位	RCAP2H									CBH	00H

表 2-5 说明如下：

(1) 带灰色背景寄存器或寄存器位为增强型 MCS-51 新增寄存器或寄存器位。

(2) 带 * 号寄存器具有位寻址功能。对于具有位地址的特殊功能寄存器中的位，在指令中除了用“位地址”外，还可以用“位定义名”或“寄存器名.位”的形式表示，如将程序状态字寄存器 PSW 中的 b3 位清 0，可以用：

```
CLR D3H      ；位地址形式
CLR RS0      ；位定义名形式。作为一个良好的习惯，建议使用“位定义名”形式
CLR PSW.3    ；“寄存器名.位”形式
```

尽管书写形式不同，但汇编时，汇编程序均自动转换为“位地址”的形式，因此这三条指令完全等效，不过使用“位定义名”和“寄存器名.位”的形式更直观。“寄存器名.位”表示形式不仅适用具有位寻址的特殊功能寄存器，也适用于具有位寻址功能的内部 RAM 单元。例如，使用“BYTEBIT DATA 20H”伪指令定义 BYTEBIT 变量后，则如下三条指令也完全等效。

```
MOV C, BYTEBIT.1
MOV C, 20H.1
MOV C, 01H
```

由于在位操作指令中，位地址采用直接寻址方式，因此 MCS-51 支持的位地址范围在 00～FFH 之间，而低 128 位地址对应 20H～2FH 字节内部 RAM 位寻址空间内的位，特殊功能寄存器中的位地址范围在 80H～FFH 之间，于是支持位寻址操作的特殊功能寄存器的字节地址必然被 8 整除，即只能是 80H、88H、90H、……、0F0H、0F8H。换句话说，凡是字节地址不被 8 整除的特殊功能寄存器均不具有位寻址功能。

(3) 8×C5××2 系列与 8×C5×系列之间仅存在如下差异：

8×C5××2 系列新增了时钟控制寄存器 CKCON，用于运行中选择 MCU 工作模式。当 X2 = 0 时，每机器周期包含 12 个时钟周期(与标准 MCS-51 相同)；而当 X2 = 1 时，每机器周期包含 6 个时钟周期，即所谓的“X2”模式。

将 8×C5×系列辅助功能寄存器 AUXR1 的通用标志位“GF2”作为“掉电唤醒”控制位 WUPD(即 Wakeup form Power Down 的简称)，即在 8×C5××2 系列中，当 WUPD(AUXR1.3) = 0 时，将禁止外中断唤醒掉电模式(复位后的缺省状态)。

(4) 寄存器中保留位用“-”表示，不宜使用，初始化时只能写入 0。

(5) 从表 2-5 中可以看出：特殊功能寄存器地址分散在 80H～FFH 之间，对于没有相应寄存器与之对应的地址单元，不能对其进行读写操作。如果对空单元进行读操作，将得到一个不确定的值，即前后两次读出的数据不相同；写入时，数据将丢失，因为，这些单元没有对应的物理存储器存放写入的数据。

下面对一些常见的特殊功能寄存器作一简单介绍：

1) 累加器 Acc

CPU 内通用寄存器，常用于存放参加算术或逻辑运算的两个操作数中的一个及运算结果，例如：

```
ADD A, 30H        ；在指令中，累加器 Acc 常简写为“A”
```

该指令的含义是以累加器 Acc 内容作为被加数，加数存放在内部 RAM 的 30H 单元中，相加后的结果(即和)再存放到累加器 Acc 中。由于早期的 CPU 没有乘法指令，乘法运算需要通过多次加法运算实现，而在多次加法运算中，寄存器 Acc 总是存放中间结果，即起了累加功能，因此也就用“累加器”来称呼该寄存器。

2) B 寄存器

B 寄存器也是 CPU 内的通用寄存器，主要用于乘法和除法运算。在乘法运算中，被乘数放在累加器 Acc 中，乘数放在 B 寄存器中，积的高 8 位存放在 B 寄存器中，低 8 位存放在累加器 Acc 中，如：

```
MUL AB        ；BA←A×B
```

在除法运算中，被除数存放在累加器 Acc 中，除数存放在 B 寄存器中。运算后，商放在累加器 Acc 中，余数放在 B 寄存器中。

3) 程序状态字寄存器 PSW

程序状态字寄存器有时也称为“标志寄存器”，由一些标志位组成，用于存放指令运行的状态，在 MCS-51 中 PSW 寄存器各位含义如下：

b7	b6	b5	b4	b3	b2	b1	b0
Cy	AC	F0	RS1	RS0	OV	—	P

Cy：进位标志。在进行加法运算时，当最高位，即 b7 位有进位，或执行减法运算，最高位有借位时，Cy 为 1，反之为 0。

AC：辅助进位标志。在进行加法运算时，当 b3 位有进位，或执行减法运算，b3 位有借位时，AC 为 1，反之为 0。

OV：溢出标志。在计算机内，带符号数一律用补码表示。在 8 位二进制中，补码所能表示的范围是 −128～+127，而当运算结果超出这一范围时，OV 标志为 1，即溢出。反之，为 0。

P：奇偶标志。该标志位始终体现累加器 Acc 中“1”的个数的奇偶性。如果累加器 Acc 中“1”的个数为奇数，则 P 位置 1；当累加器 A 中“1”的个数为偶数(包括 0 个)时，P 位为“0”。

注：在 MCS-51 中，Z(零)标志对程序员来说不透明，只要累加器 Acc 为 0，Z 标志就为 1。

例 2.1 分析如下指令执行后，PSW 寄存器各标志位的状态。

```
MOV A，#10101101B  ；把立即数 0ADH 送累加器 A，由于立即数 0ADH 中共有 5 个“1”，
                   ；因此该指令执行后，奇偶标志位 P 为 1
ADD A，#01111101B  ；0ADH 与 7DH 相加，结果存放在 A 中
        10101101   ；173(无符号数)，−83(带符号数)
    +   01111101   ；125(无符号数)，+125(带符号数)
  ──────────────
       100101010   ；作为无符号数时，和为 12AH(由于结果超出 FFH，前面的“1”自动丢失，
                   ；寄存器 A 的内容为 2AH)，即 298；作为有符号数时，和为 2AH，即 42
```

由于 b7 位向前进位，因此 Cy 为“1”；b3 位也有进位，AC 位也为“1”；而作为带符号数时，结果为 42，没有超出 −128～+127，OV 标志位为“0”。事实上，两个异号数相加，结果不会溢出，OV 标志为“0”。而 A 中含有 3 个“1”，因此 P 标志位为“1”。

例 2.2 分析如下指令执行后，PSW 寄存器各标志位的状态。

```
MOV A，#10101101B     ；把立即数 0ADH 送累加器 A，由于立即数 0ADH 中共有 5 个“1”，
                      ；因此该指令执行后，奇偶标志位 P 为“1”
ADD A，#10011101B     ；0ADH 与 9DH 相加，结果存放在 A 中
          10101101    ；173(无符号数)；−83(带符号数)
     +    10011101    ；157(无符号数)；−99(带符号数)
   ───────────────
        1 01001010    ；作为无符号数时，和为 14AH(由于结果超出 FFH，前面的“1”自
                      ；动丢失，寄存器 A 内容为 4AH)，即 330
                      ；作为有符号数时，和为 −182
```

由于 b7 位向前进位，因此 Cy 为“1”；b3 位也有进位，AC 位也为“1”；而作为带符号数时，结果为 4AH，即 +74，显然不对，两个负数相加结果也可能为正数。之所以出错，是因为 −83 加 −99 的结果为 −182，超出 −128～+127。因此，OV 标志位为“1”。

两个同号数相加，结果可能溢出，而当 OV 标志位为“1”时，说明结果不正确。

不难发现两个同号数相加，结果可能溢出；两个异号数相加，结果肯定不会溢出。两个同号数相减，结果肯定不会溢出；而两个异号数相减，结果可能溢出。而当溢出标志 OV 为 1 时，表示结果不正确。

```
RS1、RS0        ；工作寄存器组选择位，前面已介绍过
F0              ；用户标志位，可通过位操作指令将该位置 1 或清 0
PSW.1           ；保留位
```

4) 堆栈指针 SP

在计算机内，需要一块具有“先进后出”(First In Last Out，FILO)特性的存储区，用于存放子程序调用(包括中断响应)时程序计数器 PC 的当前值，以及需要保存的 CPU 内各寄存器的值(即现场)，以便子程序或中断服务程序执行结束后能正确返回主程序。这一存储区称为堆栈区。为了正确存取堆栈区内的数据，需要用一个寄存器来指示最后进入堆栈的数据所在存储单元的地址，堆栈指针 SP 寄存器就是为此设计的。

在增强型 MCS-51 系列单片机中，SP 可以指向内部 RAM 中任一单元，且堆栈向上生长，即将数据压入堆栈后，SP 寄存器内容增大。假设 SP 当前值为 2FH，则入堆指令“PUSH B”(将寄存器 B 内容压入堆栈)的执行过程如图 2-10 所示。

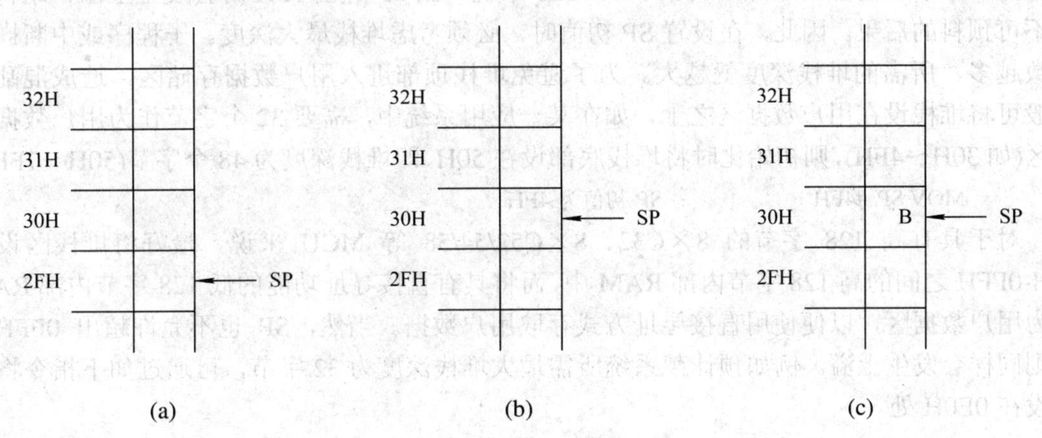

图 2-10　“PUSH B”指令的执行过程

(a) PUSH B 指令执行前；(b) SP 加 1；(c) 寄存器 B 内容存入 SP 指定的单元中

将数据从堆栈中弹出时，SP 减小。例如，将保存在堆栈中的信息弹到寄存器 B 的操作过程如图 2-11 所示。

数据入栈的操作过程为：先将 SP 加 1(即 SP←SP + 1)，然后将要入栈的数据存放在 SP 指定的存储单元中。而将数据从堆栈中弹出时，先将 SP 寄存器指定的存储单元内容传送到 POP 指令给定的寄存器或内部 RAM 单元中，然后 SP 减 1(即 SP←SP − 1)。

可以看出堆栈的底部是固定的，而堆栈的顶部则随着数据入栈和出栈而上下浮动。

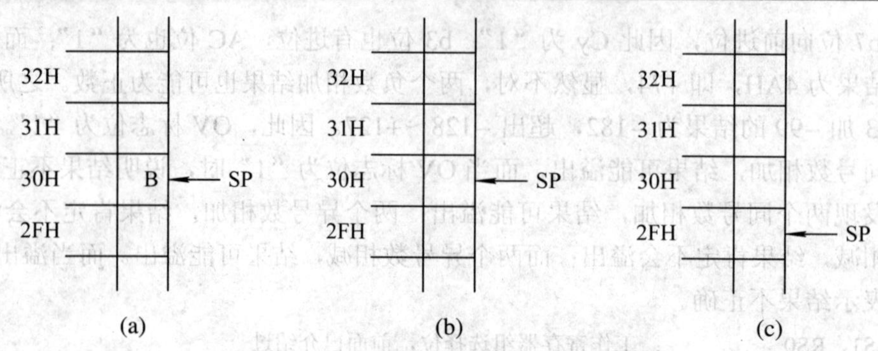

图 2-11　“POP B”指令的执行过程

(a) POP B 指令执行前；(b) 将 SP 指定单元内容传送到寄存器 B 中；(c) SP 减 1

系统复位后，PSW 的 b4、b3 位为 00，即选择了工作寄存器区中的 0 区作为当前工作寄存器区，SP 寄存器的初值为 07H，当有数据进入堆栈时，将从 08H 单元开始存放，这一般是不允许的，因为 08H～1FH 属于工作寄存器区，不宜占用；20H～2FH 是位地址区，也需要部分或全部保留。因此，必须通过数据传送指令重新设置 SP 的初值，将堆栈底部设在 30H～7FH(对于只有 128 字节内部 RAM 的 8×C31/8×C51)或 80H～FFH(对于具有 256 字节内部 RAM 的 8×C32/8×C52/54/58)之间，如：

```
MOV SP, #5FH            ；将堆栈设在 60H 单元之后
```

MCU 内 30H～FFH 单元既可以作为堆栈区，同时也是用户数据存储区。由于数量有限，必须充分利用。因此，将堆栈底部设在何处，必须认真考虑。随着入栈数据的增多，对于仅有低 128 字节内部 RAM 的 80C31、80C51 来说，当 SP 超出 7FH 时会发生上溢，这将出现不可预料的后果。因此，在设置 SP 初值时，必须考虑堆栈最大深度。子程序或中断嵌套层数越多，所需的堆栈深度就越大。为了避免堆栈顶部进入用户数据存储区，造成混乱，一般可将堆栈设在用户数据区之上，如在某一应用系统中，需要 32 个字节作为用户数据存储区(如 30H～4FH)，则初始化时将堆栈底部设在 50H，即堆栈深度为 48 个字节(50H～7FH)。

```
MOV SP, #4FH            ；SP 初值为 4FH
```

对于具有高 128 字节的 8×C32、8×C52/54/58 等 MCU 来说，最好将堆栈区设在 80H-0FFH 之间的高 128 字节内部 RAM 中，而将具有直接寻址功能的低 128 字节内部 RAM 作为用户数据区，以便使用直接寻址方式存取用户数据。当然，SP 也不允许超出 0FFH，否则同样会发生上溢。例如预计某系统所需最大堆栈深度为 32 字节，可通过如下指令将栈底设在 0E0H 处。

```
MOV SP, #0DFH           ；SP 初值为 0DFH
```

涉及入栈出栈操作的指令有：

```
PUSH direct             ；将内部 RAM 单元压入堆栈中
POP direct              ；从堆栈中将数据弹入内部 RAM 单元中
```

5) I/O 端口寄存器

P0、P1、P2、P3 口寄存器实际上就是 P0 口～P3 口对应的 I/O 端口锁存器，用于锁存通过 I/O 口输出的数据。

其实在增强型 MCS-51 中，特殊功能寄存器分别隶属于 MCU 内不同的单元电路，具体如下：

CPU 单元包含的寄存器：Acc、B、SP、PSW、DPTR、AUXR、AUXR1 和程序计数器 PC。

PC 是一个 16 位的地址寄存器，用于存放当前指令码在程序存储器中的地址，但 PC 不属于特殊功能寄存器，它没有物理地址。

定时/计数器单元包含的寄存器：TMOD、TCON、T2CON、T2MOD、TH0 与 TL0(分别是定时器 T0 的高 8 位和低 8 位)、TH1 与 TL1(分别是定时器 T1 的高 8 位和低 8 位)、TH2 与 TL2(分别是定时器 T2 的高 8 位和低 8 位)以及定时器 T2 的重装/捕捉寄存器 RCAPL2、RCAPH2。

并行 I/O 端口寄存器：P0～P3。

中断单元电路内的寄存器：IE、IP、IPH。

串行通信单元电路内的寄存器：SCON、SBUF、PCON、SADDR、SADEN。

2.3.2 程序存储器

1. 程序存储器结构

对于带有片内 ROM 的 MCS-51 系列单片机来说，片内程序存储器和外部程序存储器地址空间重叠。如果 $\overline{EA}/V_{PP}$ 引脚为高电平，且程序计数器 PC 小于等于片内 ROM 的地址空间时，将从片内程序存储器取指令(在这种情况下，$\overline{PSEN}$ 信号无效)；而当 PC 超出片内 ROM 地址空间时，自动到外部程序存储器取指令，并通过 P0 口输出低 8 位地址(A0～A7)，P2 口输出高 8 位地址(A15～A8)。当 $\overline{EA}/V_{PP}$ 引脚为低电平时，一律从外部程序存储器取指令。因此对于不带 ROM 或 EPROM 的 80C31、80C32 MCU 来说，$\overline{EA}/V_{PP}$ 引脚一律接地。

在增强型 MCS-51 系列单片机中，大部分芯片均内置了不同容量的 OTP EPROM(一次性编程的只读存储器，即没有擦除窗口的 EPROM)、Flash ROM，一般无须使用外部程序存储器芯片，$\overline{EA}/V_{PP}$ 引脚直接与电源 Vcc 相连。

增强型 MCS-51 系列单片机芯片保留的程序存储器地址空间如下：

系统复位　0000H

外部中断 0($\overline{INT0}$)服务程序入口地址　0003H

定时器 0 中断服务程序入口地址　000BH

外部中断 1($\overline{INT1}$)服务程序入口地址　0013H

定时器 1 中断服务程序入口地址　001BH

串行口中断服务程序入口地址　0023H

定时器 2 中断服务程序入口地址　002BH

复位后，程序计数器 PC 为 0000H，即从程序存储器的 0000H 单元读出第一条指令，因此可在 0000H 单元内放置一条跳转指令，如 LJMP××××(××××为主程序入口地址标号)。由于系统给每一中断服务程序预留了 8 个字节，因此，用户主程序一般存放在 0033H 单元以后，如：

```
ORG 0000H          ；用伪指令 ORG 指示随后的指令码从 0000H 单元开始存放
LJMP Main          ；在 0000H 单元存放一条长跳转指令，共 3 个字节
ORG 0003H
LJMP INT0          ；跳到外中断 INT0 服务程序的入口处
```

```
    ⋮                  ；初始化其他中断入口地址
ORG 50H                ；主程序代码从 50H 单元开始存放
Main                   ；Main 是主程序入口地址标号
```

2. 程序存储器读操作

可以使用数据指针 DPTR 作变址寄存器、累加器 Acc 作基址寄存器，通过变址寻址方式读出存放在程序存储器中的常数，如：

```
MOVC A, @A+DPTR        ；将 DPTR + A 指定的程序存储器单元信息送累加器 Acc
```

2.3.3　外部数据存储器

通过 P0、P2 口最多可以连接 64 KB 的外部数据存储器，有关外部数据存储器的连接及读写方式参阅“外存储器连接”部分。这里先介绍与外部数据存储器访问方式及有关的寄存器。

在增强型 MCS-51 芯片中，与外部数据存储器读写有关的寄存器包括数据指针 DPTR、辅助功能寄存器(AUXR)及辅助功能寄存器 1(AUXR1)，并通过 MOVX 指令读写外部数据存储器，包括：

```
MOVX A, @Ri        ；将 Ri 寄存器指定的外部 RAM 单元(低 8 位外部数据存储器地址存放在
                   ；Ri 寄存器中，寻址范围为 00H～FFH)内容传送到累加器 A(读操作)
MOVX @Ri, A        ；将累加器 A 的内容传送到由 Ri 寄存器指定的外部 RAM 单元(写操作)
MOVX A, @DPTR      ；将 DPTR 寄存器指定的外部 RAM 单元(16 位外部数据存储器地址存放
                   ；在外部数据地址寄存器 DPTR 中，寻址范围为 0000H～FFFFH)内容传送
                   ；到累加器 A(读操作)
MOVX @DPTR, A      ；将累加器 A 中的内容传送到由 DPTR 寄存器指定的外部 RAM 单元(写
                   ；操作)
```

(1) 数据指针 DPTR 是一个 16 位的专用寄存器，由 DPH(高 8 位)和 DPL(低 8 位)组成，用于存放外部数据存储器单元地址。由于 DPTR 是 16 位寄存器，因此通过 DPTR 寄存器间接寻址方式可以访问 0000H～FFFFH 全部 64 KB 的外部数据存储器空间。

(2) 为了方便外部 RAM 之间的数据块传送，增强型 MCS-51 引入了双数据指针，由辅助功能寄存器 1(AUXR1)控制，该寄存器各位含义如下：

AUXR1(字节为 0A2H)

b7	b6	b5	b4	b3	b2	b1	b0
—	—	—	—	GF2	0	—	DPS

其中：

GF2——可作用户标志位。

DPS——数据指针切换位。当 DPS = 0 时，DPTR 寄存器对应物理指针 DPTR0；当 DPS = 1 时，DPTR 寄存器对应物理指针 DPTR1。

b2 位恒为 0，且不能写入。这样就可以通过 INC AUXR1 指令快速切换数据指针，而不影响 GF2 标志(由于 b2 位不能写入，加 1 操作时，b1 向 b2 进位将自动丢失，影响不到 b7～b3 位)。

(3) 辅助功能寄存器 AUXR。在增强型 MCS-51 中，新增了辅助功能寄存器 AUXR，含义如下：

AUXR(字节为 8EH)

b7	b6	b5	b4	b3	b2	b1	b0
—	—	—	—	—	—	—	A0

用于禁止/允许地址锁存信号 ALE 输出。当 A0 为 0 时，允许 ALE 输出；而当 A0 为 1 时，除了执行“MOVX”指令外，禁止 ALE 输出，降低了电磁辐射量。当使用片内程序存储器时，调试结束后，最好通过“ORL AUXR, #01H”指令关闭 ALE 输出(但在仿真调试时，不宜关闭，原因是多数仿真机依靠 ALE 工作)。

2.4　MCS-51 外部存储器连接

由于下列原因，在 MCS-51 系列单片机系统中，可能需要扩展外部存储器，尤其是外部数据存储器、I/O 端口；部分型号芯片，如 80C31、80C32 没有内置 EPROM 或 OTP ROM，需要外接程序存储器；片内数据存储器容量小，当需要大容量数据存储空间时，就需要扩展外部数据存储器；MCS-51 可用的 I/O 引脚数目有限，常需要扩展 I/O 口，而在 MCS-51 中，扩展的并行 I/O 口是外部数据存储器空间的一部分。因此，在 MCS-51 系列单片机控制系统中，不可避免地涉及存储器的扩展问题。

在单片机系统中，一般只使用 EPROM、E^2PROM、Flash ROM 以及静态 RAM 存储器芯片扩展系统存储器，很少使用动态 RAM。因此，外存储器芯片与 MCU 的接口电路较简单，只需考虑如下几个问题即可：

(1) MCU 三总线(地址总线、数据总线、控制总线)的负载能力。MCU 三总线可直接驱动一个到数个 TTL 门电路。而存储器多为 MOS 器件，且直流输入阻抗高，直流负载很小，但输入电容较大。因此，当存储器芯片与 MCU 连接时，只需考虑交流负载能力。

在单片机应用系统中所需存储器容量不大，一般只有几千字节～几十千字节，MCU 三总线交流负载较小。因此，MCU 三总线可直接与存储器芯片三总线相连，MCU 和存储器之间不必加总线驱动器或总线缓冲器，减少了系统中芯片的数目和电路板的面积，也降低了系统的成本和功耗。

但是当扩展存储器容量较大时，交流负载较重，可能需要在 MCU 三总线和存储器之间加总线驱动器，以提高 MCU 三总线的负载能力。或系统中存在其他的总线控制设备，如 DMA 控制器或另一个 MCU 时，往往需要在 MCU 三总线和存储器之间加接带有三态输出的总线缓冲器或收发器，以便其他总线主设备使用总线。

(2) 确定存储器三总线与 MCU 三总线之间的连接方式。即需要确定存储器地址总线与 MCU 地址总线的连接方式，存储器数据总线与 MCU 数据总线的连接方式，存储器控制线(读/写控制信号、片选信号、输出允许信号)与 MCU 相应控制线的连接方式。

(3) CPU 读写时序与存储器存取速度的匹配问题。存储器的读写速度应与 CPU 要求的读写速度相同或更快，否则必须降低 CPU 时钟信号的频率或选用读写速度更快的存储器芯片。因为在单片机系统中，CPU 读写时序不是通过插入等待状态来存取低速的外存储器芯片。

对于采用“地址/数据”分时复用的 CPU，在“地址/数据”总线后，必须接锁存器芯片，锁存地址信号，以便可靠寻址。

2.4.1　CPU 地址线与存储器地址线的连接

CPU 地址总线与存储器的连接方式有两种，即高位地址译码法和线选法。在高位地址译码法中，根据地址线连接方式又分为全译码法和部分译码法两种形式。

1. 全译码法

当系统中存储器芯片多于一片时，常采用高位地址译码法，即将 CPU 地址总线的低位地址作为存储器的片内译码信号，与存储器的地址总线直接相连。而 CPU 的高位地址线经过译码器译码后产生的信号作为不同存储器芯片的片选信号或扩展 I/O 口的选通信号。如果 CPU 所有的地址线均参与译码，系统中任一存储器芯片的任一存储单元将有惟一的地址编码，那么这种高位地址译码法称为全译码法，如图 2-12 所示。

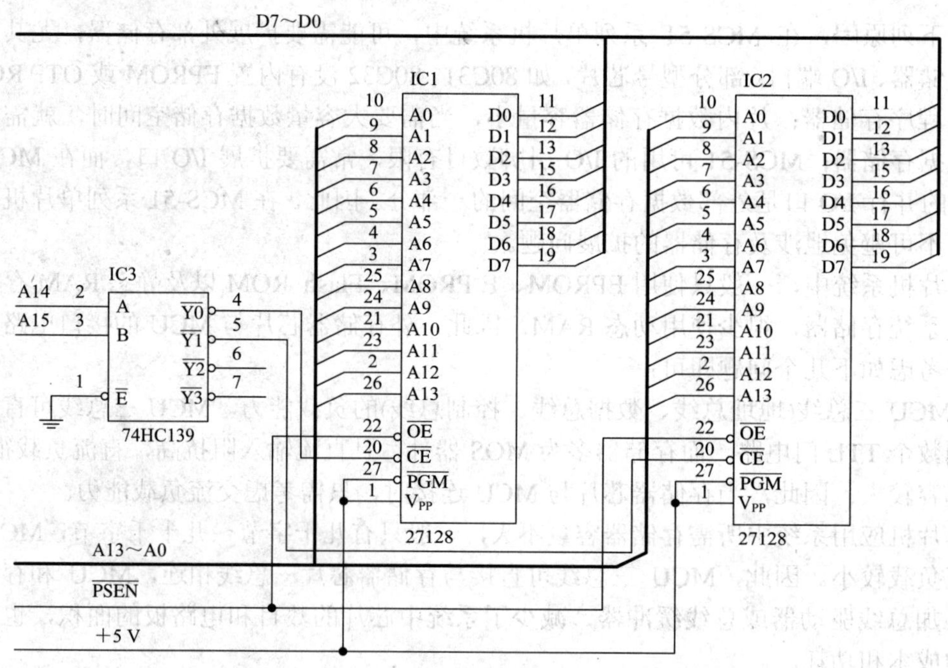

图 2-12　存储器与 CPU 的连接方式一(全译码法)

在图 2-12 所示电路中，假设 CPU 的地址总线宽度为 16 位，最大寻址范围为 64 KB。IC1 及 IC2 的地址线 A13～A0 分别连接到 CPU 的低 14 位地址线 A13～A0 上，IC1 及 IC2 的片选信号 $\overline{\text{CE}}$ 分别连接到 IC3 的译码输出端 $\overline{\text{Y0}}$ 和 $\overline{\text{Y1}}$。IC1 及 IC2 的输出允许 $\overline{\text{OE}}$ 与 CPU 的程序存储器读选通信号 $\overline{\text{PSEN}}$ 相连。IC3 的译码允许端 $\overline{\text{E}}$ 接地，使 IC3 处于译码输出允许状态。根据 74HC139 译码器的真值表可知：

当 A15、A14 为低电平时，$\overline{\text{Y0}}$ 输出低电平，而其他输出端为高电平，即 IC1 被选中。因此，IC1 的地址范围是 0000H～3FFFH。

当 A15 为低电平，A14 为高电平时，$\overline{\text{Y1}}$ 输出低电平，而其他输出端为高电平，即 IC2 被选中。因此，IC2 的地址范围是 4000H～7FFFH。

显然，在图 2-12 中，IC1 和 IC2 的任一存储单元均有惟一的地址编码，不存在地址重叠现象，这是全译码电路的主要特征之一。

2. 部分译码法

部分译码法与全译码法相似，区别仅在于：在部分译码电路中，有些地址线不参与译码，存储器中某一存储单元的地址编码不惟一，有两个或两个以上的地址空间与之对应，如图 2-13 所示。

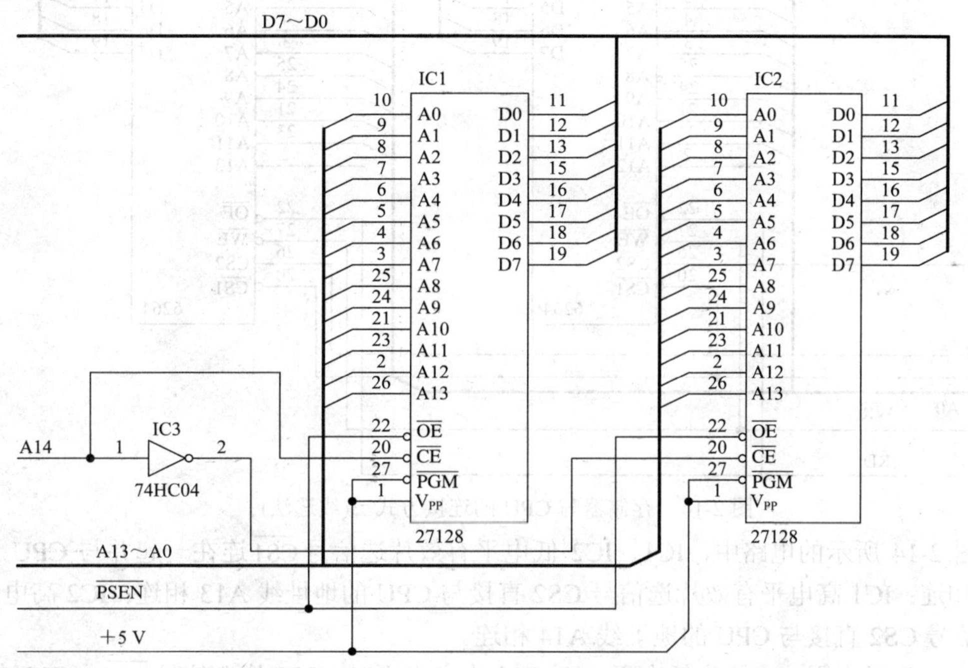

图 2-13　存储器与 CPU 的连接方式二(部分译码法)

在图 2-13 所示的电路中，当 A14 为低电平时，IC1 的片选信号输入端 $\overline{CE}$ 为低电平，即 IC1 被选中。但由于 A15 未参与译码，不论 A15 是高电平还是低电平，IC1 片选信号均有效。因此，IC1 的地址范围是 0000H～3FFFH(A15 为低电平时)或 8000H～BFFFH(A15 为高电平)。换句话说，在这种情况下，IC1 中任一存储单元均有两个地址编码与之对应，如 0000H 和 8000H 实际上均指向 IC1 中编号为 0000H 的存储单元。

而高位地址线 A14 经 IC3A 反相后接 IC2 的 $\overline{CE}$ 引脚，可见当 A14 为高电平时，IC2 的片选信号输入端 $\overline{CE}$ 有效。因此，IC2 的地址范围是 4000H～7FFFH(A15 为低电平时)或 C000H～FFFFH(A15 为高电平)。

显然，在图 2-13 所示的电路中，不仅存储单元地址编码不惟一，而且重叠的地址空间将不能再分配给其他的存储器芯片，未能发挥 CPU 的寻址能力。但当 CPU 寻址范围较大，而所需的外存储器容量较小时，这一缺陷并不突出。

在单片机系统中，外部程序存储器容量不很大，常选用图 2-13 所示的连接方式，并假设 A15 为低电平，即使用低地址空间。

3. 线选法

如果 CPU 的寻址能力较大，而系统实际所需的存储器容量较小时，为简化系统电路连线，直接用 CPU 的高位地址线作为存储器芯片的片选信号，如图 2-14 所示。

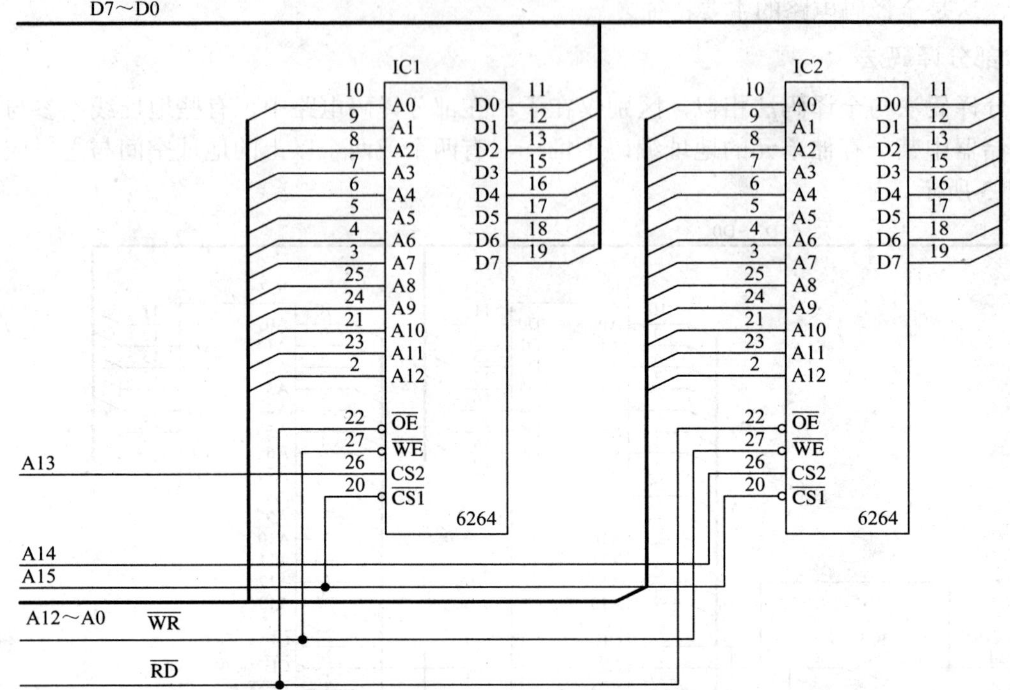

图 2-14　存储器与 CPU 的连接方式三(线选法)

在图 2-14 所示的电路中，IC1、IC2 低电平有效片选信号 $\overline{CS1}$ 连在一起并与 CPU 地址线 A15 相连；IC1 高电平有效片选信号 CS2 直接与 CPU 的地址线 A13 相连；IC2 高电平有效片选信号 CS2 直接与 CPU 的地址线 A14 相连。

当 A15 为低电平，A14 为低电平，而 A13 为高电平时，IC1 片选信号 $\overline{CS1}$、CS2 有效，因此 IC1 存储单元的地址编码为 2000H～3FFFH；反之，当 A15 为低电平，A14 为高电平，而 A13 为低电平时，IC2 的片选信号 $\overline{CS1}$、CS2 有效，因此 IC2 存储单元的地址编码为 4000H～5FFFH。

然而当 A15 为低电平，A14、A13 均为高电平时，IC1 和 IC2 将同时被选中。在种情况下，将出现混乱，因此，在图 2-14 所示的电路中，不允许使用 6000H～7FFFH 的地址空间。

可见，线选法会出现两个芯片同时被选中的现象，从而造成部分地址空间不能用。当用该方法连接程序存储器时，如果禁用的存储空间正好包含程序计数器 PC 复位后的初值，则不宜采用线选法连接方式。此外也可能存在地址重叠现象。

2.4.2　MCS-51 控制系统中程序存储器的连接

目前 EPROM、E^2PROM、Flash ROM 存储器芯片品种、规格多，且大容量存储器芯片价格并不高。因此，在由 80C31、80C32 等 CPU 构成的单片机控制系统中，一般可根据程序代码的长短，选择相应容量的单片 EPROM(目前多为 OTP ROM)、E^2PROM 或 Flash ROM 芯片作为系统的程序存储器，以减少控制系统芯片的数目和电路板的面积，降低成本，提高系统的可靠性。

例如，当程序大小在 4～8 KB 之间时，可以选择一片 2764 EPROM 芯片或 28C64

E^2PROM 芯片作为程序存储器；而当程序大小在 8～16 KB 之间时，可以选择一片 27128 EPROM 芯片作为程序存储器；又如，当程序大小在 16～32 KB 之间时，可以选择一片 27256 EPROM 芯片、28C256 E^2PROM 芯片或 28F256A Flash ROM 芯片作为程序存储器；当程序代码超过 32 KB 时，可以选择 27C512、28F512 等芯片作为程序存储器。

当使用单个存储器芯片时，存储器片选信号 $\overline{CE}$ 一般可直接接地，MCS-51 芯片外部程序存储器读选通信号 $\overline{PSEN}$ 与存储器芯片 $\overline{OE}$ 相连，如图 2-15 所示。

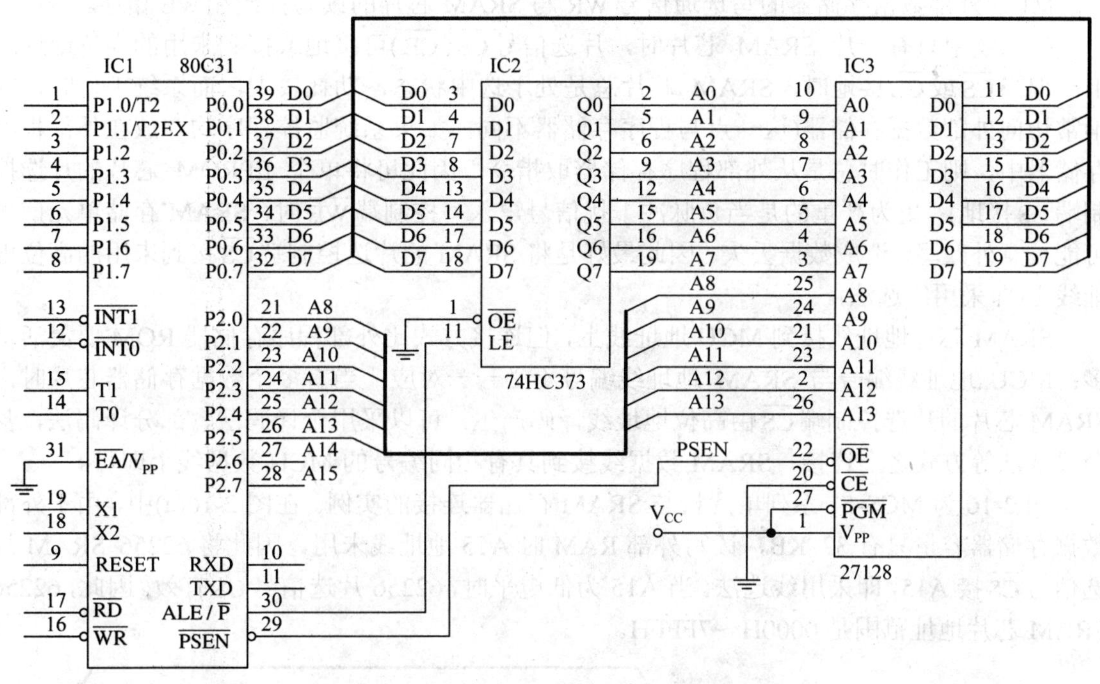

图 2-15　单片 EPROM 存储器芯片与 80C31 CPU 的连接

由于 MCS-51 采用地址/数据分时复用技术，低 8 位地址 A7～A0 与数据总线 D7～D0 分时使用 P0 口引脚，因此在存储器低 8 位地址 A7～A0 之间需要加 74LS573 或 74HC373 锁存器，利用 ALE 地址锁存信号下降沿将低 8 位地址信号 A7～A0 锁存到 74LS573 或 74HC373 中，以便 P0 口作数据总线使用。

由于近年来集成电路制造技术、生产工艺的不断进步，在单片机芯片中内置 OTP ROM、Flash ROM 存储器已成为趋势，且价格低廉，目前市场见到的 MCS-51 兼容单片机芯片几乎都带有不同种类、不同容量的片内程序存储器，如含有 OTP ROM 的 87C51、87C52、87C54、87C58，以及含有 Flash ROM 的 89C51、89C52、89C54、89C58 等 MCS-51 兼容芯片不仅价格低廉，而且同系列、不同程序存储器容量芯片之间的价差很小。尽管 89C58 片内程序存储器容量为 32 KB，是 89C54 片内程序存储器容量的两倍，但价差不大。此外，编程设备多，价格也不高。因此，在工作频率不高的 MCS-51 单片机控制系统中，几乎不再采用没有片内程序存储器的 80C31、80C32 芯片(在研发阶段，采用可反复擦写的 89C5×/89C5××2 芯片，在批量生产阶段可采用价格较低的、以 OTP ROM 作为程序存储器的 87C5×/87C5××2 芯片)，硬件设计时无须扩展外部程序存储器，仅需考虑数据存储器和 I/O 端口扩展。

2.4.3　数据存储器的连接

在 MCS-51 单片机系统中，外部数据存储器空间与程序存储器空间分离，对于外部数据存储器来说，通过外部数据存储器就可以读选通信号 $\overline{RD}$ 和写选通信号 $\overline{WR}$ 的访问。因此，MCS-51 系列芯片与外部 RAM 相连时：

MCU 外部数据存储器的读选通信号 $\overline{RD}$ 与 SRAM 芯片的输出允许端 $\overline{OE}$ 相连。

MCU 外部数据存储器的写选通信号 $\overline{WR}$ 与 SRAM 芯片的读写控制端 $\overline{WE}$ 相连。

当系统中只有一片 SRAM 芯片时，片选信号 $\overline{CS}$($\overline{CE}$)可接地或接到未用的高位地址线上。但当 $\overline{CS}$ 或 $\overline{CE}$ 接地时，SRAM 芯片总是处于选中状态，功耗较大，而系统工作时，并不常访问外部数据存储器(这一点与程序存储器不同，如果系统监控程序均存放在外部程序存储器中，则工作时总是从外部程序存储器取指令，因此可将单个 EPROM 芯片的片选控制端 $\overline{CS}$ 接地)；更为严重的是当负脉冲干扰信号窜入写控制端 $\overline{WE}$ 时，SRAM 存储单元信息可能被意外改写，造成数据丢失。因此最好是将 SRAM 的片选控制端 $\overline{CS}$ 接到未用的高位地址线上(即采用线选法)。

SRAM 芯片地址线接到 MCU 地址线上，但连接方式比外部程序存储器 ROM 要灵活得多：MCU 地址线编号与 SRAM 地址线编号不必一一对应；当有多个数据存储器芯片时，SRAM 芯片的片选控制端 $\overline{CS}$ 由高位地址线译码产生，可以采用全译码法、部分译码法，甚至线选法等方式之一连接。SRAM 数据线接到具有相同编号的 MCU 数据线上即可。

图 2-16 为 MCS-51 系列单片机与 SRAM 存储器连接的实例。在图 2-16(a)中，由于外部数据存储器容量只有 32 KB，读写外部 RAM 时 A15 地址线未用，因此将 62256 SRAM 片选信号 $\overline{CS}$ 接 A15，即采用线选法。当 A15 为低电平时，62256 片选信号 $\overline{CS}$ 有效。因此，62256 SRAM 芯片地址范围是 0000H～7FFFH。

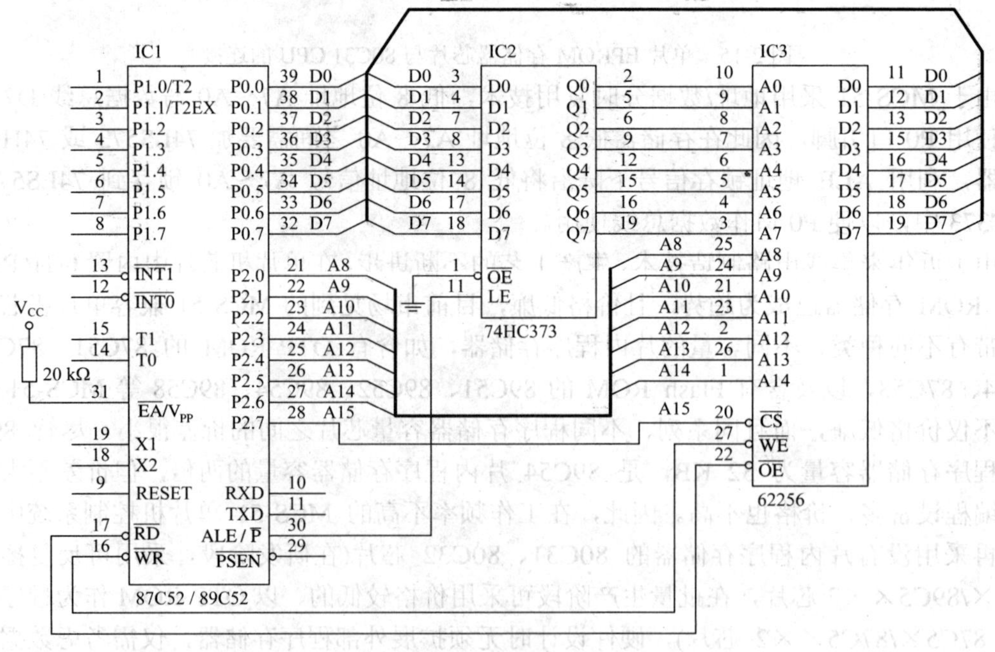

(a)

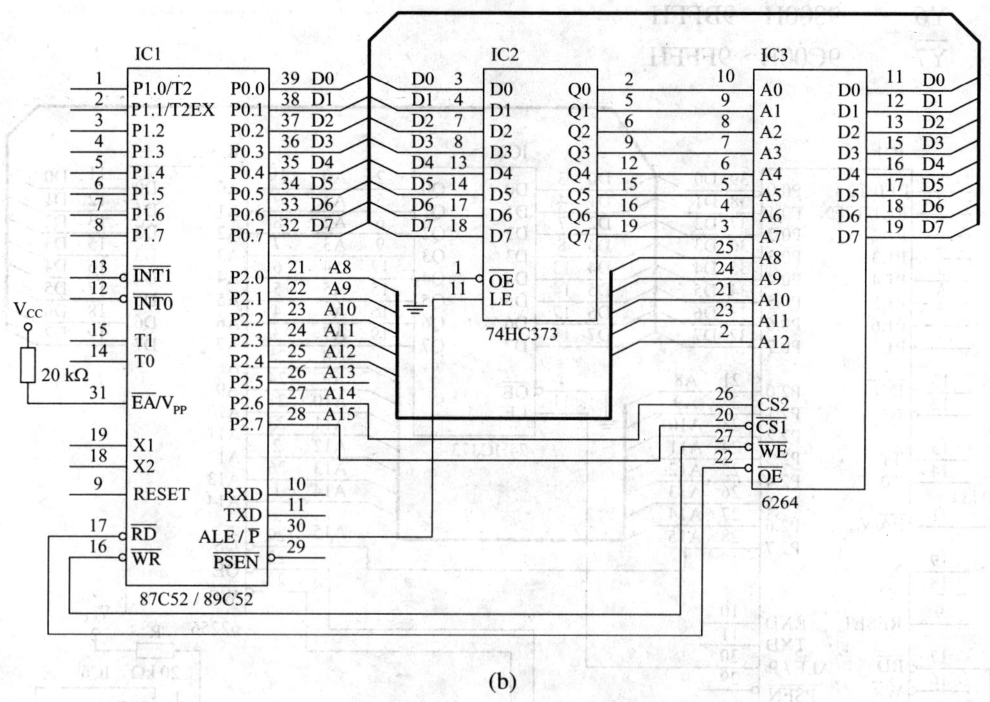

图 2-16　MCS-51 系列单片机与 SRAM 存储器的连接

6264 SRAM 芯片有高电平有效片选信号 CS2 和低电平有效片选信号 $\overline{CS1}$，只有当 CS2 为高电平、$\overline{CS1}$ 为低电平时，6264 SRAM 芯片才处于选中状态。为防止 SRAM 单元被意外写入，当系统中只有一片 6264 芯片时，可采用如图 2-16(b)所示连接方式。高电平有效片选信号 CS2 接未用的高位地址线 P2.6(即 A14)；低电平有效片选信号 $\overline{CS1}$ 接未用的高位地址线 P2.7(即 A15)。可见，当 A15 为低电平、A14 为高电平时，6264 被选中，地址范围在 4000H～5FFFH(A13 没有参与连线，可取任意值)。

当系统中含有两块 SRAM 芯片时，可采用如图 2-14 所示的连接方式，片选信号直接与未用的高位地址线相连。

由于 MCS-51 芯片外部 RAM 地址空间与扩展 I/O 端口空间统一编址，或者说扩展 I/O 端口是外部 RAM 的一部分。因此，在 MCS-51 应用系统中，常采用高位地址译码法，产生外部 RAM 的片选信号和 I/O 端口的选通信号。在图 2-17 所示电路中，外部数据 RAM 采用 62256 芯片，容量为 32 KB，A15 地址线接 62256 SRAM 片选信号 $\overline{CS}$，因此 62256 地址空间为 0000H～7FFFH；74HC138 译码器 A、B、C 输入端分别与 P2.2(A10)、P2.3(A11)、P2.4(A13)相连，译码输出允许端 $\overline{E1}$、$\overline{E2}$ 分别接 MCU 地址线 A14(低电平有效)，E3 接 A15(高电平有效)，根据 138 译码器译码条件，可知各译码端对应的地址为：

$\overline{Y0}$　8000H～83FFH

$\overline{Y1}$　8400H～87FFH

$\overline{Y2}$　8800H～8BFFH

$\overline{Y3}$　8C00H～8FFFH

$\overline{Y4}$　9000H～93FFH

$\overline{Y5}$　9400H～97FFH

$\overline{\text{Y6}}$　　9800H～9BFFH

$\overline{\text{Y7}}$　　9C00H～9FFFH

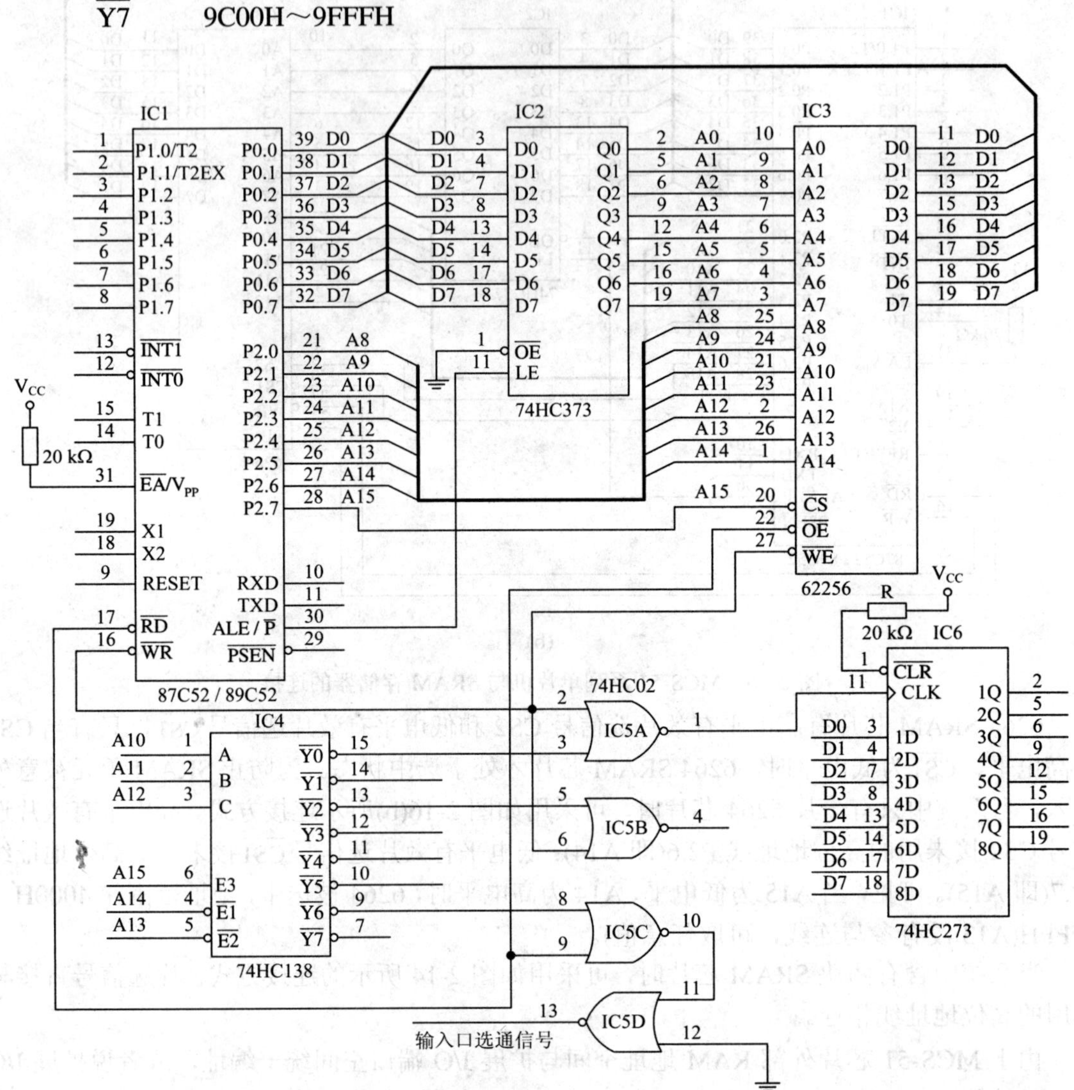

图 2-17　MCS-51 系列单片机数据存储器、扩展 I/O 口片选信号通用电路

在图 2-17 中，使用了一片 74HC273 D 型触发器(上升沿触发)扩展了一个 8 位输出口。当 $\overline{\text{Y0}}$ 有效时，或非门(74HC02)IC5A 解锁(等效于一个反相器)，74HC273 D 型触发器的送数脉冲 CLK 与 MCU 外部数据存储器写控制信号 $\overline{\text{WR}}$ 相位反相，于是对 8000H 端口执行如下写操作时，即可将累加器 Acc 中信息输出到 IC6 的 Q 端。

```
MOV DPTR, #8000H
MOVX @DPTR, A
```

当 $\overline{\text{Y6}}$ 有效时，或非门 IC5C 输出信号与 MCU 外部数据存储器读控制信号 $\overline{\text{RD}}$ 相位反相，IC5D 输出端(13 引脚)信号相位与 MCU 外部数据存储器读控制信号 $\overline{\text{RD}}$ 相同，可作为低电平有效输入口选通信号。

138 译码器剩余的译码输出端可作 8255A、8155 等可编程 I/O 芯片的片选信号。该电路适应性强，是一个通用的外部 RAM、扩展 I/O 端口片选信号生成电路，适用于所有外部数据存储器容量在 32 KB 以内的应用系统，也就是说图中的 SRAM 存储器芯片可以是 6264、62256 芯片。

在图 2-17 中，如果将译码输出允许端 $\overline{E1}$ 、$\overline{E2}$ 接地，E3 接 A15，A13、A12、A11 接译码输入端 C、B、A，则译码输出端抗干扰性能将变差，尤其是译码输入编码中只有一个为低电平的译码输出端，如 $\overline{Y3}$、$\overline{Y5}$、$\overline{Y6}$ 更容易受到干扰，因此尽管理论上可行，但实践上不宜采用。

考虑到 MCU 读写外部 RAM 选通信号的时序，也不宜将 MCU 外部数据存储器读、写控制信号 $\overline{RD}$ 和 $\overline{WR}$ 作为 138 译码器的译码输出允许控制信号。

当系统中同时存在数据存储器和程序存储器时，程序存储器的输出允许端 $\overline{OE}$ 接 80C31/80C32 MCU 的程序存储器选通信号 $\overline{PSEN}$，数据存储器读/写控制端分别与 80C31/80C32 MCU 的外部数据存储器读、写控制信号 $\overline{RD}$ 和 $\overline{WR}$ 相连，如图 2-18 所示。

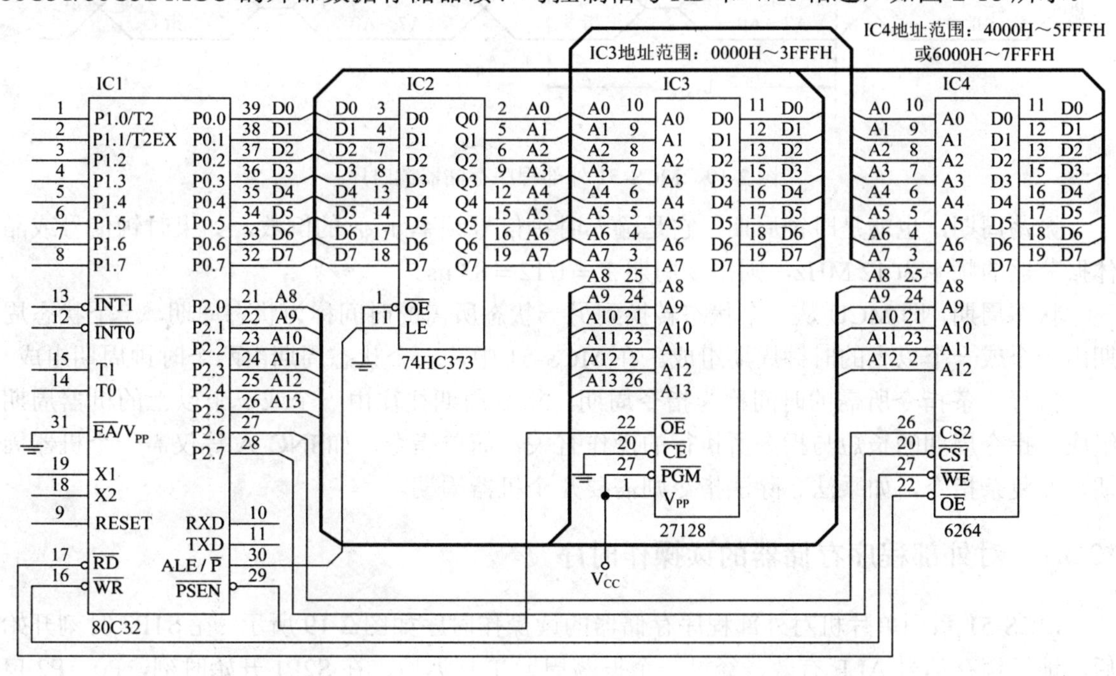

图 2-18　MCS-51 系列单片机与数据和程序存储器的连接

2.5　操 作 时 序

计算机的操作就是逐条执行存放在存储器中的指令，计算机的工作就是不断重复“取指→译码→执行”过程。所有这些操作都按一定的顺序进行，因此在计算机内需要向 MCU 输入精确、稳定的时钟信号，以实现定时。

机器周期是指计算机完成一次基本的操作所需要的时间，MCS-51 一个机器周期由六个状态周期组成，共 12 个振荡周期，分为六个状态，分别称为 S1、S2、S3、S4、S5、S6，每个状态都包含 P1、P2 两相，如图 2-19 所示。

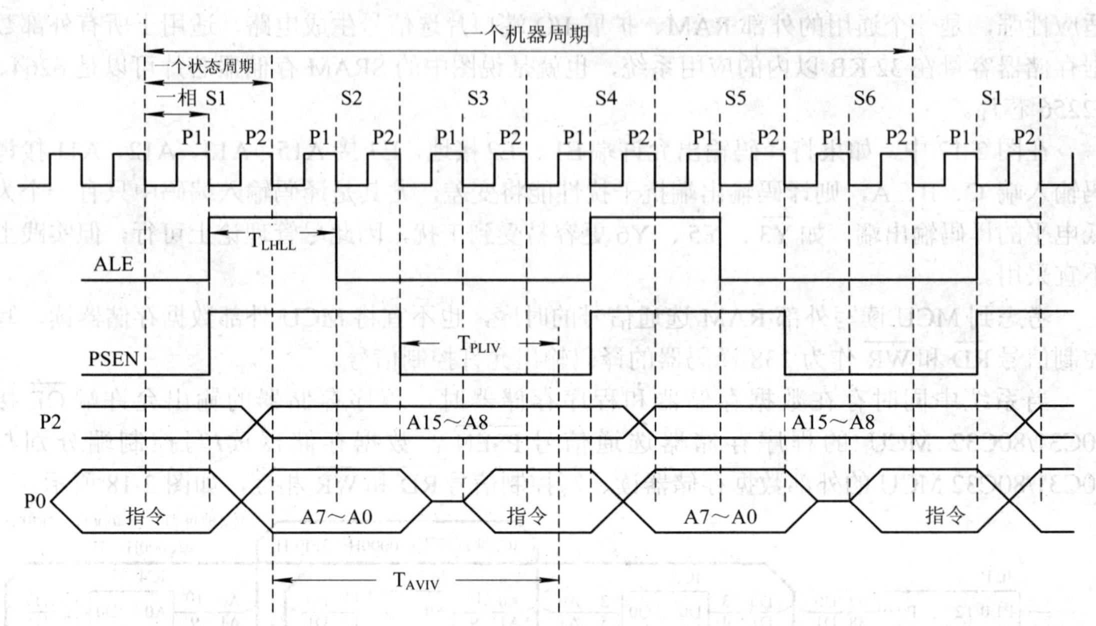

图 2-19 MCS-51 外部程序存储器读时序

振荡周期，也就是时钟周期，它是输入时钟信号频率 f_{OSC} 的倒数。如果时钟信号或晶体振荡器的频率为 12 MHz，则振荡周期 T = 1/12 = 83 ns。

状态周期，即 MCU 从一个状态转换到另一状态所需的时间称为状态周期，一个状态周期由一个或一个以上的时钟周期组成。在 MCS-51 中，一个状态周期由两个时钟周期组成。

执行一条指令所需的时间称为指令周期，指令周期往往由一个或一个以上的机器周期组成。指令周期的长短与指令所执行的操作有关，简单指令，如 INC A 等仅需一个机器周期，而复杂指令，如乘法、除法指令则需要几个机器周期。

*2.5.1 对外部程序存储器的读操作时序

MCS-51 系列单片机对外部程序存储器的读操作时序如图 2-19 所示，在 S1P2 时刻开始后，地址锁存信号 ALE 有效，经过一个振荡周期 T 延迟后，在 S2P1 开始时刻，P0、P2 口分别送出低 8 位地址信息和高 8 位地址信息(即当前指令码所在的程序存储器单元地址)，再经过一个振荡周期，待 P0 口地址信息稳定后，ALE 由高电平变为低电平，将 P0 口输出的低 8 位地址信息(A7～A0)锁存在 74HC373 芯片中。因此，ALE 信号有效时间(ALE 信号脉冲宽度为 T_{LHLL})为 2T。

ALE 下降沿过后，再经过一个振荡周期，即在 S2P2 结束时刻，P0 地址信息消失，因此 ALE 无效后，P0 口地址信息保存时间等于 T。

外部程序存储器读选通信号 $\overline{\text{PSEN}}$ 在 S2P2 时刻结束后，开始有效，以选通外部程序存储器芯片(该信号一般接 EPROM 芯片的输出允许端 $\overline{\text{OE}}$)，并保持到 S4P1 结束时刻，即 $\overline{\text{PSEN}}$ 有效时间为 3T。在 $\overline{\text{PSEN}}$ 由低电平变为高电平前，MCU 读取 P0 口引脚的信息(即指令码)，而不管程序存储器芯片是否已将数据送到 P0 引脚。因此，程序存储器芯片的速度必须足够快，否则不能及时将数据输出到 P0 引脚。

MCS-51 系列单片机在一个机器周期内，可以从程序存储器中读出两个字节的指令码，从 S5P1 时刻开始，P0、P2 口分别输出下一存储单元的地址信息，重复取指过程。因此，在访问外部程序存储器时，一个机器周期内，ALE 信号及 $\overline{PSEN}$ 信号出现两次，即在一个机器周期内，可以读取两个字节的指令码。对于单字节指令来说，第一次读出指令码后，PC 保持不变，并自动丢弃在下一周期的 S1P1 时刻读出的指令码；对于双字节单周期指令来说，第一次读操作获得指令操作码后，PC 自动加 1，在下一机器周期的 S1P1 时刻读出指令码的第二字节。

可见，为保证在 $\overline{PSEN}$ 上升沿前程序存储器将数据输出到 P0 引脚，必须确保：

(1) 存储器地址有效到数据输出有效时间 T_{ACC} 必须小于等于 MCU 地址有效到采样 P0 数据时间 T_{AVIV}，即要求：$T_{ACC} \leqslant T_{AVIV} = 5T - t$(地址有效到 $\overline{PSEN}$ 无效的时间为 5T，但 MCU 在 $\overline{PSEN}$ 无效前采样 P0 口数据，t 即为采样数据到 $\overline{PSEN}$ 无效的间隔，t 的大小可从 MCS-51 技术手册中查到)。

(2) 存储器 $\overline{OE}$ 有效到数据输出有效时间 T_{OE} 必须小于等于 $\overline{PSEN}$ 有效到 MCU 采样 P0 口数据时间 T_{PLIV}，即要求：

$$T_{OE} \leqslant T_{PLIV} = 3T - t$$

当由单片存储器芯片组成程序存储器时，片选信号 $\overline{CE}$ 接地，一直处于有效状态，不用考虑存储器片选信号有效到数据输出有效时间 T_{CE}；而当程序存储器由两片或两片以上芯片组成时，片选信号 $\overline{CE}$ 由高位地址译码产生，片选信号 $\overline{CE}$ 有效到采样 P0 口数据的时间等于 T_{AVIV}。但存储器芯片技术参数中的 $T_{CE} \leqslant T_{ACC}$，因此只要满足 $T_{ACC} \leqslant T_{AVIV}$，即满足

$$T_{CE} \leqslant T_{AVIV}$$

即不用考虑 T_{CE} 问题。

2.5.2　外部数据存储器读写时序

在读写外部数据存储器时，分别由 $\overline{RD}$ 和 $\overline{WR}$ 信号选通外部数据存储器，操作时序如图 2-20 所示。

1. 外部数据存储器读操作时序

“MOVX A, @DATR”或“MOVX A, @Ri”指令属于单字节双周期指令，操作时序如图 2-20(a)所示。

在第一个机器周期内，取出指令码，操作时序与程序存储器读时序相同，在第一个机器周期的 S5P1 结束时刻，进入指令的执行阶段，对于 MOVX A, @DPTR 指令来说，外部数据存储器低 8 位地址存放在 DPL 寄存器中，这时 P0 口输出的信息就是 DPL 寄存器内容，高 8 位地址存放在 DPH 寄存器中，通过 P2 口输出；对于 MOVX A, @Ri 指令来说，外部数据存储器低 8 位地址存放在 Ri 寄存器中，通过 P0 口引脚输出，而 P2 口引脚信息就是 P2 口锁存器内容，保持不变。

在第一个机器周期的 S5P1 结束时刻，ALE 由高电平变为低电平，锁存 P0 口输出的外部数据存储器低 8 位地址信息。

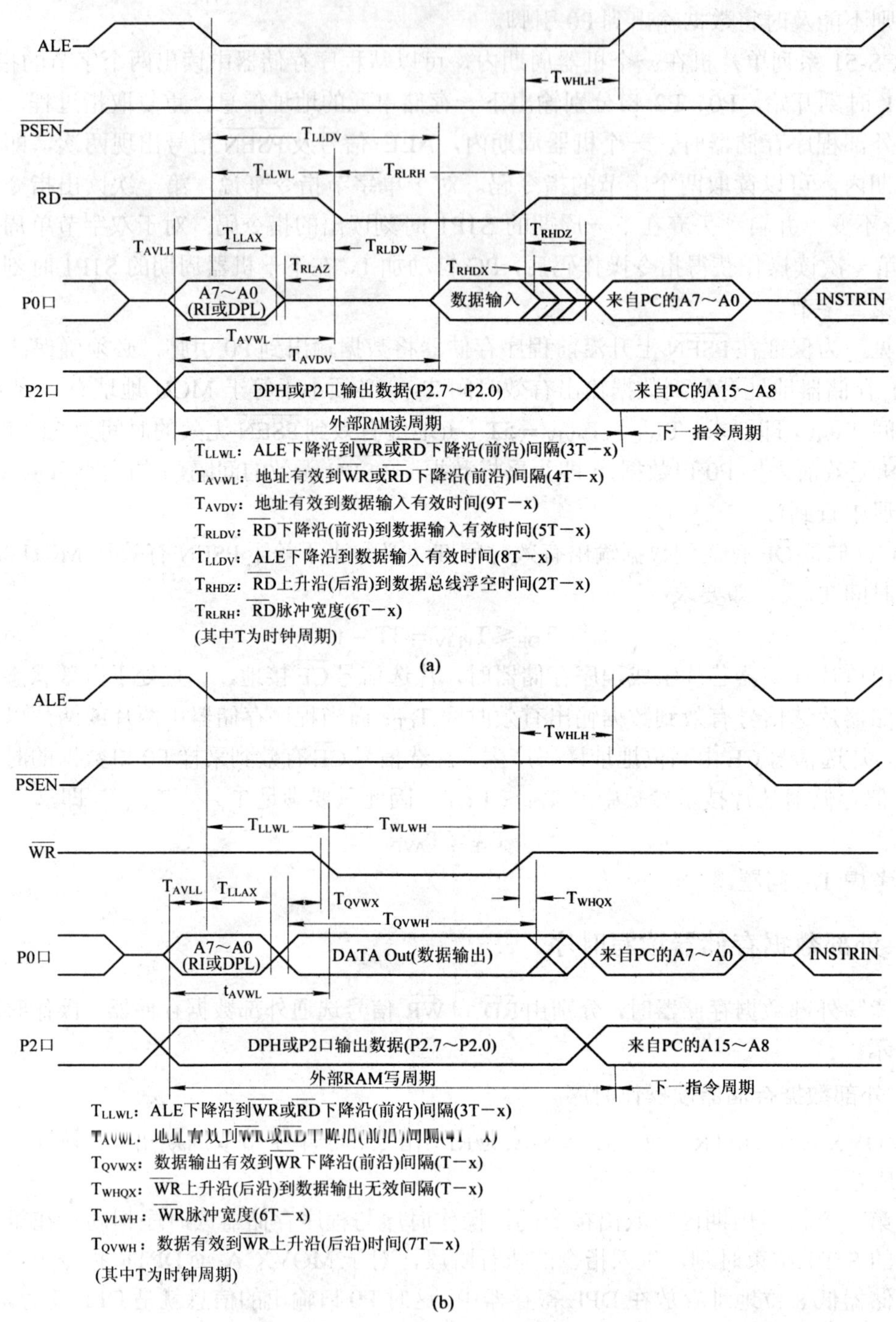

图 2-20　MCS-51 外部数据存储器读/写时序

(a) 外部数据存储器读操作时序；(b) 外部数据存储器写操作时序

在第一个机器周期的 S6P2 结束时刻，外部数据存储器的读选通信号 $\overline{RD}$ 有效(该信号接外部数据存储器的输出允许端 $\overline{OE}$)，并保持到第二个机器周期的 S3P2 结束时刻，因此 $\overline{RD}$ 低电平时间为 6T。MCU 在第二个机器周期的 S3P1 结束前，也就是 $\overline{RD}$ 上升沿(即后沿)读 P0

口引脚，将数据总线上的信息传到 MCU 内部数据总线。因此，外部数据存储器必须在 $\overline{RD}$ 上升沿(即后沿)来到前将数据信息送到数据总线上，即 P0 口引脚。即 MCS-51 芯片利用 $\overline{RD}$ 信号上升沿锁存外部数据信息。

在扩展输入口电路中，控制输入芯片数据总线与 MCU 数据总线连通的三态门控制信号 $\overline{OE}$ 由 MCU 高位地址译码输出信号和 CPU 外部数据存储器读控制信号 $\overline{RD}$ 相“或”后得到，如图 2-17 所示，$\overline{RD}$ 信号延迟时间约为两个门电路的延迟时间(20 ns)，完全满足要求。

可见外部数据存储器地址有效到读引脚数据时间 $T_{AVDV} = 9T - x$；$\overline{RD}$ 有效到读引脚数据时间 $T_{RLDV} = 5T - x$；$\overline{RD}$ 无效到 ALE 有效的时间为 1T。因此，MCS-51 与外部数据存储器连接时，必须保证：

(1) $T_{ACC} \leqslant T_{AVDV} = 9T - x$(地址有效到 CPU 读外部 RAM 数据时间，x 的大小可从 MCS-51 技术手册中查到)。

(2) $T_{OE} \leqslant T_{RLDV} = 5T - x$。

(3) T_{OHZ}($\overline{OE}$ 无效到存储器芯片数据总线变为高阻态的时间)$\leqslant$1T。

(4) 地址有效到写操作结束时间 $T_{AW} \leqslant 10T$。

(5) 数据有效到写操作结束时间 $T_{DW} \leqslant 7T$。

一般采用静态 RAM(即 SRAM)作为外部数据存储器，而 SRAM 读写速度比 EPROM 快，且读写外部 RAM 时间比读外部 ROM 长。因此，当时钟信号频率小于等于 12 MHz 时，所有静态 RAM 均能满足要求。

2. 外部数据存储器写操作时序

外部数据写操作时序与读操作时序相似，外部数据存储器地址信息锁存后，在第一个机器周期的 S6P1 结束时，写数据就出现在 P0 口引脚上；在 S6P2 结束时刻外部数据存储器写选通信号 $\overline{WR}$ 有效(该信号接外部数据存储器芯片的写允许信号 $\overline{WE}$)，启动写操作(写数据有效到 $\overline{WR}$ 有效时间 $T_{QVWX} = T - x$)，$\overline{WR}$ 保持时间 $T_{WLWH} = 6T$。因此，地址有效到写操作结束时间为 10T(地址有效到 $\overline{WR}$ 有效时间 + $\overline{WR}$ 有效时间)。

而 $\overline{WR}$ 无效后数据维持时间 $T_{WHQX} = T - x$，小于一个时钟周期，当时钟频率高时，T_{WHQX} 将小于一个门电路的延迟时间。因此，对外部数据存储器(包括扩展 I/O 口)写入时，应利用 CPU 外部数据存储器写选通信号 $\overline{WR}$ 的下降沿(即前沿)作为外部 RAM、扩展输出口芯片的数据输入锁存信号，一般不能利用 $\overline{WR}$ 的上升沿(即后沿)作为数据输入锁存信号。原因是锁存信号由 CPU 高位地址译码输出信号和 MCU 外部数据存储器写控制信号 $\overline{WR}$ 经或非门得到(如图 2-17 所示)，当 $\overline{WR}$ 信号传送到输出口扩展芯片(如 74HC273)的锁存信号 CLK 引脚时，存在延迟(延迟时间与经过的门电路级数、PCB 板上 $\overline{WR}$ 信号连线长度有关)，$\overline{WR}$ 上升沿来到时，MCU 数据总数上的输出数据很可能已无效。

2.5.3　6 时钟/机器周期模式下的时序

8×C5××2、89C6××2 芯片每一个机器周期包含的时钟周期由时钟选择寄存器 CKCON 的 X2 位和位于 Flash ROM 保密块中的时钟配置位 FX2 控制，如表 2-6 所示。这样通过修改时钟选择寄存器 CKCON 的 X2 位或保密块中的时钟选择位 FX2 来选择“6 时钟”或“12 时钟”运行模式。

表 2-6　时 钟 配 置

FX2 位状态 (位于 Flash ROM 保密字节内)	X2 位状态 (CKCON.0)	CPU 时钟
擦除(未编程)	0(默认)	12 时钟
擦除(未编程)	1	6 时钟
编程	×(无效)	6 时钟

从表 2-6 可以看出位于 Flash ROM 保密字节内的系统时钟配置位 FX2 比 CKCON 寄存器内的 X2 位优先，即当 FX2 位被编程(可通过并行编程器编程或擦除)后，X2 位无效，系统运行在“6 时钟”模式。

当 FX2 位未被编程时，将 CKCON 寄存器的 X2 位置 1，系统由“12 时钟/机器周期”模式切换到“6 时钟/机器周期”模式，在这种情况下，时序图中各信号先后顺序不变，但时间间隔与“12 时钟/机器周期”标准模式相比将减小一半，指令执行时间只有原来的 1/2。因此，在 6 时钟/机器周期模式下，扩展外部存储器或 I/O 端口时，必须注意外部存储器芯片存取速度能否满足要求，否则必须降低时钟频率。

2.6　复位及复位电路

2.6.1　CPU 内部复位电路

增强型 MCS-51 系列单片机芯片采用高电平复位方式，其内部复位电路如图 2-21 所示，高电平复位脉冲经 RST 引脚输入到内部施密特触发器整形后，送 CPU 内部复位电路。CPU 在每一个机器周期的 S5P2 时刻采样施密特触发器的输出端，若为高电平，则强迫机器进入复位状态。为了保证 CPU 内部各单元电路可靠复位，RST 引脚复位脉冲高电平维持时间必须大于 24 个振荡周期，只要 RST 引脚保持高电平状态，则每隔 24 个振荡周期将重复一次复位操作，直到 RST 引脚变为低电平。当 RST 引脚由高电平变为低电平后，CPU 将脱离复位状态，进入取指周期(复位后，PC = 0000H，即从程序存储器的 0000H 单元取出第一条指令的机器码)。

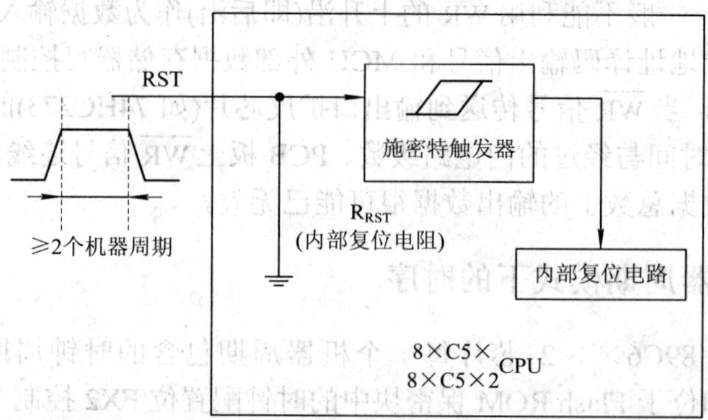

图 2-21　增强型 MCS-51 系列单片机芯片内部复位电路

复位期间(即 RST 为高电平期间)，P0 口为高阻态，P1～P3 口输出高电平；外部程序存

储器读选通信号 $\overline{PSEN}$ 无效(高电平)，地址锁存信号 ALE 也为高电平。当 $\overline{EA}/V_P$ 引脚接地时，RST 变为低电平后，P0、P2 口应为脉冲状态；$\overline{PSEN}$、ALE 引脚也为脉冲状态，P1、P3 口的状态由程序决定；当 $\overline{EA}/V_P$ 引脚接高电平，即复位后从片内程序存储器执行指令时，P0、P2 口作 I/O 引脚，其状态由程序设定，$\overline{PSEN}$ 信号无效。复位操作不改变内部 RAM 单元内容；但复位后将重新定义特殊功能寄存器的初值，如表 2-5 所示。

2.6.2　复位电路

可以使用 RC 分立元件或 μP(即微处理器)监控芯片构成 MCS-51 单片机芯片的外部复位电路。

1. 由 RC 分立元件构成的复位电路

由 RC 分立元件构成的 MCS-51 单片机外部复位电路如图 2-22 所示。

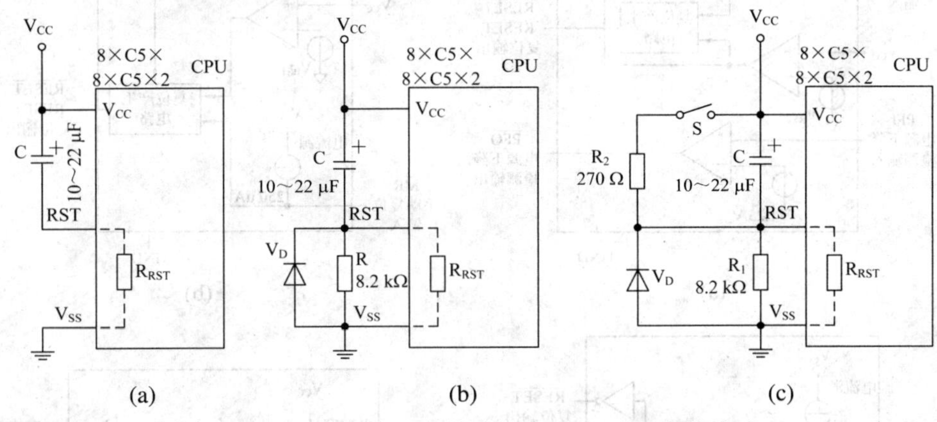

图 2-22　由 RC 分立元件构成的 MCS-51 外部复位电路

图 2-22(a)是最简单的复位电路，在 Vcc 和 RST 端接一容量为 10～22 μF 的电解电容后，与内部复位下拉电阻 R_{RST}(40～220 kΩ)构成了基本的 RC 复位电路。接通电源瞬间，电容 C 上的电压很小，RST 引脚为高电平；在电容充电过程中，RST 引脚电位逐渐下降，当 RST 引脚电位小于某一特定值后，CPU 即脱离复位状态。只要电容 C 容量足够大，就能保证 RST 引脚高电平时间大于 24 个振荡周期，使 CPU 可靠复位。

图 2-22(b)复位电路与图 2-22(a)类似，仅增加了外接电阻 R 和二极管 V_D。二极管 V_D 的作用在于：掉电后给电容 C 提供了放电通路，保证再上电时 RST 引脚为高电平，使 CPU 可靠复位。正常工作时，二极管 V_D 反偏，而断电后，Vcc 逐渐下降，当 Vcc = 0 时，Vcc 端与地等电位，电容 C 通过 V_D 迅速放电，放电通路为 C 正极→电源 Vcc 端(与地等电位)→二极管 V_D 正极→二极管 V_D 负极→C 负极，保证再上电时，RST 引脚为高电平，CPU 可靠复位。

图 2-22(c)增加了手动复位按钮。按下复位按钮时，电容 C 通过 R_2 放电，当电容 C 放电结束后，RST 引脚电位由 R_2、R_1 分压比决定，由于 $R_2 \ll R_1$，因此 RST 引脚为高电平，CPU 进入复位状态，松手后，电容 C 充电，RST 引脚电位下降，使 CPU 脱离复位状态。R_2 的作用在于限制复位按钮按下瞬间电容 C 的放电电流，避免产生火花，保护按钮的触点。

从图 2-21 可以看出，由于复位信号 RST 经 CPU 内部施密特触发器整形后输入 CPU 内部复位电路，因此对 RST 信号的下降沿没有严格要求，即使 RST 引脚存在尖峰干扰也不会使 CPU 复位。

2. μP(微处理器)监控芯片及其复位电路

由于部分型号 8×C5× MCU 没有内置硬件看门狗计数器 WDT(Watchdog Timer)、电源掉电检测电路(Brown-out Detection)，因此在可靠性要求较高的系统中最好采用 μP 监控芯片，如 707/708、813L/813M、824 等构成系统的复位电路，以提高系统的可靠性。μP 监控芯片生产厂家主要有 IMP、SiPEX、MAXIM、STC 等，这类集成电路芯片内部结构如图 2-23 所示，一般由电源上电与掉电复位电路、看门狗定时器、外部电源检测器等硬件电路构成。

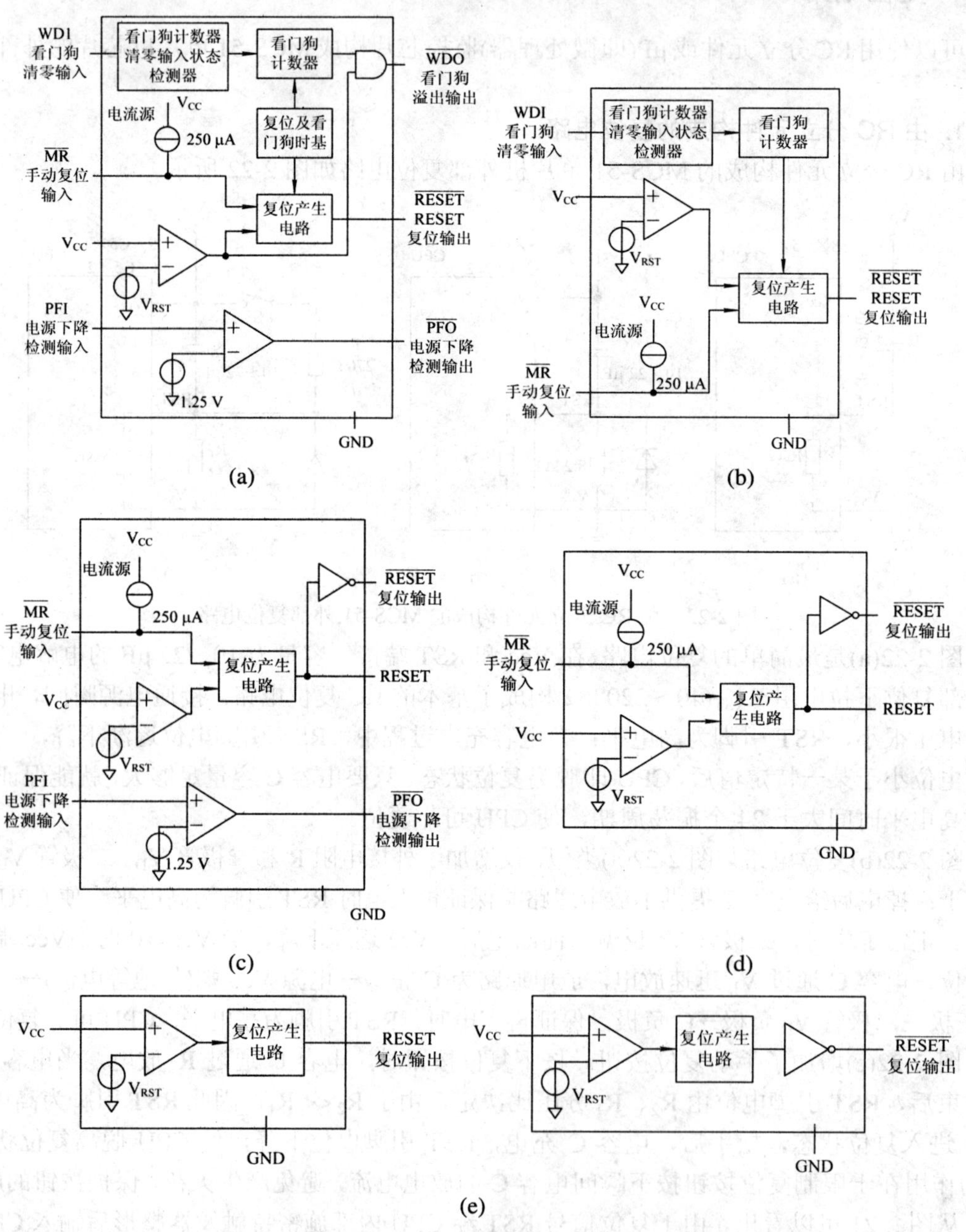

图 2-23　电源监控-复位集成电路芯片的内部结构

(a) 705/706/813；(b) 823/824；(c) 707/708；(d) 811/812；(e) 809/810

在监控程序(即软件)配合下，μP 监控芯片可实现如下功能：① 上电复位；② 掉电复位。

上电及掉电复位是 μP 监控芯片最基本的功能，片内的电源检测电路不断监视电源电压 Vcc 的变化，当 Vcc 小于复位阈值电压 V_{RST} 时，复位输出信号 RESET 有效，强迫系统复位。为适应不同复位电平 CPU，μP 监控芯片复位信号分为高电平有效(如 813L/813M 等)和低电平有效(如 705/706 等)两大类，使用时必须注意 μP 监控芯片复位信号与微处理器复位电平的匹配问题。

为适应不同的供电电压，复位阈值电压 V_{RST} 大小被细分为 8 级，由芯片后缀字母指示，含义如表 2-7 所示。

表 2-7　μP 监控芯片复位阈值电压

芯片后缀字母	复位阈值电压 V_{RST}/V	备　注
L	4.63	适用电源电压 Vcc 为 5.0 V 系统
M	4.38	
J	4.00	
T	3.08	适用电源电压 Vcc 为 3.0～3.6 V 系统
S	2.93	
R	2.63	
Z	2.32	适用电源电压 Vcc 为 2.4～2.7 V 系统
Y	2.20	

个别型号，如 705/706/707/708/813L/813M 等还提供了手动复位输入端 $\overline{MR}$，当 $\overline{MR}$ 引脚为低电平时，强迫复位输出 RESET 有效。

(3) 看门狗定时器。部分型号 μP 监控芯片内置了看门狗定时器(溢出时间一般为 1.6 s)，看门狗清零输入端 WDI 与 MCU 某一 I/O 引脚相连。在正常情况下，CPU 必须在小于 1.6 s 时间内改变 WDI 引脚的状态，强迫看门狗计数器清零，防止看门狗计数器溢出，使看门狗输出端 $\overline{WD0}$ 无效；若 CPU 受干扰，程序计数器 PC 走“飞”，掉入程序中设置的软件陷阱“锁死”后，不能及时改变 WDI 引脚状态，结果监控芯片内的看门狗计数器溢出，$\overline{WD0}$ 引脚输出低电平，强迫系统复位。

当看门狗计数器清零输入端 WDI 悬空(或接到高阻输出的三态门)时，看门狗计数器将停止计数。

(4) 监控外部电源。由 1.25 V 基准电源和模拟比较器组成。当供电电源异常，供电失败输入端 PFI 小于内部基准电压时，供电失败输出端 $\overline{PFO}$ 有效。$\overline{PFO}$ 引脚一般接 MCU 外中断输入端。

(5) 数据保护。部分型号 μP 监控芯片内置了数据保护电路，当电源或系统出现异常时，输出写保护信号或后备电池切换信号。

(6) 串行 E^2PROM。个别型号，如 XICOR 公司的×5×××、×4×××系列 μP 监控芯片内置了不同容量的 E^2PROM 存储器，即这类芯片把 SPI 总线或 I^2C 总线接口 E^2PROM 存储器与 μP 监控功能集成在同一管芯内。

常用 μP 监控芯片功能如表 2-8 所示。

表 2-8 常用 μP 监控芯片功能比较

功能	型号								
	813	705/706	823	824	707/708	811	812	809	810
上电、掉电复位	Y	Y	Y	Y	Y	Y	Y	Y	Y
看门狗计数器	Y	Y	Y	Y	N	N	N	N	N
手动复位输入	Y	Y	Y	N	Y	Y	Y	N	N
外部电源检测	Y	Y	N	N	Y	N	N	N	N
复位输出 RESET	高	低	低	高/低	高/低	低	高	低	高

μP 监控芯片 813L 与 8×C5× MCU 之间可按图 2-24(a)连接；而只有复位输出端的 810 可按 2-24(c)所示与 8×C5× MCU 相连，表面上与 RC 分立元件构成的复位电路没有区别，但这类专用集成复位芯片内置了电源掉电检测电路和电源上电延迟复位电路，复位逻辑准确，可靠性高。

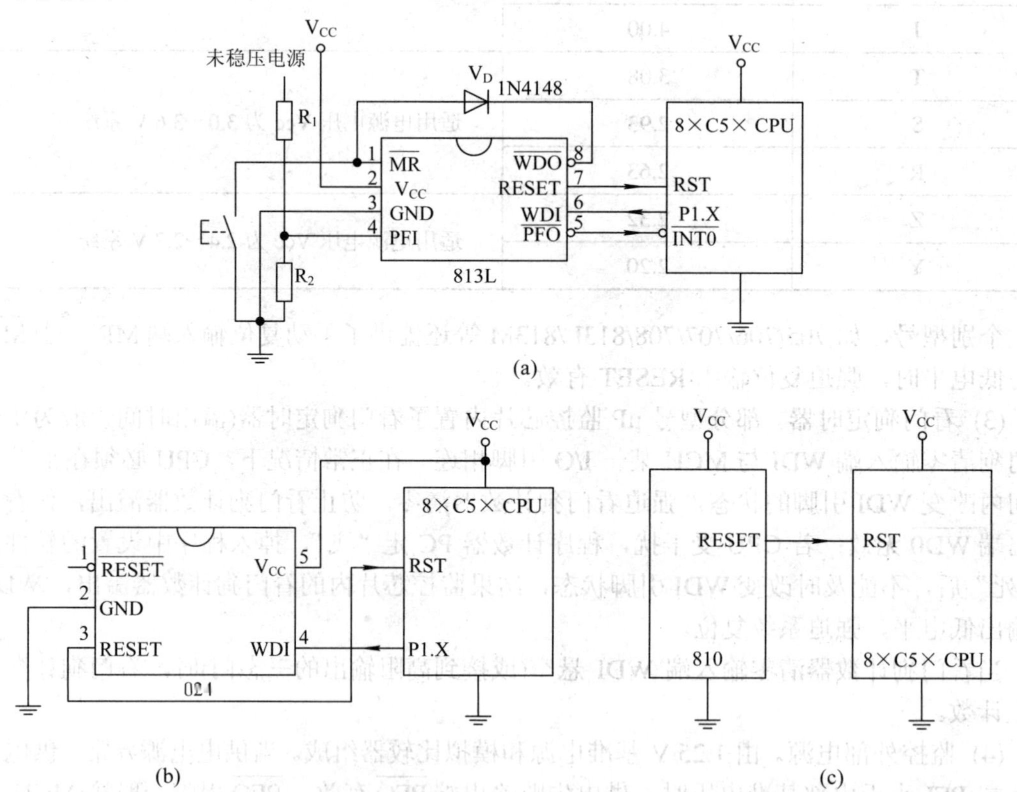

图 2-24 集成复位芯片与 8×C5× CPU 的连接

(a) μP 监控芯片 813L 与 8×C5× CPU 的连接；(b) μP 监控芯片 824 与 8×C5× CPU 的连接；(c) MAX810 复位芯片与 8×C5× CPU 的连接

2.7 节电运行状态和掉电运行状态

对于增强型 MCS-51 内核 MCU，如 8×C5×系列、8×C5××2 系列，除了正常操作方式外，还具有掉电运行方式和节电运行方式，且后备电源可直接接入 Vcc 端，掉电数据保护容易实现。8×C5×系列单片机工作方式由特殊功能寄存器 PCON 内的 b1、b0 位控制，该寄存器各位含义如下：

b7	b6	b5	b4	b3	b2	b1	b0
SMOD1	SMOD0	—	POF	GF1	GF0	PD	IDL

SMOD1(即 b7 位)、SMOD0(即 b6 位)与串行通信有关，其中 SMOD1 是波特率倍增位，当该位为 1 时，设置的波特率 × 2；SMOD0 是帧错误/模式识别选择位。

GF1、GF0 为通用标志，由用户置位或复位。

POF(即 b4)上电标志位，当电源引脚 Vcc 由 0 升到 +5 V 工作过程中，POF 被硬件置 1。只要 Vcc 维持在 3.0 V 以上，POF 位就不变。

PD(即 b1 位)掉电操作方式位。当 PD = 1 时，进入掉电操作方式。

IDL(即 b0 位)节电操作方式位。当 IDL = 1 时，进入节电运行方式。

当 PD 和 IDL 位同时有效，即 PD、IDL 位均为 1 时，进入掉电方式，即掉电方式优先权高于节电方式。

复位后，PCON 寄存器初值为 00××0000B，即 PD、IDL 均为 0，处于正常操作方式。

由于 PCON 寄存器不具备位寻址功能，因此只能通过指令对 PCON 寄存器中的某一位进行置位操作，如：

```
ORL PCON, #01H      ；和立即数 01H 进行逻辑或运算，使 b0 位，即 IDL = 1，迫使机器进入
                    ；节电运行状态。
```

CHMOS 工艺的 MCS-51 系列单片机三种工作方式下的功耗(振荡频率为 12 MHz)：

MCU 状态	工作电流	电　压	功　耗
正常操作方式	16.0 mA	5 V	80.0 mW
节电操作方式	3.7 mA	5 V	18.5 mW
掉电操作方式	50 μA	5 V	0.1 mW

进入掉电方式和节电方式后，MCU 有关引脚状态如表 2-9 所示。

表 2-9　掉电和节电操作期间有关引脚状态

引 脚 状 态	对内部 ROM 取指时		对外部 ROM 取指时	
	节电方式	掉电方式	节电方式	掉电方式
ALE	高电平	低电平	高电平	低电平
$\overline{\text{PSEN}}$	高电平	低电平	高电平	低电平
P0 口	SFR 数据	SFR 数据	高阻态	高阻态
P1 口	SFR 数据	SFR 数据	PCH	SFR 数据
P2 口	SFR 数据	SFR 数据	SFR 数据	SFR 数据
P3 口	SFR 数据	SFR 数据	SFR 数据	SFR 数据

说明：表中的 SFR 数据表示相应的 I/O 口处于输出状态，输出的信息就是该 I/O 口锁存器的值。

1. 掉电方式

当 PD 位为 1 时，MCU 进入掉电操作方式：MCU 内振荡电路停止工作，但片内 RAM 和特殊功能寄存器内容保持不变；片内所有操作均处于停止状态。进入掉电方式后，功耗降到最低，电源电压 Vcc 只要大于 2 V 即可保持片内 RAM 和特殊功能寄存器内信息，可通过硬件复位强迫 MCU 退出掉电方式或外中断 INT0、INT1 唤醒。但必须注意通过复位终止掉电状态时，特殊功能寄存器将重新定义，可见掉电前特殊功能寄存器内的数据并不能保存，因此，对于需要保护的特殊功能寄存器必须放在内部 RAM 或有后备电池供电的外部 RAM 中。

为此，可通过 INT0、INT1 中断方式退出掉电状态，这样就保留特殊功能寄存器和内部 RAM 中的内容。通过外中断方式唤醒掉电模式时，外中断必须定义为低电平触发方式，当 INT0 或 INT1 为低电平时，振荡器启动，延迟 10 ms 待晶振电路稳定后，INT0 或 INT1 恢复为高电平，执行中断返回指令 RETI 后，返回正常操作模式。

必须注意进入电源掉电状态前，电源 Vcc 不能下降；在电源 Vcc 恢复为正常前，不能终止掉电状态。

2. 节电方式

当 IDL = 1 时，MCU 进入节电运行方式：MCU 内振荡电路仍在工作，给中断系统、定时/计数器、串行口等部件提供时钟信号，但切断了输入 MCU 内核的时钟信号，使 MCU 操作处于暂停状态。

在节电状态下，内部 RAM 及特殊功能寄存器、程序计数器 PC 等均保持不变，即退出节电状态后，完全能恢复运行，这一点与掉电方式不同。即进入节电方式时，无需保护数据。

进入节电方式后，ALE 信号和 $\overline{\text{PSEN}}$ 为高电平。

有两种方法可以退出节电方式：

(1) 硬件中断。由于在节电方式下，中断系统仍在工作，因此，任何允许的中断请求均会引起硬件清除 IDL 标志，从而退出节电方式，并执行相应的中断服务程序，返回后即可执行 IDL = 1 的指令的下一条指令。

(2) 硬件复位。硬件复位可同样退出节电方式，但硬件复位后，各特殊功能寄存器重新定义，PC 也为 0000H，即通过硬件复位退出节电方式将不能恢复特殊功能寄存器的值。

习　题　2

2-1　80C54、80C32、87C54、89C54 MCU 有什么不同？在由 80C32 芯片组成的应用系统中，$\overline{\text{EA}}/V_{PP}$ 引脚如何连接？为什么？

2-2　8×C5×，如 89C52 单片机内部含有哪几类存储器？各自的容量分别是多少？

2-3　8×5×系列 MCU 共有多少根 I/O 引脚？在什么情况下，不能将 P0 口作为通常意义上的输入/输出引脚使用？

2-4　简述 P1 口的内部结构。为什么将 P1 口引脚作为输入引脚使用前，一定要向 P1 口锁存器相应位写入“1”。

2-5　根据 8×C5×系列 MCU P1～P3 口结构，如果用 P1.X 引脚驱动 NPN 三极管时，

最大集电极电流 I_{CMAX} 为多少？(假设 β 取 100)

2-6　地址/数据分时复用的含义是什么？8×C5× P0 口与存储器，如 62256 相连时，两者之间需要接什么功能的芯片，才能锁存低 8 位地址信息？试画出 8×C5×与 SRAM 62256 芯片(作数据存储器使用)之间的连接图。

2-7　8×C5×单片机 MCU 复位后，使用了哪一工作寄存器区？其中 R_1 对应的物理存储单元地址是什么？

2-8　如果希望工作寄存器组中 R_0 对应的物理存储单元为 10H，请写出系统复位后，实现这一要求的指令。

2-9　说出访问下列寄存器或存储空间可以使用的寻址方式，并举例：

(1) 8×C5×系列内部 RAM 前 128 字节。

(2) 8×C52/54/58 系列内部 RAM 后 128 字节。

(3) 特殊功能寄存器。

(4) 外部数据存储器。

2-10　8×C5× MCU 机器周期与时钟周期是什么关系？如果晶振频率为 12 MHz，则一个机器周期是多少微秒？

2-11　8×C5××2 MCU 机器周期与时钟周期是什么关系？为什么说当 CKCON 寄存器为 01H 时，时钟频率为 6 MHz 的 8×C5××2 系统运行速度与时钟频率为 12 MHz 的 8×C5×系统的运行速度相同？

2-12　在晶振输出端 X2 引脚应观察到什么样波形？当晶振频率较低时，如何使 X2 引脚输出理想状态下的波形？

2-13　分析 MCS-51 写外部数据存储器写时序，说明为什么可使用 74HC573 或 74HC373 芯片扩展 MCS-51 的输入口，而不能扩展输出口。请画出使用两片 74HC373 芯片扩展 MCS-51 的输入口、使用两片 74HC237 扩展输出口的电路图(假设系统中无须扩展外部存储器)。

2-14　8×C5× MCU 复位后内部 RAM 各单元内容是否改变？程序计数器 PC 的值是什么？

2-15　MCS-51 单片机通过什么指令读/写外部数据存储器？通过什么引脚选通外部数据存储器？

2-16　在图 2-7 所示电路中，假设驱动引脚为 P1.0，则执行了如下程序段后，Acc 内容是什么？这又说明了什么？

```
        SETB P1.0
        JB P1.0, NEXT1
        MOV A, #0AAH
        SJMP EXIT
NEXT1:
        MOV A, #55H
EXIT:
        NOP
```

第 3 章 MCS-51 指令系统

指令、指令系统等基本概念以及 MCS-51 系列单片机 CPU 支持的七种寻址方式已在第 1 章中介绍过，这里不再重复。本章只介绍 MCS-51 系列单片机指令系统及其汇编语言程序设计的一些基本概念及注意事项。

3.1 MCS-51 指令系统

MCS-51 系列单片机采用复杂指令系统，共有 42 种操作码助记符，支持直接寻址、寄存器寻址、间接寻址、立即数寻址、变址寻址、相对寻址、位寻址等七种寻址方式。不同指令操作码助记符与不同寻址方式之间的组合就构成了 MCS-51 系列单片机的指令系统，共 111 条。按功能可将这些指令分成数据传送、算术运算、逻辑运算、控制转移、位操作等五大类，每一类型的指令中又包含若干条指令。这使许多初学者无所适从，感到很难掌握，其实只要理解每类指令的功能、助记符及其支持的寻址方式，即可从 MCS-51 指令表中找出完成特定操作所需的指令。

本章在介绍 MCS-51 指令系统时，为了方便叙述，使用下列符号及约定：

(1) Rn(n = 0～7)：表示工作寄存器组 R7～R0 中的某一寄存器。

(2) @Ri(i = 0～1)：以寄存器 R0 或 R1 作间接寻址，表示操作数地址在寄存器 R0 或 R1 中，而“@”是间接寻址标识符。操作对象是外部 RAM 或内部 RAM 00～FFH 单元(对仅有前 128 字节内部 RAM 的 51 子系列来说，地址范围是 00～7FH)。

(3) @DPTR：以数据指针 DPTR(16 位)作间接寻址，操作数在外部 RAM 中，“@”同样是间接寻址标识符。

(4) #data：8 位立即数；#data16：16 位立即数。其中“#”是立即数标识符，常用于初始化内部 RAM 单元、特殊功能寄存器、数据指针 DPTR。

(5) direct：8 位直接地址，可以是内部 RAM 00～7FH 单元字节地址、内部 RAM 20H～2FH 单元中的位地址或特殊功能寄存器的映象地址。

(6) /bit：在位操作中，取出“bit”位信息后，先取反，然后再参与运算，但不改变 bit 位的值，其中“ / ”是位取反标识符。

(7) rel：补码形式的 8 位偏移地址，范围在−128～+127。

(8) rrr：在操作码中，用于表示 R7～R0 寄存器的编码，rrr 编码与寄存器 R7～R0 之间对应关系如下：

rrr 的编码(二进制)	对应的工作寄存器名
000	R0
001	R1
010	R2

011	R3
100	R4
101	R5
110	R6
111	R7

(9) addr11：11 位目标地址，用于 ACALL(绝对调用)和 AJMP(绝对跳转)指令中，转移范围为 2 KB。

(10) addr16：16 位目标地址，用于 LCALL 和 LJMP 指令中，转移范围为 64 KB。

(11) 操作数中的累加器 A 写作“A”时，是寄存器寻址；写作“Acc”时是直接寻址，尽管操作对象均是 CPU 内的累加器 A。对于支持直接寻址和寄存器寻址的指令来说，用 A 和 Acc 均可，只是指令的操作码不同；对于不支持寄存器寻址的指令(如 PUSH、POP)，则不能将累加器 Acc 写作“A”；而对于不支持直接寻址的指令，如“MOVX”中的“A”也不能写成“Acc”。因此，在汇编语言指令中，须严格区分累加器 A 的写法。

(12) 累加器 A 内容为 nn 时，用“A=nn”表示；地址编码为 mm 的存储单元内容用“(mm)”表示。

(13) 指令执行时间用“机器周期”度量。例如“MOV A, Rn”指令执行时间为一个机器周期，在标准 MCS-51 中，一个机器周期包含 12 个振荡(即时钟)周期。如果晶振频率为 12 MHz，则振荡周期 T = 1/12 μs，因此一个机器周期为 12T，即 1 μs；对于运行在“6 时钟/机器周期”的 8×C5××2、89C51RX、P89C6××2 芯片来说，指令机器周期数不变，但指令执行时间缩短了一半；又如对于“2 时钟/机器周期”芯片 LPC900 系列来说，指令执行时间只有标准 MCS-51 的 1/6。

(14) 指令机器码一律用二进制书写。

(15) 对于不常用或约束条件多、容易出错的指令，在指令表中加灰色背景，程序设计时应尽量避免使用这类指令。

3.1.1　数据传送指令

数据传送是计算机系统中最常见，也是最基本的操作。因此，数据传送指令在计算机指令系统中占有重要位置，指令条数也最多，其任务是实现计算机系统内不同存储单元之间的信息传送，如图 3-1 所示。

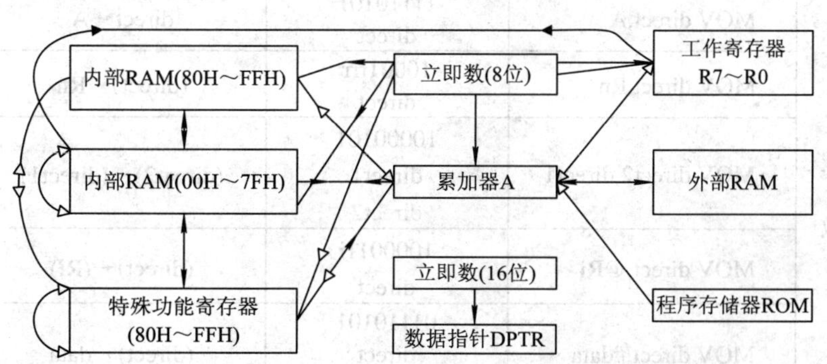

图 3-1　MCS-51 中不同存储区之间数据传送示意图

在 MCS-51 指令系统中，数据传送指令包括：

(1) 内部 RAM、特殊功能寄存器之间的数据传送，这类指令用“MOV”作为指令操作码助记符。

(2) 外部 RAM(包括扩展的并行 I/O 口、内部扩展 RAM)与累加器 A 之间的数据传送，这类指令用“MOVX”作为指令操作码助记符。

(3) 程序存储器读指令，即程序存储器 ROM 与累加器 A 之间数据指令，这类指令用“MOVC”作为指令操作码助记符。

(4) 堆栈操作指令。

(5) 字节交换指令。

数据传送指令一般不影响程序状态字寄存器 PSW 中的标志位，只有当数据传送到累加器 A 时，PSW 中的奇偶标志位 P 会改变，原因是奇偶标志位 P 总是体现累加器 A 中“1”的个数的奇偶性。

当累加器 Acc 为 0 时，Z(零)标志置 1；反之 Z 标志清 0。因此当目的操作数为累加器 Acc 时，数据传送指令会影响 Z 标志。

1. 内部 RAM、特殊功能寄存器之间的数据传送

MCS-51 内部 RAM 和特殊功能寄存器之间数据传送指令汇编语言格式、机器码以及执行时间如表 3-1 所示。

表 3-1　内部 RAM 与特殊功能寄存器之间的数据传送指令

指令名称	指令格式	机器码	功　能	指令周期
以累加器 A 作为目的操作数	MOV A,Rn	11101rrr	A←Rn	1
	MOV A,direct	11100101 direct	A←(direct)	1
	MOV A,@Ri	1110011i	A←(Ri)	1
	MOV A,#data	01110100 data	A←data	1
以 Rn 寄存器作为目的操作数	MOV Rn,A	11111rrr	Rn←A	1
	MOV Rn,direct	10101rrr direct	Rn←(direct)	2
	MOV Rn,#data	01111rrr data	Rn←data	1
以直接地址 direct 作为目的操作数	MOV direct,A	11110101 direct	direct←A	1
	MOV direct,Rn	10001rrr direct	(direct)←Rn	2
	MOV direct2,direct1	10000101 direct1 direct2	(direct2)←(direct1)	2
	MOV direct,@Ri	1000011i direct	(direct)←(Ri)	2
	MOV direct,#data	01110101 direct data	(direct)←data	2

续表

指令名称	指令格式	机器码	功能	指令周期
以 Ri 寄存器间接地址作为目的操作数	MOV @Ri,A	1111011i	(Ri)←A	2
	MOV @Ri,direct	1010011i direct	(Ri)←(direct)	2
	MOV @Ri,#data	0111011i data	(Ri)←data	1
16 立即数传送	MOV DPTR,#data16	10010000 D15～D8 D7～D0	DPH←D15～D8 DPL←D7～D0	2

由表 3-1 可见：

(1) 前 128 字节内部 RAM(即 00H～7FH)各单元之间，以及特殊功能寄存器(地址分散在 80H～0FFH 之间)可以直接传送，不一定要经过累加器 A，例如：

```
MOV 32H, 90H      ；将特殊功能寄存器 90H 单元中的(即 P1 口)内容送内部 RAM 32H 单元中，
                  ；该指令中目的操作数(内部 RAM)、源操作数(特殊功能寄存器 90H 单元)
                  ；均使用了直接寻址方式
MOV 32H,43H       ；将内部 RAM 43H 单元内容送内部 RAM 32H 单元中。
MOV P1，B         ；将寄存器 B 内容送 P1 口锁存器中
```

(2) MCS-51 指令系统约定：对于特殊功能寄存器，只能用直接寻址方式访问；对于高 128 字节内部只能用寄存器间接寻址方式。因此，在直接寻址方式中，当直接地址在 80H～0FFH 之间时，操作对象是特殊功能寄存器，而不是内部 RAM 高 128 字节。对于地址编码在 80H～0FFH 之间的内部 RAM，只能通过寄存器间接寻址访问，例如：

```
MOV @R0，B        ；假设该指令执行前，R0 内容为 90H，则该指令的含义是将特殊功能寄存
                  ；器 B(地址为 0F0H)内容送内部 RAM 的 90H 单元中
```

(3) 对于低 128 字节内部 RAM，可以用直接寻址方式，也可以用寄存器间接寻址方式，例如：

```
MOV 32H,#23H      ；将立即数 23H 传送内部 RAM 的 32H 单元中，目的操作数使用了直接寻
                  ；址方式
MOV @R0,#23H      ；假设该指令执行前，R0 中的内容为 32H，则该指令的作用与上条指令相
                  ；同，也是将立即数 23H 传送到内部 RAM 的 32H 单元中，只是目的操作
                  ；数采用寄存器间接寻址方式
```

(4) 对于特殊功能寄存器，在指令中无论是引用寄存器名，还是直接给出寄存器映象地址，结果都一样，只是书写形式不同而已。汇编时汇编程序自动将寄存器名替换为对应的映象地址，如“MOV P1,#23H”与“MOV 90H，#23H”完全等价。

(5) 尽管寄存器 B 是 CPU 内寄存器，但 MCS-51 指令系统没有提供 B 寄存器的寄存器寻址方式(只有乘法指令例外)，例如“MOV B, A”指令中目的操作数的寻址方式是直接寻址方式，并不是寄存器寻址方式。

(6) 在同一指令中，只允许其中一个操作数使用寄存器间接寻址方式，因而“MOV @R0, @R1”指令不存在。

也正因如此，内部 RAM 高 128 字节之间不能直接传送，必须通过累加器 A 或内部 RAM 作为中介，例如将内部 RAM 的 82H 单元传送到内部 RAM 的 8FH 单元时，可用如下指令实现：

```
MOV   R0, #82H
MOV   A, @R0
MOV   R0, #8FH
MOV   @R0, A
```

例 3.1　在仿真机上，用单步方式执行下列指令，并观察指令执行前后，内部 RAM 有关单元内容和程序状态字 PSW 中 Cy、Ac、OV、P 等标志位的变化，了解数据传送指令对标志位的影响。

```
MOV   30H, #01H     ；把立即数 01H 传送到内部 RAM 30H 单元
MOV   A, 30H        ；该指令执行后累加器 A 内容为 01H，含有奇数个"1"，因此 P 标志位为 1
MOV   A, #03H       ；该指令执行后累加器 A 内容为 03H，含有偶数个"1"，因此 P 标志位为 0
MOV   30H, #07H     ；执行后，30H 单元内容也是 07H，但传送的目的地址不是累加器 A，
                    ；因此标志位没有变化
```

2. 外部 RAM 及 I/O 端口与累加器 A 之间的数据传送

在 MCS-51 系统中，由于扩展 I/O 端口与外部 RAM 统一编码，即扩展 I/O 端口地址占用外部 RAM 地址空间的某一单元，因此外部 RAM 及扩展 I/O 端口的读写操作指令、操作时序完全相同。只能通过累加器 A 存取外部 RAM 和扩展 I/O 端口，这类指令操作码助记符为"MOVX"，其中"X"的含义是"eXternal"(外部)，指令格式、机器码如表示 3-2 所示。

表 3-2　外部 RAM 与累加器 A 之间的数据传送指令

指令名称	指令格式	机 器 码	功　能	指令周期
累加器 A 与外部 RAM 之间的数据传送	MOVX　A,@DPTR	11100000	A←(DPTR)	2
	MOVX　@DPTR,A	11110000	(DPTR)←A	2
	MOVX　A,@Ri	1110001i	A←(Ri)	2
	MOVX　@Ri,A	1111001i	(Ri)←A	2

说明：

(1) 当通过 DPTR 寄存器间接寻址方式读写外部 RAM 及扩展 I/O 端口时，先将 16 位外部 RAM 地址或 I/O 端口地址放在数据指针 DPTR 寄存器中(DPTR 寄存器就是为了访问外部 RAM 而设置的)，然后以 DPTR 作间接寻址寄存器，通过累加器 A 进行读写，这时外部 RAM 低 8 位地址 A7～A0 通过 P0 口输出，高 8 位地址 A15～A8 通过 P2 口输出。下面以读写外部 RAM 的 3FFFH 存储单元为例，介绍外部 RAM 读写方法。

```
MOV DPTR, #3FFFH    ；将要读写的外部 RAM 存储单元地址 3FFFH 以立即数形式传送到
                    ；DPTR 寄存器中
MOVX   A, @DPTR     ；将 DPTR 指定的外部存储单元(3FFFH)内容送累加器 A(读外部
                    ；RAM)
MOVX   @DPTR, A     ；将累加器 A 输出到 DPTR 指定的外部存储单元(3FFFH)中(写外部 RAM)
```

(2) 当通过 R0 或 R1 寄存器间接寻址方式读写外部 RAM 或扩展 I/O 端口时，先将外部 RAM 存储单元或 I/O 端口低 8 位地址放在 R0 或 R1 寄存器中，然后以 R0 或 R1 作间接寻址寄存器，通过累加器 A 进行读写，这时外部 RAM 低 8 位地址 A7～A0 通过 P0 口输出，寻址范围是 256 个存储单元。在读写期间 P2 口处于 I/O 方式，且 P2 口锁存器不变。

因此，使用 Ri 间接寻址方式访问外部 RAM 具有更大的灵活性：在没有外部程序存储器的情况下，当外部 RAM 容量小于 256 字节时，通过 Ri 间接寻址读写外部 RAM 或扩展的 I/O 端口时，可将 P2 口作为一般 I/O 口使用，以增加 I/O 引脚数目；当外部 RAM 容量大于 256 字节时，以页面方式读写外部 RAM 时，P2 口中没有使用的 I/O 引脚，可以作为输出引脚使用。下面仍以读写外部 RAM 的 3FFFH 存储单元为例，介绍通过 Ri 间接寻址读写外部 RAM 的方法。

```
MOV   P2, #3FH      ; 将要读写的外部 RAM 存储单元高 8 位地址 3FH 以立即数方式传
                    ; 送到 P2 口中(写入 P2 口锁存器)
MOV   R1, #0FFH     ; 将要读写的外部 RAM 存储单元低 8 位地址 0FFH 以立即数方式传送到
                    ; R1 寄存器中
MOVX  A, @R1        ; 将 R1 指定的外部存储单元低 8 位地址 0FFH 通过 P0 口输出，由于 P2
                    ; 口保持不变，结果外部 RAM 3FFFH 单元被选中，并读入累加器 A 中
MOVX  @R1，A        ; 将 R1 指定的外部存储单元低 8 位地址 0FFH 通过 P0 口输出，由于 P2
                    ; 口保持不变，外部 RAM 的 3FFFH 单元被选中，结果累加器 A 的内容传
                    ; 送到 3FFFH 单元(写入)
```

由于外部 RAM 与内部 RAM 之间不能直接传送，因此当需要将外部 RAM 传送到内部 RAM 时，可通过累加器 A 作中介。例如，通过如下指令将外部 RAM 3FFFH 单元内容传送到内部 RAM 2FH 单元：

```
MOV    DPTR, #3FFFH  ; 将外部 RAM 地址以立即数方式送数据指针 DPTR
MOVX   A, @DPTR      ; 将外部 RAM 3FFFH 单元内容读到累加器 A 中
MOV    2FH, A        ; 将累加器 A 中的内容送内部 RAM 2FH 单元中
```

外部 RAM 不同存储单元之间也不能直接传送，也需要通过累加器 A 作中介。

例 3.2　把外部 RAM 的 0100H 单元内容传送到 0120H 单元中(两单元之间的数据传送)。

```
MOV    DPTR, #0100H  ; DPTR←单元地址 0100H
MOVX   A, @DPTR      ; Acc←0100H 单元内容
MOV    DPTR, #0120H  ; DPTR←单元地址 0120H
MOVX   @DPTR, A      ; 0120H 单元←Acc
```

例 3.3　将外部 RAM 0080H～009FH 单元，共 32 字节传送到以 00C0H 为首地址的外部 RAM 中。

对于标准 MCS-51 来说，在外部 RAM 之间进行批量数据传送时，可先将外部 RAM 数据传送到内部 RAM 中，然后再传送到外部 RAM 目标地址。

参考程序如下：

```
        ; 先将外部 RAM 数据传送到内部 RAM 30H～4FH 中
        MOV     R0, #30H
        MOV     R7, #32
        MOV     DPTR, #0080H
LOOP1:
        MOVX    A, @DPTR
        MOV     @R0, A
```

```
        INC     DPTR
        INC     R0
        DJNZ    R7, LOOP1
        ；再将暂存于内部 RAM 30H～4FH 中的数据传送到外部 RAM 目标地址中
        MOV     R0, #30H
        MOV     R7, #32
        MOV     DPTR, #00C0H
LOOP2:
        MOV     A, @R0
        MOVX    @DPTR, A
        INC     DPTR
        INC     R0
        DJNZ    R7, LOOP2
```

利用增强型 MCS-51 双 DPTR 指针，完成外部 RAM 不同区域之间的数据传送要简单得多，如实现上述数据传送的程序可改为：

```
        MOV     R7, #32         ；定义传送字节数
        MOV     DPTR, #0080H    ；数据块在外部 RAM 首地址传送第一个 DPTR 指针
        INC  AUXR1              ；切换数据指针，指向目标地址
        MOV     DPTR, #00C0H    ；外部 RAM 目标地址传送另一 DPTR 指针
LOOP:
        INC  AUXR1              ；切换 DPTR 指针，指向源地址
        MOVX    A, @DPTR        ；取外部 RAM 数据
        INC DPTR
        INC  AUXR1              ；切换 DPTR 指针，指向目标地址
        MOVX    @DPTR, A        ；数据送外部 RAM 目标地址
        INC DPTR
        DJNZ R7, LOOP           ；循环，直到传送完送 32 字节
```

可见利用双 DPTR 指针后，程序段结构简洁，也无须使用内部 RAM 作缓冲。

3．累加器 A 与程序存储器 ROM 之间的数据传送指令

为了取出存放在程序存储器中的表格数据，MCS-51 提供了两条查表指令，这两条指令的操作码助记符为“MOVC”，其中“C”的含义是“Code(代码)”，表示操作对象是程序存储器，指令格式、机器码如表 3-3 所示。

表 3-3　查 表 指 令

指令名称	指令格式	机 器 码	功　能	指令周期
查表指令	MOVC　A,@A+DPTR	10010011	A←(A+DPTR)	2
	MOVC　A,@A+PC	10000011	A←(A+PC)	2

其中“MOVC　A,@A+DPTR”指令以 DPTR 作为基址，加上累加器 A 内容后，所得

的 16 位二进制数作为待读出的程序存储器单元地址，并将该单元的内容送到累加器 A 中。这条指令主要用于查表，例如在程序存储器中，依次存放 0～F 的七段共阴极数码显示器的字模码 3F、06、5B、4F、66、6D、7D、07、7F、6F、77、7C、39、5E、79、71，则当需要在 P1 口输出某一数码，如“3”时，可通过如下指令实现：

```
MOV     DPTR,#2000H    ；假设字模存放在 2000H 开始的程序存储器中，通过该指令将字模
                       ；首地址传送到 DPTR 寄存器中
MOV     A,#03H         ；把待显示的数码传送到累加器 A 中
MOVC    A,@A+DPTR      ；2000H + 03H，即 2003H 单元的内容(4F)读到累加器 A 中
MOV     P1,A           ；将数码“3”对应的字模码“4F”输出到 P1 口
ORG     2000H
DB 3FH,06H,5BH,4FH,66H,6DH,7DH,07H,7FH,6FH,77H,7CH,39H,5EH,79H,71H
```

从程序存储器中读出某一字节时，也可以使用 PC 内容作为基址，通过“MOVC A,@A+PC”取出，但使用这条指令读取 ROM 中表格数据时，表格数据项必须位于该指令后，灵活性差，例如：

```
MOV     A,#03H         ；把待显示的数码传送到累加器 A 中
INC A                  ；因 MOVC 后的短跳转指令占两个字节，表头与 MOVC 指令差 2 个
                       ；字节
INC A
MOVC    A,@A+PC        ；PC+03H 单元内容(4F)读到累加器 A 中
SJMP NEXT              ；跳过数据表，否则 CPU 会将数据表当指令执行
DB 3FH,06H,5BH,4FH,66H,6DH,7DH,07H,7FH,6FH,77H,7CH,39H,5EH,79H,71H
NEXT:
```

由于程序存储器只能读出，不能写入，因此，也就没有写程序存储器指令。

4．堆栈操作指令

堆栈操作也是计算机系统基本操作之一。设置堆栈操作的目的是为了迅速保护断点和现场，以便在子程序或中断服务子程序运行结束后，能正确返回主程序。MCS-51 堆栈操作指令格式、机器码如表 3-4 所示。

表 3-4　MCS-51 堆栈操作指令

指令名称	指令格式	机 器 码	功　能	指令周期
数据入栈	PUSH　direct	11000000 direct	SP←SP + 1 (SP)←(direct)	2
数据出栈	POP　direct	11010000 direct	(direct)←(SP) SP←SP – 1	2

有关 MCS-51 堆栈操作的过程，已在第 2 章中介绍过，这里只强调堆栈操作应注意的问题：

(1) 由于 MCS-51 堆栈操作指令中的操作数只能使用直接寻址方式，不能使用寄存器寻址方式，如将累加器 A 压入堆栈时，指令格式为：

```
PUSH      Acc          ；Acc 是累加器 A 的寄存器名，本质上属于直接寻址
```

在堆栈操作指令中，累加器 Acc 不能简写为 A。

(2) 在子程序开始处安排若干条 PUSH 指令，把需要保护的特殊功能寄存器内容压入堆栈(即内部 RAM)，在子程序返回指令前，安排相应的 POP 指令，将寄存器原来内容弹出，但 PUSH 和 POP 指令必须成对，且入栈顺序与出栈顺序相反，因此子程序结构如下：

```
PUSH    PSW          ；保护现场
PUSH    ACC
⋮                    ；子程序实体
POP  ACC             ；恢复现场
POP  PSW
RET                  ；子程序返回
```

5．字节交换指令

字节交换指令也属于数据传送指令范畴，不过交换后，源操作数与目的操作数内容相互对调，MCS-51 提供了四条字节交换指令和两条半字节交换指令，这些指令格式、机器码如表 3-5 所示。

表 3-5　MCS-51 交换指令

指令名称	指令格式	机器码	功能	指令周期
字节交换	XCH A,Rn	11001rrr	A 和 Rn 内容对调	1
	XCH A,direct	11000101 direct	A 和(direct)内容对调	1
	XCH A,@Ri	1100011i	A 和(Ri)内容对调	1
低 4 位对调	XCHD A,@Ri	1101011i	A 低 4 位和(Ri)低 4 位对调	1
累加器半字节交换	SWAP A	11000100	A 高 4 位和 A 低 4 位对调	1

由于字节交换指令第二操作数支持寄存器寻址、直接寻址和间接寻址，因此内部 RAM(00～0FFH)、特殊功能寄存器中任一单元均可以与累加器 A 进行交换。但半字节交换指令中的第二操作数仅支持寄存器间接寻址方式，因此仅有内部 RAM 低 4 位能与累加器 A 低 4 位(b3～b0)直接交换。

例 3.4　假设累加器 A 的内容为 12H，而 R0 的内容为 34H，则执行：

```
XCH   A,R0
```

指令后，累加器 A 的内容为 34H，R0 的内容为 12H，即 A 和 R0 的内容交换了，这与数据传送指令不同，数据传送指令执行后，源操作数内容覆盖了目的操作数原来内容。

例 3.5　设累加器 A 为 1EH，R0 的内容为 2FH，内部 RAM 2FH 单元的内容为 37H，则执行

```
XCHD   A,@R0
```

指令后，累加器 A 的内容为 17H，内部 RAM 2FH 单元的内容将为 3EH，即 A 与寄存器 R0 指定的内部 RAM 单元的低 4 位对调，而高 4 位不变。

3.1.2　算术运算指令

MCS-51 提供了丰富的算术运算指令，如加法运算、减法运算、增 1 指令、减 1 指令以

及乘法、除法指令等。

一般情况下，算术运算指令执行后会影响程序状态字寄存器 PWS 中相应的标志位。

1．加法指令

加法指令操作码助记符、指令格式以及机器码如表 3-6 所示。

表 3-6　MCS-51 加法指令

指令名称	指令格式	机 器 码	功　能	指令周期
不带进位加法	ADD　A,Rn	00101rrr	A←A + Rn	1
	ADD　A,direct	00100101 direct	A←A + (direct)	1
	ADD　A,@Ri	0010011i	A←A + (Ri)	1
	ADD　A,#data	00100100 data	A←A + data	1
带进位加法	ADDC　A,Rn	00111rrr	A←A + Rn + Cy	1
	ADDC　A,direct	00110101 direct	A←A + (direct) + Cy	1
	ADDC　A,@Ri	0011011i	A←A + (Ri) + Cy	1
	ADDC　A,#data	00110100 data	A←A + data + Cy	1

由表 3-6 可见：

(1) 所有加法指令的目的操作数均是累加器 A，源操作数支持寄存器寻址、直接寻址、寄存器间接寻址、立即数寻址四种寻址方式。因此加数，即源操作数可以是内部 RAM(00～FFH)、特殊功能寄存器或 8 位立即数，结果存放在累加器 A 中。

(2) 加法指令执行后将影响进位标志 Cy、溢出标志 OV、辅助进位标志 Ac 以及奇偶标志 P。

相加后，若 b7 位有进位，则 Cy 为 1；反之为 0。b7 有进位，表示两个无符号数相加时，结果大于 255，和的低 8 位存放在累加器 A 中。

计算机并不知道参加运算的两个数是无符号数还是有符号数，程序员只能借助溢出标志 OV 来判别带符号数相加是否溢出。对于带符号数来说，b7 是符号位(0 表示正数，1 表示负数)，且负数用补码表示。于是当两个正数相加时，如果累加器 A 的 b7 为 1，表示结果是负数，不可能，即和大于 +127；同理，当两个负数相加时，如果累加器 A 的 b7 为 0，表示结果是正数，同样不可能，即和小于 −128。即在加法指令中，溢出标志 OV 置 1 的条件是：两个操作数的符号相同(即 b7 位同为 0 或 1)，但结果的符号位相反。对于带符号数加法运算来说，当溢出标志 OV 为 1，结果不正确。

相加后，若 b3 位向 b4 位进位，则 Ac 为 1；反之为 0。

由于奇偶标志 P 总是体现累加器 A 中“1”的奇偶性，因此 P 也会改变。

(3) 带进位加法指令中的累加器 A 除了加源操作数外，还需要加上程序状态字 PSW 寄存器中的进位标志 Cy。设置带进位加法指令的目的是为了实现多字节加法运算。例如，可通过如下指令将存放在 30H、31H 单元中的 16 位二进制数与存放在 32H、33H 单元中的 16

位二进制数相加(假设结果存放在 30H、31H 中)：

```
MOV     A, 30H    ；将被加数低 8 位送寄存器 A 中
ADD     A, 32H    ；与加数低 8 位(32H 单元内容)相加，结果存放在 A 中
MOV     30H, A    ；将和的低 8 位保存到 30H 单元中
MOV     A, 31H    ；将被加数高 8 位送寄存器 A 中
ADDC    A, 33H    ；与加数高 8 位(33H 单元内容)相加，结果存放在 A 中
                  ；由于低 8 位相加时，结果可能大于 0FFH，产生进位，因此高 8 位相加
                  ；时用 ADDC 指令
MOV     31H,A     ；将和的高 8 位保存到 31H 单元中
```

2. 减法指令

减法指令操作码助记符、指令格式以及机器码如表 3-7 所示。

表 3-7　MCS-51 减法指令

指令名称	指令格式	机 器 码	功　能	指令周期
带借位减法	SUBB　A，Rn	10011rrr	A←A – Rn – Cy	1
	SUBB　A，direct	10010101 direct	A←A – (direct) – Cy	1
	SUBB　A，@Ri	1001011i	A←A – (Ri) – Cy	1
	SUBB　A，#data	10010100 data	A←A – data – Cy	1

MCS-51 只有带借位的减法指令，被减数是累加器 A，减数可以是内部 RAM、特殊功能寄存器或立即数之一，结果存放在累加器 A 中。与加法指令类似，操作结果同样会影响标志位：

Cy 为 1，表示被减数小于减数，产生借位；

OV 同样用于判别两个带符号数相减后，差是否超出 8 位带符号数所能表示的范围(−128～+127)。当两个异号数相减时，差的符号与被减数相反，则溢出标志 OV 为 1，结果不正确。例如，被减数为正数，减数为负数，相减后，结果应该是正数，但如果累加器 A 的 b7 为 1，即负数，则表明结果不正确。

相减时，如果 b3 位向 b4 位借位，则 Ac 为 1；反之为 0。

奇偶标志 P 总是体现累加器 A 中“1”的奇偶性，因此 P 也会变化。

由于 MCS-51 指令系统只有带借位的减法指令，因此，当需要执行不带借位的减法指令时，先执行“CLR C”指令，将进位标志 Cy 清 0。

例 3.6　用减法指令求内部 RAM 两单元的差值(假设被减数存放在内部 RAM 30H 单元中，减数存放在 31H 单元中，差放在 40H 单元中)。

```
MOV     A,30H     ；被减数送寄存器 A
CLR     C         ；进位标志 Cy 清 0
SUBB    A,31H     ；减 31H 单元
MOV     40H，A    ；结果保存到 40H 单元
```

3. 加 1 指令

加 1 指令也称为“增量指令”，操作结果是操作数加 1。加 1 指令操作码助记符、指令

格式以及机器码如表 3-8 所示。

表 3-8　MCS-51 加 1 指令

指令名称	指令格式	机 器 码	功　能	指令周期
加 1 指令 (增量指令)	INC　A	00000100	A←A + 1	1
	INC　Rn	00001rrr	Rn←Rn + 1	1
	INC　direct	00000101 direct	(direct)←(direct) + 1	1
	INC　@Ri	0000011i	(Ri)←(Ri) + 1	1
	INC　DPTR	10100011	DPTR←DPTR + 1	2

加 1 指令不影响标志位，只有操作对象为累加器 A 时，才影响奇偶标志位 P。

当操作数初值为 0FFH，则加 1 后，将变为 00H。

尽管加 1 指令与加数为 1 的加法指令同样会使操作数增 1，但彼此并不完全相同，例如：

```
INC A        ；通过增量指令使累加器 A 内容加 1
```

该指令除了影响奇偶标志位 P 外，不影响其他标志位。

```
ADD A,#01H   ；通过加法指令使累加器 A 内容加 1
```

该指令同样会使累加器 A 内容加 1，但该指令将影响 Cy、OV、Ac 以及 P 标志位，且指令机器码占用两个字节。

当操作数是某一 I/O 口，如“ INC P1 ”时，先将 P1 口锁存器内容读出，加 1 后，再写入 P1 口锁存器中，因此 INC Pi(i = 0, 1, 2, 3)属于“读—改—写”指令。

4. 减 1 指令

减 1 指令使操作数减 1。减 1 指令操作码助记符、指令格式以及机器码如表 3-9 所示。

表 3-9　MCS-51 减 1 指令

指令名称	指令格式	机 器 码	功　能	指令周期
减 1 指令	DEC　A	00010100	A←A − 1	1
	DEC　Rn	00011rrr	Rn←Rn − 1	1
	DEC　direct	00010101 direct	(direct)←(direct) − 1	1
	DEC　@Ri	0001011i	(Ri)←(Ri) − 1	1

与加 1 指令情况类似，减 1 指令也不影响标志位，只有当操作数是累加器 A 时，才影响奇偶标志位 P。

当操作数的初值为 00H 时，减 1 后，结果将变为 FFH。

其他情况与加 1 指令类似。

5. 乘法指令

MCS-51 提供了 8 位无符号数乘法指令，该指令操作码助记符、指令格式、机器码如表 3-10 所示。

表 3-10　MCS-51 乘法指令

指令名称	指令格式	机器码	功　能	指令周期
乘法	MUL　AB	10100100	BA←A×B	4

被乘数放在累加器 A(8 位无符号数)中，乘数放在寄存器 B(8 位无符号数)中，乘积(16 位无符号数)的高 8 位放在寄存器 B 中，低 8 位放在累加器 A 中。

该指令影响标志位：当结果大于 255 时，OV 为 1；反之为 0。进位标志 Cy 总为 0；AC 保持不变；奇偶标志 P 随累加器 A 中“1”的个数变化而变化。

MCS-51 没有提供 8 位×16 位、16 位×16 位、16 位×24 位等多字节乘法指令，只能通过单字节乘法指令实现多字节乘法运算，可采用图 3-2 所示算法实现相应的运算。

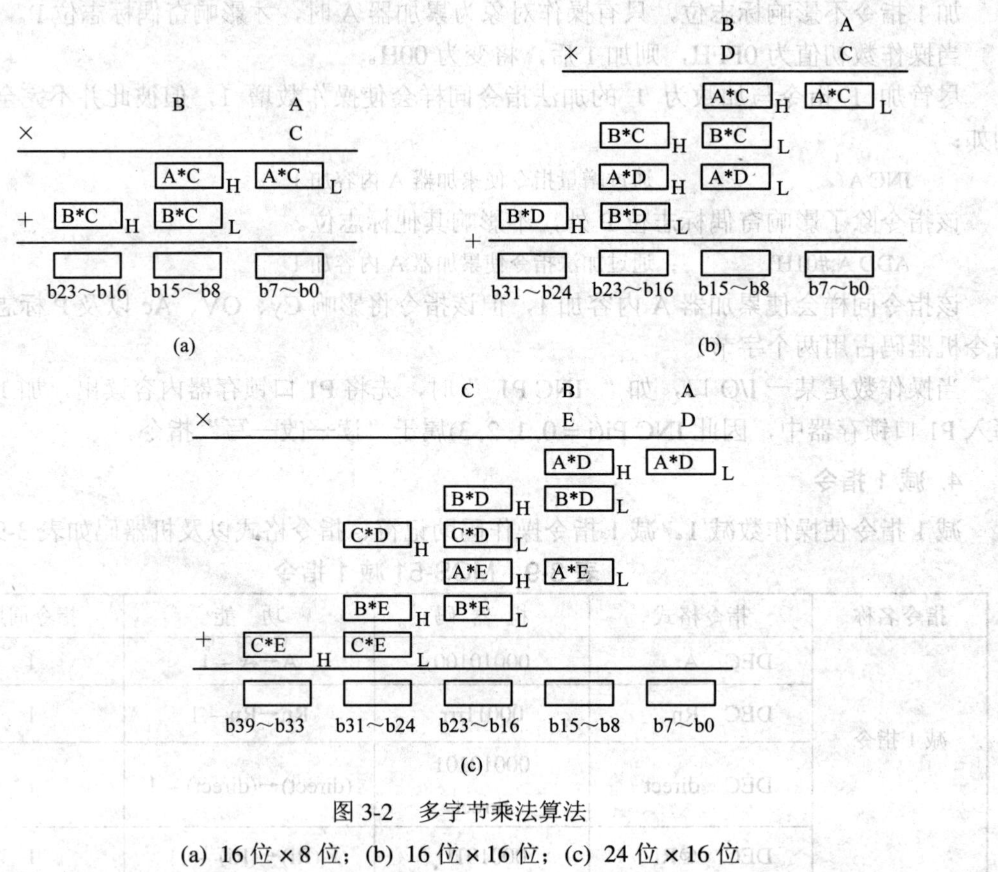

图 3-2　多字节乘法算法

(a) 16 位×8 位；(b) 16 位×16 位；(c) 24 位×16 位

在 16 位乘 8 位运算中，16 位被乘数占 2 字节，用 BA 表示；8 位乘数占 1 字节，用 C 表示，则乘积为 24 位。显然“A*C”为 16 位，“B*C”为 24 位。因此，可用如图 3-2(a)所示算法实现。

在 16 位乘 16 位运算中，16 位被乘数占 2 字节，用 BA 表示；16 位乘数也占 2 字节，用 DC 表示，则乘积为 32 位。显然“A*C”为 16 位，“B*C”为 24 位；“A*D”为 24 位，“B*D”为 32 位。因此，可用如图 3-2(b)所示算法实现。

而在 24 位乘 16 位运算中，24 位被乘数占 3 字节，用 CBA 表示；16 位乘数占 2 字节，用 ED 表示，乘积应该为 40 位。显然“A*D”为 16 位，“B*D”为 24 位，“C*D”为 32 位；

“A*E”为 24 位，“B*D”为 32 位，“E*C”为 40 位。因此，可用如图 3-2(c)所示算法实现。

例 3.7　编写一程序段，实现 16 位 × 8 位运算。

```
；功能：16 位乘 8 位运算程序段
；假设 16 位被乘数存放存在 46H、47H 单元中，8 位乘数存放在 49H 单元中
；24 位乘积保存在 42H、43H、44H 单元中
PROC MUL1608        ；16 位 × 8 位运算子程序
MUL1608:
；计算“A*C”
    MOV A, 47H          ；取被乘数低 8 位
    MOV B, 49H          ；取乘数
    MUL AB
    MOV 44H, A          ；存乘积的低 8 位
    MOV 43H, B          ；存乘积的高 8 位
    ；计算“B*C”，并与“A*C”相加
    MOV A, 46H          ；取被乘数高 8 位
    MOV B, 49H          ；取乘数
    MUL AB
    ADD A, 43H          ；乘积低 8 位 + (b15～b8)
    MOV 43H, A          ；保存结果到 b15～b8
    CLR A
    ADDC A, B           ；乘积高 8 位 + Cy
    MOV 42H, A          ；保存结果到 b23～b16
    RET
END
```

以上程序段代码长度也不长，执行时间为 22 个机器周期，并不算长。

例 3.8　编写一程序段，实现 16 位 × 8 位运算。

```
；功能：16 位乘 16 位运算程序段
；假设 16 位被乘数存放存在 46H、47H 单元中，16 位乘数存放在 48H、49H 单元中
；32 位乘积保存在 41H、42H、43H、44H 单元中
；使用资源：累加器 Acc、寄存器 B、PSW
PROC MUL1616                    ；16 位 × 18 位运算子程序
MUL1616:
    ；计算“A*C”
    MOV A, 47H                  ；取被乘数低 8 位
    MOV B, 49H                  ；取乘数
    MUL AB
    MOV 44H, A                  ；存乘积的低 8 位
    MOV 43H, B                  ；存乘积的高 8 位
    ；计算“B*C”，并与“A*C”相加
```

```
        MOV A, 46H              ; 取被乘数高 8 位
        MOV B, 49H              ; 取乘数
        MUL AB
        ADD A, 43H              ; 低 8 位 + (b15～b8)
        MOV 43H, A              ; 保存结果到 b15～b8
        CLR A
        ADDC A, B               ; 乘积高 8 位 + Cy
        MOV 42H, A              ; 保存结果到 b23～b16
        ; 计算 "A*D", 并相加
        MOV A, 47H              ; 取被乘数低 8 位
        MOV B, 48H              ; 取乘数高 8 位
        MUL AB
        ADD A, 43H              ; 低 8 位 + (b15～b8)
        MOV 43H, A              ; 保存结果到 b15～b8
        MOV A, 42H
        ADDC A, B               ; 加乘积高 8 位
        MOV 42H, A              ; 保存结果到 b23～b16
        CLR A
        ADDC A, #0              ; 加进位标志 Cy
        MOV 41H, A              ; 保存

        ; 计算 "B*D", 并相加
        MOV A, 46H              ; 取被乘数高 8 位
        MOV B, 48H              ; 取乘数高 8 位
        MUL AB
        ADD A, 42H              ; 低 8 位 + (b23～b16)
        MOV 42H, A              ; 保存到 b23～b16
        MOV A, 41H
        ADDC A, B               ; 加乘积高 8 位
        MOV 41H, A              ; 保存结果到 b31～b24
        RET
    END
```

例 3.9 编写一程序段，实现 24 位 × 16 位运算。

```
; 假设 24 位被乘数存放存在 45H、46H、47H 单元中，乘数存放在 48H、49H 单元中
; 40 位乘积保存在 40H、41H、42H、43H、44H 单元中
PROC MUL2416            ; 24 位 × 16 位运算子程序
MUL2416:
    ; 低 8 位乘被乘数低 8 位
    MOV A, 49H          ; 取乘数低 8 位
```

```
MOV B, 47H              ；取被乘数低 8 位
MUL AB
MOV 44H, A              ；存乘积低 8 位(b7～b0)
MOV 43H, B              ；存乘积高 8 位(b15～b8)
；低 8 位乘被乘数次高 8 位
MOV A, 49H              ；取乘数低 8 位
MOV B, 46H              ；取被乘数次高 8 位
MUL AB
ADD A, 43H              ；乘积低 8 位 + (b15～b8)
MOV 43H, A              ；保存 b15～b8
CLR A
ADDC A, B               ；乘积高 8 位加 + Cy，乘积最高位最大为 FEH，即使加 1，
                        ；也不可能溢出
MOV 42H, A              ；保存 b23～b16

；低 8 位乘被乘数最高 8 位
MOV A, 49H              ；取乘数低 8 位
MOV B, 45H              ；取被乘数最高 8 位
MUL AB
ADD A, 42H              ；加 b23～b16
MOV 42H, A              ；保存结果 b23～b16
CLR A
ADDC A, B               ；乘积高 8 位加 + Cy，乘积最高位最大为 FEH，即使加 1，
                        ；也不可能溢出
MOV 41H, A              ；保存 b31～b24

；高 8 位乘被乘数低 8 位
MOV A, 48H              ；取乘数高 8 位
MOV B, 47H              ；取被乘数低 8 位
MUL AB
ADD A, 43H              ；乘积低 8 位 + (b15～b8)
MOV 43H, A              ；保存 b15～b8
MOV A, 42H              ；取 b23～b16
ADDC A, B               ；乘积高 8 位 + (b23～b16) + Cy
MOV 42H, A              ；保存 b23～b16
CLR A
ADDC A, 41H             ；(b31～b24) + Cy
MOV 41H, A              ；保存 b31～b24
CLR A
```

```
    ADDC A, #0          ; 加进位标志 Cy
    MOV 40H, A          ; 保存 b39～b32

    ; 高 8 位乘被乘数次高 8 位
    MOV A, 48H          ; 取乘数高 8 位
    MOV B, 46H          ; 取被乘数次高 8 位
    MUL AB
    ADD A, 42H          ; 乘积低 8 位 + (b23～b16)
    MOV 42H, A          ; 保存 b23～b16
    MOV A, 41H          ; 取 b31～b24
    ADDC A, B           ; 乘积高 8 位 + (b31～b24) + Cy
    MOV 41H, A          ; 保存 b31～b24
    CLR A
    ADDC A, 40H         ; b39～b32 + 进位标志 Cy
    MOV 40H, A          ; 保存 b39～b32

    ; 高 8 位乘被乘数最高 8 位
MOV A, 48H              ; 取乘数高 8 位
    MOV B, 45H          ; 取被乘数最高 8 位
    MUL AB
    ADD A, 41H          ; 乘积低 8 位 + (b31～b24)
    MOV 41H, A          ; 保存 b31～b24
    MOV A, 40H          ; 取 b39～b32
    ADDC A, B           ; 加乘积高 8 位 + (b39～b32) + Cy
    MOV 40H, A          ; 保存 b39～b32
    RET
END
```

6. 除法指令

MCS-51 提供了 8 位无符号数除法指令，该指令操作码助记符、指令格式、机器码如表 3-11 所示。

表 3-11　MCS-51 除法指令

指令名称	指令格式	机 器 码	功　能	指令周期
除法	DIV　AB	10000100	A(商)←A÷B B(余数)←A÷B	4

被除数放在累加器 A(8 位无符号数)中，除数放在寄存器 B(8 位无符号数)中，商(8 位无符号数)放在累加器 A 中，余数(8 位无符号数)放在寄存器 B 中。显然余数取值范围为 0～(除数 −1)。

该指令影响标志位：如果除数(即寄存器 B)不为 0，执行执行后，溢出标志 OV 总为 0；如果除数为 0，执行后，结果将不确定，OV 置 1。

AC 保持不变；进位标志 Cy 总为 0；奇偶标志 P 位随累加器 A 中“1”的个数变化而变化。

尽管 MCS-51 没有提供 16 位 ÷ 8 位、32 位 ÷ 16 位等多位除法运算指令，但可以借助减法或类似多项式除法运算规则完成多位除法运算，参考例 3.27。

MCS-51 没有多字节乘、除法指令，在电机调速、开关电源控制等应用系统中，有时显得不方便，尽管可通过软件方式实现多字节乘法、除法运算，但耗时长，系统反应速度慢。为此，Infineon XC886 系列提供了 32 位硬件乘法、除法部件 MDU。

7. 十进制加法校正指令

在介绍十进制加法调正指令前，先来看 BCD 码加法运算存在的问题。

例 3.10　BCD 码 25 存放在累加器 A 中，即 A = 00100101B；另一 BCD 码 36 存放在寄存器 R2 中，即 R2 = 00110110B。当通过“ADD A,R2”指令相加时，CPU 视为两个二进制数相加，运算结果如下：

```
      A=00100101
   + R2=00110110
  ─────────────────
    A←01011011    (结果是 5BH，即十进制的 91)
```

而我们知道 25 + 36 = 61，之所以得不到正确结果是因为在 BCD 中，用二进制表示十进制数时，仅使用 0～9，即二进制 0000～1001 十个数码。因此，相加后，当低 4 位大于 1001 时，应该加 06H，使低 4 位(即 BCD 码个位)向 b4 进位，获得正确结果，例如：

```
        A= 01011011
  + 6校正 00000110
  ─────────────────
      A←01100001 (结果是 61)
```

显然，高 4 位也存在类似情况，即根据运算结果加 60H 校正。下面再来看另一种情况下，即低 4 位向高 4 位进位时，也需要校正。

例 3.11　假设 BCD 码 19 存放在累加器 A 中，即 A = 00011001B；另一 BCD 码 38 存放在寄存器 R2 中，即 R2=00111000B。当通过“ADD A,R2”指令相加时，运算结果如下：

```
        A= 00011001
  +    R2=00111000
  ─────────────────
     A←01010001    (结果是 51H，即十进制的 81)
```

而 19 + 38 = 57，之所以得不到正确结果是因为 8 + 9 = 17，在二进制加法中为 11H，同样需要加 6 校正。因此，当 b3 位向 b4 位进位，即辅助进位标志 Ac 有效时，要加 6 校正。事实上，设置辅助进位标志 Ac 的目的主要是为了判别 BCD 加法运算是否需要校正。同样，高位也存在类似问题，当 b7 有进位，即 Cy 为 1 时，也需要加 60H 进行校正。

可见用 ADD 指令完成 BCD 码加法运算时，高 4 位或低 4 位大于 1001，以及 Ac 或 Cy 有效时，必须加 06H、60H 或 66H 进行校正，才能获得正确的结果。十进制加法校正指令就是为此而设置，该指令操作码助记符、指令格式、机器码如表 3-12 所示。

表 3-12　MCS-51 BCD 加法校正指令

指令名称	指令格式	机 器 码	功　能	指令周期
BCD 加法校正	DA　A	11010100	根据进位标志位 Cy、辅助进位标志位 A_C 以及累加器 A 的内容，将累加器 A 中的内容转化为 BCD 码形式	1

该指令用于 BCD 加法校正，需放在 ADD 指令后，例如：

```
ADD     A, R2          ；两个 BCD 码相加
DA      A              ；将累加器 A 中的结果校正后转化为 BCD
```

值得注意的是十进制校正指令只能放在加法指令后，不能单独使用“DA　A”指令将累加器 A 中的内容转化为 BCD 码。

MCS-51 没有提供 BCD 码减法校正指令，但可以通过“补码”概念，将 BCD 码减法运算变成 BCD 码加法运算。我们知道两位 BCD 可以表示 00～99，需要用 8 位二进制存放；三位 BCD 可以表示 000～999，需要用 12 位二进制存放；四位 BCD 可以表示 0000～9999 之间的数，需要用 16 位二进制存放，因此，XY – xy = XY + 100 – xy(100 的 BCD 需要用 12 位二进制存放，其中的 1 自然丢失)。

当 XY≥xy 时，“XY + 100 – xy”就是 XY – xy；当 XY＜xy 时，“XY + 100 – xy”是“XY – xy”的补码。

由于其中的“100”为 BCD 码，可表示为“99H+1H”，即“9AH”。因此可直接用减法指令求出“100 – xy”=“9AH – xy”的 BCD 码。

例 3.12　假设两位 BCD 码形式的被减数、减数分别存放在 VAR1 和 VAR2 单元中，试编写一程序段求“VAR1 – VAR2”，结果存放在 VAR3 单元中。

参考程序如下：

```
CLR     C              ；清进位标志 Cy
MOV     A, #9AH        ；把 BCD 码“100”等效表示码送累加器 A
SUBB    A, VAR2        ；计算“100 – VAR2”，结果为 BCD 形式
ADD     A, VAR1        ；加被减数
DA      A              ；校正
MOV     VAR3, A        ；保存“VAR1 – VAR2”结果
```

例 3.13　将 R2 中以压缩形式存放的两位 BCD 码减 1。

与上例有所不同，减 1 相当于加 99(因为 99H + 1 – 1 就是 99H)。这样实现两位 BCD 码减 1 的程序如下：

```
MOV     A, R2
ADD     A, #99H
DA      A
MOV     R2, A
```

对于 3 位 BCD 码来说，XYZ – xyz = ZYX + 1000 – xyz。

当 XYZ≥xyz 时，“XYZ + 1000 – xyz”就是 XYZ – xyz；当 XYZ＜xyz 时，“XYZ + 1000 – xyz”是“XYZ – xyz”的补码。

同理，为了能用减法指令求出“1000 – xyz”的 BCD 码，可用“99AH”表示“1000 – xyz”算式中十进制数“1000”(因为“99AH”加“6”校正后正好是“1000H”)。

例 3.14　三位压缩形式 BCD 码被减数存放在 81H、80H 单元中，减数存放在 31H、30H 单元中，试编写一程序段求出两者的差，结果存放在 81H、80H 单元中。

```
CLR     C
MOV     A, #9AH
SUBB    A, 30H            ；低 8 位相减
MOV     R2, A             ；暂时保存低 8 位中间结果
MOV     A, #09H
SUBB    A, 31H            ；高 4 位相减
ANL     A, #0FH           ；屏蔽高位
MOV     R3, A             ；暂时保存高 8 位中间结果
MOV     R0, #80H
MOV     A, @R0            ；取被减数低 8 位
ADD     A, R2             ；低 8 位相加
DA      A                 ；校正
MOV     @R0, A            ；保存和的十位、个位
INC R0                    ；R0 加 1
MOV     A, @R0            ；取被减数百位
ADDC    A, R3             ；百位相加
DA      A                 ；校正
ANL     A, #0FH           ；屏蔽高 4 位
MOV     @R0, A            ；保存百位
```

例 3.15　将 R3/R2 中以压缩形式存放的三位 BCD 码减 1。

三位 BCD 减 1，相当于加 999(其实 99AH 减 1 就是 999H)。因此，实现三位 BCD 码减 1 的程序如下：

```
MOV     A, R2             ；取十位、个位
ADD     A, #99H
DA      A
MOV     R2, A             ；保存加 99 后的十位、个位结果
MOV     A, R3             ；取百位
ADDC    A, #09H
DA      A                 ；百位加 9 并校正
ANL     A, #0FH           ；屏蔽高 4 位
MOV     R3, A             ；保存百位
```

3.1.3　逻辑运算指令

逻辑运算在计算机指令系统中的重要性并不亚于算术运算指令。MCS-51 提供了丰富的逻辑运算指令，包括逻辑非(取反)、与、或、异或以及循环移位操作等。

逻辑运算指令格式、操作码助记符、机器码等如表 3-13 所示。

表 3-13　MCS-51 逻辑运算指令

<table>
<tr><th>指令名称</th><th colspan="3">指 令 格 式</th><th>机器码</th><th>功　能</th><th>指令周期</th></tr>
<tr><td>累加器 A 清 0</td><td colspan="3">CLR　A</td><td>11100100</td><td>A←0</td><td>1</td></tr>
<tr><td>逻辑非(取反)</td><td colspan="3">CPL　A</td><td>11110100</td><td>A←$\overline{A}$</td><td>1</td></tr>
<tr><td rowspan="6">逻辑与</td><td colspan="3">ANL　A,Rn</td><td>01011rrr</td><td>A←A∧Rn</td><td>1</td></tr>
<tr><td colspan="3">ANL　A,direct</td><td>01010101
direct</td><td>A←A∧(direct)</td><td>1</td></tr>
<tr><td colspan="3">ANL　A,@Ri</td><td>0101011i</td><td>A←A∧(Ri)</td><td>1</td></tr>
<tr><td colspan="3">ANL　A,#data</td><td>01010100
data</td><td>A←A∧data</td><td>1</td></tr>
<tr><td colspan="3">ANL　direct，A</td><td>01010010
direct</td><td>(direct)←(direct)∧A</td><td>1</td></tr>
<tr><td colspan="3">ANL　direct，#data</td><td>01010011
direct
data</td><td>(direct)←(direct)∧#data</td><td>2</td></tr>
<tr><td rowspan="6">逻辑或</td><td colspan="3">ORL　A,Rn</td><td>01001rrr</td><td>A←A∨Rn</td><td>1</td></tr>
<tr><td colspan="3">ORL　A,direct</td><td>01000101
direct</td><td>A←A∨(direct)</td><td>1</td></tr>
<tr><td colspan="3">ORL　A,@Ri</td><td>0100011i</td><td>A←A∨(Ri)</td><td>1</td></tr>
<tr><td colspan="3">ORL　A,#data</td><td>01000100
data</td><td>A←A∨data</td><td>1</td></tr>
<tr><td colspan="3">ORL　direct，A</td><td>01000010
direct</td><td>(direct)←(direct)∨A</td><td>1</td></tr>
<tr><td colspan="3">ORL　direct，#data</td><td>01000011
direct
data</td><td>(direct)←(direct)∨#data</td><td>2</td></tr>
<tr><td rowspan="6">逻辑异或</td><td colspan="3">XRL　A,Rn</td><td>01101rrr</td><td>A←A⊕Rn</td><td>1</td></tr>
<tr><td colspan="3">XRL　A,direct</td><td>01100101
direct</td><td>A←A⊕(direct)</td><td>1</td></tr>
<tr><td colspan="3">XRL　A,@Ri</td><td>0110011i</td><td>A←A⊕(Ri)</td><td>1</td></tr>
<tr><td colspan="3">XRL　A,#data</td><td>01100100
data</td><td>A←A⊕data</td><td>1</td></tr>
<tr><td colspan="3">XRL　direct，A</td><td>01100010
direct</td><td>(direct)←(direct)⊕A</td><td>1</td></tr>
<tr><td colspan="3">XRL　direct，#data</td><td>01100011
direct
data</td><td>(direct)←(direct)⊕#data</td><td>2</td></tr>
<tr><td rowspan="4">循环移位</td><td rowspan="2">向左循环移位</td><td>左循环移位</td><td>RL　A</td><td>00100011</td><td>←b7←b0←</td><td>1</td></tr>
<tr><td>带 Cy 左循环</td><td>RLC　A</td><td>00110011</td><td>←Cy←b7←b0←</td><td>1</td></tr>
<tr><td rowspan="2">向右循环移位</td><td>右循环移位</td><td>RR　A</td><td>00000011</td><td>→b7→b0→</td><td>1</td></tr>
<tr><td>带 Cy 右循环</td><td>RRC　A</td><td>00010011</td><td>→Cy→b7→b0→</td><td>1</td></tr>
</table>

这类指令的特点是不影响程序状态字寄存器 PSW 中的标志位(但以 Acc 为目的操作数时将影响 P 标志)。只有带进位 Cy 循环移位时，才影响 Cy 和奇偶标志 P。

逻辑运算均按位进行。例如当 A = 10100101B 时，执行“ANL A, # 01011010B”指令后，累加器 A 为 0。

常用逻辑与(ANL)指令将操作数中指定位清 0。如可通过如下指令将 P1 口锁存器的 b4、b2 位清 0，而其他位不变。

```
ANL P1, #11101011B
```

在构造立即数时，希望清 0 位取 0，其他位取 1。该指令执行后，P1 口锁存器各位为×××0×0××，可见指定位为 0，其他位保持不变。

常用逻辑或(ORL)指令将操作数中指定位置 1。如可通过如下指令将 P1 口锁存器的 b4、b2 位置 1，而其他位不变。

```
ORL P1, #00010100B
```

在构造立即数时，希望置 1 位取 1，其他位取 0。该指令执行后，P1 口锁存器各位为×××1×1××，可见指定位为 1，其他位保持不变。

常用逻辑异或(XRL)指令将操作数中指定位取反。如可通过如下指令将 P1 口锁存器的 b4、b2 位取反，而其他位不变。

```
XRL P1, #00010100B
```

在构造立即数时，希望取反位为 1，其他位为 0。

左循环移位“RL A”也常用于实现 $\times 2^n$(如 2、4、8 等)的运算。例如，当需要对累加器 A 进行乘 4 操作时，如果 A 小于 3FH，用如下两条左循环移位指令完成比用乘法指令速度快、代码短。

```
RL A        ；左循环移位一次，相当于乘 2
RL A        ；再左循环移位一次，相当于乘 4
```

以上两条指令执行时间仅需 2×1 个机器周期，代码长度为 2×1 字节，但如使用乘法指令实现则需要 6 个机器周期(2 + 4)，代码长度为 4 字节(3 + 1)。

```
MOV B, #04H        ；3 字节，执行时间为 2 个机器周期
MUL AB             ；1 字节，执行时间为 4 个机器周期
```

3.1.4　位操作指令

由于单片机在控制系统中主要用于控制线路通、断，继电器的吸合与释放等，因此位操作指令在单片机指令系统占有重要地位。多数 8 位机依然保留了一位机功能，即提供了完整的位寻址功能和位操作指令。

MCS-51 单片机具有丰富的位操作指令，在位运算指令中，进位标志 Cy 的作用类似于字节运算指令中的累加器 A，因此 Cy 在位操作指令中，被称为“位累加器”。在 MCS-51 中，位存储器包括了内部 RAM 20H～2FH 单元的位存储区以及特殊功能寄存器中支持位寻址的所有位。

MCS-51 位操作指令操作码助记符、指令格式、机器码等如表 3-14 所示。

表 3-14　MCS-51 位操作指令

指令名称		指令格式	机器码	功能	指令周期
位传送		MOV　C，bit	10100010 bit	C←(bit)	1
		MOV　bit，C	10010010 bit	(bit)←C	2
位变量修改	位清 0	CLR　C	11000011	C←0	1
		CLR　bit	11000010 bit	(bit)←0	1
	位置 1	SETB　C	11010011	C←1	1
		SETB　bit	11010010 bit	(bit)←1	1
	位取反	CPL　C	10110011	C←$\overline{C}$	1
		CPL　bit	10110010 bit	(bit)←$\overline{(bit)}$	1
位逻辑运算	逻辑与	ANL　C，bit	10000010 bit	C←C∧(bit)	2
		ANL　C，/bit	10110000 bit	C←C∧$\overline{(bit)}$	2
	逻辑或	ORL　C，bit	01110010 bit	C←C∨(bit)	2
		ORL　C，/bit	10100000 bit	C←C∨$\overline{(bit)}$	2

注：位操作指令中的“C”不可写成“Cy”形式。

在位操作中，位存储器均使用直接地址，在汇编语言指令中，有关特殊功能寄存器中位地址的表示方法第 2 章已介绍过。

在位操作中，除了使用位累加器 Cy 的位操作指令外，均不影响其他标志位。

MCS-51 没有提供位异或运算指令，当需要位异或运算时，可通过如下方式之一实现：

(1) 利用 MCS-51 的偶校验标志 P 实现。根据偶校验特征，PSW 标志寄存器内的偶校验位为

$$P = A_{CC.7} \oplus A_{CC.6} \oplus A_{CC.5} \oplus A_{CC.4} \oplus A_{CC.3} \oplus A_{CC.2} \oplus A_{CC.1} \oplus A_{CC.0}$$

例如，设 X、Y、Z 均为位变量，则可通过如下指令求 X、Y 位变量的异或结果。

```
CLR   A
MOV   C, X        ; 位变量 X 送 Cy
MOV   Acc.0, C    ; Acc.0←Cy
MOV   C, Y        ; 位变量 Y 送 Cy
MOV   Acc.1, C    ; Acc.1←Cy
MOV   C,   P      ; 把运算结果送 Cy
MOV   Z,   C      ; Cy 送 Z
```

当逻辑变量多于两个时，使用这种方式将非常方便。例如，四个逻辑变量分别从 P1.3、P1.2、P1.1、P1.0 引脚输入，可通过如下指令求其异或运算的结果：

```
MOV A, P1
ANL A, #0FH       ; 异或结果已经在 P 标志中
```

(2) 利用位逻辑与、或指令得到。因为 $X \oplus Y = X\overline{Y} + \overline{X}Y$，指令如下：

```
MOV   C, X        ; 位变量 X 送 Cy
ANL   C, /Y       ; C← XY̅
MOV   Z, C        ; 暂存 XY̅
MOV   C, Y        ; 位变量 Y 送 Cy
ANL   C, /X       ; C← YX̅
ORL   C, Z        ; C← XY̅ + X̅Y
MOV   Z, C        ; 保存 X、Y 异或运算结果
```

3.1.5　控制及转移指令

以上介绍的指令均属于顺序执行指令，即执行了当前指令后，接着就执行下一条指令。但在计算机中，只有顺序执行指令是不够的，更一般的情况是：执行了当前指令后，往往需要根据执行结果做出判别，是继续执行随后的指令，还是转去执行其他的指令系列，这就需要控制和转移指令。

控制转移指令包括跳转(包括无条件跳转和条件跳转)指令、调用指令、返回指令以及停机指令等。

1. 无条件跳转指令

MCS-51 无条件跳转指令操作码助记符、格式、机器码如表 3-15 所示。

表 3-15　无条件跳转指令

指令名称	指令格式	机 器 码	功 能	指令周期
绝对无条件跳转	AJMP　addr11	$a_{10}a_9a_8$00001 a_7～a_0	PC←PC + 2 $PC_{10\sim0}$←addr11 $PC_{15\sim11}$ 不变	2
长跳转	LJMP　addr16	00000010 a_{15}～a_8 a_7～a_0	PC←$addr_{15\sim0}$	2
短跳转	SJMP　rel	10000000 rel	PC←PC + 2 PC←PC + rel	2
间接跳转	JMP　@A+DPTR	01110011	PC←A + DPTR	2

无条件跳转指令的含义是执行了该指令后，程序将无条件跳到指令中给定的存储器地址单元执行，其中：

(1) 长跳转指令给出了 16 位地址，该地址就是转移后要执行的指令码所在的存储单元地址。因此，该指令执行后，将指令中给定的 16 位地址装入程序计数器 PC。长跳转指令可使程序跳到 64 KB 范围内的任一单元执行，常用于跳到主程序、中断服务程序入口处，如：

```
ORG 0000H
LJMP Main          ；其中 Main 是主程序入口地址标号
ORG 0003H
LJMP INT0          ；INT0 是外中断 0 服务程序入口地址标号
```

(2) 绝对跳转指令 AJMP 只需 11 位地址，即该指令执行后，仅将指令中给定的 11 位地址装入程序计数器 PC 的低 11 位，而高 5 位(即 PC15～PC11)保持不变，因此 AJMP 指令只能实现 2 KB(由于高 5 位地址编码相同，而 A_{10}～A_0 的寻址范围就是 2 KB)范围内的跳转，即转入的存储单元地址的高 5 位地址编码与 PC 计数器当前值的高 5 位必须相同，否则就会出现跨页错误。假设“AJMP 267BH”指令存放在 2000H 单元，由于该指令占用两个字节，执行后，PC=2002H，即 00100 00000000010B，由于低 11 位地址由 AJMP 指令给出，可见跳转目标地址范围在 00100 00000000000B～00100 11111111111B，即 2000H～27FFH 之间，包含了“267B”，因而能够跳转。

(3) 短跳转指令“SJMP rel”中的 rel 是一个带符号的 8 位地址，范围在 −128～+127 之间，当偏移量为负数(用补码表示)时，向前跳转；而当偏移量为正数时，向后跳转。

由于 SJMP 指令占两个字节，执行该指令后，PC = ×××× + 2(××××是 SJMP 指令码的首地址)。当 rel 为 FEH，即 −2 时，跳转地址等于 PC = ×××× + 2 − 2 = ××××，即又跳回 SJMP 指令码首地址单元，将不断重复执行 SJMP 指令，相当于动态停机。在汇编语言中，常写成：

```
Here：SJMP Here
```

或

```
SJMP $
```

在汇编语言源程序中，$ 表示指令的首地址。执行这条指令，会使机器进入死循环。如果中断处于允许状态，则当中断有效时，将进入中断服务程序，但从中断服务程序返回后又重复执行 SJMP 指令。

(4) 在间接跳转“JMP @A+DPTR”指令中，将 DPTR 内容与累加器 A 相加，得到的 16 位地址作为 PC 的值。因此，通过该指令可以动态修改 PC 的值，跳转地址由累加器 A 控制，常用于多分支跳转指令。

2. 调用指令

MCS-51 调用指令操作码助记符、指令格式、机器码如表 3-16 所示。

表 3-16 调 用 指 令

指令名称	指令格式	机 器 码	功 能	指令周期
绝对调用	ACALL addr11	$a_{10}a_9a_8$10001 a_7～a_0	PC←PC + 2 SP←SP + 1 (SP)←PC 低 8 位 SP←SP + 1 (SP)←PC 高 8 位 $PC_{10\sim0}$←addr11 $PC_{15\sim11}$不变	2
长调用	LCALL addr16	00010010 a_{15}～a_8 a_7～a_0	PC←PC + 3 SP←SP + 1 (SP)←PC 低 8 位 SP←SP + 1 (SP)←PC 高 8 位 PC←$addr_{15\sim0}$	2

可见调用指令与跳转指令不同：调用指令用于执行子程序，调用指令中的地址就是子程序的入口地址，子程序执行结束后，要返回主程序继续执行。因此，调用时，需要将指令指针 PC 压入堆栈，保存 PC 的当前值，以便在子程序执行结束后，通过 RET 指令正确返回，例如：

```
⋮
LCALL SUB1          ；调用子程序 SUB1
MOV 2FH, A
⋮
SUB1：
PUSH PSW
⋮
POP PSW
RET
```

假设 LCALL SUB1 指令机器码从 1003H 单元开始存放，由于该指令占 3 个字节，则该指令后的“MOV 2FH, A”指令机器码将从 1006H 单元开始存放。执行了“LCALL SUB1”

指令后，PC 也是 1006H，正好是该指令下一条指令机器码的首地址，为了能够返回，先将 1006H(即 06H、10H)压入堆栈，然后再将 SUB1 标号对应的存储单元地址，即子程序入口地址装入 PC，执行子程序中的指令系列，当遇到 RET 指令后，又自动将堆栈中的 1006H，即断点地址传送到 PC 中，返回主程序，继续执行。而与之类似的长跳转执行，仅将指令中的存储器地址装入 PC，由于没有保护跳转前的 PC 值，因此无法返回。

绝对调用指令 ACALL 与绝对跳转指令类似，目标地址与 PC 当前值的高 5 位必须相同。

3. 返回指令

有调用指令，就必然存在与之相对应的返回指令，MCS-51 MCU 返回指令格式、机器码如表 3-17 所示。

表 3-17 调 用 指 令

指令名称	指令格式	机 器 码	功 能	指令周期
子程序返回指令	RET	00100010	PC 高 8 位←(SP) SP←SP－1 PC 低 8 位←(SP) SP←SP－1	2
中断返回指令	RETI	00110010	PC 高 8 位←(SP) SP←SP－1 PC 低 8 位←(SP) SP←SP－1	2

子程序返回指令 RET 一般是子程序的最后一条指令，执行了该指令后，从堆栈中弹出的两个字节就是主程序的断点地址，装入 PC，以便返回主程序继续执行。

中断返回指令 RETI 也是中断服务程序的最后一条指令，执行了该指令后，从堆栈中弹出的两个字节也是主程序的断点地址，装入 PC，以便返回主程序继续执行。在执行中断返回指令 RETI 时，还要清除 MCS-51 中断响应时被置位的中断优先级触发器，开放中断逻辑，使已经出现的同级或更低级中断得到响应。

4. 条件跳转指令

为了提高编程效率，MCS-51 提供了满足不同条件的跳转指令，条件跳转指令格式、机器码如表 3-18 所示。

(1)“CJNE”指令中的操作数均是无符号数，执行时，将第一操作数与第二操作数进行比较，并根据比较结果，对 Cy 置 1 或清 0。当两个操作数不等时，跳转。例如，“CJNE A, #data, rel”指令执行时，将根据 A 减去 data 是否出现借位来设置 Cy 标志；不相同，则跳转。但指令执行后，不改变两个操作数内容，即相减后不返回结果。

例 3.16 利用 CJNE 指令判别内部 RAM 某一单元，如(40H)内容是否大于等于 60。如果大于等于 60，则将其清 0，否则不予理睬。

```
MOV R0, #40H                    ；单元地址送 R0
CJNE @R0, #60, NEXT1
NEXT1:
        JC EXIT
        MOV @R0, #0             ；进位标志 Cy = 0，(40H)≥60，将其清 0
EXIT:
```

表 3-18　条件跳转指令

指令名称		指令格式	机器码	功　能	指令周期
A 是否为 0 跳转	A 为 0 跳转	JZ　rel	01100000 rel	PC←PC+2 若 A=0，则跳转，即 PC←PC+rel；否则，顺序执行	2
	A 不为 0 跳转	JNZ　rel	01110000 rel	PC←PC+2 若 A≠0，则跳转，即 PC←PC+rel；否则，顺序执行	2
位测试跳转	Cy 为 1 跳转	JC　rel	01000000 rel	PC←PC+2 若 Cy=1，则跳转，即 PC←PC+rel；否则，顺序执行	2
	Cy 为 0 跳转	JNC　rel	01010000 rel	PC←PC+2 若 Cy=0，则跳转，即 PC←PC+rel；否则，顺序执行	2
	指定位为 1 跳转	JB　bit，rel	00100000 bit rel	PC←PC+3 若(bit)=1，则跳转，即 PC←PC+rel；若(bit)=0，则顺序执行	2
	指定位为 0 跳转	JNB　bit，rel	00110000 bit rel	PC←PC+3 若(bit)=0，则跳转，即 PC←PC+rel；若(bit)=1，则顺序执行	2
	指定位为 1 跳转，并清除	JBC　bit，rel	00010000 bit rel	PC←PC+3 若(bit)=1，则跳转，即 PC←PC+rel，且(bit) ←0；若(bit)=0，则顺序执行	2

续表

	指令名称	指令格式	机器码	功　能	指令周期
两数比较转移	A与存储单元比较，不相等则跳转	CJNE A，direct，rel	10110101 direct rel	PC←PC+3 不相等则跳转，即PC←PC+rel；相等，则顺序执行。且当第一操作数≥第二操作数时，进位标志Cy=0；反之，Cy=1	2
	A与立即数比较，不相等则跳转	CJNE A，#data，rel	10110100 data Rel		2
	Rn与立即数比较，不相等则跳转	CJNE Rn，#data，rel	10111rrr data rel		2
	存储单元与立即数比较，不相等则跳转	CJNE @Ri，#data，rel	1011011i data rel		2
减1不为0跳转	Rn减1，不为0则跳转	DJNZ　Rn，rel	11011rrr Rel	PC←PC+2 Rn←Rn−1 当Rn≠0时，跳转，即PC←PC+rel；当Rn=0时，顺序执行	2
	指定存储单元减1，不为0则跳转	DJNZ direct，rel	11010101 direct rel	PC←PC+3 (direct)←(direct)−1 当(direct)≠0时，跳转，即PC←PC+rel；当(direct)=0时，顺序执行	2

(2)"JC rel"指令适用于"a < b"时跳转的判别，例如：

```
CLR C            ；清进位标志Cy，以便使用带进位减法指令
SUBB A, R2       ；假设a已传送到累加器A中，b存放在寄存器R2中
JC rel           ；当Cy为1，即A < R2，也就是a < b时，跳转
```

(3)"JNC rel"指令适用于"a≥b"时跳转的判别，例如：

```
CLR C            ；清进位标志Cy，以便使用带进位减法指令
SUBB A, R2       ；假设a已传送到累加器A中，b存放在寄存器R2中
JNC rel          ；当Cy为0，即A≥R2，也就是a≥b时，跳转
```

(4)"JZ　rel"指令适用于"a=b"时跳转的判别，例如：

```
CLR C            ；进位标志Cy清0，以便使用带进位减法指令
SUBB A, R2       ；假设a已传送到累加器A中，b存放在寄存器R2中
JZ   rel         ；当累加器A为0，即A = R2，也就是a = b时，跳转
```

(5)"DJNZ　Rn，rel"及"DJNZ　direct，rel"指令用在循环程序段中，例如：

```
MOV R2, #08H     ；循环次数存放在R2中
LOOP:
DJNZ  R2，LOOP   ；R2减1后不为0，则跳到LOOP标号对应的存储单元执行
```

由于LOOP对应的存储单元就是本指令机器码的首字节，因此将按指定次数重复执行。

5. 空操作指令

MCS-51空操作指令格式、机器码如表3-19所示。

表3-19　空操作指令

指令名称	指令格式	机器码	功能	指令周期
空操作	NOP	00000000	PC←PC + 1	1

执行空操作指令NOP时，CPU什么事也没有做，但消耗了执行时间，常用于实现短时间的延迟或等待。

3.2　汇编语言程序结构

介绍了MCS-51指令系统后，这一节简要介绍汇编语言程序结构、程序设计方法、技巧及注意事项等方面的基础知识。

3.2.1　MCS-51程序总体结构

单片机汇编程序结构与通用微机汇编程序结构略有不同，原因是：

(1) 一般没有可以直接利用的监控程序，所有程序均要自己编写。

(2) 没有像X86汇编语言程序那样，可直接调用系统提供的中断功能(如BIOS中断、DOS中断)或Windows的API函数完成特定操作，即所有子程序(如键盘监控子程序、显示驱动程序、中断服务程序等)均需要自己编写。

MCS-51汇编语言源程序一般由主程序、完成特定操作的子程序(可能不止一个)及相应

功能的中断服务程序等部分组成，结构如下：

```
        ; ---------------程序头(即定义变量和等值符号)---------
    SCL         BIT     P1.2    ; 定义 SCL 位变量
    SDA BIT     P1.3            ; 定义 SDA 位变量
    ByteCon     DATA    30H     ; 定义字节变量 ByteCon
    Ltime       EQU     42H     ; 常数 LTime 定义为 42H
    ⋮
ORG nnnn                        ; CPU 复位后，第一条指令机器码所在单元地址，具体数值由 CPU
                                ; 类型决定。例如，在 MCS-51 中，复位后 PC = 0000，因此在 MCS-51
                                ; 中，第一条指令存放在程序存储器的 0000H 单元中，即 nnnn 为
                                ; “0000H”
LJMP Main                       ; 一般第一条指令是跳转指令，跳到主程序入口地址，其中“Main”
                                ; 是主程序入口地址标号。主程序一般不能直接存放在复位后 PC 指
                                ; 向的存储区，原因是这一区域往往是中断服务程序的入口地址，不
                                ; 能覆盖，否则不能使用相应的中断功能。例如在 MCS-51 中，外部
                                ; 中断 INT0 的入口地址为 0003H，显然主程序入口地址只有
                                ; 0000H、0001H 和 0002H 三个单元，刚好可以存放置一条长跳转指
                                ; 令的机器码
    ; -----------------主程序-----------------------
        ORG yyyy                ; 其中 yyyy 就是主程序代码存放区的首地址，如 0100H
    Main:
    MOV R0, #01H                ; 从 01H 单元开始，保留 00H，即 R0 寄存器对应的物理地址
    LOOPIC:
        MOV @R0, #00H
        INC R0
        CJNE R0, #00, LOOPIC      ; 对于复位后无需保护内部 RAM 的应用系统，复位后最好先将
                                  ; 内部 RAM 各单元清 0，以方便调试。对于掉电后需要保护内
                                  ; 部 RAM 的系统，可先检查复位标志——掉电复位还是人工复
                                  ; 位，然后决定是否将内部 RAM 清 0
        MOV SP,#7FH               ; 初始化有关寄存器，如设置堆栈指针 SP、初始化外设控制寄
                                  ; 存器，如中断控；制寄存器、定时/计数器控制寄存器等
        ⋮                         ; 主程序实体，具体指令由程序功能决定
        LCALL SUB1                ; 调用子程序 1，其中 SUB1 为子程序名
        ⋮
                                  ; -----------------子程序结构----------------------
    ; ORG zzzz                    ; 其中 zzzz 就是子程序代码存放区的首地址，一般不用 ORG
                                  ; 指令，而是直接将子程序存在主程序后
    SUB1:
    PUSH PSW
```

```
PUSH Acc              ；通过 PUSH 指令保护子程序中用到的有关寄存器，如 Acc、PSW 等，
                      ；即保护现场
⋮                     ；子程序实体，具体指令由程序功能决定
POP Acc
POP PSW               ；恢复现场
RET                   ；子程序最后一条指令，使子程序运行结束后，返回主程序断点
；------------------中断服务程序结构------------------------
；ORG kkkk             ；其中 kkkk 就是中断程序代码存放区的首地址，不过一般不用 ORG 指定
PUSH   PSW
PUSH   Acc            ；通过 PUSH 指令保护中断服务程序中用到的有关寄存器，如 Acc、PSW
                      ；等，即保护现场
    SETB RS0
    CLR RS1           ；切换工作区(这里假设使用 1 区)

    ⋮                 ；中断服务程序实体，具体指令由程序功能决定
POP    Acc
POP    PSW            ；恢复现场
CLR TI                ；清除中断标志(在 MCS-51 中，对于电平触发的外中断 INT0、INT1、
                      ；串行接收及发送中断 RI、TI 等，不自动清除，需要在中断服务结束前，
                      ；通过 CLR 指令清除
RETI                  ；中断服务程序最后一条指令，使 CPU 自动清除中断优先级触发器，返回
                      ；主程序断点
```

为了确保子程序、中断服务程序运行结束后，能够正确返回，从断点处继续执行主程序，必须注意在子程序以及中断服务程序中堆栈操作指令的匹配问题，否则将无法返回。

程序头部分尽管由注释信息与变量定义伪指令组成，一个可读性强、维护方便的源程序，需要在程序头中对内存变量、常数等进行定义。例如在程序头中使用“Ltime EQU 42H”伪指令定义了 Ltime 常数后，就可以在程序中使用 Ltime 字符串代替直接地址，便于源程序的阅读与维护。

```
MOV A, Ltime          ；与 MOV A, 42H 等效
MOV A, Ltime+1        ；与 MOV A, 43H 等效
MOV A, Ltime-1        ；与 MOV A, 41H 等效
MOV R0, #Ltime        ；与 MOV R0, #42H 等效
```

通过下面实际的例子，介绍单片机控制系统常见的实用子程序。

3.2.2 顺序结构

例 3.17 将外部 RAM 0080H～0081H 单元内容传送到内部 RAM 的 30H～31H 单元中。

```
MOV DPTR, #0080H      ；外部 RAM 单元地址 0080H 送 DPTR
MOVX A, @DPTR         ；外部 RAM 0080H 单元内容送累加器 A
MOV 30H, A            ；累加器 A 送内部 RAM 的 30H 单元，即外部 RAM 的(0080H)
```

```
                      ；送内部 RAM 的(30H)
INC DPTR              ；DPTR 加 1
MOVX A, @DPTR         ；外部 RAM 的(0081H)单元内容送 A
MOV 31H, A            ；累加器 A 送内部 RAM 的 31H 单元，即外部 RAM 的(0081H)
                      ；送内部 RAM 的 31H 单元
```

例 3.18　将存放在 R2 中压缩形式的 BCD 码转换为二进制数。

```
；功能：  把存放在 R2 中压缩形式的 BCD 码转换为二进制数
；算法：a1 × 10 + a0
；入口参数：待转换的 BCD 码存放在寄存器 R2 中
；出口参数：结果回送 R2
；使用资源：寄存器 A、B 及 R2
PROC S_BCD_BI         ；单字节 BCD 码转二进制
S_BCD_BI:
    MOV A, R2         ；取 BCD 码
    ANL A, #0F0H      ；保留高 4 位(即十位)
    SWAP A
    MOV B, #10
    MUL AB            ；十位 × 10，最大为 90(即 5AH)，因此高 8 位为 0
    MOV B, A          ；乘积暂存到寄存器 B
    MOV A, R2         ；取 BCD 码
    ANL A, #0FH       ；保留个位
    ADD A, B          ；加“十位 × 10”
    MOV R2, A         ；结果回送寄存器 R2
    RET
END
```

例 3.19　把存放在 R3、R2 中压缩形式的 BCD 码转换为二进制数，结果回送到 R3、R2 中。

参考程序如下：

```
；功能：  把存放在 R3、R2 中压缩形式的 BCD 码转换为二进制数
；算法：a3 × 10^3 + a2 × 10^2 + a1 × 10 + a0 = (a3 × 10 + a2) × 100 + (a1 × 10 + a0)
；入口参数：待转换的 BCD 码存放在寄存器 R3、R2 中
；出口参数：结果回送 R3、R2
；使用资源：寄存器 A、B 及 R4、R3、R2
PROC D_BCD_BI
D_BCD_BI:
    LCALL S_BCD_BI    ；调用单字节 BCD 码转二进制子程序，计算 a1 × 10 + a0
    MOV R4, A         ；把转换结果暂时保存到 R4
    MOV A, R3         ；取 BCD 码的高两位
    MOV R2, A
```

```
    LCALL S_BCD_BI              ；调用单字节 BCD 码转换为二进制子程序
    MOV B, #100
    MUL AB                      ；计算(a3×10+a2)×100
    ADD A, R4                   ；加低 2 位转换结果
    MOV R2, A                   ；保存转换结果的低 8 位
    MOV A, B                    ；取(a3×10+a2)×100 的高 8 位
    ADDC A, #0                  ；加进位标志
    MOV R3, A                   ；保存转换结果的高 8 位
    RET
END
```

例 3.20　将存放在 R2 中的二进制数转换为 BCD 码，结果存放在 R3(百位)、R2(十位及个位)。

参考程序如下：

```
；算法：待转换的二进制数除 100，所得的商就就是百位，余数再除 10 所得的商是十位，余数
        为个位。由于待转换的二进制数最大为 255，因此可用单字节除法指令实现
；入口参数：待转换的二进制存放在寄存器 R2 中
；出口参数：百位存放在 R3 中，十位及个位存放在 R2 中
；使用资源：寄存器 A、B 及 R3、R2
PROC S_BI_BCD                   ；单字节二进制转化为 BCD 码
S_BI_BCD:
    MOV A, R2
    MOV B, #100
    DIV AB                      ；商就是 BCD 码的百位，余数就是 BCD 码的十位和个位
    MOV R3, A                   ；保存 BCD 码的百位
    MOV A, B                    ；余数送 A
    MOV B, #10
    DIV AB                      ；商就是 BCD 码的十位，余数就是 BCD 码的个位
    SWAP  A
    ORL A, B
    MOV R2, A                   ；保存转换的结果
    RET
END
```

3.2.3　循环结构

例 3.21　将外部 RAM 0080H～009FH 单元内容送到内部 RAM 的 30H～4FH 单元中。

由于需要传送 32 字节，不能再用例 3.15 所示顺序程序结构，否则程序将很长。为此，可用循环结构程序实现。

循环程序由初始化部分、循环体部分、包含条件跳转指令的循环控制部分组成。例如，实现例 3.19 功能的参考程序如下：

```
；***********初始化*************
MOV R7, #20H            ；初始化循环次数
MOV DPTR, #0080H        ；初始化数据指针
MOV R0, #30H            ；把内部 RAM 存储区首址 30H 传送到寄存器 R0 中
；************循环体***********
LOOP:
MOVX A, @DPTR           ；外部 RAM 送累加器 A
MOV @R0, A              ；累加器 A 送内部 RAM
INC R0                  ；R0 加 1，指向下一内部 RAM 单元
INC DPTR                ；数据指针加 1，指向下一外部 RAM 单元
；*******循环控制指令********
DJNZ R7, LOOP           ；如果 R7 没有减到 0，则跳转到标号为 LOOP 处继续执行
```

例 3.22　16 × 16 点阵字库的点阵信息存放在程序存储器中，假设首地址为 CHINESE，每一 16 × 16 点阵汉字占 32 字节，试编写一子程序将顺序号(即机内码)为 n(n = 0, 1, 2, ……)的 16 × 16 点阵字模信息送内部 RAM 的 30H～4FH 单元中。

参考程序如下(汉字顺序号存放在 2FH 单元中，子程序名为 CHTORAM)：

```
CHTORAM:
；******保护现场及切换工作寄存器区******
    PUSH PSW
    PUSH Acc
PUSH B
    SETB RS0            ；使用工作寄存器的 1 组
    CLR RS1
；******初始化数据指针 DPTR，即使 DPTR 指向对应汉字的首字节******
MOV DPTR, #CHINESE      ；将字库首地址送 DPTR
MOV A, 2FH              ；取汉字顺序号
MOV B, #20H
MUL AB                  ；每一汉字占 32 字节，顺序号乘 32 后就是该汉字点阵
                        ；相对于字库首地址的偏移量
ADD A, DPL              ；乘积低 8 位与 DPL 相加
MOV DPL, A              ；回送到 DPL 中
MOV A, B                ；乘积高 8 位送累加器 A
ADDC A, DPH             ；乘积高 8 位加字库首地址高 8 位 DPH
MOV DPH, A
；至此，数据指针 DPTR 已指向对应汉字点阵信息的首字节
MOV R0, #30H            ；内部 RAM 单元首地址送 R0
MOV R6, #00H            ；用 R6 作为内部 RAM 存储单元的地址指针
LOOP:
MOV A, R6
```

```
MOVC A, @A+DPTR         ；读存放在程序存储器中的汉字点阵信息到累加器 A
MOV @R0, A
INC R0                  ；指向下一内部 RAM 单元
INC R6                  ；内部 RAM 指针加 1
CJNE R6, #20H, LOOP     ；如果 R6 未到 32 就循环
POP B                   ；恢复现场
POP Acc
POP PSW
RET                     ；子程序返回。

CHINESE:
；--N000:  天  --
；--   宋体 12；此字体下对应的点阵为：宽 × 高 = 16 × 16   --
DB   00H,40H,42H,42H,42H,42H,42H,0FEH,42H,42H,42H,42H,42H,42H,40H,00H
DB   00H,80H,40H,20H,10H,08H,06H,01H,02H,04H,08H,10H,30H,60H,20H,00H
⋮
```

例 3.23　假设晶振频率为 12 MHz，试编写一延迟时间为 100 ms 的子程序。

可使用“DJNZ ”指令实现延迟，但当晶振频率为 12 MHz，机器周期仅为 1 μs，即使指定寄存器或存储单元初值为 FFH，减到 0 的延迟时间也只有 255 × 2 μs，远小于所需的延迟时间，因此需要使用双循环结构。

(注：该子程序段仅仅是为了说明双循环程序段结构，在实际应用程序中不推荐通过纯粹的软件延迟方式来实现毫秒级以上时间延迟。)

参考程序如下：

```
；***********延迟 100 ms 子程序**************
；子程序名称：Delay100

Delay100:
    PUSH PSW
    CLR RS0
    SETB RS1
    MOV R7,#0C7H
LOOP1:
    MOV R6,#0FAH
LOOP2:
    DJNZ R6, LOOP2          ；DJNZ 指令执行时间为两个机器周期，而 R6 初值为
                            ；FAH(即 250)，则 R6 减到 0，需 500 μs
    DJNZ R7, LOOP1          ；重装 R6 初值指令及“DJNZ R7, LOOP1”执行时间为
                            ；3μs，则需要进行 199 次，因此 R7 初值设为 C7H
```

```
    POP PSW
    RET
```

3.2.4 分支程序结构

分支程序也是一种常见的程序结构，如常需要根据运算结果、某一输入引脚的状态，决定是否执行相应的操作。根据分支多少，将分支程序结构分为简单分支(即两分支)结构和多分支结构。

1. 简单分支

简单分支常用条件转移指令实现，如：

例 3.24 如果 P1.0 引脚为低电平，就读扩展并行 I/O 端口地址 8000H 单元到累加器 A。

```
    SETB P1.0               ；P1.0 对应的锁存器为 1，使 P1.0 引脚处于输入状态
    JB P1.0, NEXT           ；如果 P1.0 引脚为高电平就转到 NEXT 处
    MOV DPTR, #8000H        ；如果 P1.0 引脚为低电平就读 8000H 单元
    MOVX A, @DPTR
NEXT:
```

2. 多路分支

在 MCS-51 中，利用“JMP @A+DPTR”指令可以实现 256 分支，为菜单程序设计提供了方便。

例 3.25 假设某菜单有 9 项，试编写一程序段，根据输入数码转去执行相应的子程序，即输入“1”，执行子程序 1；输入“2”，执行子程序 2；依次类推，输入“9”，执行子程序 9。

```
    MOV DPTR, #TAB1         ；子程序入口首地址送 DPTR
    MOV A, KEYMA            ；把键盘输入缓冲区内容送累加器 A
    DEC A                   ；由于输入数码为 1～9，因此需要减 1
    MOV B, #03H
    MUL AB                  ；由于长跳转指令 LJMP 占用 3 个字节，各子程序入口地址相
                            ；距 3 字节
    JMP @A+DPTR             ；根据输入码，执行相应的子程序。例如，输入数码为 2，即
                            ；KEYMA 变量为 2，减 1 乘 3 后累加器 Acc 为 3。该指令执行
                            ；后，将转到 2000H + 03H 处，即执行了 LJMP NO2 指令
                            ；程序入口地址表
    ORG 2000H
TAB1:
    LJMP NO1
    LJMP NO2
    LJMP NO3
    LJMP NO4
    LJMP NO5
```

```
LJMP NO6
LJMP NO7
LJMP NO8
LJMP NO9
```

例 3.26　把存放在 R3、R2 中不超过 9999 的十六进制数转换为压缩的 BCD 码，结果存放在 R7、R6 中。

```
; 算法：1000=3E8H，100=64H。因此求千位、百位时，可通过多字节减法指令实现
;         而十位及个位不超过 99，可通过单字节除法指令实现
; 入口参数：待转换的二进制码存放在 R3、R2 中
; 出口参数：转换结果存放在 R3、R2 中
; 使用资源：寄存器 A、B 及 R7、R5、R4、R3、R2
; 最长执行时间(当转换结果为 9999 时)：308 个机器周期
PROC D_BI_BCD
D_BI_BCD:
    ; 求千位码
    MOV B, #0           ; 位码计数器清 0
    CLR C
LOOP1:
    MOV A, R2           ; 取低 8 位
    SUBB A, #0E8H
    MOV R4, A           ; 结果暂存到 R4 中
    MOV A, R3           ; 取高 8 位
    SUBB A, #03H        ; 减 3E8H，并将结果暂时保存到 R5、R4
    MOV R5, A
    JC NEXT1
    ; 没有借位，千位码加 1，差值再减 1000
    MOV A, R4
    MOV R2, A
    MOV A, R5
    MOV R3, A           ; 差值送 R3、R2
    INC B
    SJMP LOOP1
NEXT1:
    ; 保存结果
    MOV A, B
    SWAP A
    MOV R7, A ;  千位码保存在 R7 中的高 4 位
    ; 余数减 100，求百位码
```

```
        MOV B, #0           ；位码计数器清 0
        CLR C
    LOOP2:
        MOV A, R2           ；取低 8 位
        SUBB A, #100
        MOV R4, A           ；结果暂存到 R4 中
        MOV A, R3           ；取高 8 位
        SUBB A, #00H        ；减 100，并将结果暂时保存到 R5、R4
        MOV R5, A
        JC NEXT2
        ；没有借位，百位码加 1
        MOV A, R4
        MOV R2, A
        MOV A, R5
        MOV R3, A           ；差值送 R3、R2
        INC B
        SJMP LOOP2
    NEXT2:
        ；求十位、个位
        ；由于结果小于 100，因此 R3 为 0
        MOV A, R7
        ORL A, B            ；百位码合并到 R7 中
        MOV R3, A           ；将千位、百位码存放到 R3 中
        MOV A, R2           ；取余数
        MOV B, #10
        DIV AB              ；商就是十位，余数就是个位
        SWAP A
        ORL A, B            ；合并为 BCD 码
        MOV R2, A           ；将十位、个位码存放在 R2 中
        RET
    END
```

例 3.27　编写一段实现程序，完成 32 位 ÷ 16 位运算(假设 32 位被乘数存放在 42H、43H、44H、45H 单元中，16 位乘数存放在 46H、47H 单元中，商存放在 42H～45H 单元中，余数存放在 40H、41H 单元中)。

分析：由于除数为 16 位，范围在 0000H～FFFFH 之间，因此需要把被除数扩展为 16 位 + 32 位，即 48 位。

将扩展后的被除数整体左移一位，并记录移出的最高位(即 b47)，最低位(即 b0)清 0。

扩展后的被除数高 16 位与除数相减，如果没有借位，则商置 1，反之商为 0，并记录在 b0 位中。

根据多项式运算规则，经过 32 次循环移位、相减后，就完成了除法运算，商在被除数位置；余数在 40H、41H 单元中。

参考程序如下(为方便调试，本程序中数据存放规则是低位存放在高地址中)：

```
；本程序使用了寄存器 R0、R1、R2、R3、R7 以及 Acc 和 PSW，本程序未检查除数为 0 情况
PROC DIV3216
DIV3216:
    ；先扩展被除数为 16 + 32 位
    MOV 40H, #0
    MOV 41H, #0         ；扩展部分内容清 0
    MOV R7, #32         ；由于 32 位除 16 位，需要做 32 次移位操作
LOOP1:
    ；整体左移一位
    CLR C               ；清进位标志
    MOV R1, #6          ；移动 6 个字节
    MOV R0, #45H
LOOP2:
    MOV A, @R0
    RLC A
    MOV @R0, A
    DEC R0
    DJNZ R1, LOOP2
    MOV F0, C
    ；相减
    CLR C
    MOV A, 41H
    SUBB A, 47H
    MOV R3, A           ；保存差值低 8 位
    MOV A, 40H
    SUBB A, 46H
    MOV R2, A           ；保存差值高 8 位
    ；根据差结果设置商
    ANL C, /F0          ；计算 C · /F0
    JC NEXT1
    ；借位标志 Cy 为 0 及 F0 位为 1，均属于没有借位情形
    ；没有借位，商置 1，用差替换
    MOV 41H, R3
    MOV 40H, R2
    ORL 45H, #01H       ；商的最后一位(b0)置 1
```

```
NEXT1:
    ；有借位，则保留被减数，商的最后一位清 0(在移位时，已经把 0 移入商的最后一位)
    DJNZ R7, LOOP1
RET
END
```

例 3.28　下面再看关于“16 位除 8 位”运算程序的特例。假设 16 位被除数存放在 40H、41H 单元中(高位在低地址，而低位在高地址中)，不小于 128 的 8 位除数存放在 42H 单元中。

分析：由于 8 位除数大于 128，即除数 b7 为 1，这时为提高程序执行速度，可不用扩展被除数，而直接采用“移位相减”求出商(最高位 b8 在 Cy 中，低 8 位 b7～b0 在 41H 单元中)和余数(在 40H 单元中)。

参考程序如下(本程序未检查除数为 0 情况)：

```
；本程序使用了 R7、Acc、PSW，余数在 40H；商低 8 位在 41H，而最高位(b8)在 Cy 中
PROC DIV1608
DIV1608:
    CLR F0              ；开始时移出位为 0
    MOV R7, #8
LOOP1:
    CLR C
    MOV A, 40H
    SUBB A, 42H
    ANL C, /F0
    JC NEXT1            ；不够减，商为 0，需保留 40H 单元原来内容
    MOV 40H, A          ；够减，商为 1，并用差替换 40H 单元内容
NEXT1:
    CPL C               ；商为 1，C＝0；反之，商为 0，C＝1。因此取反
    MOV A, 41H
    RLC A               ；左循环移位一次
    MOV 41H, A          ；保存结果
    MOV A, 40H
    RLC A               ；左循环移位一次
    MOV 40H, A          ；保存结果
    MOV F0, C           ；记录移出位信息
    DJNZ R7, LOOP1
    ；求最后一位
    CLR C
    MOV A, 40H
    SUBB A, 42H
    ANL C, /F0
```

```
    JC NEXT2
    MOV 40H, A
NEXT2:
    CPL C          ；商为 1，C = 0；反之，商为 0，C = 1。因此取反
    ；余数已在 40H 单元中，商的高 8 位(b8-b1)在 41H 单元中，最低位 b0 在 Cy 中
    ；再把商最高位(b8)移到 Cy，低 8 位保存到 41H 单元中
    MOV A, 41H
    RLC A
    MOV 41H, A
END
```

3.3　并行多任务程序结构及实现

1. 串行多任务程序与并行多任务程序结构

在串行多任务程序结构中，按预先设定的顺序执行各任务(即模块)，任何时候只执行其中的一个任务，如图 3-3 所示。

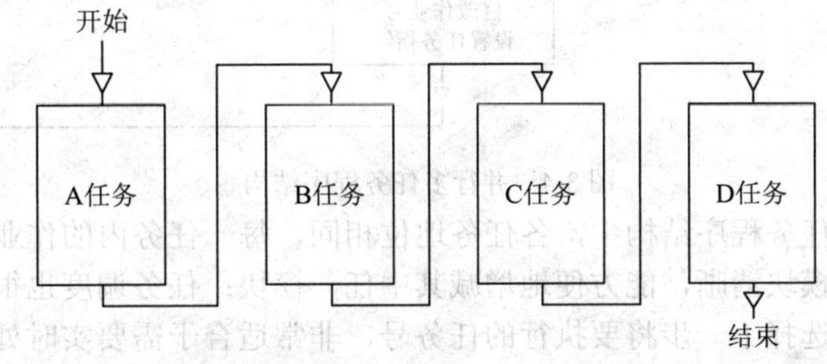

图 3-3　串行多任务程序结构

可见串行多任务程序结构简单、清晰，编写、调试比较容易，是单片机应用系统中最常用的程序结构之一。但在串行多任务程序结构中，只能通过查询(如果满足条件，则通过 LCALL 指令执行)和中断方式执行某些需要实时处理的事件，不适应具有多个需要实时处理的事件的应用系统。例如，在无线防盗报警器中，某一防区报警时，一方面需要通过电话线将报警信息以 DTMF 方式发送到接警中心(或以语音方式通知用户)，另一方面还要监控其他防区有无被触发(即无线接收、解码不能停顿)，三要监视电话线状态(如忙音、回铃音、被叫方提机、断线等)，四是控制内置警笛的音量及音调。为此，在单片机应用系统中，有时需要用“实时(或称为并行)多任务”程序结构。但由于单片机内部数据存储器容量小，一般只有 256 个字节，没有更多空间存放任务切换时需要保护的数据——断点(即 PC 指针)、现场(状态寄存器 PSW、累加器 Acc 等)和中间结果。因此决定了单片机应用系统并行多任务程序结构与一般微机、小型机并行多任务操作系统程序结构有所不同。

2. 实时多任务程序结构

实时多任务程序结构如图 3-4 所示，把需要实时处理的多个任务排成一个队列，通过队

列指针(也称为任务号)，借助“JMP @A+DPTR”指令(或条件转移指令)实现任务间的切换。由于每个任务执行时间长短不同，又将每一任务细分为若干作业(或称为子过程)，不同任务的作业量不尽相同，即作业数量与任务本身的复杂程度有关，例如图 3-4 中的 A 任务，就分成 A0、A1、A2、…、An(即 n 个作业)。为此还需给每一任务设置一个作业指针(或称为作业号)。切换到某一任务后，执行其中的哪一个作业由任务内的作业指针决定。

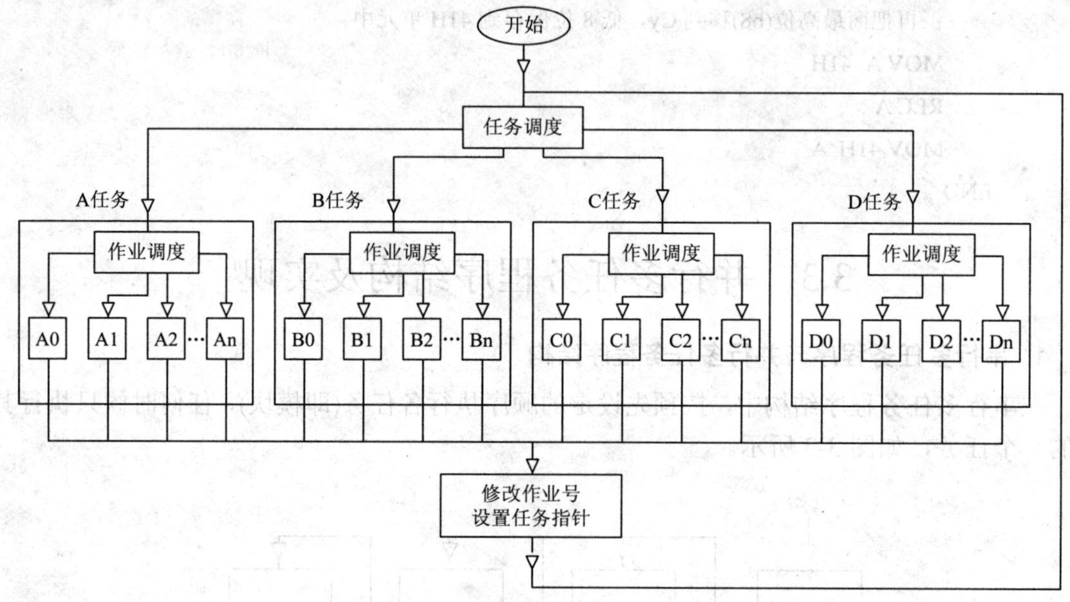

图 3-4　并行多任务程序结构

可见在并行多任务程序结构中，各任务地位相同，每一任务内的作业地位也相同。并行多任务程序结构模块清晰，能方便地增减其中任一模块；任务调度也很灵活，可根据当前作业的执行结果选择下一步将要执行的任务号，非常适合于需要实时处理的多任务控制系统，实用价值较高。

在单片机并行多任务程序结构设计中需要考虑的问题及注意事项如下：

1) *作业划分原则*

为减少任务、作业切换时需要保护的数据量，任务内的每一个作业必须是一个完整的子过程；对于执行时间较长的任务，通过设置若干标志后，细分为多个作业，使每一个作业执行时间不超出系统基本定时器的溢出时间。

按这一原则划分作业后，在作业处理过程中，除中断外不被其他任务所中断，作业执行结束后，只需将处理结果保存到内部 RAM 中，无须保护现场，如 PSW、Acc、B、DPTR 以及寄存器组 R7～R0 等，同时多个任务、不同的作业将可以使用同一工作寄存器区。

2) *任务切换方式*

在微机、小型机实时多任务操作系统中，一般按设定顺序执行各任务，即每一个作业执行结束后任务指针加 1，当执行到最后一个任务时将指针切换到第一个任务。

但在单片机控制系统中，一般不宜采用“定时时间到切换”规则(如果系统中没有需要精确定时的事件，根本不需要定时器)。原因是单片机系统时钟频率低，CPU 响应速度慢，内部 RAM 容量有限，没有空间存放任务切换时产生的大量数据；但另一方面，在单片机应用系统中，控制对象属性、控制对象所要执行的操作又非常明确，完全可根据当前作业的执行结果和系统的当前状态，直接切换到某一个任务，以提高系统的实时性。这与十字路口交通灯切换时间最好由当前的车流量决定问题类似。

例如，在报警器设计中，报警器上传接警中心信息可分为三大类：布防、撤防及报警信息(包括旁路信息及系统状态信息)。为减轻用户的话费负担，这三类信息需分别拨打不同的电话号码。对于布防、撤防信息来说，一般只需了解该信息来自哪一用户及时间，完全可借助“来电显示”功能感知信息来源，无须提机；而对于布防、撤防以外的信息，如报警、旁路信息等，还需要进一步了解是哪一防区报警，什么样的警情等，需要提机接收报警器上传的全部信息。为此，在拨号前除了先根据缓冲区内信息类型确定拨打的电话号码外，在拨号过程中还必须根据缓冲区内出现的新信息，决定是否继续拨号，还是挂机后拨打另一号码。

为进一步提高系统的即时处理能力，除了在每一个作业执行结束后根据当前作业的执行结果、系统当前状态设置任务号外，还可在中断服务程序中重新设置任务号。

3) 通过中断方式响应需要实时处理的事件

在作业处理过程中，只能通过中断方式(包括定时器溢出中断、外部中断等)响应需要实时处理的事件。

为避免中断服务程序执行时间过长，降低系统对同级中断响应的实时性，需在中断服务程序中引入事件驱动方式：响应某一中断请求后，仅设置事件发生标志或进行简单处理后即退出，而事件执行由事件处理程序完成，也就是说把中断响应与事件处理过程分离，以提高系统的实时响应速度。例如，DTMF解码芯片8870解码有效DV经反相器反相后接MCU的外中断$\overline{INT0}$，则$\overline{INT0}$中断服务程序如下：

```
PROC INT0
INT0:
    SETB OE             ；允许解码输出
    MOV A, P1           ；解码输出引脚D3～D0分别接MCU的P1.3～P1.0
    ANL A, #0FH         ；屏蔽与解码输入无关位
    ORL A, #80H         ；将DTMF输入寄存器b7位置1，作为解码输入有效标志
    MOV DTMF_IN, A      ；输入数据放入DTMF_IN变量后即退出，至于输入什么数据
                        ；由解码输入处理程序判别和处理
    CLR OE              ；将8870解码输出置为高阻态
    RETI
END
```

系统中由主定时器控制的各定时时间必须呈整数倍关系，主定时器溢出时间就是最小的定时时间。对于需要精确定时的事件，可放在系统主定时器中断服务程序中计时，定时时间到，相应标志位置1，处理程序检查相应标志即可确定是否需要处理相应事件。例如，当主定时器溢出时间为10 ms，而键盘定时扫描间隔为30 ms时，那么主定时器中断服务程序内与键盘扫描定时有关的指令为：

```
DJNZ   KEY_TIME, EXIT_K_T ；键盘扫描定时器减1，不为0跳转
SETB R_S_KEY              ；置位键盘扫描执行标志R_S_KEY
```

```
MOV KEY_TIME, #3            ；重置键盘扫描定时时间
EXIT_K_T:
```

4) 工作寄存器区切换原则

这种多任务程序结构与串行多任务程序结构类似，所有任务、作业均视为同一主程序，即在任务切换过程中无须切换工作寄存器区。只有使用了寄存器 R7～R0 的中断服务程序才需要切换工作寄存器区。

5) 子程序调用原则

各任务内任一作业均可调用同一子程序(但不允许中断服务程序调用，以免产生混乱)。主定时器中断服务程序尽量短小，当遇到处理时间较长的事件时，可通过设置执行标志后返回，在主程序任务调度处理过程中执行。

下面是具有 4 个任务的“实时多任务”程序结构

```
；程序头
TASKP     DATA   30H        ；任务指针
TASK0P    DATA   38H        ；任务 0 作业指针
TASK1P    DATA   40H        ；任务 1 作业指针
TASK2P    DATA   48H        ；任务 2 作业指针
TASK3P    DATA   50H        ；任务 3 作业指针

ORG 100H
PROC MAIN, TASKPRO
MAIN:

；初始化部分
MOV TASKP, #0               ；从任务 0 开始执行
MOV TASK0P, #0              ；任务 0 从作业 0 开始
MOV TASK1P, #0              ；任务 1 从作业 0 开始
MOV TASK2P, #0              ；任务 2 从作业 0 开始
MOV TASK3P, #0              ；任务 3 从作业 0 开始

TASKPRO:

；--------实时处理事件子程序调用区 ------------
JNB BAT_down_B, NEXT1       ；检查相关标志，判别是否需要执行
CLR BAT_down_B              ；清除标志，避免重复执行
LCALL BAT_down_P
NEXT1:

；任务调度
```

```
MOV DPTR, #TASKTAB
MOV A, #TASKP               ；取任务号
MOV B, #3
MUL AB
JMP @A+DPTR
;
TASKTAB:                    ；任务入口地址表内不得插入软件陷阱指令
    LJMP TASK0              ；跳到任务 0 入口地址
    LJMP TASK1              ；跳到任务 1 入口地址
    LJMP TASK2              ；跳到任务 2 入口地址
    LJMP TASK3              ；跳到任务 3 入口地址
END

；------------------------任务 0 开始-------------------------
PROC TASK0                  ；任务 0 程序段
TASK0:

    ；取任务内作业指针
    MOV DPTR, #JOBTAB
    MOV A, #TASK0P
    MOV B, #3
    MUL AB
    JMP @A+DPTR
JOBTAB:                     ；作业入口地址表
    LJMP JOB0               ；跳到作业 0
    LJMP JOB1               ；跳到作业 1
    LJMP JOB2               ；跳到作业 2
    LJMP JOB3               ；跳到作业 3
    ⋮                       ；跳到作业 n
    ；---------作业 0 开始---------
JOB0:
    ⋮                       ；作业 0 实际内容
    ；---------作业 0 结束---------

    ；根据需要将处理结果保存到任务数据区内

    ；根据执行结果设置下一次要执行的作业指针
```

```
    ; 设置任务指针

    LJMP EXIT

    ; ---------作业 1 开始---------
JOB1:


EXIT:
    LJMP TASKPRO          ; 返回任务调度
END
; ------------------------任务 0 结束--------------------------

; ------------------------任务 1 开始-------------------------
⋮
```

3.3.1　汇编语言程序编辑与执行

汇编程序的编辑、执行方式与所用仿真设备型号及功能强弱有关。

20 世纪 90 年代中期前的单片机仿真机多数带有 6 位 LED 数码显示管、独立键盘，可以单独使用，具有手工汇编运行方式或联机运行方式。但这类仿真机联机调试功能较弱，操作不方便，目前已淘汰。

对于这类仿真机，在没有汇编程序情况下，可通过查指令码表方式逐一将程序中的每一条指令翻译成对应的机器码，然后借助仿真机键盘将机器码逐一输入仿真机内，即可运行调试。但这种手工汇编方式显得非常不便，在汇编过程中需要计算出每一跳转、调用指令的目标地址，效率低，容易出错，只适用于验证个别指令、小程序段功能。而实用的单片机应用系统，其监控程序较长，用手工汇编、输入指令码方式调试不现实。

为此，可在文本编辑器中输入、编辑源程序，然后通过汇编程序获得机器码文件，并直接传到仿真机中执行。原则上，可在各种文本编辑器，如 Windows 中的“记事本”或“Word”环境下编辑源程序，只要以纯“文本”文件格式保存，汇编程序即可识别。但最好使用汇编程序附带的汇编器编辑源程序，原因是功能完善的汇编器，可以识别非法的操作码助记符(如有的汇编器将合法的指令操作码助记符、伪指令助记符显示为特定的颜色)，输入过程中容易判别。

近一两年开发的单片机仿真机多数不带显示器、键盘(目标板工作电源也不由仿真头提供，仿真时目标板必须外接电源)，需要与 PC 机配合使用，典型产品有南京伟福实业公司的 V8、E6000、E2000、G6、K51、E51 等型号通用、专用单片机仿真机。这类仿真机的联机调试功能很强(如可从程序任一点处连续、单步执行；可同时监控内外部 RAM、特殊功能的变化；可在线修改内部 RAM、特殊功能寄存器内容；部分型号还带有逻辑分析仪，可同时采集多路信号的波形)、操作方便。

这类仿真机一般均提供功能完善、操作方便的 DOS/Windows 环境下运行的开发应用软件，可直接在其开发应用程序窗口内完成汇编语言源程序的编辑、编译(汇编)、运行、调试。

*3.3.2　对汇编语言程序的基本要求

对汇编语言程序设计的基本要求如下：

1. 正确性

汇编语言源程序由一系列的汇编语言指令(包括可执行的机器指令和伪指令)组成，正确性是最基本的要求，否则汇编时将遇到非法指令或运行时得不到正确结果。也就是说：在编写程序时，先检查所用指令是否属于特定 CPU 指令集，因为指令操作码、操作数类型以及可使用的寻址方式等均由 CPU 类型决定。例如，在 MCS-51 中，将累加器 A 压入堆栈的指令只能写成：

```
PUSH Acc
```

不能写成：

```
PUSH A      ；当累加器 Acc 简写为 A 时，认为是寄存器寻址，但 PUSH 指令不支持寄存器寻址
            ；方式
```

此外，还要了解所用汇编程序或编译器支持的伪指令类型、书写格式。汇编程序(即编译器)支持的伪指令种类越多，程序设计就越灵活、方便。

对于非法指令错误，在汇编时，汇编程序将给出提示信息(用手工汇编时，在指令表中将找不到相应的机器码)，因而容易发现和排除。例如，在 MCS-51 汇编语言程序，对于“PUSH @R1”这样的指令，手工汇编时将找不出相应机器码，如果采用汇编程序汇编，则立即给出“非法指令”的提示信息。

对于运行死机(即进入死循环状态)或得不到正确结果这类错误，对于短程序或没有仿真设备时，可设定不同的初值，反复模拟程序的执行过程，同时在纸上记录每条指令执行后程序计数器 PC、堆栈指针 SP、程序状态字 PSW 有关标志位以及相关寄存器和存储单元的内容，一定能够发现源程序中存在的问题；对于长程序，汇编后，最好在仿真机上调试，利用仿真机提供的单步执行、跟踪执行及断点执行功能跟踪每条指令、程序段(包括子程序)的执行过程，总会找到程序中存在的缺陷，修改后，再调试，直到程序正确为止。

2. 可靠性

没有经验的程序员，可能会使用某些不可靠的指令序列。例如 KeyTime 变量由定时中断服务程序控制，每中断一次加 1，如果外部程序使用如下指令判别 KeyTime 达到 60 时清 0 就可能出问题。

```
MOV A, KeyTime
CJNE A, #60, EXIT
MOV KeyTime, #0
EXIT:
```

正确做法是：

```
MOV A, KeyTime
CJNE A, #60, NEXT1
```

```
NEXT1:
JC EXIT
MOV KeyTime, #0              ; 只要 KeyTime≥60 即清 0
EXIT:
```

3. 可读性好

为了便于程序的维护和修改以及日后升级，汇编语言程序的可读性要好，在程序中采取如下措施来提高程序的可读性：

(1) 在每一指令后或完成特定功能的程序段前加注释信息。

(2) 对于采用"复杂指令系统"的 CPU，实现同一操作可以选择不同的指令，例如，在 MCS-51 中将累加器 A 清 0，可用如下指令之一实现：

```
CLR A
ANL A, #00H
MOV A,#00H
```

因此，编写程序时，应选择最通用、最直观、至少是自己理解的指令。

此外，尽量避免使用限制条件较多的指令，例如对于跳转指令来说，使用长跳转指令 LJMP 比使用绝对跳转指令 AJMP 好，因为 AJMP 要求跳转的目的地址与 PC 当前值高 5 位相同，不利于程序的升级、扩充；对于调用指令也存在类似情况。尽管长跳转、长调用指令机器码为 3 个字节，但为了减少一个字节的存储空间，给程序升级、维护带来不便并不值得。

4. 程序代码要短

由于单片机芯片程序存储器容量一般不大，程序代码要尽可能短小，尤其是当片内程序存储器容量较小时，更应该设法缩短程序代码，为此：

(1) 对特定操作来说，所选指令的机器码要尽可能短。例如将累加器 A 清 0，使用"CLR A"时，指令机器码仅为一个字节，而使用"ANL A, #00H"时，指令机器码占用两个字节。

又如将某一内部 RAM 或特殊功能寄存器指定位清 0 或置 1 时，可以使用下列方法之一，尽管指令执行时间相同，但代码长度不同。

方法一：

```
MOV A, TMOD          ; 将 TMOD 寄存器低 4 位置为 0010B，而高 4 位不变
ANL A, #0F0H
ORL A, #01H
MOV TMOD, A          ; 以上 4 条指令占用 8 个字节，执行时间为 4 个机器周期
```

方法二：

```
ANL TMOD, #0F0H
ORL TMOD, #01H       ; 同样可将 TMOD 寄存器低 4 位置为 0010B，高 4 位不变。尽管这
                     ; 两条指令执行时间为 2×2 个机器周期，但代码长度仅占用 6 个
                     ; 字节
```

(2) 对于具有位寻址功能的特殊功能寄存器，当需要将其中的两位或两位以上同时置 1 或清 0 时，尽量避免使用位操作指令，如使用：

```
SETB EA          ；将 IE 寄存器的 EA 位置 1
SETB ET1         ；将 IE 寄存器的 ET1 位置 1
```

占用 4 个字节，而使用“ORL IE, #10001000B”指令时只占用 3 个字节。为提高程序的可读性，有经验的程序员常在与、或指令后，加注释信息，如：

```
ORL IE, #10001000B      ；允许 T1 中断、开中断
；SETB EA
；SETB ET1
```

(3) 在程序设计中，如果不同程序段具有由许多相同指令系列构成的片段，则应该考虑将相同片段作子程序处理，使片段内的指令码仅出现一次，这样可缩短程序代码的长度。

5. 程序执行时间短

在实时控制系统中，往往要求程序执行时间应尽可能短，以提高系统的反应速度。因此在同一操作中应选择指令执行短的指令。

3.4　实用程序举例

在单片机应用系统中，原则上可通过位逻辑运算指令或查表方式实现具有多个输入变量、多个输出变量的逻辑运算。

1. 通过位逻辑运算求解

利用位逻辑运算计算逻辑代数式时，要根据单片机位逻辑运算指令种类，将逻辑代数式转换为相应形式，如“与或”式，然后利用相应指令写出运算程序。但对于逻辑“异或”运算、“同或(异或非)”运算，如果 MCU 具有奇偶标志 P，则完全可以将输入变量送累加器 A，然后取出奇偶标志 P 就是异或运算的结果。

例 3.29　计算函数 $Y = F(A \oplus B \oplus C \oplus D \oplus E)$。

```
CLR A            ；累加器 A 清零
MOV C, Bit_A     ；A 变量送 C
MOV Acc.0,C      ；C 送累加器 Acc 的 b0 位
MOV C, Bit_B     ；B 变量送 C
MOV Acc.1,C      ；C 送累加器 Acc 的 b1 位
MOV C, Bit_C     ；C 变量送 C
MOV Acc.2,C      ；C 送累加器 Acc 的 b2 位
MOV C, Bit_D     ；D 变量送 C
MOV Acc.3,C      ；C 送累加器 Acc 的 b3 位
MOV C, Bit_E     ；E 变量送 C
MOV Acc.4,C      ；C 送累加器 Acc 的 b4 位
MOV C, P         ；P 标志就是异或运算结果
```

2. 通过查表方式

在单片机中，通过查表方式完成逻辑运算更具有普遍性，其适用性更广泛。一方面，

有些单片机芯片没有提供位逻辑运算指令；另一方面，当输入输出变量较多时，用位逻辑运算指令完成会增加程序的复杂性，编写、调试、维护不便，执行时间也会迅速增加，这时通过查表方式完成逻辑运算就成为一种有效的手段。

方法是先建立所有输出函数的真值表，然后通过查表指令，如 MOVC A, @A+DPTR 指令实现。

例 3.30 利用查表方式实现七段共阳 LED 显示译码器。

输入数据 0～F 需要 4 位二进制表示(即输入量为 D、C、B、A)，而七段共阳译码器输出量为 a、b、c、d、e、f、g，且低电平有效。显然这是一个有 4 个输入量、7 个输出量的逻辑函数，其真值表如图 3-5 所示(其中 dp 为小数点，与数码输入数字 0～F 无关，规定为 1)。

输 入 量		输 出 量								
数字	DCBA	dp	g	f	e	d	c	b	a	Hex
0	0000	1	1	0	0	0	0	0	0	C0H
1	0001	1	1	1	1	1	0	0	1	F9H
2	0010	1	0	1	0	0	1	0	0	A4H
3	0011	1	0	1	1	0	0	0	0	B0H
4	0100	1	0	0	1	1	0	0	1	99H
5	0101	1	0	0	1	0	0	1	0	92H
6	0110	1	0	0	0	0	0	1	0	82H
7	0111	1	1	1	1	1	0	0	0	F8H
8	1000	1	0	0	0	0	0	0	0	80H
9	1001	1	0	0	1	0	0	0	0	90H
A	1010	1	0	0	0	1	0	0	0	88H
B	1011	1	0	0	0	0	0	1	1	83H
C	1100	1	1	0	0	0	1	1	0	C6H
D	1101	1	0	1	0	0	0	0	1	A1H
E	1110	1	0	0	0	0	1	1	0	86H
F	1111	1	0	0	0	1	1	1	0	8EH

如果采用卡诺图对输出函数 a～g 进行化简，便得到各自译码输出端的“与或”表达式，然后用位逻辑运算实现，则程序会很复杂，不仅编写、调试难度高，且执行时间长、响应速度慢，此外代码也长、占用程序存储空间 ROM 也多。

若定义输入量 D、C、B、A 分别对应寄存器 b3、b2、b1、b0；译码输出端 dp、g、f、e、d、c、b、a 分别对应存储单元的 b7～b0，则通过如下查表指令可一次取出各译码输出端的状态。

```
MOV A, #X              ; 待显示数码送 A
MOV DPTR, #SEV_8_CODE
MOVC A, @A+DPTR
```

```
MOV P1, A            ；译码输出送 P1 口
⋮
SEV_8_CODE:
；数码 0    1    2    3    4    5    6    7    8    9    A    B    C    D    E    F
DB 0C0H, 0F9H, 0A4H, 0B0H, 99H, 92H, 82H, 0F8H, 80H, 90H, 88H, 83H, 0C6H, 0A1H, 86H, 8EH
```

习　题　3

3-1　MCS-51 内部 RAM 前 128 字节支持哪些寻址方式？请写出用不同寻址方式将内部 RAM 30H 单元信息传送到累加器 A 的指令或程序片段；内部 RAM 后 128 字节支持哪些寻址方式？请写出将内部 RAM 80H 单元内容传送到累加器 A 的指令或程序片段。

3-2　简述“RET”与“RETI”指令区别。

3-3　指出下列指令中每一操作数的寻址方式。

```
MOV 40H,A
MOV A, @R0
MOVX @DPTR, A
MOVC A, @A+DPTR
ADD A, #23H
PUSH Acc
MOV P1, 32H
MOV C, P1.0
INC P0
DEC R2
SJMP EXIT
```

3-4　执行“CJNE A, #60, NEXT”指令后，寄存器 A 内容是否被改变？请验证。

3-5　写出实现下列要求的指令或程序片段,并在仿真机上验证。

(1) 将内部 RAM 20H 单元内容与累加器 A 相加，结果存放在 20H 单元中。

(2) 将内部 RAM 80H 单元内容与内部 RAM 31H 单元内容相加，结果存放到内部 RAM 的 31H 单元中。

(3) 将内部 RAM 20H 单元内容传送到外部 RAM 20H 单元中。

(4) 将程序状态字寄存器 PSW 内容传送到外部 RAM 的 0D0H 单元中。

(5) 将内部 RAM 08H～7FH 单元，共 120 字节传送到以 8000H 为首地址的外部 RAM 中。

(6) 将外部 RAM 8000H～803FH 单元，共 64 字节传送到以 40H 为首地址的内部 RAM 中。

(7) 将外部 RAM 8000H～807FH 单元，共 128 字节传送到以 0000H 为首地址的外部 RAM 中。

(8) 将存放在内部 RAM 的 40H、41H 和外部 RAM 的 8000H、8001H 的 16 位二进制数相加，结果存放在内部 RAM 的 40H 和 41H 单元中(假设低位字节存放在低地址)。

(9) 如果 0～9 七段数码显示器对应的字模码 3FH、06H、5BH、4FH、66H、6DH、7DH、07H、7FH、6FH 存放在 1000H 为首地址的程序存储器中，写出将数字 4 对应字模码输出到

外部 RAM 3003H 单元(即扩展 I/O 端口地址)的程序段。

(10) 将内部 RAM 01H～0FFH 单元内容清 0。

(11) 我国 FSK 来电显示采用单数据消息格式，其中第 0 字节为消息类型(固定为 04，即单数据消息格式标志)，随后的一个字节为消息体长度，消息体内的消息字包括了来电日期(月、日)与时间(时、分)(8 个字节)及主叫号码，最后一个字节为校验信息(校验算法可概括为：从消息类型字节到主叫号码最后一个字节按 256 模累加和，再求补码)。试写出相应的校验程序片段(假设来电信息从内部 RAM 30H 单元开始存放)。

(12) 使内部 RAM 20H 单元的 b7、b3 清 0，b6、b2 位置 1，b4、b0 位取反，其他位不变。

(13) 将 IPH 寄存器的 b7、b5 位清 0，将 b2、b0 位置 1，其他位不变。

(14) 将内部 RAM 30H 单元乘 4(假设 30H 单元内容不超过 63)。

(15) 将存放在内部 RAM 40H、41H 和外部 RAM 8000H、8001H 的四位 BCD 码相加，结果存放在内部 RAM 40H、41H、42H 单元中(假设低位字节存放在低地址、高位字节存放在高地址中)。

(16) 将立即数 32H 传送到内部 RAM 30H 单元中。

(17) 将立即数 32H 传送到内部 RAM 88H 单元中。

(18) 将 Acc.3 位送 Acc.0 位。

(19) 用 MCS-51 位指令，实现 $P1.3 \cdot \overline{P1.2} + \overline{P1.1 + P1.0}$ 的逻辑运算。

3-6　假设 4 位 BCD 码压缩存放在 R3、R2 中，试编写 BCD 减 1 的程序段，并在仿真机上验证。

3-7　利用双 DPTR 功能，将存放在程序存储区内的数据表格(共计 16 字节，首地址为 DATATAB)传送到以 4000H 为首地址的外部 RAM 中。

3-8　将存放在 R3、R2 中的三位压缩 BCD 码转换为二进制形式。

3-9　将存放在 R2 中不超过十进制 99 的二进制数转换为压缩 BCD 码，结果存放在 R2。

3-10　在 32 位除 16 位的多位除法运算中，如果已知除数在 8000H～FFFFH 之间，为缩短运算时间，是否需要扩展被除数？请写出相应的程序段。

3-11　假设程序头中含有如下变量定义的伪指令。

```
TXDBUF      DATA  40H
BDATA       DATA  28H
```

(1) 请指出“MOV R0, #TXDBUF”指令、“MOV R0, TXDBUF”指令源操作数的寻址方式。

(2) 执行如下程序段后，内部 RAM40H～4FH 单元内容是什么？28H 单元内容又是什么？

```
        MOV BDATA, #10H
        MOV R0, #TXDBUF
        CLR A
LOOP:
        MOV @R0, A
        INC A
```

```
INC R0
DJNZ BDATA, LOOP
END
```

3-12　指出复位后工作寄存器组R7～R0的物理地址，如果希望快速保护工作寄存器组，请写出将 2 区作为当前工作寄存器区的程序段。

3-13　简述顺序结构程序与分时操作程序结构的异同，以及这两种程序设计的注意事项。

第 4 章　中断控制、定时/计数器与串行口

4.1　CPU 与外设通信方式概述

在介绍中断概念之前，先介绍外设与 CPU 之间的数据传输方式。

在计算机系统中，CPU 速度快，外设速度慢，这样 CPU 与外设之间进行数据交换时，就存在同步问题。例如，当 CPU 读外设送来的数据时，外设必须处于准备就绪状态，CPU 方可从数据总线上读出有效的数据；反之，当 CPU 向外设输出数据时，必须确认外设是否处于空闲状态，否则外设可能无法接收 CPU 送来的数据。目前，外围设备与 CPU 之间常用的通信方式有：查询方式、中断传输方式和直接存储器存取(简称 DMA)方式三种。由于在单片机控制系统中，外设与 CPU 之间需要传送的数据量较少，对传输率要求不高，多以中断传输方式为主，一般不用 DMA 方式，这里也就不再介绍该方式。

4.1.1　查询方式

查询方式包括查询输出方式和查询输入方式。所谓查询输入方式，是指 CPU 读外设数据前，先查询外设是否处于准备就绪状态(即外设是否已将数据输出到 CPU 的数据总线上)；查询输出方式是指 CPU 向外设输出数据前，先查询外设是否处于空闲状态(即外设是否可以接收 CPU 输出的数据)。

下面以 CPU 向外设输出数据为例，简要介绍查询传输方式的工作过程。当 CPU 需要向外设输出数据时，先将控制命令(如外设的启动命令)写入外设的控制端口，然后不断读外设的状态口，当发现外设处于空闲状态后，就将数据写入外设的数据口，完成数据的输出过程。

可见，查询方式硬件开销少、传输驱动程序简单，但缺点是 CPU 占用率高，因为在外设未准备就绪或处于非空闲状态前，CPU 一直处于查询状态，不能执行其他操作，任何时候也只能与一个外设进行数据交换。

4.1.2　中断通信方式

采用中断传输方式就可以克服查询传输方式存在的缺陷。当 CPU 需要向外设输出数据时，将启动命令写入外设控制口后，就继续执行随后的指令序列，而不是被动等待；当外设处于空闲状态可以接收数据时，由外设向 CPU 发出允许数据传送的请求信号——即中断请求信号，如果满足中断响应条件，CPU 将暂停执行随后的指令序列，转去执行预先安排好的数据传送程序——称为中断服务程序，CPU 响应外设中断请求的过程称为中断响应；待完成了数据传送后，再返回断点处继续执行被中断了的程序——这一过程称为中断返回。

在这种方式中，CPU 发出控制命令后将继续执行控制命令后的指令序列，而不是通过检测外设的状态来确定外设是否处于空闲状态，这不仅提高了 CPU 的利用率，而且能同时与多个外设进行数据交换——只要合理安排相应中断的优先级以及同优先级中断的查询顺序即可。因此，中断传输方式是 CPU 与外设之间最常见的一种数据传输方式。

1. 中断源

在计算机控制系统中，把引起中断的事件称为中断源。在单片机控制系统中，常见的中断源有：

(1) 外部中断，如 CPU 某些特定引脚电平变化引起的中断。

(2) 各类定时/计数器溢出中断(即定时时间到或计数器满中断)。

(3) 串行发送结束中断。

(4) 串行接收有效中断。

(5) 电源掉电中断。

在计算机控制系统中，外设一般以中断方式与 CPU 进行数据交换，中断源的数目较多，为此需要一套能够管理、控制多个外设中断请求的部件——中断控制器。计算机内中断控制器功能越强，能管理、控制的中断源个数越多，该计算机系统的性能也越高。

2. 中断优先级

当多个外设以中断方式与 CPU 进行数据交换时，可能遇到两个或两个以上外设中断请求同时有效的情形。在这种情况下，CPU 先响应哪一外设的中断请求，这就涉及到中断优先级问题。一般说来，为了能够处理多个中断请求，中断控制系统均提供中断优先级控制。有了中断优先级控制后，就可以解决多个中断请求同时有效时先响应哪一中断请求的问题，高优先级中断请求可中断低优先级中断处理进程，实现中断嵌套。

3. 中断开关

有时为避免某一处理过程被中断，中断控制器给每一个中断源都设置了一个中断请求屏蔽位，用于屏蔽(即禁止)相应中断源的中断请求，当某一中断源的中断请求处于禁止状态时，即使该中断请求有效，CPU 也不响应。此外，还设置一个总的中断请求屏蔽位，当该位处于禁止状态时，CPU 忽略所有中断源的中断请求，此屏蔽位相当于中断源总开关。

4. 中断处理过程

中断处理过程涉及中断查询和响应两个方面，即当某一事件发生时，对应的中断标志，即中断请求何时有效？CPU 什么时候查询中断标志？什么时候在什么情况下会响应中断请求？下面结合增强型 MCS-51 中断控制系统逐一介绍。

4.2　增强型 MCS-51 中断控制系统

增强型 MCS-51 系列内嵌的中断控制器可以管理具有 4 个中断优先级的 6 个中断源(增强型 MCS-51 CPU 中断源的个数与标准 MCS-52 子系列相同)，其结构如图 4-1 所示。在增强型 MCS-51 系列中，6 个中断源对应 8 个中断请求标志(串行发送结束中断标志 TI 和串行接收有效中断标志 RI 相“或”后作为一个中断源——串行口中断，共用一个中断开关；定时器 T2 溢出中断 TF2 和外部触发中断 EXF2 相“或”后作为一个中断源——定时器 T2 中断，共用一个中断开关)。

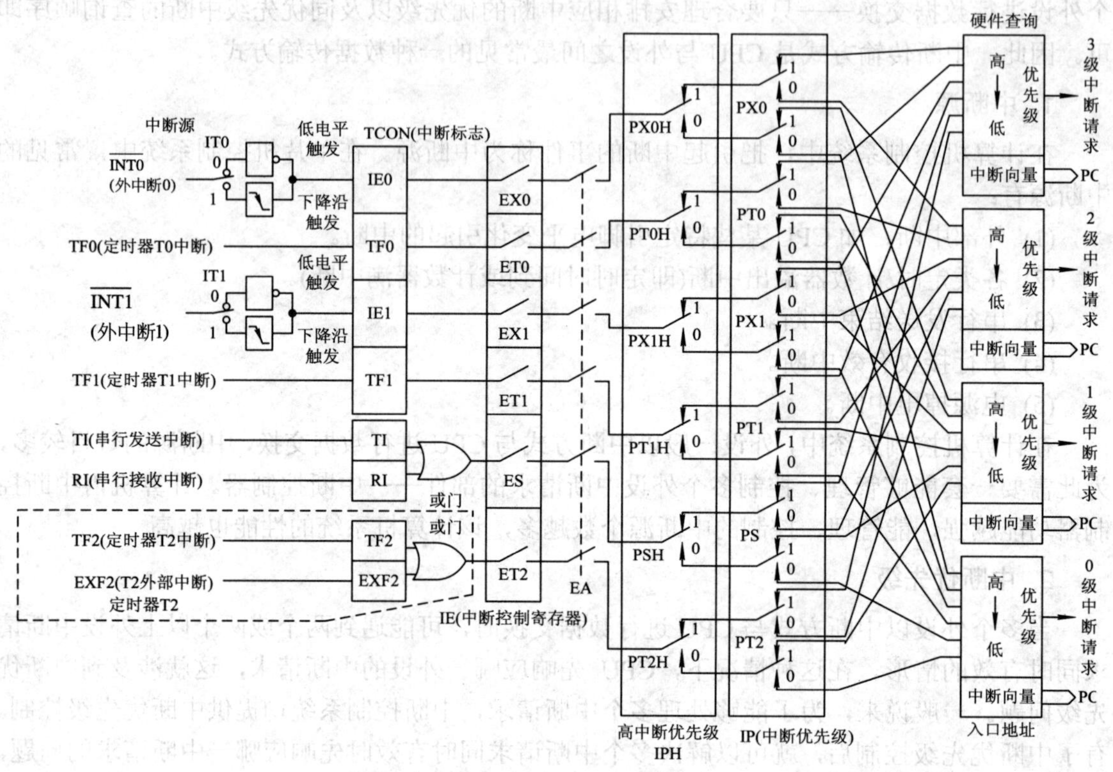

图 4-1　增强型 MCS-51 中断系统结构

每一中断源对应一个中断开关，当某一中断请求标志有效时，CPU 是否查询相应中断请求标志，由中断控制寄存器 IE 相应位决定(其中 EA 是中断总开关)；增强型 MCS-51 系列具有 4 个中断优先级，中断源优先级由优先级控制寄存器 IPH、IP 对应位编码确定。同级中断硬件查询顺序依次是外中断 $\overline{\text{INT0}}$、定时器 T0 溢出中断、外中断 $\overline{\text{INT1}}$、定时器 T1 溢出中断、串行口中断、定时器 T2 溢出中断。

4.2.1　中断源及标志

增强型 MCS-51 CPU 在每个机器周期的 S5P2 时刻顺序采样各中断源，当发现某一中断有效(出现)时，相应中断标志置 1，表明对应事件发生了。其中外中断 $\overline{\text{INT0}}$、外中断 $\overline{\text{INT1}}$ 以及定时/计数器 T0、T1 的中断标志存放在定时/计数控制寄存器 TCON 中，该寄存器各位含义如图 4-2 所示。

IT0 和 IE0 位与外中断 $\overline{\text{INT0}}$ 有关，其中：

IE0——外中断 $\overline{\text{INT0}}$ 中断标志。

IT0——外部中断 $\overline{\text{INT0}}$ 触发方式选择位(0 为低电平触发；1 为下降沿触发)。

外部中断 $\overline{\text{INT0}}$ 从 P3.2 引脚输入，可以选择低电平触发或下降沿触发。当 IT0 位为 0 时，外中断 $\overline{\text{INT0}}$ 被定义为低电平触发。MCS-51 在每个机器周期的 S5P2 时刻检测并锁存 P3.2

引脚的电平状态，当检测到 P3.2 引脚为低电平时，便将外中断$\overline{\text{INT0}}$中断标志 IE0 位置 1。为防止漏检，采用低电平触发时，外中断$\overline{\text{INT0}}$低电平保持时间不能小于一个机器周期。例如，当晶振频率为 12 MHz 时，在“12 时钟/机器周期”模式下，一个机器周期为 1 μs，则外中断$\overline{\text{INT0}}$低电平有效时间必须大于 1 μs。

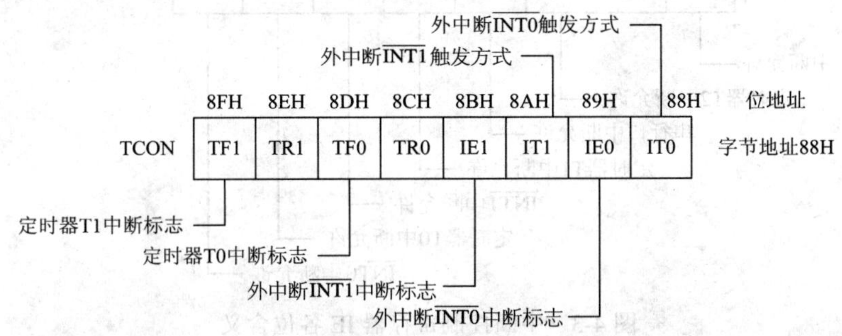

图 4-2　与中断功能有关的 TCON 寄存器位

当 IT0 位为 1 时，外中断$\overline{\text{INT0}}$被定义为下降沿触发。MCS-51 CPU 在每个机器周期的 S5P2 时刻采样 P3.2 引脚，如果相邻两个机器周期的采样值分别为高、低电平(即前一机器周期的 S5P2 时刻采样到高电平，而后一机器周期的 S5P2 时刻采样到低电平)，就将外中断$\overline{\text{INT0}}$的中断标志 IE0 位置 1。由于仅在每个机器周期的 S5P2 时刻采样 P3.2 引脚电平状态，因此采用下降沿触发方式时，外中断$\overline{\text{INT0}}$高、低电平的保持时间也必须大于一个机器周期，否则也可能出现漏检。例如，当晶振频率为 12 MHz 时，在“12 时钟/机器周期”模式下，外部中断信号最高频率是 500 kHz 的方波。

IT1 和 IE1 位与外中断$\overline{\text{INT1}}$有关，其中 IT1 位用于选择外中断$\overline{\text{INT1}}$的触发方式，IE1 位是外中断$\overline{\text{INT1}}$的有效标志，含义与 IT0 和 IE0 位相同。

TF0、TF1 分别是定时/计数器 T0 和 T1 溢出中断标志。而定时/计数器 T2 溢出中断标志 TF2 存放在定时/计数器 T2 控制寄存器 T2CON 中，有关定时器溢出中断下节将详细介绍。

串行发送结束标志 TI、串行接收有效标志 RI 存放在串行口控制寄存器 SCON 中，本章后面将详细介绍。

4.2.2　中断控制

1. 中断允许控制寄存器 IE

当某一中断(事件)出现时，相应的中断请求标志位置1(即中断有效)，但该中断请求能否被 CPU 查询，由中断控制寄存器 IE 相应位决定(MCS-51 CPU 在每个机器周期的 S6 状态查询是处于允许状态的中断请求标志)，中断控制寄存器 IE 各位含义如图 4-3 所示。

EA——中断允许/禁止位(0 禁止；1 允许)，即中断请求的总开关。当 EA 为 0 时，将屏蔽所有中断请求。

EX0——允许/禁止$\overline{\text{INT0}}$中断(0 禁止；1 允许)，当 EX0 位为 0 时，禁止$\overline{\text{INT0}}$中断。

EX1——允许/禁止$\overline{\text{INT1}}$中断(0 禁止；1 允许)，当 EX1 位为 0 时，禁止$\overline{\text{INT1}}$中断。

ET0——允许/禁止定时器 T0 中断(0 禁止；1 允许)，当 ET0 位为 0 时，禁止定时/计数器 T0 中断。

ET1——允许/禁止定时器 T1 中断(0 禁止；1 允许)，当 ET1 位为 0 时，禁止定时/计数器 T1 中断。

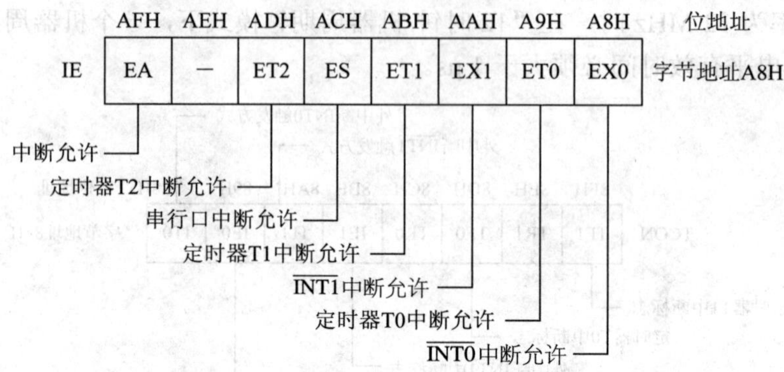

图 4-3　中断控制寄存器 IE 各位含义

ES——允许/禁止串行口中断，当 ES 位为 0 时，禁止串行口中断。

ET2——允许/禁止定时器 T2 中断(0 禁止；1 允许)，当 ET2 位为 0 时，禁止定时/计数器 T2 中断。

由于 IE 寄存器具有位寻址功能，因此可通过位操作指令，允许或禁止其中的任一中断，如：

```
SETB EA      ；开中断
SETB EX0     ；允许INT0中断
CLR ES       ；禁止串行口中断
```

例如当 TCON 的 IT0 位为 0 时，只要在 S5P2 时刻采样到 P3.2 引脚为低电平，$\overline{\text{INT0}}$中断请求标志 IE0 就为 1。但当 EX0 或 EA 之一为 0 时，CPU 将不查询 IE0 的中断请求标志(即该中断请求被 CPU 忽略)。

2. 中断优先级控制寄存器 IP 及 IPH

标准 MCS-51 内核只有两个中断优先级，各中断源优先级由 IP 寄存器控制(0 为低优先级；1 为高优先级)，中断优先级控制寄存器 IP 各位含义如图 4-4(a)所示。增强型 MCS-51 内核中断控制器具有四个中断优先级，除了标准 MCS-51 CPU 的中断优先级控制寄存器 IP 外，还增加了一个中断优先级高位控制寄存器 IPH(字节地址为 0B7H)，IPH 寄存器各位含义如图 4-4(b)所示，即中断源的优先级由 IPH、IP 对应位编码决定，具体情况如下：

IPH.X 位	IP.X 位	优先级
0	0	0 级(优先级最低)
0	1	1 级
1	0	2 级
1	1	3 级(优先级最高)

PX0H、PX0——外中断 $\overline{\text{INT0}}$ 优先级高、低位。

PX1H、PX1——外中断 $\overline{\text{INT1}}$ 优先级高、低位。

PT0H、PT0——定时/计数器 T0 优先级高、低位。

PT1H、PT1——定时/计数器 T1 优先级高、低位。

PSH、PS——串行口中断优先级高、低位。

PT2H、PT2——定时/计数器 T2 优先级高、低位。

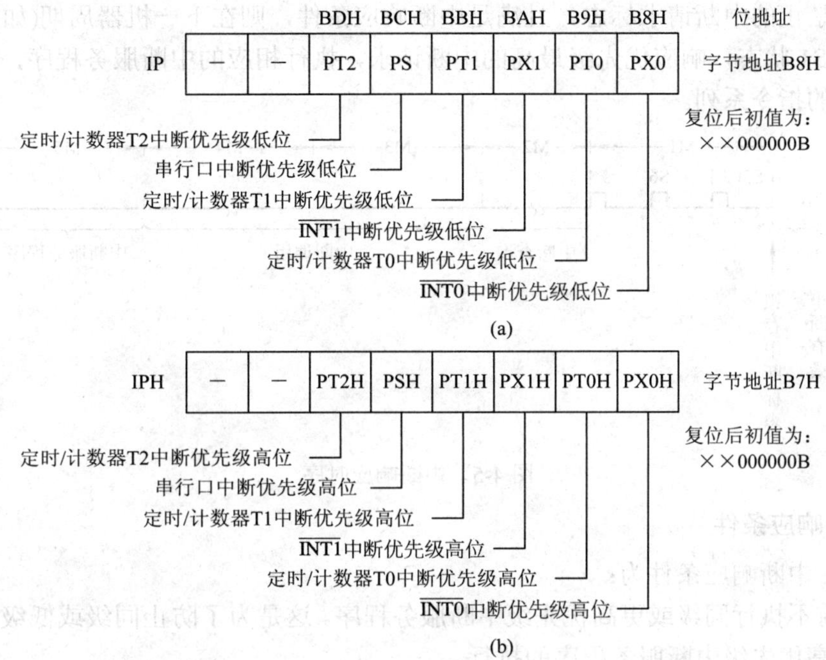

图 4-4　中断优先级控制寄存器

(a) 中断优先级控制寄存器 IP 各位含义；(b) 中断优先级控制寄存器高位 IPH 各位含义

可见，当 IPH 为××000000B 时，中断优先级仅由 IP 寄存器决定，即与标准 MCS-51 内核中断优先级兼容。

3. 硬件查询顺序

改变 IPH、IP 寄存器的值，即可使相应中断源优先级升高或降低。但增强型 MCS-51 具有 6 个中断源，而只有四个中断优先级，这就必然存在两个或两个以上中断源优先级相同。例如当 IPH 为 00010001B，而 IP 为 00001001B 时，外中断 $\overline{INT0}$ 优先级为 3(最高)，串行口中断优先级为 2，定时/计数器 T1 中断优先级为 1，而其他 3 个中断源优先级均为 0(即最低)。复位后，IPH、IP 初值为 00000000，即所有中断优先级均为 0。

为此，MCS-51 约定当同优先级中断请求有效时，CPU 响应顺序为：

外中断 $\overline{INT0}$

定时/计数器 T0 溢出中断

外中断 $\overline{INT1}$

定时/计数器 T1 溢出中断

串行口中断

定时/计数器 T2 溢出中断

4.2.3　中断响应过程及中断服务程序入口地址

对于外中断来说，MCS-51 CPU 在每个机器周期的 S5P2 时刻锁存引脚的电平状态，设置中断请求标志(若中断有效，相应中断标志位置 1；中断无效，标志位仍保持为 0)，如图 4-5 中的 M1 周期，并在下一机器周期(如图 4-5 中的 M2 周期)的 S6 状态按优先级顺序查询所有没有被禁止的中断请求标志，且满足中断响应条件，则在下一机器周期(如图 4-5 中的 M3 周期)的 S1 状态，响应优先级最高的中断请求，执行相应的中断服务程序，否则继续执行当前程序的指令系列。

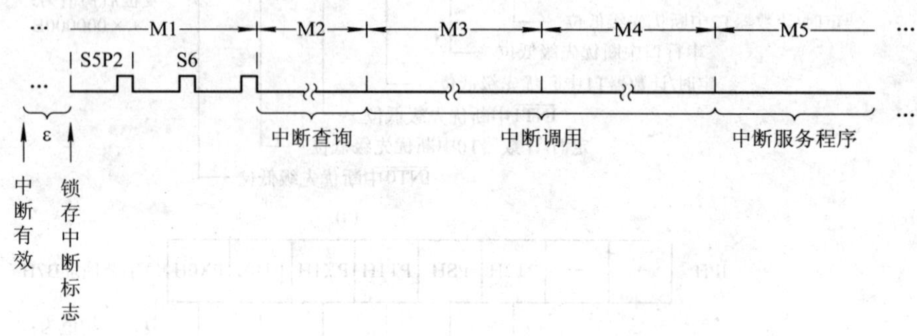

图 4-5　中断响应时序

1. 中断响应条件

MCS-51 中断响应条件为：

(1) 当前不执行同级或更高优先级中断服务程序。这是为了防止同级或低级中断请求中断同级或更高优先级中断服务程序的执行。

(2) 当前机器周期必须是当前指令的最后一个机器周期，否则等待。执行某些指令需要两个或两个以上机器周期，如果当前机器周期不是指令的最后一个机器周期，则不响应中断请求，即不允许中断一条指令的执行过程，这是为了保证指令执行过程的完整性。

(3) 如果当前指令是中断返回指令 RETI，或改写中断控制寄存器 IE、优先级寄存器 IP 或 IPH 的指令，则必须再执行一条指令后才能响应中断请求，即中断控制器各状态位尚未稳定前，不响应中断，以免出现不确定后果。

由此可见，当不处于同级或更高优先中断响应状态时，中断有效到中断响应最短时间为 3 个机器周期(即中断在当前指令最后一个机器周期的前一周期有效，且下一指令不是 RETI 或改写中断控制寄存器 IE、IP、TPH)，最长为 8 个机器周期(即中断在乘法、除法指令的第一机器周期有效，且下一指令为 RETI 或改写中断控制寄存器 IE、IP、IPH)，即中断有效到中断响应时间为 3～8 个机器周期。如果把中断入口处的长调用指令(LJMP)执行时间计算在内，则中断有效到中断响应时间应为 5～10 个机器周期。

如果不满足以上条件，将忽略该机器周期对中断标志的查询结果，下一机器周期继续查询，因此可能存在这样一种情况：某一中断发生了，不满足响应条件，CPU 不响应，又出了新的中断请求，则尚未响应的中断请求将被忽略。

例如低电平触发的外中断 INT0 低电平维持时间为 1 个机器周期，假设在 M1 机器周期有效，则 M1 机器周期的 S5P2 状态后，标志位 IE0 为 1；尽管在 M2 机器周期的 S6 状态，CPU 查询到 IE0 有效，但不满足中断响应条件，即 M3 机器周期不响应 INT0 的中断请求，继续执行随后指令序列，在该中断请求未被响应前，如果 P3.2 引脚又出现了低电平(即出现了新的中断请求)，则在 M1 机器周期出现的中断请求，将被忽略。因为每一中断源毕竟只有一个标志位，不能分辨中断标志在什么时候产生。

另外，在中断响应过程中，如果在 M4 周期的 S6 状态查询到优先级更高的中断标志为 1(即在 M2～M3 机器周期内优先级更高的中断请求出现)，在 M5、M6 机器周期将响应高优先级中断，而不执行低优先级中断服务程序。

2. 中断响应过程及中断服务程序入口地址

如果满足中断响应条件，将进入中断响应过程：

(1) CPU 先将对应中断的优先级触发器置 1(每一中断源对应一个中断优先级触发器，不过图 4-1 中没画出该触发器)，阻止 CPU 再响应同级或更低级中断请求。

(2) 将程序计数器 PC 当前值压入堆栈，以保证中断服务程序执行结束后正确返回；将中断源入口地址装入 PC，以便执行相应的中断服务程序。这一过程由硬件完成，相当于执行了一条长调用指令“LCALL ××××”，中断服务程序入口地址如下：

中断源	入口地址(即 LCALL 指令的××××地址)
外中断 $\overline{\text{INT0}}$	0003H
定时/计数器 T0 溢出中断	000BH
外中断 $\overline{\text{INT1}}$	0013H
定时/计数器 T1 溢出中断	001BH
串行口中断	0023H
定时/计数器 T2 溢出中断	002BH

由于各中断服务程序入口地址仅相隔 8 个字节，一般难以容纳中断服务程序，为此可在中断程序入口处放置一条长跳转指令，这样实际的中断服务程序就可以放在存储器区内的任意位置(一般放在主程序后)，如下所示：

```
ORG 0003H
LJMP INT0          ；在外中断INT0入口处放一条长跳转指令
ORG 0100H
MAIN:              ；主程序
⋮
INT0:              ；外中断INT0的中断服务程序
```

(3) 清除中断请求标志。进入中断服务程序后，CPU 能自动清除下列中断请求标志位：

定时器 T0 中断请求标志 TF0

定时器 T1 中断请求标志 TF1

下降沿触发的外中断 $\overline{\text{INT0}}$ 的中断请求标志 IE0

下降沿触发的外中断 $\overline{\text{INT1}}$ 的中断请求标志 IE1

但不自动清除串行发送结束中断标志 TI、串行接收有效中断标志 RI、定时/计数器 T2 溢出中断标志 TF2、定时/计数器 T2 外触发标志 EXF2 以及电平触发方式下的外中断标志 IE0 和 IE1。对于不能自动清除的中断请求标志，需要在中断服务程序中，用“CLR 位地址”或“ANL IE, #XXH”指令清除。

值得注意的是某一事件发生后，相应的中断标志必然有效，如果不满足中断响应条件，CPU 不响应该中断请求，但该中断标志不因事件消失而被清 0。例如对于低电平触发的外

中断 $\overline{INT0}$，只要出现在 P3.2 引脚的负脉冲被 CPU 检测到，中断标志 IE0 就有效，不满足中断响应条件，CPU 不响应 IE0 中断请求，但 IE0 标志不会消失，尽管在随后的机器周期里 P3.2 引脚已变为高电平。

(4) 返回。中断服务程序最后一条指令是中断返回指令“RETI”，执行了中断返回指令 RETI 后，先将对应中断的优先级触发器清 0(以便返回后 CPU 能够响应同级或更低级的中断请求)，并将堆栈内的两个字节弹到程序计数器 PC，以便从断点处继续执行被中断程序的后续指令。

4.2.4　中断初始化及中断服务程序结构

中断初始化是指通过设置 TCON、IP、IPH 及 IE 等寄存器内容，确定外中断触发方式(低电平触发还是下降沿触发)、设置中断优先级、开中断等，例如可通过如下指令将 INT0 定义为下降沿触发，优先级为 3(最高)，并允许 $\overline{INT0}$ 中断：

```
SETB IT0          ; 外中断 INT0 采用下降沿触发
ORL IPH, #01H     ; 由于 IPH 寄存器没有位寻址功能，只能通过或指令，将 IPH 的 PX0H
                  ; 位置 1
SETB PX0          ; IP 寄存器具有位寻址功能，可通过 SETB 指令将指定位置 1
SETB EX0          ; 允许 INT0 中断
SETB EA           ; 开中断
```

中断服务程序结构与子程序类似，大致包含以下几部分：

```
; 必要时保护现场
PUSH PSW
PUSH Acc
⋮
SETB RS0          ; 切换工作寄存器区，根据需要可使用 0～3 区中的任一区
CLR RS1           ; 由于中断出现的不确定性，因此只要中断服务程序中存在改写
                  ; 寄存器组 R0～R7，就需要切换工作区

  ⋮               ; 中断服务程序体(略)

CLR 中断请求标志  ; 对于不能自动清除中断请求标志的中断响应过程，需要通过“CLR 中断
                  ; 请求标志位”指令清除中断请求标志，防止同一请求被多次响应

POP Acc
POP PSW           ; 恢复现场
RETI              ; 中断返回指令
```

可见，中断与子程序调用区别在于：

(1) 中断出现是随机的，可能出现，也可能不出现，更不知道什么会时候出现，即被中断程序的断点无法预测。而子程序的执行由调用指令 LCALL 或 ACALL 实现，只要满足特定条件，一定会发生，断点由程序员控制。因此只要中断服务程序中出现写寄存器组 R7～R0 之一指令，就需要切换工作寄存器区：由于同级中断不能嵌套，因此同一优先级中断服务

程序可使用同一工作寄存器区；但不同优先级中断服务程序一般不能使用同一工作寄存器区，除非两者使用的寄存器 R7～R0 没有交叉，例如中断 1 服务程序使用 R0 及 R2～R4，而中断 2 服务程序使用 R1 及 R5～R7。

在中断服务程序中，只要存在改写某一寄存器，如 Acc、B、DPTR 等的指令就需要在中断服务程序入口处将这些寄存器压入堆栈保护；反之，无需保护，这点初学者容易理解。只有 PSW 寄存器例外，一般均需要将 PSW 压入堆栈，除非中断服务中不存在影响标志位的指令。

(2) 中断服务程序入口地址(也称为中断向量)由硬件决定，与 CPU 类型有关，不能更改。而子程序入口地址由用户安排。

(3) 子程序中可以任意调用另一子程序，但中断有优先级，同级或低级中断不能打断正在执行的同级或更高优先级中断服务程序。

(4) 尽管子程序返回指令 RET 和中断返回指令 RETI 均会将栈顶两个字节信息装入 PC，恢复断点，但 RETI 还清除相应中断优先级触发器，因此中断返回指令不可用子程序返回指令 RET 代替。

对于采用电平触发方式的外中断 $\overline{\text{INT0}}$ 和 $\overline{\text{INT1}}$ 来说，如果低电平信号不能自动消失，或低电平维持时间大于外中断服务程序的执行时间时，在退出中断服务程序前，即使通过“CLR IE0”或“CLR IE1”指令清除了中断标志 IE0 或 IE1，但如果 P3.2 或 P3.3 引脚依然保持低电平，下一机器周期中断标志又再次被置位，如果满足中断响应条件，将造成“同一请求，多次响应”的现象。为此，尽量避免采用电平触发方式，非要用电平触发方式(如干扰大或信号边沿过渡时间长，如超出一个机器周期)时，可通过以下措施克服：

● 增加单稳态电路，把电平触发改为脉冲触发。

● 如果低电平信号能自动消失，但维持时间可能大于中断服务程序的执行时间时，在系统反映速度许可情况下，为降低成本，可在外中断服务程序中加入引脚电平状态检测指令，确保 P3.2(对 $\overline{\text{INT0}}$ 来说)或 P3.3(对 $\overline{\text{INT1}}$ 来说)引脚变高电平后再清除相应外中断请求标志并返回。

可见对于一个中断源来说，我们需要了解下列问题：

中断源及中断标志。即什么事件发生时，对应中断标志位置 1。

如何控制该中断。即中断允许由中断控制寄存器 IE 的哪一位控制；优先级由 IPH、IP 寄存器的哪一位控制，以及同优先级硬件查询顺序。

中断入口地址。即中断服务程序放在何处。

CPU 响应该中断请求后，能否自动清除对应的中断标志。

在单片机中，还要了解该中断源能否唤醒处于掉电状态下的 CPU。

4.2.5　标准 MCS-51 外中断功能的不足与改进

标准 MCS-51 外中断 INT0、INT1 只有下沿与低电平触发两种方式，有时显得不方便。例如，当 MCS-51 外中断与高电平有效中断源连接时，必须在外设与 MCS-51 外中断输入引脚间加反相器。如果 MCS-51 外中断具有上沿与高电平触发方式，那么就可以省去承担逻辑转换的反相器，减少系统元件数目。为此，Infineon XC866、XC886 系列在保留下降沿、低电平触发方式基础上增加了上升沿、双沿两种触发方式。

4.3　增强型 MCS-51 定时/计数器

在单片机控制系统中，常需要对外部脉冲信号进行计数或每隔特定时间执行某一操作，因此定时/计数器是 MCU 芯片中非常重要的外设部件之一，几乎所有单片机芯片均内置一个到数个不同长度的定时/计数器。内嵌定时器的数量、计数长度、功能强弱是衡量 MCU 芯片功能强弱的重要指标之一。增强型 MCS-51 系列单片机芯片内置了三个 16 位的定时/计数器，分别称为 T0、T1 和 T2。

4.3.1　定时/计数功能概述

定时/计数器的核心部件是一个加法(或减法)计数器，可工作在定时方式和计数方式。定时和计数这两种工作方式并没有本质的区别，只是计数脉冲来源不同而已：当计数脉冲来自频率相对稳定的系统时钟信号(一般是系统时钟的分频信号)时，则称为定时方式；反之，当计数脉冲来自 MCU 某一特定 I/O 引脚时，称为计数方式。

单片机内定时/计数器属于可编程部件，除了加法计数器(部分单片机芯片采用减法计数器)外，尚有工作方式控制寄存器。定时/计数具有如下特征：

(1) 定时/计数器有多种定时或计数方式，使用前必须初始化其工作方式寄存器，选择定时/计数器的工作方式(定时还是计数；硬件启动还是软件启动；计数长度——作 16 位计数器，还是 8 位计数器使用；溢出后重装特定初值还是从 0 开始计数等)。

(2) 可以从 0 开始计数，也可以从特定值开始计数，因此计数器是一个可读写的寄存器，使用前一般需要设置定时/计数器的初值。

在没有写入缓冲情况下，不宜在计数过程中，对计数器进行写入，否则在特定条件下，会产生很大的误差，必须在暂停计数情况下执行写入操作。在没有读自动锁存情况下，也不宜用简单的读操作指令读取计数器的当前值，否则在特定条件下，也会产生很大的误差。必须使用“飞”读操作方式读取其当前值。

(3) 每来一个脉冲，计数器加 1(或减 1)。当计数器溢出时，定时/计数器溢出标志有效(定时时间到)，向 CPU 发出中断请求，如果中断处于开放状态，则 CPU 将响应定时/计数器的中断请求。

4.3.2　定时/计数器 T0、T1 结构及控制

增强型 MCS-51 芯片中的定时/计数器 T0、T1 的结构及功能与标准 MCS-51 芯片 16 位定时/计数器 T0(高 8 位是 TH0，低 8 位是 TL0)、T1(高 8 位是 TH1，低 8 位是 TL1)完全相同。T0、T1 采用加法计数方式，即每输入一个计数脉冲，计数器加 1；在定时方式下，计数脉冲是系统时钟信号的 12 分频。由于 MCS-51 单片机一个机器周期包含 12 个时钟周期，因此在定时方式下，定时/计数器实际上是机器周期的计数器(对于“6 时钟/机器周期”芯片来说，在定时方式下，计数脉冲是系统时钟信号的 6 分频，同样是机器周期的计数器)。

在计数方式下，定时/计数器 T0 的计数脉冲来自 P3.4 引脚，定时/计数器 T1 的计数脉冲来自 P3.5 引脚。MCS-51 CPU 在每个机器周期的 S5P2 时刻检测 P3.4、P3.5 引脚的电平状

态，如果前一个机器周期采样值为高电平，而后一个机器周期采样值为低电平，则计数器加 1，在下一机器周期的 S3P1 时刻后，更新定时/计数器 TH、TL 的值。因此，外部计数脉冲高、低电平最短时间不能小于一个机器周期，否则会出现漏计数现象，即外部计数脉冲最高频率是系统时钟信号的 24 分频(对于“6 时钟/机器周期”芯片来说，外部计数脉冲最高频率为系统时钟信号的 12 分频)。例如，当晶振频率为 12 MHz 时，外部计数脉冲最高频率是 500 kHz 的方波(对于“6 时钟/机器周期”模式来说，外部计数脉冲频率必须小于 1 MHz)。

1. 定时/计数器的控制

在 MCS-51 中，与定时/计数器 T0、T1 工作方式有关的寄存器为 TMOD 和 TCON。其中 TMOD 控制定时/计数器 T0、T1 的工作方式，而 TCON 控制定时/计数器启动、记录定时/计数器溢出标志。

1) 工作方式寄存器 TMOD

定时/计数器工作方式控制字寄存器 TMOD 各位含义如图 4-6 所示。

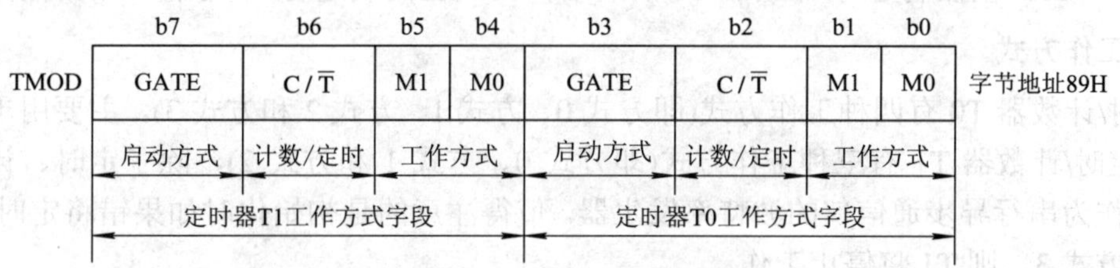

图 4-6　TMOD 寄存器各位含义

可见，TMOD 低 4 位(b3～b0)控制定时/计数器 T0 的工作方式，而高 4 位(b7～b4)控制定时/计数器 T1 的工作方式，其中：

(1) M1、M0 用于选择定时/计数器的工作方式，具体情况如表 4-1 所示。

表 4-1　定时/计数器的工作方式

M1 M0	工作方式	说　明
00	方式 0 (不推荐)	13 位定时/计数器，主要是为了与 Intel 公司早期的 MCS-48 系列兼容，由 TL0 的低 5 位和 TH0(8 位)构成，由于装入初值容易出错，故不推荐使用方式 0
01	方式 1(常用)	16 位定时/计数器
10	方式 2(常用)	自动重装初值的 8 位定时/计数器
11	方式 3	定时/计数器 T0 可以工作在这一方式，相当于两个独立的 8 位定时/计数器。但 T0 工作于方式 3 时，占用了定时/计数器 T1 的部分资源，限制了 T1 的使用范围(在这种情况下，T1 可作为串行口发送/接收波特率发生器)

(2) C/$\overline{T}$——选择计数/定时方式。当 C/$\overline{T}$ 位为 0 时，计数脉冲来自 CPU 内，计数脉冲频率是系统时钟信号的 12 分频(对于“6 时钟/机器周期”模式来说，计数脉冲是系统时钟信号的 6 分频)，即处于定时方式；当 C/$\overline{T}$ 位为 1 时，计数脉冲来自 P3.4(指 T0)或 P3.5(指 T1)引脚，即处于计数方式。

(3) GATE——定时/计数器启动方式控制位。

2) 控制字寄存器 TCON

定时/计数器启动控制位，以及定时/计数器溢出中断标志存放在特殊功能寄存器 TCON 的高 4 位，各位含义如图 4-7 所示。

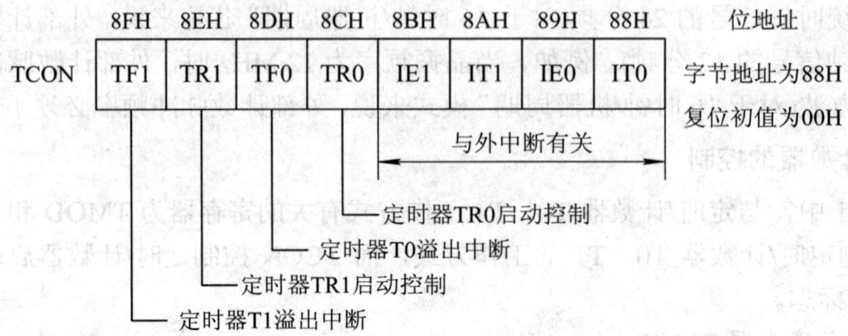

图 4-7　TCON 寄存器中与定时/计数器控制有关的位

图中，TR0 位控制定时/计数器 T0 的启动；TR1 位控制定时/计数器 T1 的启动。

2. 工作方式

定时/计数器 T0 有四种工作方式(即方式 0、方式 1、方式 2 和方式 3)，主要用于定时和计数；定时/计数器 T1 有三种工作方式(即方式 0、方式 1 和方式 2)，除了定时、计数外，T1 还可作为串行异步通信口的波特率发生器。值得注意的是初始化时如果错将定时/计数器 T1 置为方式 3，则 T1 将停止工作。

1) 方式 1(16 位定时/计数器)

当 M1、M0 初始化为 01 时，定时/计数器工作于方式 1，即计数长度为 16 位。

定时/计数器 T0(T1)方式 1 结构如图 4-8 所示，计数器长度为 16 位，分别由 TL0 和 TH0 组成。

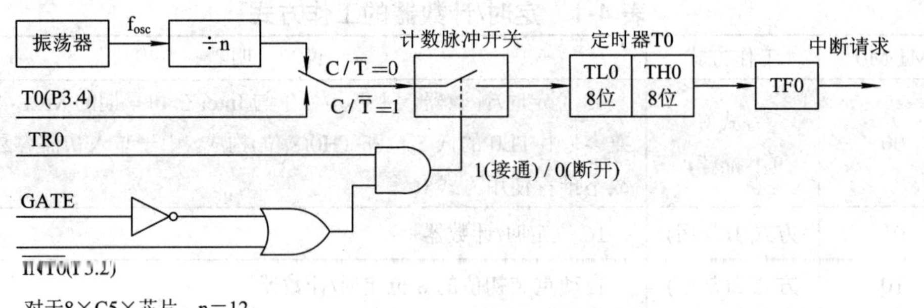

对于8×C5×芯片，n=12。
对于8×C5××2芯片, 在“12时钟/机器周期”下，n=12; 在“6时钟/机器周期”下，n=6。

图 4-8　定时/计数器 T0(T1)方式 1 结构

当 C/$\overline{T}$ 位为 0 时，定时/计数器 T0 处于定时方式，计数脉冲是系统时钟信号的 n 分频器，即每隔 n/f_{osc} 秒，TL0 加 1，当 TL0 溢出(如果 TL0 当前值为 FFH，则再来一个脉冲，TL0 将溢出，变为 00)时，TH0 自动加 1；当 TH0 也溢出时，定时器 T0 中断标志 TF0 位置 1。如果定时器 T0 溢出中断开关 ET0 为 1(即允许 T0 溢出中断)，将向 CPU 发出定时器溢出中断请求(CPU 能否响应，取决于中断响应条件)。

如果定时器初值为 M，则方式 1 的定时时间 t 为

$$t=\left(2^{16}-M\right)\times\frac{12}{f_{osc}}\qquad（“12 时钟/机器周期”模式）\qquad(4\text{-}1)$$

$$t=\left(2^{16}-M\right)\times\frac{6}{f_{osc}}\qquad（“6 时钟/机器周期”模式）\qquad(4\text{-}2)$$

例 4.1　假设晶振频率为 12 MHz，定时器初值为 9800(即 2648H)，计算“12 时钟/机器周期”模式下的定时时间 t。

$$t=\left(2^{16}-9800\right)\times\frac{12}{12\ \text{MHz}}=55\ 736\ \mu\text{s}=55.736\ \text{ms}$$

显然，当晶振频率为 12 MHz，定时器初值为 0 时，方式 1 最长定时时间为

$$t_{max}=\left(2^{16}-0\right)\times\frac{12}{12\ \text{MHz}}=65\ 536\ \mu\text{s}$$

在定时时间 T 确定情况下，定时器初值 M 可表示为

$$M=2^{16}-\frac{f_{osc}}{12}\times T\ （“12 时钟/机器周期”模式）\qquad(4\text{-}3)$$

$$M=2^{16}-\frac{f_{osc}}{6}\times T\ （“6 时钟/机器周期”模式）\qquad(4\text{-}4)$$

在上式中，如果 f_{osc} 单位取兆赫兹，则定时时间 T 单位是微秒。

例 4.2　假设晶振频率为 12 MHz，所需定时时间为 10 ms，计算“12 时钟/机器周期”模式下定时器初值 M。

将定时时间 10 ms(即 10 000 μs)、晶振频率 12 MHz 带入式(4-3)，可得初值：

$$M=2^{16}-\frac{12}{12}\times 10\ 000=65\ 536-10\ 000=55\ 536=0D8F0H$$

即定时器初值 TH0 为 0D8H，TL0 为 0F0H。

当 $C/\overline{T}$ 位为 1 时，定时/计数器 T0 处于计数方式，计数脉冲来自 CPU 的 P3.4 引脚。

GATE 位用于选择定时/计数器启动方式：

从图 4-8 可以看出当 GATE 位为 0 时，反相器输出高电平，或门输出高电平(与 P3.2 引脚状态无关)，与门输出仅由 TR0 位控制：当 TR0 位为 1 时，与门输出为 1，计数脉冲开关接通，定时/计数器处于计数状态；反之，当 TR0 位为 0 时，与门输出为 0，计数脉冲开关断开，定时/计数器停止计数。可见，当 GATE 位为 0 时，定时/计数器 T0 的开与关完全由 TR0 位控制，与 P3.2 引脚状态无关。

当 GATE 位为 1 时，反相器输出低电平，或门输出状态受 P3.2 引脚控制，与门输出状态受 TR0 位和 $\overline{\text{INT0}}$(即 P3.2)引脚共同控制。在定时状态($C/\overline{T}=0$)下，当 TR0 为 1 时，与门输出状态由 $\overline{\text{INT0}}$(P3.2)引脚控制，即定时/计数器 T0 的开和关受 $\overline{\text{INT0}}$(P3.2)引脚控制，常用于测量 $\overline{\text{INT0}}$(P3.2)引脚正脉冲的宽度。

定时/计数器 T1 工作于方式 1 时，与定时/计数器 T0 方式 1 完全相同，只是外部计数脉冲来自 P3.5(T1)；门控制信号来自 P3.3($\overline{\text{INT1}}$)；启动控制位为 TR1；中断标志位为 TF1。

由于方式 1 没有自动重装初值功能，TH0 溢出后，计数器将从 0000H 开始计数，因此当需要重复定时或计数时，必须通过数据传送指令手工重装初值。考虑到 MCS-51 计数器(如 TL0、TH0)没有写入缓存机制，为减少定时误差，进入定时器中断服务程序后，须采用“暂停—读—修正—重启”方式重装(如果不采用“暂停—读—修正—重启”方式重装，则因中断有效到中断响应有 3～8 个机器周期的延迟，不可避免地会产生误差；而当定时器溢出中断优先级不是最高时，直接重装初值引起的误差会更大；三是当重装初值低为 FEH～FEH 时，若先写 TL，后写 TH 误差将接近 255。

“暂停—读—修正—重启”方式重装过程如下：

例如，在 6 时钟机器周期状态下，利用定时/计数器 T1 产生 10 ms 的周期定时时间(假设晶振频率为 7.3728 MHz)。

$$M = 2^{16} - \frac{7.3728}{6} \times 10\,000 = 53\,248(\text{即}0\text{D}000\text{H})$$

考虑到计数器自暂停计数到修正后重新计数之间还存在 7 个机器周期的延迟，则实际装入的初值还需加 7 个机器周期的延迟修正值。

```
CTL1 EQU 07H
CTH1 EQU 0D0H
```

在中断服务程序中，采用如下所示的“暂停—读—修正—重启”方式重装，可最大限度地减少误差。

```
CLR EA          ；暂时关闭中断(如果该定时/计数器中断优先级不是最高，则需暂时关闭)
CLR TR1         ；暂停计数(注：本指令时间为 1 个机器周期)
MOV A, TL1      ；先读低位(注：1 个机器周期)
ADD A, #CTL1    ；注:1 个机器周期
MOV TL1, A      ；注:1 个机器周期
MOV A, TH1      ；再读高位(注：1 个机器周期)
ADDC A, #CTH1   ；加重装初值(注：1 个机器周期)
MOV TH1, A      ；送高位(注：1 个机器周期)
SETB TR1        ；重启计数(注：不再计本指令执行时间)
SETB EA         ；重新开中断(如果重装前关闭了中断的话，要开放)
```

在重装时，如不暂停计数，则当重装初值为××FFH(如 01FFH)时，先写 TL 误差就很大：

```
MOV TL1, #CTL1    ；执行后，TL1 为 FFH
MOV TH1, #CTH1    ；此时 TL1 为 00，执行后 T1 计数器当前值为 0100H，与实际值误差为 FFH
```

其实在计数过程中，先写 TH 也未必可靠——当计数器溢出中断级别不高时，溢出后可能经过了 255 个机器周期后才响应溢出中断，则先写 TH 也有问题(假设计数器当前值为 00FFH,重装内容为 03FFH)。

```
MOV TH1, #CTH1    ；执行后，TH1 为 03H
MOV TL1, #CTL1    ；此时 TH1 为 04，执行后 T1 计数器当前值为 04FFH，与实际值误
                  ；差也大
```

因此重装时，对于没有写入缓存计数器，必须先暂停计数器计数。

任何时候均可以读计数器当前值 TL、TH。但由于 MCS-51 计数器没有读自动锁存功能，在计数过程中，必须采用如下所示的“飞”读方式读取计数器的当前值：

```
Rep_Read:
MOV A,TH1                 ；先读高位 TH1
MOV B,TL1                 ；后读低位 TL1
CJNE A, TH1, Rep_Read     ；如果刚才读到累加器 A 中的高位与计数器当前值高位不同，则
                          ；重读
```

这样可避免计数器当前值为××FFH 时直接读计数器造成的误差。例如当计数器为 01FFH 时，如果仅用如下两条指令读计数器当前值，误差为 FFH

```
MOV A,TH1                 ；读高位 TH1，A 内容为 01H，正确
MOV B,TL1                 ；此时 TL1 因溢出为 00，B 内容自然为 00H，即实际读到值为 0100H，
                          ；错误
```

2) 方式 2

当 M1M0 初始化为 10 时，定时/计数器工作于方式 2，是一种自动重装初值的 8 位定时/计数器。

定时/计数器 T0(T1)方式 2 结构如图 4-9 所示，除了计数长度(8 位)、自动重装初值功能外，其他情况与方式 1 相同。

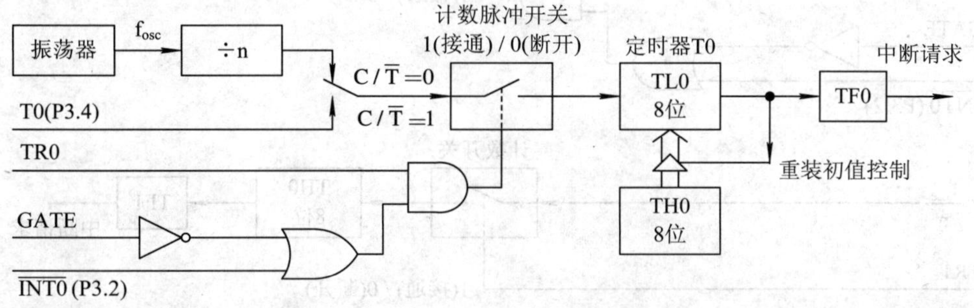

图 4-9　定时/计数器 T0(T1)方式 2 结构

在方式 2 中，每来一个脉冲，低 8 位 TL0 加 1，而高 8 位 TH0 保持不变。当 TL0 溢出时，除了将定时器 T0 溢出中断标志 TF0 位置 1 外，溢出脉冲还打开了 TL0 与 TH0 之间的三态门，使 TH0 内容自动装入 TL0，重复计数。因此，利用方式 2 可以获得精确(误差小于一个计数脉冲周期)的定时时间。

由于方式 2 的计数长度为 8 位，因此定时时间 T 与计数器初值 M 之间关系为

$$M = 2^8 - \frac{f_{osc}}{12} \times T\text{（“12 时钟/机器周期”模式）} \tag{4-5}$$

$$M = 2^8 - \frac{f_{osc}}{6} \times T\text{（“6 时钟/机器周期”模式）} \tag{4-6}$$

显然，当晶振频率 f_{osc} 为 12 MHz 时，在“12 时钟/机器周期”模式下，方式 2 的最长定时时间为

$$t_{max} = (2^8 - 0) \times \frac{12}{12\,\text{MHz}} = 256\,\mu s$$

由于在方式 2 中，自动重装初值保存在 TH0 寄存器中，因此同样需要初始化 TL0 和 TH0(内容与 TL0 相同)。

定时/计数器 T0、T1 均可以工作于方式 2，在可变波特率异步通信(下节介绍)方式中可将 T1 溢出信号作为串行通信口波特率发生器的输入信号。因此在涉及异步串行通信的单片机应用系统中，常使定时/计数器 T1 工作在自动重装初值的方式 2 中(但不允许 T1 中断)作为串行口发送、接收波特率发生器的输入信号。

3) 方式 3

定时/计数器 T0 工作于方式 3 的结构如图 4-10 所示。可见，方式 3 将定时/计数器 T0 分成两个独立的 8 位定时/计数器(但只有 TL0 具有定时和计数功能，而 TH0 计数脉冲是时钟分频信号，不可选择，只能作为 8 位定时器使用)。

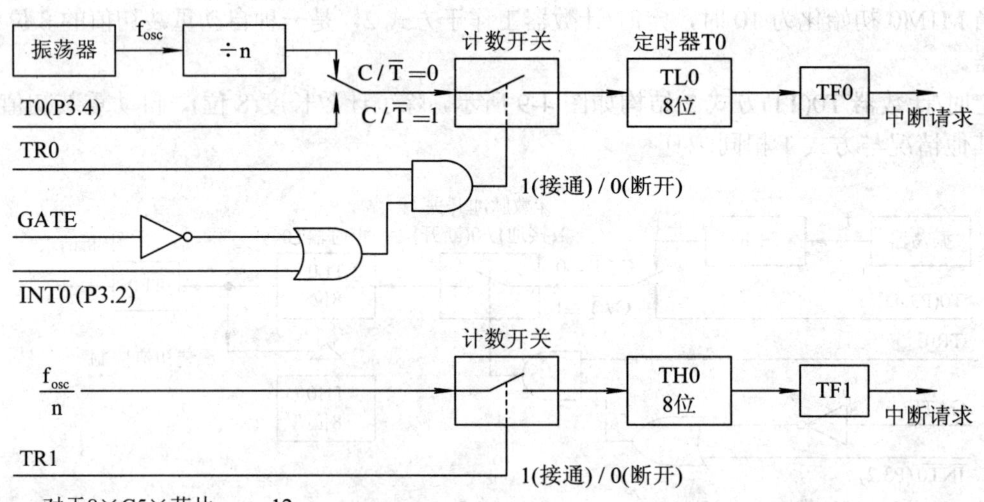

图 4-10　定时/计数器 T0 方式 3 结构

当 TL0 溢出时，定时器 T0 溢出中断标志 TF0 置 1；而 TH0 溢出时，定时器 T1 溢出中断标志 TF1 置 1，而且还借用了定时/计数器 T1 的启动控制位 TR1 作为 TH0 的启动控制位，即工作在方式 3 下的定时/计数器 T0 占用了 T1 的启动控制位 TR1 和溢出中断标志位 TF1，使定时/计数器 T1 的功能受到了限制，如图 4-11 所示，只能作为不需要中断功能的波特率发生器。

因此，T0 工作于方式 3 时，常将 T1 置于方式 2(自动重装初值)作为串行口波特率发生器使用(这时不一定非要禁止 T1 中断，因为 T0 工作于方式 3、T1 工作于方式 2 时，T1 中断是 TH0 溢出引起，并非是 TH1 溢出引起)，不过初始化时应先初始化 T1，启动后，再将 T0 置为方式 3，否则将无法通过“SETB TR1”命令启动 T1，原因是将 T0 置为方式 3 后，TR1 控制位已被 TH0 定时器占用，与 T1 无关。

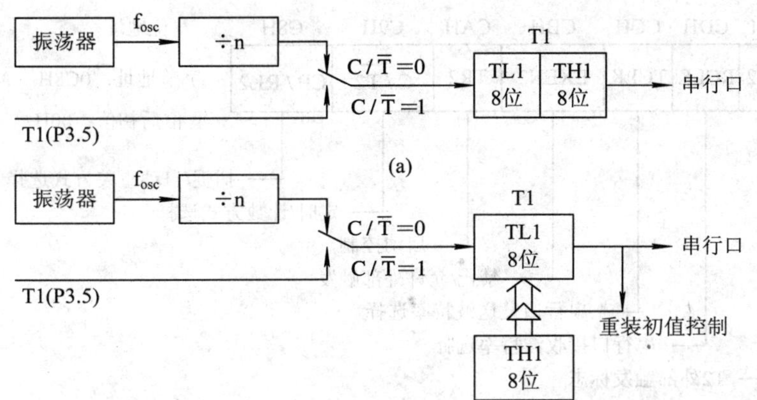

对于8×C5×芯片，n＝12。
对于8×C5××2芯片，在“12时钟/机器周期”下，n＝12；在“6时钟/机器周期”下，n＝6。

(b)

图 4-11　T0 工作在方式 3 下 T1 的结构
(a) T1 方式 1；(b) T1 方式 2

4.3.3　定时/计数器 T2 结构及控制

增强型 MCS-51 内核定时/计数器 T2 的功能比标准 MCS-52 系列 CPU 内定时/计数器 T2 更强，除了具有下降沿触发自动重装、捕捉、串行口波特率发生器三种工作方式外，还增加了可编程时钟输出、外电平控制向上或向下计数自动重装两种工作模式，即增强型 MCS-51 芯片内的 T2 具有 5 种工作方式。

在增强型 MCS-51 内核芯片中，与 T2 定时/计数器有关的寄存器有：T2CON(定时器 T2 控制寄存器)、T2MOD(增强型 MCS-51 新增的定时器 T2 工作模式寄存器)、TH2、TL2、RCAP2H、RCAP2L(各寄存器字节地址可参阅第 2 章“特殊功能寄存器列表”)。其中 TH2、TL2 分别是定时/计数器 T2 的高 8 位和低 8 位，TH2 和 TL2 构成了 16 位计数器；而 RCAP2H 和 RCAP2L 构成了一个 16 位寄存器，在自动重装初值方式下，RCAP2H、RCAP2L 分别存放 TH2 和 TL2 的重装初值；在捕捉方式下，当 P1.1 引脚出现负跳变(⌝⌞)时，T2 计数器高 8 位 TH2、低 8 位 TL2 分别被捕捉到 RCAP2H、RCAP2L 寄存器中。

1. 定时/计数器 T2 的控制

在标准 MCS-52 系列中，定时/计数器 T2 的工作方式、用途由 T2CON 控制寄存器内容决定，各位含义如图 4-12 所示。

(1) $C/\overline{T2}$ (即 b1)——计数/定时方式选择位。当 $C/\overline{T2}$ 为 0 时，T2 处于定时方式；反之，当 $C/\overline{T2}$ 为 1 时，T2 处于计数方式。

(2) $CP/\overline{RL2}$ (即 b0)——捕捉/自动重装方式选择位。当 $CP/\overline{RL2}$ 为 0，T2 工作于 16 位自动重装初值方式；当 $CP/\overline{RL2}$ 为 1 时，T2 工作于 16 位捕捉方式。而当“RCLK+TCLK”为 1 时，T2 溢出信号将作为串行口发送或接收波特率发生器输入信号，$CP/\overline{RL2}$ 位被忽略，这时 T2 总是工作在 16 位自动重装初值方式。

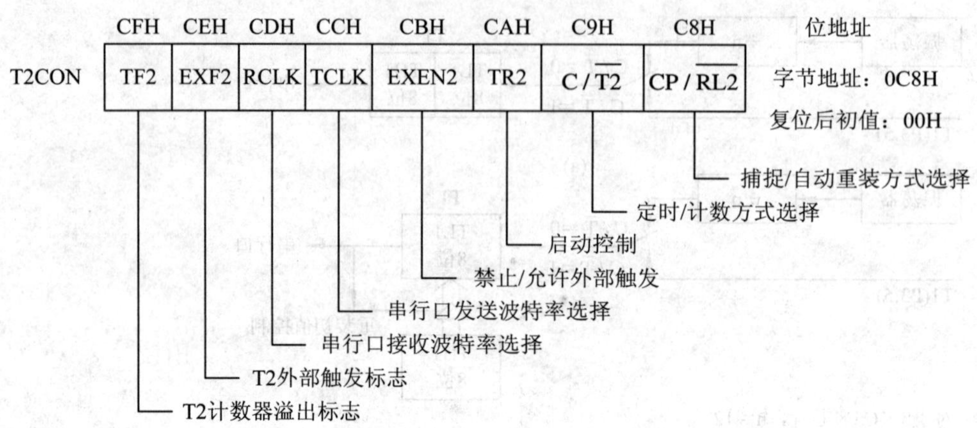

图 4-12 T2CON 寄存器各位含义

(3) TCLK(即 b4)——串行口(方式 1、方式 3)发送波特率发生器输入信号选择位。当 TCLK 位为 1 时，将使用定时/计数器 T2 溢出信号的 16 分频作串行口方式 1、方式 3 的发送波特率；反之，当 TCLK 位为 0 时，使用定时/计数器 T1 溢出信号的 16 或 32 分频作串行口方式 1、方式 3 的发送波特率。

(4) RCLK(即 b5)——串行口(方式 1、方式 3)接收波特率发生器输入信号选择位。当 RCLK 位为 1 时，将使用定时/计数器 T2 溢出信号的 16 分频作串行口方式 1、方式 3 接收波特率；反之，当 RCLK 位为 0 时，使用定时/计数器 T1 溢出信号的 16 或 32 分频作串行口方式 1、方式 3 接收波特率。

(5) TR2(即 b2)——定时/计数器 T2 计数脉冲通/断控制位。当 TR2 位为 1 时，T2 计数；反之，T2 停止计数。TR2 位功能与定时/计数器 T0、T1 的 TR0 和 TR1 位相同。

(6) TF2——T2 溢出中断标志。当 T2 溢出时，TF2 位置 1。但当 T2 作为串行口方式 1、方式 3 发送或接收波特率发生器时，即使 T2 溢出，TF2 也不会被置 1，也就是说当把 T2 作为波特率发生器使用时，TF2 位无效。

(7) EXF2——T2 外部触发标志位。当 EXEN2 位为 1，T2EX(即 P1.1)引脚出现负跳变(⌐̲)时，EXF2 标志位置 1。

对于计数器 T2 来说，TF2 与 EXF2 标志之一有效，T2 中断标志即有效。如果中断处于开放状态，且满足中断响应条件，CPU 将响应定时器 T2 的中断请求，定时/计数器 T2 中断服务程序入口地址为 002BH。但 CPU 响应了 T2 中断请求后，不会自动清除 TF2 和 EXF2 标志，需要在中断服务程序中用“CLR TF2”和“CLR EXF2”指令清除，否则退出后将重复响应。

(8) EXEN2——定时器 T2 外部触发允许，当其置位且定时器 T2 未作为串行口波特率发生器时钟输入信号时，T2EX(P1.1)引脚负跳变脉冲将触发捕获或重装。当 EXEN2 = 0 时，T2EX 引脚电平跳变对定时器 T2 无效，即 P1.1 引脚依然可以作为 I/O 引脚使用。

在增强型 MCS-51 中，T2 工作方式还与 T2MOD 寄存器有关，T2MOD 各位含义如图 4-13 所示。

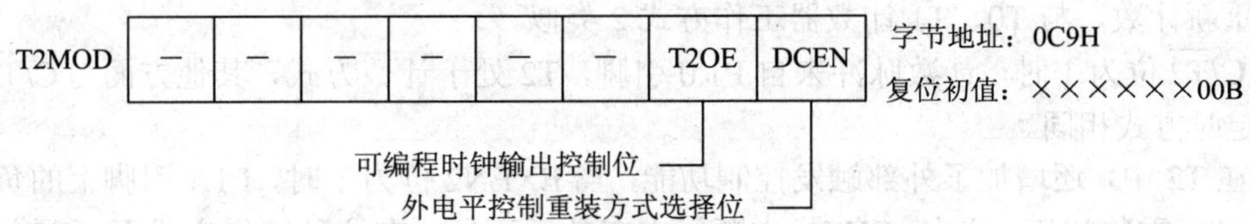

图 4-13　T2MOD 寄存器各位含义

由 T2CON、T2MOD 寄存器定义的定时/计数器 T2 工作方式如表 4-2 所示。

表 4-2　定时/计数器 T2 的工作方式

RCLK+TCLK	$CP/\overline{RL2}$	TR2	T2OE	DCEN	工作方式及状态
0	0	1	0	0	下降沿触发重装方式
0	0	1	0	1	外部电平控制重装方式
0	1	1	0	×	16 位捕捉方式
1	×	1	×	×	串行口方式 1、方式 3 发送或接收波特率发生器
0	×	1	1	×	时钟输出方式
×	×	0	×	×	停止计数

2. T2 的工作方式

1) 下降沿触发自动重装初值 16 位定时/计数器

当 TCLK、RCLK、$CP/\overline{RL2}$、T20E、DCEN 均为 0 时，定时/计数器 T2 是一个下降沿触发自动重装初值的 16 位定时/计数器，内部结构如图 4-14 所示。

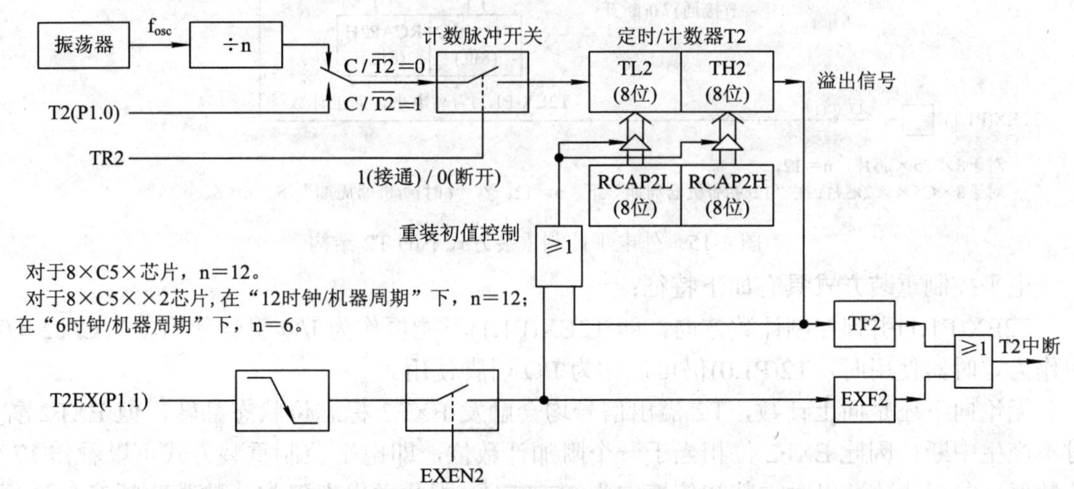

图 4-14　下降沿触发自动重装初值 16 位定时/计数器 T2 结构

当 $C/\overline{T2}$ 位为 0 时，T2 处于定时方式，计数脉冲是系统时钟信号的 n 分频，如果 TR2 位为 1，则每来一个脉冲，T2 计数器加 1，当 T2 溢出时，溢出信号使 TF2 中断标志置 1，同时重装初值控制或门输出高电平，把存放在 RCAP2L 和 RCAP2H 中的初值装入 TL2 和

TH2，重新计数，与 T0、T1 计数器工作方式 2 类似。

当 $C/\overline{T2}$ 位为 1 时，计数脉冲来自 P1.0 引脚，T2 处于计数方式，其他方面与 $C/\overline{T2}$ 位为 0 时的定时方式相同。

但在 T2 中，还增加了外部触发控制功能，当 EXEN2 位为 1 时，P1.1 引脚上的负跳变，将强迫 T2 重装初值，并使 EXF2 中断标志有效。可见，在这种工作方式下，T2 溢出或 T2EX(P1.1)引脚上的负跳变脉冲均会触发 T2 重装。因此当 EXEN2 位为 1 时，在 T2 中断服务程序中通过查询 TF2、EXF2 标志位才能确定引起重装的原因。

当 EXEN2 位为 0 时，将禁止 P1.1 引脚下降沿触发重装，P1.1 引脚可作为一般 I/O 口使用，这时 T2 就是一个自动重装初值的 16 位定时/计数器。

2) 外部电平控制重装方式

当 TCLK、RCLK、$CP/\overline{RL2}$、T20E、EXEN2 为 0，而 DCEN 为 1 时，定时/计数器 T2 是一个外电平控制自动重装初值的 16 位定时/计数器，计数方向由 T2EX(P1.1)引脚电平控制，当 T2EX(P1.1)引脚为高电平时，T2 向上计数(即加 1 计数)，溢出时分别将 RCAP2L、RCAP2H 重装 TL2 和 TH2，循环计数；而当 T2EX(P1.1)引脚为低电平时，T2 向下计数(即减 1 计数)，溢出时将 0FFFFH 装入 TH2 和 TL2(即重装初值固定为 0FFFFH)。T2 工作于外电平控制自动重装方式下的内部结构如图 4-15 所示。

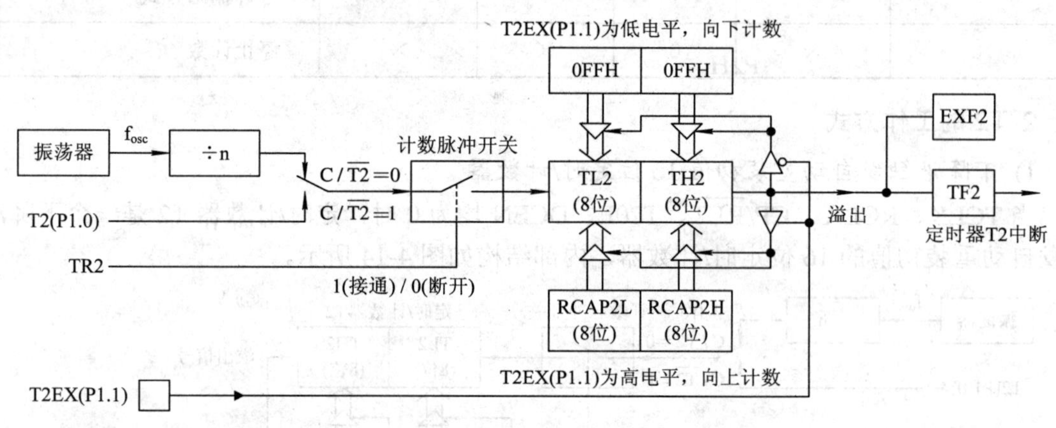

对于8×C5×芯片，n=12。
对于8×C5××2芯片, 在“12时钟/机器周期”下，n=12；在“6时钟/机器周期”下，n=6。

图 4-15　外电平控制重装方式下的 T2 结构

电平控制重装方式具有如下特征：

T2EX(P1.1)引脚控制计数方向，即 T2EX(P1.1)不能再作为 I/O 引脚使用。当 $C/\overline{T2}=0$，即作为定时器使用时，T2(P1.0)仍可以作为 I/O 引脚使用。

无论向下还是向上计数，T2 溢出信号均会触发 EXF2 标志位状态翻转，但 EXF2 置 1 时不产生中断，因此 EXF2 位相当于一个附加计数位，即电平控制重装方式可以看作 17 位计数器。向下计数溢出时重装初值恒定为 0FFFFH，因此溢出率仅与计数脉冲频率有关，不可调。例如当 $C/\overline{T2}=0$ 时，T2 向下计数溢出率仅与晶振频率 f_{osc} 有关。

3) 捕捉方式

当 TCLK、RCLK 位为 0，$CP/\overline{RL2}$ 位为 1 时，定时/计数器 T2 工作于捕捉方式，内部结构如图 4-16 所示。

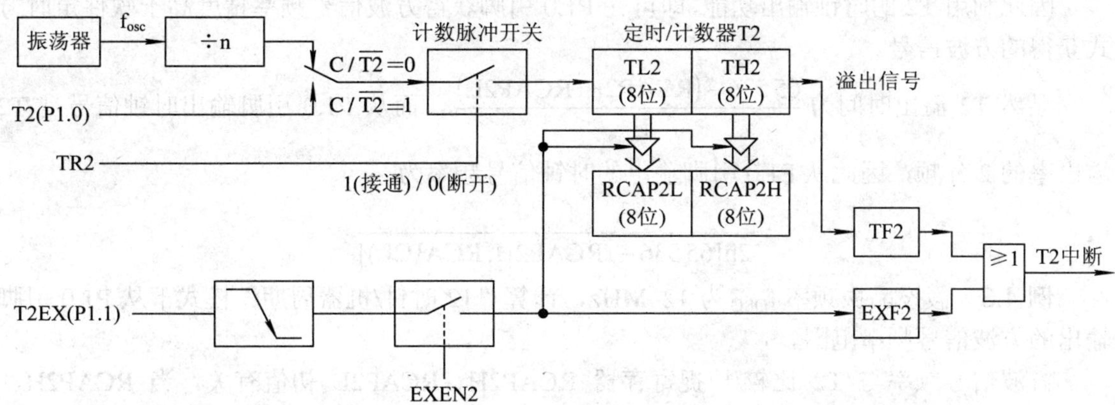

对于8×C5×芯片，n=12。
对于8×C5××2芯片, 在“12时钟/机器周期”下，n=12；在“6时钟/机器周期”下，n=6。

图 4-16　定时/计数器 T2 的捕捉方式

在捕获模式中通过设置 T2CON 中的 EXEN2 位即可得两个选项。如果 EXEN2 = 0，定时器 T2 作为一个 16 位定时器/计数器(由 T2CON 中的 C/$\overline{T2}$ 位选择)，T2 溢出时，T2 溢出标志 TF2 置 1(如果中断处于开放状态，则当 TF2 有效时，将产生 T2 中断请求信号)。如果 EXEN2 = 1，则外部触发信号 T2EX(P1.1) 由 1 变 0 时定时器 T2(TL2 和 TH2)的当前值分别被捕获到 RCAP2L 和 RCAP2H 寄存器中，同时 T2EX 的负跳变脉冲使 T2CON 中的 EXF2 置位，经或门向 CPU 发出中断请求。因此可利用 T2 的捕捉功能记录外部事件发生的时间。

4) 可编程时钟输出方式

当 T2MOD 寄存器 T2OE 位为 1，且 T2CON 寄存器 C/$\overline{T2}$ 位为 0 时，T2 工作于可编程时钟输出方式，T2 溢出信号自动触发 T2(P1.0)引脚状态翻转，同时使 RCAP2L、RCAP2H 寄存器内容装入 TL2 和 TH2 寄存器中，重新计数，以便获得准确的溢出信号，于是在 P1.0 引脚便输出频率可调、精度很高的方波信号。T2 工作于时钟输出方式的结构如图 4-17 所示。

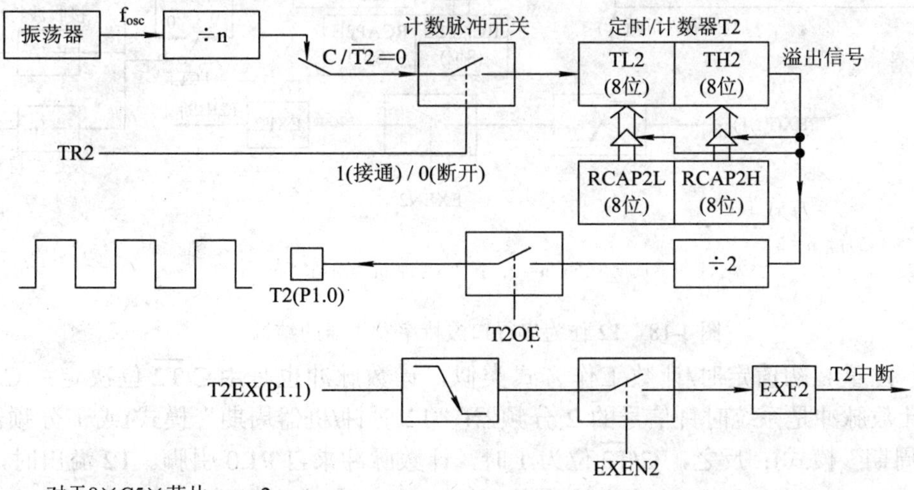

对于8×C5×芯片，n=2。
对于8×C5××2芯片, 在“12时钟/机器周期”下，n=2；“6时钟/机器周期”下，n=1。

图 4-17　时钟输出方式下的定时器 T2 结构

因此利用 T2 的时钟输出功能，即可在 P1.0 引脚获得方波信号频率精度高于软件定时方式获得的方波信号。

显然 T2 溢出时间为 $\frac{65\,536-(\text{RCAP2H, RCAP2L})}{f_{osc}}$，而从 P1.0 引脚输出时钟信号是 T2 溢出率的 2 分频，因此从 P1.0 引脚输出的时钟信号频率为

$$\frac{f_{osc}}{2n[65\,536-(\text{RCAP2H, RCAP2L})]}$$

例 4.3　假设晶振频率 f_{OSC} 为 12 MHz，计算“12 时钟/机器周期”模式下从 P1.0 引脚输出的方波信号频率范围。

方波信号频率与 T2 比较/捕捉寄存器 RCAP2H、RCAP2L 初值有关，当 RCAP2H、RCAP2L 初值为 0FFFFH 时，方波信号频率最大(3 MHz)；当 RCAP2H、RCAP2L 初值为 0000H 时，方波信号频率最小(45.8 Hz)。

从图 4-17 可以看出：在时钟输出方式下，T2 溢出时不置位 TF2 标志，但当外触发控制 EXEN2 位为 1 时，T2EX(P1.1)引脚由 1 变 0(即 P1.1 的下降沿)，EXF2 标志置 1，因此定时器 T2 工作于时钟输出方式时，可把 P1.1 引脚作为下降沿触发的外中断(EXEN2 作中断允许控制位；EXF2 作中断有效标志)。

5) 串行口波特率发生器

当 TCLK 或 RCLK 位为 1 时，定时器 T2 作为串行口方式 1、方式 3 发送或接收波特率发生器输入信号(在这种情况下，CP/$\overline{\text{RL2}}$ 位没有意义，可以是 0 或 1)，内部结构如图 4-18 所示。

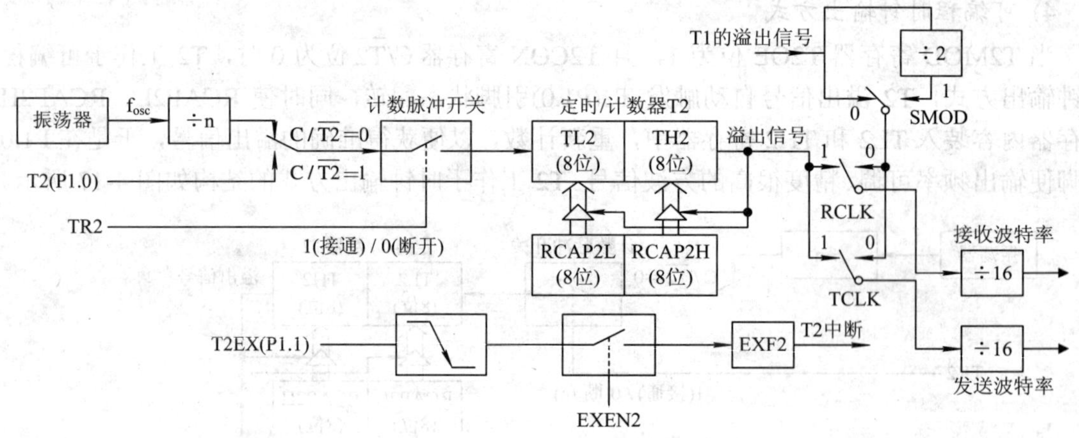

图 4-18　T2 作为串行口波特率发生器的结构

与 16 位重装初值定时/计数工作方式类似，计数脉冲也是由 C/$\overline{\text{T2}}$ 位决定：C/$\overline{\text{T2}}$ 位为 0 时，计数脉冲是系统时钟信号的 2 分频器(“12 时钟/机器周期”模式)或 1 分频器(“6 时钟/机器周期”模式)；反之，C/$\overline{\text{T2}}$ 位为 1 时，计数脉冲来自 P1.0 引脚。T2 溢出时，溢出信号会使 RCAP2L、RCAP2H 寄存器内容装入 TL2 和 TH2 寄存器中，重新计数，以便获得准确的溢出信号，另一方面溢出信号经过 16 分频后作为串行口方式 1、方式 3 发送或接收波特率发生器的输入信号。

可见，在增强型 MCS-51 芯片中，当定时器 T2 控制器寄存器 T2CON 的 TCLK 位为 1 时，将改用定时器 T2 溢出信号的 16 分频作为串行口方式 1 和方式 3 的发送波特率(如果 RCLK 为 0，则方式 1、方式 3 的接收波特率还是由定时器 T1 产生)；而当定时器 T2 控制器寄存器 T2CON 的 RCLK 位为 1 时，也改用定时器 T2 溢出信号的 16 分频作为串行口方式 1 和方式 3 的接收波特率。但值得注意的是，在“12 时钟/机器周期”模式下，把 T2 溢出率作为串行口方式 1、方式 3 的波特率发生器时，T2 的计数脉冲是时钟信号的 2 分频，而不是 12 分频。因此，将定时器 T2 作为串行口方式 1 和方式 3 的波特率时，波特率与定时器 T2 初值 C 之间关系如下：

$$C = 2^{16} - \frac{f_{osc}}{16 \times n \times 波特率} \tag{4-7}$$

(注：对于“12 时钟/机器周期”模式，n = 2；对于“6 时钟/机器周期”模式，n = 1。)

表 4-3 给出了“12 时钟/机器周期”模式下，定时器 T2 作为串行发送或接收波特率时，常用波特率与晶振频率、定时器 T2 初值 C(也就是 RCAP2H、RCAP2L 寄存器内容)之间的关系。

表 4-3　定时器 T2 波特率与初值 C 之间的关系

波特率/Kb	晶振频率 f_{osc}/MHz	重装初值 C	
		RCAP2H	RCAP2L
375	12	FFH	FFH
9600	12	FFH	D9H
2400	12	FFH	64H
1200	12	FEH	C8H
300	12	FBH	1EH
110	12	F2H	AFH
300	6	FDH	8FH
110	6	F9H	57H

其实时钟输出方式与串行口波特率发生器兼容，在波特率发生器方式中，为了获得精确稳定的溢出信号，一般采用定时方式，即 $C/\overline{T2}$ 位为 0，如果 T2OE 位为 1，T2 溢出时同样会触发 P1.0 引脚状态翻转，只是从 P1.0 引脚输出的方波信号频率与波特率关联。

4.3.4　定时/计数器初始化及应用

可按如下顺序初始化定时/计数器：

(1) 确定定时/计数器工作方式，计算定时/计数器初值 C。

(2) 初始化计数器，将初值 C 送定时/计数器高、低位(即 TH 和 TL)。

(3) 初始化工作方式寄存器 TMOD(或 T2CON)。

(4) 如果允许定时器溢出中断，则初始化定时/计数器中断优先级(即需要设置 IPH 及 IP 寄存器)；初始化中断控制寄存器 IE，能使相应定时/计数器中断，开中断。

(5) 启动定时器。

通过以下几个典型例子，介绍定时/计数器的初始化方法和应用。

例 4.4　在“12 时钟/机器周期”模式下，如果时钟频率为 12 MHz。试利用定时/计数器 T0，通过 P1.7 引脚输出周期为 200 μs 的方波。

分析：当时钟频率为 12 MHz 时，在“12 时钟/机器周期”模式下，一个机器周期为 1 μs，定时器方式 2 的最长定时时间为 256 μs，而方波周期为 200 μs，即方波高、低电平时间只有 100 μs，可令 T0 工作于方式 2，定时时间设为 100 μs，定时时间到对 P1.7 引脚锁存器取反，即可获得周期为 200 μs 的方波。

由式(4-5)可知定时器 T0 的初值

$$M = 2^8 - \frac{12}{12} \times 100 = 156$$

参考程序如下：

```
    ORG 0000H
    LJMP MAIN                ；跳到主程序入口
    ORG 000BH
    LJMP CTC0                ；定时器 T0 中断入口地址
    ORG 100H
    MAIN:
            MOV SP, #5FH     ；初始化堆栈指针 SP
            MOV TL0, #156    ；送初值
            MOV TH0, #156    ；送重装初值
            ANL TMOD, #0F0H  ；为了不影响定时/计数器 T1 的工作状态，将 TMOD
                             ；与 F0H 相与，使高 4 位不变，低 4 位清 0
            ORL TMOD, #02H   ；由 TR0 控制计数器开和关，GATE 位为 0
                             ；定时方式，即 C/T 位为 0，M1、M0 为 10B,即方式 2
            SETB ET0         ；允许定时器 T0 溢出中断
            SETB EA          ；开中断
            SETB TR0         ；启动定时器 T0
    HERE:   SJMP HERE        ；循环等待，相当于虚拟主程序
    ；定时器 T0 溢出中断服务程序
    CTC0:
            CPL P1.7
            RETI
```

注：由于中断有效到中断响应存在3～8 个机器周期的延迟，利用定时器溢出对引脚取反获得的方波信号高低电平时间也存在 3～8 个机器周期的误差。

例 4.5　在“12 时钟/机器周期”模式下，如果时钟频率为 11.0592 MHz。试编写一程序，在 P1.7 引脚输出周期为 2 s 的方波。

分析：本例表面上与上例区别不大，只是方波周期长了，但当系统时钟频率为 11.0592 MHz 时，即使定时/计数器工作在方式 1，最长定时时间也不超过 71.111 ms，而目前需要在 P1.7 引脚上输出周期为 2 s(高低电平时间为 1 s)的方波，属超长定时问题，除了使用定时器外，还需使用软件计数方式。如可令定时器溢出时间为 10 ms，软件计数器初值为 100，定时器

溢出一次，软件计数器减 1，当软件计数器减到 0 时，即获得 1 s 的定时时间。

为了获得毫秒级精确定时时间，最好使用具有自动重装初值的定时器 T2。

定时器 T2 工作在自动重装初值方式，初值

$$M = 2^{16} - \frac{11.0592}{12} \times 10\,000 = 56\,320(\text{即DC00H})$$

参考程序如下：

```
        OVERTIME EQU    100             ; 定义软件计数器溢出次数
        TIMECON DATA    28H             ; 把 28H 单元作为软件计数器
        ORG 0000H
        LJMP MAIN                       ; 跳到主程序入口
        ORG 002BH
        LJMP CTC2                       ; 定时器 T2 中断入口地址
        ORG 100H
MAIN:
        MOV SP, #5FH                    ; 初始化堆栈指针 SP
        MOV TIMECON, #OVERTIME          ; 溢出次数送软件计数器
        MOV TH2, #0DCH                  ; 送初值
        MOV TL2, #0
        MOV RCAP2H, #0DCH               ; 送重装初值
        MOV RCAP2L, #0H
        MOV T2CON, #00000100B           ; 定时器 T2 工作在 16 位自动重装初值方式定时，已启
                                        ; 动了 T2
        SETB ET2                        ; 允许 T2 中断
        SETB EA                         ; 开中断
HERE:
        SJMP HERE                       ; 循环等待，相当于虚拟主程序
        PROC CTC2                       ; 定时器 T2 中断服务程序
CTC2:
        DJNZ TIMECON, NEXT              ; 软件计数器减 1，不等于 0，就返回
        MOV TIMECON, #OVERTIME          ; 重装软件计数器初值
        CPL P1.7                        ; 对 P1.7 取反
NEXT:
        CLR TF2                         ; 清定时器 T2 中断标志
        RETI
END
```

例 4.6　系统晶振频率为 12 MHz，试利用定时器 T0 将内部 RAM 30H 信息以 FSK 调制方式通过 P1.6 引脚输出(假设速率为 40P/s，0 码信号频率为 2 kHz，1 码信号频率为 5 kHz)。

分析：速率为 40P/s，则每一码位持续时间为 25 ms。0 码信号频率为 2 kHz，则 0 码信号周期为 1/2000，即 500 μs，高低电平时间各为 250 μs；而 1 码信号频率为 5 kHz，则 1 码

信号周期为 1/5000，即 200 μs，高低电平时间各为 100 μs。

由于信号高低电平持续时间未超过 8 位定时器最长定时时间，可令定时器 T0 工作在方式 2(8 位自动重装初值方式)。

```
        T_DATA    DATA   30H          ；FSK 发送数据寄存器
        TXDSTU    DATA   31H          ；状态寄存器
        TIMEBIT DATA    32H           ；持续时间计数单元
        ORG 0000H
        LJMP MAIN
        ORG 000BH
        LJMP CTC0                     ；定时器 T0 中断服务程序入口地址
        ORG 0100H
        PROC MAIN
MAIN:
        MOV SP, #0DFH                 ；初始化堆栈指针
        MOV R0, #01H                  ；将 01H～FFH 内部 RAM 单元清 0
LOOP1:
        MOV @R0, #0
        INC R0
        CJNE R0, #0, LOOP1
      ；设置定时器 T0 工作
        ANL TMOD, #0F0H
        ORL TMOD, #00000010B          ；定时器 T0 工作在方式 2，定时，软件启动
        SETB ET0                      ；允许定时器 T0 中断
        SETB EA                       ；开中断
        MOV T_DATA, #55H              ；发送数据送 FSK 调试输出寄存器
        MOV TXDSTU, #8                ；定义发送的字节数
LOOP2:
        LCALL TXDFSK                  ；执行位发送
        JMP LOOP2
END
PROC TXDFSK
TXDFSK:
        JB TR0, EXIT                  ；当前位未发送结束
        MOV A, TXDSTU
        CJNE A, #0, NEXT1
      ；当前字节已发送结束
        JMP EXIT
NEXT1:
```

```
        MOV A, T_DATA
        RRC A
        MOV T_DATA, A                ；回写
        JC NEXT2
        ；0 码发送参数
        MOV TL0, #6                  ；12 MHz 晶振，250 μs 溢出时间对应初值为 6
        MOV TH0, #6
        MOV TIMEBIT, #100            ；码位持续时间为 25 ms，而 0 码信号溢出时间为 250 μs
                                     ；即溢出 100 次，持续时间就是 100 × 250 μs，即 25 ms
        SJMP NEXT3
NEXT2:
        MOV TL0, #156                ；12 MHz 晶振，100 μs 溢出时间对应初值为 156
        MOV TH0, #156
        MOV TIMEBIT, #250            ；码位持续时间为 25 ms，而 1 码信号溢出时间为 100 μs
                                     ；即溢出 250 次，持续时间就是 250 × 100 μs，即 25 ms
NEXT3:
        SETB TR0
        DEC TXDSTU
EXIT:
        RET
END

PROC CTC0                            ；定时器 T0 中断服务程序
CTC0:
        CPL P1.6                     ；时间到对 P1.6 引脚锁存器取反
        DJNZ TIMEBIT, EXIT
        ；持续时间到，停止 TR0 计数
        SETB P1.6                    ；发送 1 bit 信息后将 P1.6 引脚置为高电平
        CLR TR0                      ；停止 TR0 计数器
EXIT:
        RETI
END
```

例 4.7　利用定时/计数器 T1 门控信号 GATE 功能，测量 $\overline{\text{INT1}}$ 引脚上正脉冲信号的宽度(单位为机器周期)。如果要求相对误差不超过 2%，则被测信号正脉冲宽度最小是多少个机器周期？

从定时/计数器 T1 结构可以看出：当 GATE 位为 1 时，计数脉冲开关状态由 TR1 和 $\overline{\text{INT1}}$(即 P3.3)引脚控制。因此，可令定时/计数器 T1 工作在方式 1，并处于定时状态(即用频率稳定的时钟信号度量 $\overline{\text{INT1}}$ 引脚上的正脉冲宽度)，被测信号从 P3.3 引脚输入。为减小测量误

差，在被测信号的下降沿启动定时器 T1，被测信号正脉冲头出现期间，定时器 T1 计数，接着在被测信号下降沿关闭定时器 T1。由于在被测信号前沿、后沿会出现±1 个机器周期误差，所以测量绝对误差为±2 个机器周期。显然，正脉冲持续时间越长，相对误差就越小。如果要求相对误差不超过 2%，则被测信号正脉冲最短时间为 100 个机器周期。

参考程序如下：

```
        ORG 0000H
        LJMP MAIN               ；跳到主程序入口
        ORG 100H
MAIN:
        MOV SP, #5FH            ；初始化堆栈指针 SP
        ；初始化定时器 T1(工作在方式 1)
        MOV TL1, #00H           ；计数器初值为 0
        MOV TH1, #00H
        ANL TMOD, #0FH          ；与 0FH 相与，使高 4 位清 0，低 4 位保持不变
        ORL TMOD, #10010000B    ；由 INT1 和 TR1 共同控制计数器开和关，GATE 位为 1
                                ；定时方式，即 C/T 位为 0，M1、M0 为 01，即方式 1
WAITL:
        JB P3.3, WAITL          ；等 P3.3 引脚为低电平，即等待下降沿
        SETB TR1                ；在下降沿开启计数器
WAITH:
        JNB P3.3, WAITH         ；等待 P3.3 引脚变高电平
WAITHL:
        JB P3.3, WAITHL         ；等待 P3.3 引脚正脉冲下降沿。
        CLR TR1                 ；在第二个下降沿关闭计数器 T1
```

至此，P3.3 引脚脉冲宽度就记录在 T1 计数器中。

例 4.8　定时/计数器综合应用特例——如何利用定时/计数器测量低频脉冲信号频率及脉冲宽度。

分析：由于被测信号频率低，可令定时器 T0 处于定时方式，测出信号相邻两下降沿间的时间，即可知道被测信号的周期，再利用例 4.7 的方法，测出信号宽度即可，被测信号从 P3.2 引脚输入，如下图所示：

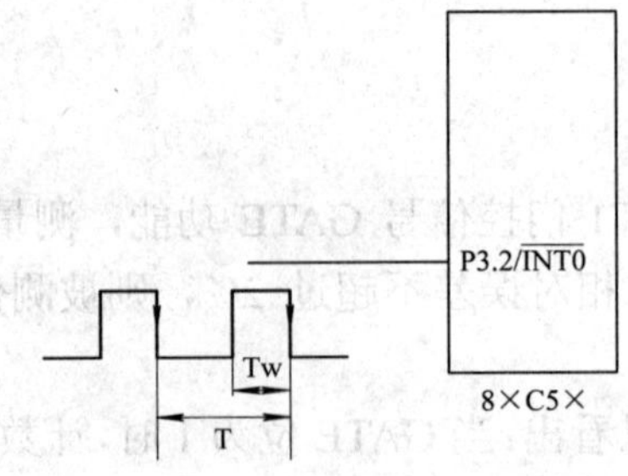

参考程序如下：

```
        ORG 0000H
```

```
    LJMP MAIN                 ; 跳到主程序入口
    ORG 100H
MAIN:
    MOV SP, #5FH              ; 初始化堆栈指针 SP
    ; 初始化定时器 T0(工作在方式 0)
    MOV TL0, #00H             ; 计数器初值为 0
    MOV TH0, #00H
    MOV TMOD, #00000001B
    ; 定时器 T0 在定时方式，C/T=0；M1、M0 为 01，即方式 1
    ; 由 TR0 控制计数器开和关，GATE 位为 0

    ; 初始化 INT0 中断
    SETB IT0                  ; 外中断 INT0 定义为下降触发方式

    JNB IE0, $                ; 等待 P3.2 引脚出现下降沿
    SETB TR0
    CLR IE0                   ; 清除 INT0 中断标志
    JNB IE0, $                ; 再次等待 INT0 中断
    CLR TR0                   ; 停止 TR0 计数
    ; 至此已经测出了被测信号的周期
    MOV R2, TL0               ; 保存结果
    MOV R3, TH0

    ; 测信号脉冲宽度
    MOV TL0, #00H             ; 计数器初值为 0
    MOV TH0, #00H
    ANL TMOD, #0F0H           ; 与 0F0H 相与，使低 4 位清 0，高 4 位保持不变
    ORL TMOD, #00001001B      ; 由 INT0 和 TR0 共同控制计数器开和关，GATE 位为 1
                              ; 定时方式，即 C/T 位为 0，M1、M0 为 01，即方式 1
WAITL:
    JB P3.2, WAITL            ; 等 P3.2 引脚为低电平，即等待下降沿
    SETB TR0                  ; 在下降沿开启计数器
WAITH:
    JNB P3.2, WAITH           ; 等待 P3.2 引脚变高电平
WAITHL:
    JB P3.2, WAITHL           ; 等待 P3.2 引脚正脉冲下降沿
    CLR TR0                   ; 在第二个下降沿关闭计数器 T0
    ; 至此测出了信号脉冲宽度
```

4.3.5　标准 MCS-51 定时/计数器不足与改进

1. 定时/计数器 T0 与 T1 功能

标准 MCS-51 定时/计数器 T0、T1 功能有待完善和强化，主要体现在：

(1) 标准 MCS-51 定时/计数器 T0、T1 工作在定时方式时，预分频器分频值固定为 12 (12 时钟/机器周期)、6 (6 时钟/机器周期)或 2(2 时钟/机器周期，如 P89LPC900 系列芯片)，本质上属于机器周期计数器，即每机器周期计数器加 1，灵活性差。若将固定分频器改为可变分频器，则将增加定时时间。为此，AT89LPC21×系列芯片使用 4 位可变分频器 TPS 作预分频器，如图 4-19 所示，分频范围在 1～16 之间，即计数脉冲频率

$$f_c = \frac{f_{osc}}{TPS+1},$$

其中 TPS 为 4 位可变分频器编码。

当 TPS = 0000B 时，分频值为 1，即计数脉冲频率 f_c 等于系统时钟频率 f_{osc}；当 TPS = 1011B 时，分频值为 12，即计数脉冲频率 f_c 等于系统时钟频率 f_{osc} 的 12 分频(与标准 MCS-51 “12 时钟/机器周期”状态下兼容)；当 TPS = 1111B 时，分频值为 16，即计数脉冲频率等于系统时钟频率 f_{osc} 的 16 分频。

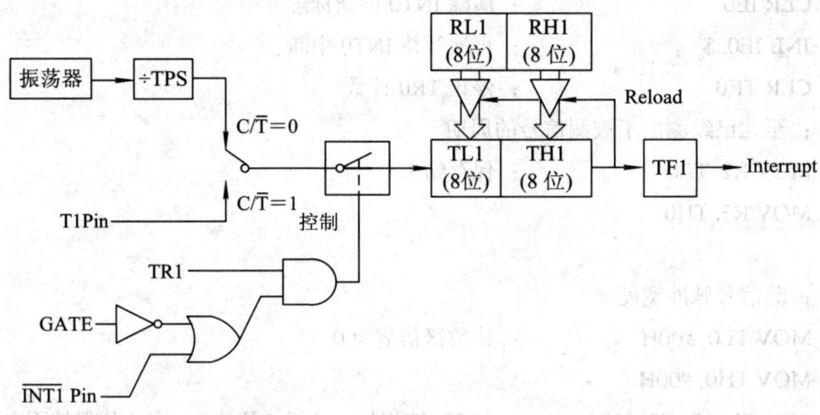

图 4-19　T0、T1 增加 16 位重装初值功能

(2) 增加了定时/计数器 T0、T1 方式 1 下的重装初值功能。标准及大部分增强型 MCS-51 芯片定时/计数器 T0、T1 工作在方式 1 时，没有重装初值功能，需要在中断服务程序中通过手工方式加载，影响了定时精度(因为从中断有效到中断响应需要 3～8 个机器周期的延迟)，使其应用范围受到了一定的限制。为此，AT89LPC21×系列芯片增加了四个 8 位重装初值寄存器 RH0、RL0(对应定时器 T0)与 RH1、RL1(对应定时器 T1)，如图 4-19 所示。这样在不降低晶振情况下，也能通过 T0、T1 获得毫秒级的精确定时时间，扩大了定时器 T0、T1 方式 1 的应用范围。

(3) 增加 T0、T1 溢出触发引脚状态翻转功能。P87LPC76×、P89LPC900、W89E82×系列芯片增加了 T0、T1 溢出触发引脚翻转功能，现实了高速输出(在中断服务程序中，通过软件触发引脚翻转不可能获得精确的外部定时信号，原因也是中断响应存在 3～8 个机器周期的延迟)。只有具备“溢出触发引脚状态翻转”功能的芯片，才能通过定时器 T0、T1

获得精确的外部定时信号，如图 4-20 所示。

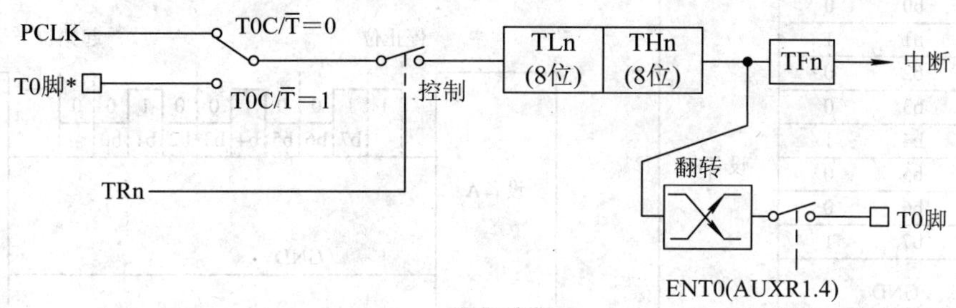

图 4-20　P89LPC900 系列定时/计数器 T0、T1 引脚翻转

2. 增加定时器 T2 上升沿触发、捕获功能

标准与多数增强型 MCS-51 定时/计数器 T2 只有下降沿触发、捕获功能，没有上升沿触发、捕获功能，有时显得不方便。用标准定时/计数器 T2 捕获功能测量脉冲周期不困难，但要测量脉冲信号高、低电平时间就不方便。为此，Infineon 的 XC866、XC886 做了改进，增加了定时器 T2 外部信号 T2EX 引脚上升、下降沿触发重装或捕获功能，如图 4-21 所示，扩展了 T2 的功能，于是利用 T2 上升沿、下降沿触发捕获功能来测量脉冲信号高、低电平时间非常简单。

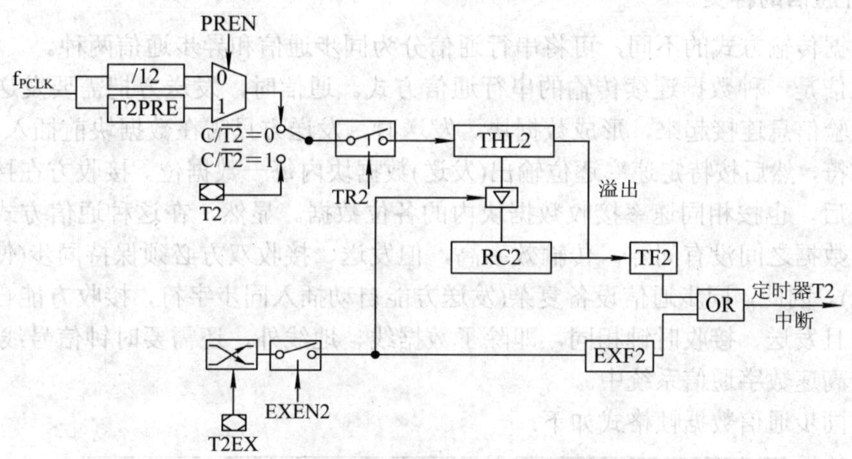

图 4-21　XC866/XC886 定时器 T2 上升、下降沿捕获功能

4.4　串行通信系统

4.4.1　串行通信概念

CPU 与外设之间信息交换过程称为通信，根据 CPU 与外设之间连线结构、数据发送方式的不同，可将通信分为并行通信和串行通信两种基本方式。

在并行通信方式中，数据各位同时传送，如图 4-22(a)所示。并行通信的优点是速度快，但需要的传输线多(例如对于 8 位数据传输来说，至少需要 8 条数据线和 1 条地线，此外还需要收发时钟信号、片选等控制信号)，多用于同一设备内不同器件或模块之间的数据传输，不适合作长距离数据传输(干扰大，可靠性差；线路架设困难，成本高)。

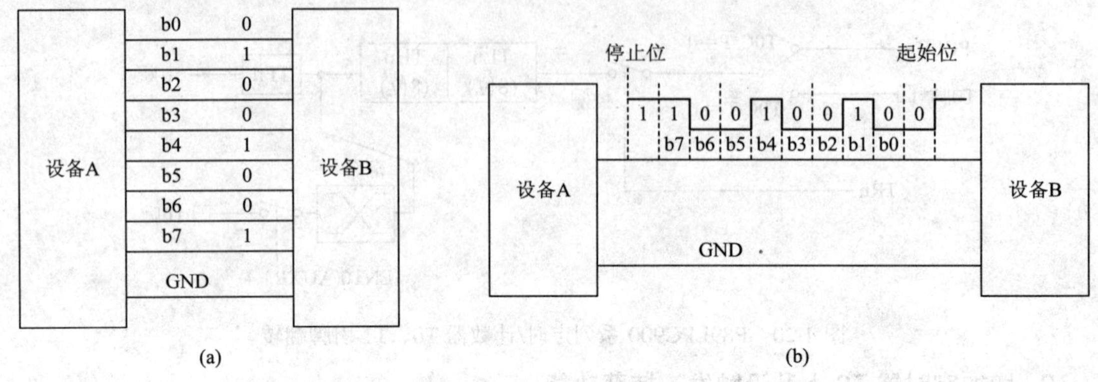

图 4-22　基本通信方式

(a) 并行通信；(b) 串行通信

而在串行通信方式中，数据按位逐一传送，如图 4-22(b)所示。优点是所需传输线少，适合远距离传输，缺点是速度慢。假设并行传送 8 位二进制数所需时间为 T，在发送速率相同情况下，串行传送至少需要 8T。而在实用的串行通信系统中，还需要在数据位前、后分别插入起始位和停止位，以保证数据可靠接收，因此实际传输时间大于 8T。

1. 串行通信的种类

根据数据传输方式的不同，可将串行通信分为同步通信和异步通信两种。

同步通信是一种数据连续传输的串行通信方式。通信时，发送方把需要发送的多个字节数据、校验信息连接起来，形成数据块。发送时，发送方只需在数据块前插入 1～2 个特殊的同步字符，然后按特定速率逐位输出(发送)数据块内每一数据位。接收方在接收到特定的同步字符后，也按相同速率接收数据块内的各位数据。显然，在这种通信方式中，数据块内各字节数据之间没有间隙，传输效率高，但发送、接收双方必须保持同步(使用同一时钟信号实现)。因此，同步通信设备复杂(发送方能自动插入同步字符，接收方能自动检测出同步字符，且发送、接收时钟相同，即除了数据线、地线外，还需要时钟信号线)，成本较高，多用在高速数字通信系统中。

典型的同步通信数据帧格式如下：

同步字符 1	同步字符 2	n个字节的连续数据	校验信息 1	校验信息 2

异步通信的特点是每次只传送一个字，每个字由起始位(规定为 0 电平)、数据位、奇偶校验位、停止位(规定为 1 电平)组成，典型的异步通信数据帧格式如下所示：

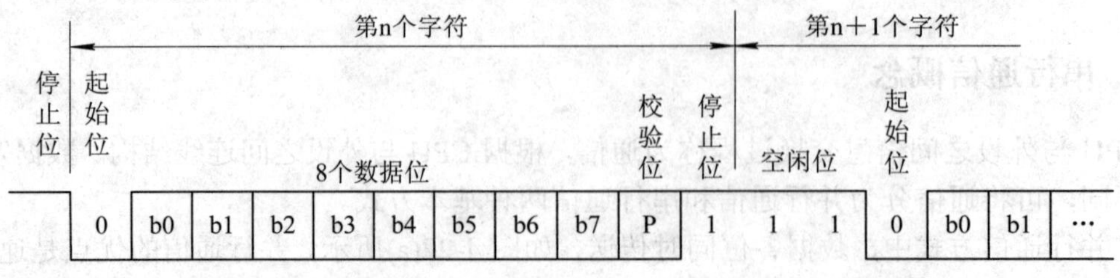

可见，异步通信与同步通信并没有本质的区别，只是在异步通信中数据块长度短(一般为一个字节)，收发双方容易实现同步，但各数据块之间不连续(即插入了起、止位)，因此效率低，传输速度较慢。

异步通信过程可概述为：

对于发送方来说，发送时，先输出低电平的起始位，然后按特定速率发送数据位(包括奇偶校验位)，当最后一位数据(对于采用奇偶校验的异步通信来说，最后一个数据位往往是奇偶校验位)发送完毕后，发送一个高电平的停止位，这样就完成了一帧数据的发送过程。如果不再需要发送新的数据或数据尚未准备就绪时，就将数据线置为高电平状态。

接收方往往以 16 倍的发送速率检测传输线上的电平状态(即采用过采样技术)，当发现传输线电平由高变低时(起始位标志)，即认为有数据传入，进入接收状态，然后以相同速率不断地检测传输线的电平状态，接收随后送来的数据位、奇偶校验位和停止位(为提高通信的可靠性，多采用“3 中取 2”方式确认收到的信息位是“0”码还是“1”码)。即在异步通信方式中，发送方通过控制数据线的电平状态来完成数据的发送；接收方通过检测数据线的电平状态确认是否有数据传入以及接收到的数据位是 0 还是 1，只要发送速率和接收检测速率相同，就能准确接收，发送、接收设备可以使用各自的时钟源完成数据的发送和接收，无须使用同一时钟信号。因此，异步串行通信所需传输线最少，一根数据线和一根地线，就能实现数据发送及接收，因此在单片机控制系统中得到了广泛应用。

2. 波特率

在串行通信系统中常用波特率来衡量通信的快慢，含义是每秒中传送的二进制数码的位数，单位是位/秒(b/s 或 Kb/s)，简称“波特”。例如，两个异步串行通信设备之间每秒钟传送的信息量是 240 字节，如果一帧数据包含 10 位(1 个起始位、8 个数据位和 1 个停止位)，则发送、接收波特率为

$$240\ \text{B/s} \times 10\ \text{位} = 2400\ \text{b/s} = 2400\ \text{波特}$$

一般异步通信波特率为 110～9600，而同步通信波特率在 56 K 以上。在选择通信波特率时，不要盲目追高，以满足数据传输要求为原则，因为波特率越高，对发送、接收时钟信号频率的一致性要求就越高。

3. 串行通信数据传输方向

根据串行通信数据传输方向，可将串行通信系统分为单工方式、半双工方式和全双工方式，如图 4-23 所示。

两串行通信设备之间只有一根数据线，一方发送，另一方接收，就形成了“单工”通信方式，即数据只能由发送设备单向传输到接收设备，如图 4-23(a)所示。

如果两串行通信设备之间依靠一根数据线分时收、发数据(即发送时，不接收；接收时，不发送)，就构成了“半双工”通信方式。在这种方式中，在同一传输线上要完成数据的双向传输，因此通信双方不可能同时既发送，又接收，任何时候只能是一方发送，另一方在接收，如图 4-23(b)所示。

如果两串行通信设备之间能同时接收和发送，就构成了“全双工”通信方式。由于允许同时发送、接收，就需要两根数据线：A 设备的发送端接 B 设备的接收端；B 设备的发送端接 A 设备的接收端，如图 4-23(c)所示。

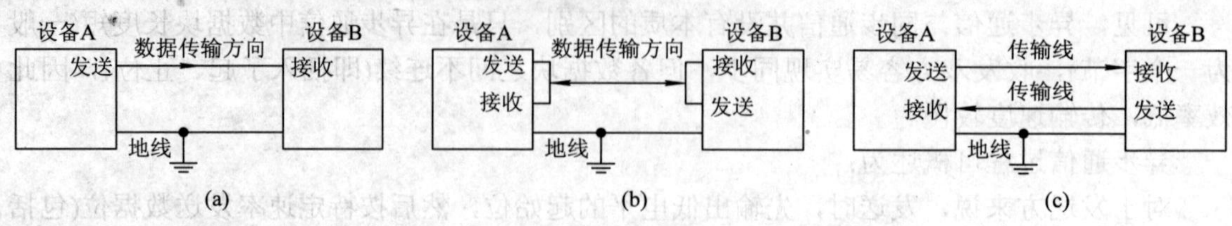

图 4-23 数据传输方式

(a) 单工；(b) 半双工；(c) 全双工

4. 串行通信接口种类

根据串行通信格式及约定(如同步方式、通信速率、信号电平等)不同，派生出不同的串行通信接口标准，如常见的 RS-232、RS-422、RS-485、IEEE1394、I^2C、SPI(同步通信)、USB(通用串行总线接口)、CAN 总线接口等。下面结合增强型 MCS-51 介绍 UART 接口及使用规则。

4.4.2 增强型 MCS-51 串行通信口控制及初始化

8×C5×、8×C5××2 系列内置了一个可编程的增强型全双工通用异步串行通信接口部件 UART(与标准 MCS-51 串行接口部件 UART 完全兼容，此外还增加了帧错误侦测和自动地址识别功能)，内部结构如图 4-24 所示。主要由两个物理上完全独立的串行接收缓冲器和串行发送缓冲器、接收控制器(包括输入移位寄存器)、发送控制器及发送门电路等部件组成，串行数据从 TXD(P3.1)引脚输出，从 RXD(P3.0)引脚输入。

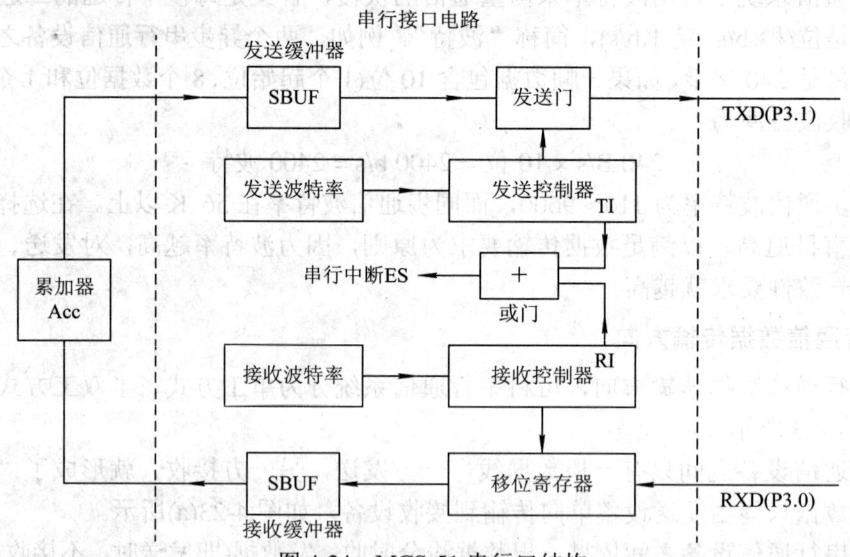

图 4-24 MCS-51 串行口结构

尽管在MCS-51 芯片中，串行接收缓冲器和串行发送缓冲器使用同一特殊功能寄存器名 SBUF(字节地址为 99H)，但它们确实是两个不同的寄存器。由于串行接收缓冲器只能读，不能写，因此读 SBUF 寄存器时，操作对象是串行接收缓冲器；而串行发送缓冲器正好相反，即只能写入，不能读出，因此写 SBUF 寄存器时，操作对象是串行发送缓冲器。

虽然 MCS-51 芯片具有独立的发送、接收电路，但同一时刻 CPU 不可能同时处理接收和发送，因此 MCS-51 串行口还不是真正意义上的全双工口。

在 MCS-51 中，与串行通信控制有关的寄存器为串行口控制寄存器 SCON(选择串行口工作方式)和电源控制寄存器 PCON 的 SMOD1 位(发送、接收波特率倍增控制位)。

1. 串行口控制寄存器 SCON

串行口控制寄存器 SCON 各位含义如图 4-25 所示。

	9FH	9EH	9DH	9CH	9BH	9AH	99H	98H	位地址
SCON	SM0/FE	SM1	SM2	REN	TB8	RB8	TI	RI	字节地址98H
	选择工作方式		多机通信控制位	串行接收允许位	待发送的第九位数据	接收到的第九位数据	发送中断标志	接收中断标志	

图 4-25　SCON 各位含义

其中：

SCON 的 b7 位具有双重功能，当 PCON 寄存器的 b6 位为 0 时，SCON.7 位含义为 SM0，与 SM1 位一起，构成串行口工作方式选择位，具体情况如表 4-4 所示。

表 4-4　串行口工作方式

SM0 SM1 SM2	工作方式	说　明	波 特 率
0 0 0	方式 0(扩展 I/O 口方式)	移位输入/输出方式(仅用于扩展 I/O 引脚，不能用于串行通信)，SM2 位必须为 0	输入/输出移位脉冲为 f_{osc}/n(对于“12 时钟/机器周期”，n = 12；对于“6 时钟/机器周期”，n = 6，即每机器周期移一位)
0 1 ×	方式 1(常用)	波特率可变的 8 位异步串行通信方式。当 SM2 = 1 时，接收条件(RI = 1)是必须收到停止位	$\frac{\text{T1溢出率}}{32}\times 2^{SMOD1}$ 或 $\frac{\text{T2溢出率}}{16}$
1 0 ×	方式 2(不常用)	波特率固定的 9 位异步串行通信方式。当 SM2 = 1 时，接收条件(RI = 1)是第 9 位(RB8)数据必须为 1	$\frac{f_{osc}}{n\times 16}\times 2^{SMOD1}$ (对于“12 时钟/机器周期”，n = 4；对于“6 时钟/机器周期”，n = 2)
1 1 ×	方式 3(常用)	波特率可变的 9 位异步串行通信方式。当 SM2 = 1 时，接收条件(RI = 1)是第 9 位(RB8)数据必须为 1	$\frac{\text{T1溢出率}}{32}\times 2^{SMOD1}$ 或 $\frac{\text{T2溢出率}}{16}$

而当 PCON 寄存器的 b6 位为 1 时，作“帧错误标志”位。在方式 2、方式 3 中，如果 PCON 的 b6 位为 1，当接收不到高电平的停止位时，FE 标志有效，表示帧错误，具体情况下一节将详细介绍。

REN 是串行接收控制位，当 REN 为 1 时，允许串行口接收数据；反之，当 REN 为 0 时，禁止串行口接收数据。因此，可通过软件将 REN 置 1 或清 0，允许或禁止串行口接收数据。

TB8 是发送数据的第 9 位。在方式 2、方式 3 中，需要发送 9 位数据，待发送的低 8 位数据(b7～b0)存放在发送缓冲器 SBUF 中，而第 9 位(即 b8)存放在 SCON 寄存器的 TB8 位。在“点对点”通信系统中，TB8 可以是实际意义上的数据，也可以作为发送数据的奇偶标志位。而在多机通信中，TB8 位是“地址/数据”帧标志。

RB8 是接收数据的第 9 位。在方式 2、方式 3 中，需要接收 9 位数据，其中低 8 位数据(b7～b0)存放在串行接收缓冲器 SBUF 中，第 9 位(即 b8)数据存放在 SCON 寄存器的 RB8 中。同样，RB8 可以是实际意义上的数据，也可以是发送数据的奇偶标志位。

TI 是发送结束中断标志。初始化串行口后，在 TI 位为 0 情况下，将发送数据写入“发送缓冲器”，将立即启动串行发送过程：自动在数据位前插入起始位，在数据位后插入停止位，形成发送帧；并按设定的波特率依次将起始位、数据位(从 b0 开始)、停止位输出到发送引脚 TXD(P3.1)上，当发送完最后一个数据位(在 8 位方式中，最后一位数据是 SBUF 中的 b7 位；在 9 位方式中，最后一位数据是 SCON 寄存器的 TB8 位)时(即开始发送停止位)TI 自动置 1，表明当前数据帧已发送完毕。

RI 是接收有效中断标志。当接收了一信息帧后，RI 自动置 1，指示 CPU 可以读取存放在接收缓冲器 SBUF 中的数据。可通过软件方式查询 TI 或 RI，也可以通过中断方式判断发送、接收过程是否已完成。如果串行口中断允许 ES 为 1，则当 TI 或 RI 之一有效时，均会产生串行中断请求。因此，在串行中断服务程序中，需要查询 TI 和 RI，以确定串行中断请求是发送引起还是接收引起。此外，TI、RI 不会自动清除，在中断返回前需要用软件清除 TI、RI 中断标志。

SM2 是多机通信控制位。在方式 0 中，SM2 位必须为 0；在方式 2、方式 3 中，当 SM2 位为 1 时，具有选择接收功能，当且仅当第 9 位数据(RB8)为 1 时，接收中断 RI 有效，这样通过 SM2 位，就可实现多机通信控制；而在方式 1 中，当 SM2 位为 1 时，必须收到停止位，接收中断 RI 才有效。

由于在方式 1 中，串行口将接收到的停止位(高电平“1”)写入 RB8 位，因此方式 1、方式 2、方式 3 接收条件其实没有区别，如表 4-5 所示。

表 4-5　MCS-51 芯片串行通信口工作在方式 1、方式 2、方式 3 时有效接收条件

SM2	RB8	接收中断 RI	说　明
0	×	1	当 SM2 为 0 时，接收最后一位数据后，RI 即有效
0		1	
1	0	0(无效)	当 SM2 为 1 时，接收的最后一位数据(对于方式 2、方式 3 来说为 RB8；对于方式 1 来说为停止位)必须为 1
1	1	1	

2. 波特率倍增选择

在增强型 MCS-51 系列芯片中，串行口波特率与工作方式有关，如表 4-5 所示。

对于方式 0 来说，串行输出/输入移位脉冲频率固定为系统时钟信号频率的 n 分频(对于“12 时钟/机器周期”来说，n = 12；对于“6 时钟/机器周期”来说，n = 6)，不可调，即每机器周期移一位。

在方式 1、方式 3 中，可以选择定时器 T1 溢出率的 16 或 32 分频作为串行口发送、接收波特率外，也选择定时器 T2 溢出率的 16 分频作为串行口发送或接收波特率，如图 4-18 所示。当把 T1 溢出率作为串行口方式 1、方式 3 发送或接收波特率发生器输入信号时，如果 SMOD 位为 1，则波特率是 SMOD 为 0 时的两倍(正因如此，PCON 寄存器中的 SMOD1 位被称为波特率倍增位)。

而在方式 2 中，波特率与时钟信号频率 f_{osc} 和电源控制寄存器 PCON 的 SMOD1 位有关，不可调。对于“12 时钟/机器周期”来说，波特率为系统时钟信号频率 f_{osc} 的 1/64 或 1/32；对于“6 时钟/机器周期”来说，波特率为系统时钟信号频率 f_{osc} 的 1/32 或 1/16。例如，当时钟频率为 12 MHz 时，在“12 时钟/机器周期”模式下，串行口方式 2 通信波特率为 12 MHz/64，即 187.5 Kb/s。一方面无法与标准串口设备通信；另一方面，波特率也显得太高，除非两设备之间的通信线路很短，否则误码率偏大。不过，方式 2 也不是没有优点，它不占用系统定时器，因此在低速晶振条件下，也可用于两块 MCU 之间的串行通信。

3. 波特率选择

方式 1、方式 3 波特率与定时器 T1 溢出率、SMOD1 位关系如下：

$$波特率=\frac{\dfrac{T1溢出率}{32}}{2^{SMOD1}}=\frac{T1溢出率}{32}\times 2^{SMOD1}$$

当把定时器 T1 溢出率作为波特率发生器(即 16 分频器)的输入信号时，为了避免重装初值造成的定时误差，定时器 T1 须工作在自动重装初值的方式 2，并禁止定时器 T1 中断。

而 T1 溢出率倒数就等于定时时间 t，因此定时器 T1 重装初值 C 与波特率之间关系为

$$C=2^8-\frac{2^{SMOD1}}{384\times波特率}\times f_{osc}\quad (T1\ 定时器工作在\ 12\ 分频状态)\qquad(4\text{-}8)$$

$$C=2^8-\frac{2^{SMOD1}}{192\times波特率}\times f_{osc}\quad (T1\ 定时器工作在\ 6\ 分频状态)\qquad(4\text{-}9)$$

为了保证不同串行通信设备之间数据可靠传输，波特率一般要选择标准值，如 1200、2400、4800 等，如表 4-6 所示。

表 4-6　常用波特率、晶振频率以及定时器 T1 与重装初值 C 之间的关系
(定时器 T1 工作在 12 分频状态)

波特率	晶振频率 f_{osc}/MHz	SMOD1 位	定时器 T1 初始化参数		
			工作方式	$C/\overline{T}$ (定时状态)	初值
19 200	11.0592	1	2	0	FDH
9600	11.0592	1(波特率倍增)	2	0	FAH
		0			FDH
4800	11.0592	1(波特率倍增)	2	0	F4H
		0			FAH
2400	11.0592	1(波特率倍增)	2	0	E8H
		0			F4H
1200	11.0592	1(波特率倍增)	2	0	F4H
		0			E8H

不难看出，如果选定的波特率对应的初值 C 不是整数，则实际波特率与标准值就存在偏差，例如当晶振频率为 12 MHz 时，标准波特率 9600 对应的初值 C 为 252.745(SMOD1 为 0 时的计算值)，由于初值 C 只能取最接近计算值的整数，因此 C 取 253(FDH)。而当 C = 253 时，实际波特率为 10 417，与理论值相对误差为 $\frac{10\,417-9600}{9600}\times100\%$，约 5.7%。

实践表明：当两个串行通信设备之间的波特率误差超过 2.5%时，串行通信将无法进行，且波特率越高，发送、接收波特率误差允许范围越小。因此，当单片机控制系统需要与 PC 机通信时，单片机控制系统的晶振频率 f_{osc} 往往不是整数，如 3 MHz、6 MHz、12 MHz，而是某一特定值，如 3.6864 MHz、7.3728 MHz、11.0592 MHz 等，表中的 11.0592 MHz 就是常用的一种晶振频率之一。

4.4.3　串行口工作方式及应用

1. 方式 0

当串行口工作在方式 0 时，串行口本身相当于“并入串出”(发送状态)或“串入并出”(接收状态)的移位寄存器。串行移位脉冲 CLOCK 从 TXD (P3.1)引脚输出，频率是系统时钟频率 f_{osc} 的 12 分频(对于 8×C5××2 芯片来说，在“6 时钟/机器周期”模式下，移位脉冲频率是时钟频率 f_{osc} 的 6 分频)；而 8 位串行数据 b0～b7 依次从 RXD (P3.0)引脚输出或输入。

串行口方式 0 操作时序如图 4-26 所示，对于串行输出来说，采用“低电平送数据，上升沿锁存”方式，即在移位脉冲上升沿串行数据稳定出现在 RXD 引脚，外部“串入并出”芯片可利用 TXD 引脚移位脉冲的上升沿锁存数据；对于串行输入来说，MCS-51 串行口在移位脉冲的上升沿读 RXD 引脚的数据，即外部“并入串出”芯片必须在移位脉冲的上升沿将数据送到 RXD 引脚。

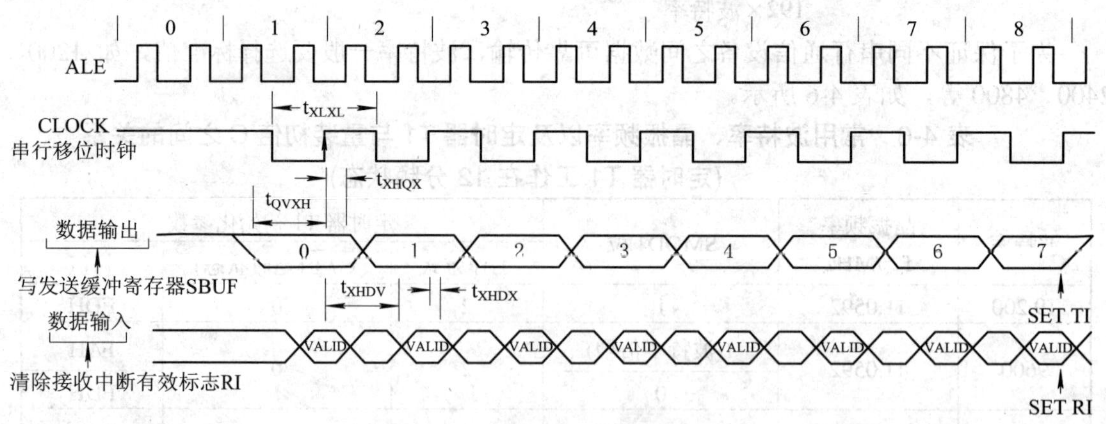

图 4-26　串行移位操作时序

在“串行输入并行输出”芯片，如 74HC164、74HC595 配合下，通过串行口方式 0 可扩展 MCS-51 芯片的输出口。

当使用 74HC164 芯片扩展输出口时，MCS-51 芯片 RXD 引脚接 74HC164 芯片的串行数据输入端，TXD 引脚接 74HC164 芯片的移位脉冲输入端 CLK，如图 4-27(a)所示。

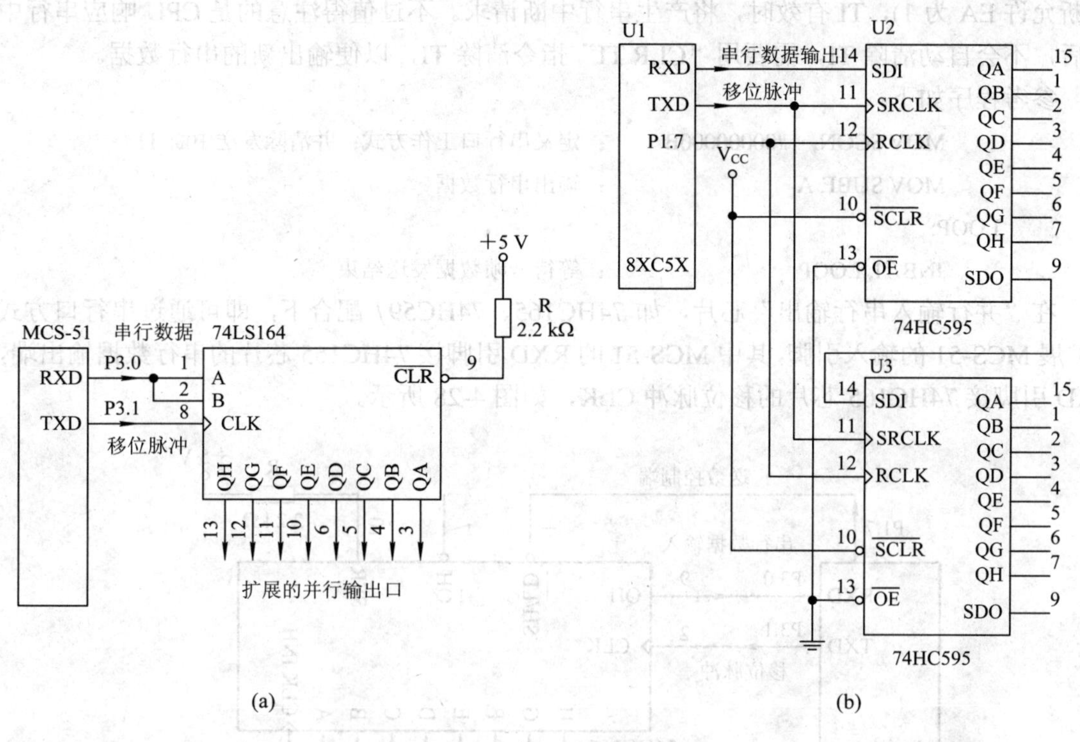

图 4-27　利用串行口方式 0 扩展输出口

(a) 通过 74HC164 串入并出芯片扩展输出口；(b) 通过 74HC595 串入并出芯片扩展输出口

74HC595 芯片功能比 74HC164 更强，采用 16 引脚封装，提供串行数据输出端 SDO，级联方便(将前一片的串行数据输出端 SDO 接下一片的串行数据输入端 SDI 即可)，当输出允许 $\overline{\text{OE}}$ 为高电平时，并行数据输出端 QA～QH 为高阻态。

使用 74HC595 芯片扩展输出口时，MCS-51 的 RXD 引脚接 74HC595 芯片的串行数据输入端 SDI，TXD 引脚接 74HC595 芯片的串行移位脉冲输入端 SRCLK，并行数据输出锁存脉冲 RCLK 可由 CPU 另一 I/O 引脚，如 P1.7 提供，串行移位寄存器清除端 $\overline{\text{SCLR}}$ 可接高电平，如图 4-24(b)所示(值得注意的是 74HC595 串行移位脉冲 SRCLK 对边沿有严格要求，当 CPU I/O 引脚驱动能力不足时，需在 CPU I/O 引脚与 74HC595 芯片的 SRCLK 输入端之间加驱动器，如 CD40106 芯片等(如果串行时钟线不长，为简单起见也可以在串行移位脉冲、并行锁存脉冲输出引脚外接上拉电阻，也能提高拉电流驱动能力，省去线缓冲器)；此外还必须注意通过 74HC595 串入并出芯片输出时，先送 b7 位)。

串行数据输出过程概括如下：

在发送中断标志 TI 为 0(即无效)情况下，执行写串行数据输出缓冲器 SBUF 指令(如 MOV SBUF, A)即可将 SBUF 寄存器中内容由低位到高位依次输出到 RXD 引脚，同时 TXD 引脚输出移位脉冲，使外接的“串行输入并行输出”芯片逐一接收来自 RXD 引脚上的串行数据。当 8 位数据发送结束后，发送中断标志 TI 自动置 1，输出数据(即 SBUF 寄存器内容)也就出现在 74HC164 芯片的并行输出端。这样在执行写 SBUF 寄存器操作后，可通过查询 TI 标志来确定发送过程是否完成。当然，在中断处于开放状态下(串行中断允许 ES 为 1，中断允许 EA 为 1)，TI 有效时，将产生串行中断请求。不过值得注意的是 CPU 响应串行中断后，不会自动清除 TI，需要用“CLR TI”指令清除 TI，以便输出新的串行数据。

参考程序如下：

```
    MOV SCON,  #00000000B        ；定义串行口工作方式；并清除发送中断 TI
    MOV SUBF, A                  ；输出串行数据
LOOP:
    JNB TI, LOOP                 ；等待一帧数据发送结束
```

在“并行输入串行输出”芯片，如 74HC165、74HC597 配合下，即可通过串行口方式 0 扩展 MCS-51 的输入引脚，其中 MCS-51 的 RXD 引脚接 74HC165 芯片的串行数据输出端，TXD 引脚接 74HC165 芯片的移位脉冲 CLK，如图 4-28 所示。

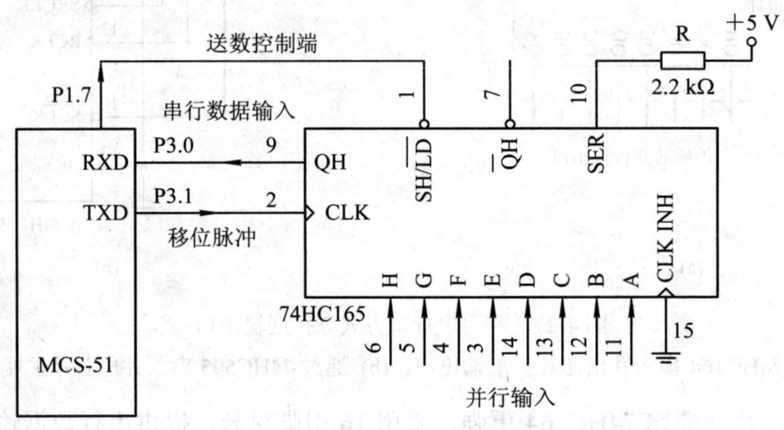

图 4-28　利用串行口方式 0 扩展输入口

串行数据输入过程如下：

在 REN 位为 1(允许接收)的情况下，通过执行“CLR RI”命令启动串行接收过程：在移位脉冲(来自 TXD 引脚)作用下，74HC165 芯片并行数据 b0～b7 逐一移位到 RXD 引脚，并保存到 CPU 内的串行接收缓冲器内，当接收到 b7 位数据时，串行接收中断标志 RI 为 1，表明已接收了一帧数据，CPU 读 SBUF 寄存器即可获得串行输入数据。这样在 REN 为 1 后，可通过查询 RI 标志来确定接收过程是否结束。当然，在中断处于开放状态下(串行中断允许 ES 为 1，中断允许 EA 为 1)，RI 有效时，将产生串行中断请求。不过值得注意的是 CPU 响应串行中断后，不会自动清除 RI，需要用“CLR RI”指令清除 RI，以便接收新的数据。

在方式 0 中，串行口控制寄存器 SCON 内的 TB8、RB8 两位没有定义，可设为 0，但 SM2 位必须为 0；电源控制寄存器 PCON 中的波特率倍增位 SMOD1 也没有定义，可以是任意值。

由于方式 0 不能自动插入及检测起始位、停止位，因此工作在方式 0 下的串行口不能作为串行通信口，只能用于扩展 I/O 口。

参考程序如下：

```
MOV SCON,  #00000000B ；定义串行口工作方式
CLR P1.7              ；输出送数脉冲(允许 74HC165 芯片接收并锁存并行输入端数据)
```

```
    NOP
    SETB P1.7          ；延迟一个机器周期后，取消送数负脉冲
    SETB REN           ；允许接收
    CLR RI             ；清除接收中断标志 RI，启动接收串行
LOOP:
    JNB RI, LOOP       ；等待一帧数据接收结束
    MOV A，SBUF        ；读串行输入数据
```

2. 方式 1

当 SM0、SM1 为 01 时，串行口工作在方式 1，是 8 位的异步串行通信口，其中 TXD 是发送端，RXD 是接收端。发送或接收一帧信息包括起始位(固定为 0)、8 位串行数据位(低位在前，高位在后)和停止位(固定为 1)共 10 位，一数据帧格式如下所示，波特率与定时器 T1(或 T2)溢出率、SMOD1 位有关(可变)。

起始位									停止位
0	b0	b1	b2	b3	b4	b5	b6	b7	1

方式 1 的发送过程如下：

在 TI 为 0 的情况下(表示串行口发送控制电路处于空闲状态)，任何写串行输出缓冲器 SBUF 指令(如 MOV SBUF, A)均会触发串行发送过程：MCS-51 串行口自动在 8 个串行数据位的前、后分别插入起始位(0)和停止位(1)，构成 10 位数据帧，然后按设定的波特率依次输出起始位(0)、8 个数据位(顺序为 b0～b7)和停止位(1)。当 8 位数据(即 b7 位)发送结束后(即开始发送停止位)时，发送结束标志 TI 置 1，表示发送缓冲区内容已发送完毕。这样执行了写 SBUF 寄存器操作后，可通过查询 TI 标志来确定发送过程是否已完成。当然，在中断处于开放状态下，TI 有效时，将产生串行中断请求。

方式 1 的接收过程如下：

在接收中断标志 RI 为 0(即串行数据输入缓冲器 SBUF 处于空闲状态)的情况下，当 REN 位为 1 时，串行口即处于接收状态。在接收状态下，存在两个定时信号：一个是移位脉冲信号(即发送波特率)；另一个是 RXD 引脚电平状态检测信号(也称为数据检测脉冲)，其频率是移位脉冲的 16 倍。

进入接收状态后，串行口便按数据检测脉冲速率不断检测 RXD 引脚的电平状态，当发现RXD 引脚由高电平变为低电平后——表明发送端开始发送起始位(0)，即刻启动接收过程，并复位接收波特率发生器，使数据检测脉冲与接收移位脉冲保持同步，然后按设定波特率顺序接收数据位和停止位。

当接收完一帧信息(即接收到停止位)后，便将“接收移位寄存器”内容装入串行接收缓冲寄存器 SBUF 中，停止位装入 SCON 寄存器的 RB8 位中，并将串行接收中断标志 RI 置 1。这样通过查询 RI 标志即可确定接收过程是否已完成。当然，在中断处于开放状态下，RI 有效时，也会产生串行中断请求。不过值得注意的是 CPU 响应串行中断后，不会自动清除 RI，需要用“CLR RI”指令清除 RI，以便接收下一帧信息。

3. 方式 2 和方式 3

当 SM0、SM1 为 10 时，串行口工作于方式 2；而当 SM0、SM1 为 11 时，串行口工作于方式 3。方式 2 和方式 3 都是 9 位异步串行通信口，唯一区别是方式 2 的波特率固定为时钟频率的 32 或 64 分频，不可调。而方式 3 的波特率与 T1(或 T2)定时器的溢出率、电源控制寄存器 PCON 的 SMOD1 位有关，可调。选择不同的初值或晶振频率，即可获得常用的波特率，因此方式 3 较常用。

下面以方式 3 为例，介绍串行口 9 位异步通信过程。

其实方式 3 与方式 1 之间惟一不同的是：方式 3 是 9 位异步串行通信方式，一帧信息为 11 位，由起始位(0)、9 位串行数据、停止位(1)组成，信息帧结构如下所示：

起始位										停止位
0	b0	b1	b2	b3	b4	b5	b6	b7	b8	1

由于在方式 3 中，需要发送 9 位串行数据，低 8 位存放在 SBUF 寄存器中，而第 9 位(即 b8)存放在 SCON 寄存器的 TB8 位，因此发送前，必须先通过位传送指令将 b8(即第 9 位数据)写入 SCON 寄存器的 TB8 位，然后才能执行写串行发送缓冲寄存器 SBUF，启动发送过程。第 9 位(即 b8)内容没有规定，可以是真正意义上的数据，也可以是奇偶校验位，但在多机通信中，作数据/地址标志位。可见，方式 3 应用范围更广。

在方式 3 中，在 REN 为 1 条件下，当 RI 被清 0 时，也会使串行口进入接收状态。接收信息也是从 RXD 引脚输入，收到的低 8 位数据存放在“移位寄存器”中，第 9 位(即 b8)存放在 SCON 寄存器的 RB8 中。在方式 3 下，启动接收过程后，如果 SM2 位为 0(或接收到的第 9 位数据为 1)，则接收到第 9 位(即 b8)数据后，串行口便将存放在移位寄存器中的 8 位数据装入串行接收缓冲寄存器 SBUF 中，并自动将串行接收中断标志 RI 置 1。如果不满足 SM2 位为 0(或接收到的第 9 位数据为 1，即 RB8 位为 1)条件，本次接收信息无效，接收到第 9 位数据后，不将“移位寄存器”内容装入 SBUF 特殊功能寄存器，RI 也不会置 1。

设置“SM2 为 1 时，接收的第 9 位数据必须为 1，接收才有效”条件是为了实现多机通信(当 SM2 为 0，无论第 9 位数据是 0 或 1 均能接收，是为了在非多机通信条件下，将第 9 位作奇偶校验位使用)。

方式 2、方式 3 的有效接收条件与方式 1 似乎不同，但实际上没有区别。因为在方式 1 中，串行口把停止位(1)作为第 9 位(即 b8)写入 SCON 寄存器的 RB8 位，而停止位总是 1，因此在方式 1 中只要接收到停止位，RB8 就一定是 1，满足了“SM2 为 1 时，RB8 位为 1”的接收条件，于是在方式 1 中，只要 RI 为 0，就能正常接收。

例 4.9　设系统晶振频率为 11.0592 MHz，通信方式约定为：波特率 4800，8 位数据，奇校验。利用串行口方式 3，将存放在内部 RAM 30H～4FH 单元(其中 4FH 单元为校验和信息的低 7 位)共 32 字节数据发送给串行接收设备。开始时，先发送 0AA 作为帧首标志，然后顺序输出发送缓冲区内的数据信息。如果接收方正确接收了这 32 字节信息，则回送 A5H，而当收到 0A6H，立即重发。

根据系统晶振频率及通信波特率，用定时器 T1 工作在方式 2 的溢出率作为波特率发生器(16 分频器)的输入信号，发送参考程序如下：

```
    TXDB       DATA    30H      ；发送缓冲区
    TXDC       DATA    50H      ；发送/接收字节计数器
    TXDOK      BIT     07H      ；发送成功标志(1-成功；0-失败)
    TXD_FTB    BIT     08H      ；帧发送指示
    ORG 0000H
    LJMP MAIN
    ORG 0023H
    LJMP UART                   ；串行口中断服务程序入口地址
    ORG 0050H
    ；-----主程序开始-----
    PROC MAIN
MAIN:
    MOV SP, #0DFH               ；对于具有 256 字节内部 RAM 芯片来说，
                                ；将 0E0H～0FFH，共计 32 字节作为堆栈区
    ；初始化定时器 T1(其溢出信号作为串行口接收、发送波特率发生器输入信号)
    MOV TL1, #250               ；4800 波特率对应定时器初值
    MOV TH1, #250               ；送重装初值
    ANL TMOD, #0FH
    ORL TMOD, #00100000B        ；定时器 T1 工作在方式 2(8 位自动重装初值)
    SETB TR1                    ；启动定时器 T1
    CLR ET1                     ；禁止 T1 中断
    ；初始化串行口
    ANL PCON, #3FH              ；b7 为 0(波特率不倍增)
    MOV SCON, #11010000B        ；串行口工作在方式 3，SM2=0，以便将 TB8 作奇偶校验
                                ；位使用
    ；SETB REN                  ；允许接收
    ；-----初始化中断控制器
    SETB ES                     ；允许串行口中断
    SETB EA                     ；开中断
    ；串行发送前初始化
    ；计算校验和
    MOV R0, #TXDB
    MOV R7, #31                 ；对 30～4EH 单元求和，共计 31 字节
    CLR A                       ；清累加器
LOOP1:
    ADD A, @R0                  ；累加求和
```

```
    INC R0
    DJNZ R7, LOOP1
    ANL A, #7FH              ; 仅保留和的低 7 位
    MOV @R0, A               ; 校验和存入发送缓冲区
    CLR TXDOK                ; 清除发送成功标志
    MOV TXDC, #0             ; 初始化发送字节计数器
    MOV A, #0AAH             ; 发送帧首标志
    MOV C, P                 ; 奇偶标志 P 送 C
    MOV TB8, C               ; 奇偶标志 P 送 TB8，即 b8 位
    MOV SBUF, A              ; 写串行口缓冲寄存器，启动发送
    SETB TXD_FT              ; 帧发送标志位置 1
    SJMP $                   ; 虚拟主程序，等待发送结束
END

PROC UART                    ; 串行中断服务程序
UART:
    PUSH ACC                 ; 保护现场
    PUSH PSW
    SETB RS0                 ; 切换工作寄存器区
    SETB RS1
    JNB TI, NEXT2            ; 判别引起串行中断的原因
    ; 串行发送结束中断
    CLR TI                   ; 清除发送结束中断
    CLR TXD_FT               ; 帧发送标志清 0
    ; 检查发送字节计数器，确定是否已发送了所有数据
    MOV A, TXDC
    CJNE A, #32, NEXT1
NEXT1:
    JNC NEXT2
    ; 小于 32，说明尚未完成发送
    ADD A, #TXDB             ; 加上发送缓冲区首地址
    MOV R0, A                ; 偏移地址送 R0
    MOV A, @R0               ; 取发送数据
    MOV C, P                 ; 奇偶标志 P 送 C
    MOV TB8, C               ; 奇偶标志 P 送 TB8，即 b8 位
    MOV SBUF, A              ; 写串行口缓冲寄存器，启动发送
    SETB TXD_FT              ; 帧发送标志位置 1
    INC TXDC                 ; 发送字节计数器加 1
```

```
NEXT2:
    JNB RI, EXIT                  ; 退出
    CLR RI                        ; 清接收有效中断
    ; 串行接收有效
    MOV A, SBUF
    ; 奇偶校验，P标志与RB8位应该相同，否则奇偶校验错
    MOV C, P
    ANL C, /RB8                   ; 计算P. /RB8
    MOV F0, C                     ; 暂时保存在F0标志中
    MOV C, RB8
    ANL C, /P                     ; 计算RB8. /P
    ORL C, F0                     ; 完成了P与RB8的异或运算
    JC EXIT                       ; 奇偶校验错
    ; 奇偶校验正确！
    CJNE A, #0A5H, NEXT3
    ; 等于0A5H，说明接收方已准确接收，成功标志置1
    SETB TXDOK
    SJMP EXIT
NEXT3:
    CJNE A, #0A6H, EXIT
    ; 重新发送
    JB TXD_FT, $                  ; 正在发送，则等待
    CLR TI                        ; 清除发送中断
    CLR TXDOK                     ; 清除发送成功标志
    MOV TXDC, #0                  ; 初始化发送字节计数器
    MOV A, #0AAH                  ; 发送帧首标志
    MOV C, P                      ; 奇偶标志P送C
    MOV TB8, C                    ; 奇偶标志P送TB8，即b8位
    MOV SBUF, A                   ; 写串行口缓冲寄存器，启动发送
    SETB TXD_FT                   ; 帧发送标志位置1
EXIT:
    POP PSW
    POP ACC
    RETI
END
```

在串行通信中，既可以采用中断方式，也可以采用查询方式确定发送、接收是否完成。当串行通信波特率较低时，最好不用查询方式确定一帧信息是否发送结束，一般很难确定发送方是否会发送信息以及什么时候会发送，只能用中断方式检测，如本例所示。

4.4.4　帧错误检测及应用

在方式 2、方式 3 中，收到第 9 位(即 RB8)数据后，只要满足“SM2 = 0”或“SM2 = 1，RB8 = 1”接收条件，RI 即有效，没有检测停止位，因此可能出现停止位丢失现象。为此，增强型 UART 口通过检测“停止位”的有无来判别方式 2、方式 3 下串行接收是否正常，这就是所谓的“帧错误检测”功能。在增强型 UART 口中，SCON 寄存器的 b7 位具有 SM0/FE(Fram Error)双重功能(由 PCON 寄存器的 b6，即 SMOD0 位控制：当 SMOD0 位为 0 时，SCON 寄存器的 b7 位的含义是 SM0；而当 SMOD0 位为 1 时，SCON 寄存器的 b7 位的含义是 FE)。接收不到停止位时，SCON 寄存器的 b7 位(即 FE)置 1，表示接收到的数据不可靠。

帧错误检测仅对方式 2、方式 3 有效，原因是方式 0 不能用于串行通信，而方式 1 本身就有停止位检测功能，因为在方式 1 中，当 SM2 为 1 时，只有接收到有效的停止位时，RI 才有效。

因此启用帧错误检测功能的串行口初始化过程如下：

初始化定时器 T1 或 T2，定义串行口接收波特率→执行“ANL PCON, #0BFH”指令将 PCON.6 位清 0(由于复位后，PCON.6 位为 0，因此没有改写过的话，可省去清 0 操作)→初始化 SCON 寄存器，定义串行口工作方式(2 或 3)→执行“ORL PCON, #40H”指令将 PCON.6 位置 1，使 SCON.7 位具有 FE 功能→执行“CLR RI”指令，清除接收中断→执行“SETB REN”启动接收过程→检测 FE 标志(如果 FE 标志有效，则说明收不到有效停止位，数据不可靠；反之，如果 FE 无效，而 RI 有效，则说明数据接收正常)。

但值得注意的是 FE 有效后，即使下一数据帧能正确接收也不自动清除，因此 FE 有效，在完成错误处理后需要手工清除。

例 4.10　写出满足例 4.9 的具有帧错误侦测功能的串行接收程序。当正确接收了一信息帧后，接收缓冲区内最后一字节 b7 位置 1，作为缓冲区数据有效标志。

由于发送、接收波特率相同，因此定时器 T1 初始化完全相同，与接收有关的参考程序如下：

```
RXDB      DATA    30H          ；接收缓冲区
RXDC      DATA       50H       ；发送/接收字节计数器
FRAMES    BIT        00H       ；信息帧开始标志
；初始化串行口
ANL PCON, #3FH                 ；b7 为 0(波特率不倍增)
MOV SCON, #11010000B           ；串行口工作在方式 3，SM2=0，以便使用 TB8 位作奇偶
                               ；校验位
；SETB REN                      ；允许接收
ORL PCON, #40H                 ；将 b6 位置 1，启用帧错误侦测功能

；检查接收缓冲区，处理接收数据
WAIT:
  MOV R0, #RXDB+32
```

```
    MOV A, @R0
    JNB ACC.7, WAIT
    ；接收缓冲区数据有效，处理后，清除缓冲区数据有效标志，重新启动接收
    CLR ACC.7                    ；清除接收缓冲有效标志
    MOV @R0, A
    SETB REN
    SJMP WAIT                    ；虚拟主程序，等待新数据

   ；接收中断服务子程序
    PROC UART                    ；串行中断服务程序
    UART:
    PUSH ACC
    PUSH PSW
    SETB RS0                     ；切换工作寄存器区
    SETB RS1
    JNB RI, NEXT1
    CLR RI                       ；清除接收中断
    JBC SCON.7, RERROR           ；帧错误
    ；串行接收有效
    MOV A, SBUF
    ；奇偶校验，P 标志与 RB8 位应该相同，否则奇偶校验错
    MOV C, P
    ANL C, /RB8                  ；计算 P. /RB8
    MOV F0, C                    ；送 F0 标志位暂存
    MOV C, RB8
    ANL C, /P                    ；计算 RB8. /P
    ORL C, F0                    ；完成了 P 与 RB8 的异或运算！
    JC RERROR                    ；奇偶校验错！
    ；奇偶校验正确！判别是否为帧首信息
    CJNE A, #0AAH, NEXT11
    ；等于 0AAH，属于一信息帧开始
    MOV RXDC, #0                 ；复位接收字节计数器
    SETB FRAMES                  ；帧开始标志有效
    SJMP NEXT1
NEXT11:
    ；非帧首信息
    JNB FRAMES, RERROR           ；在这之前尚未接收到帧开始标志
    ；当前接收内容为帧内数据信息
    MOV A, RXDC
```

```
    ADD A, #RXDB            ; 加接收缓冲区首地址
    MOV R0, A
    MOV @R0, SBUF           ; 接收数据送接收缓冲区
    INC RXDC                ; 接收字节计数器加 1
    ; 判别已接收字节数
    MOV A, RXDC
    CJNE A, #32, NEXT1
    ; 已经接收了 32 字节，做和校验
    MOV R0, #RXDB
    MOV R7, #31             ; 对 30～4EH 单元求和，共计 31 字节
    CLR A                   ; 清累加器
LOOP1:
    ADD A, @R0              ; 累加求和
    INC R0
    DJNZ R7, LOOP1
    ANL A, #7FH             ; 保留低 7 位
    XRL A, @R0              ; 与接收到的和校验字节异或
    JNZ RERROR
    ; 正确
    MOV A, @R0
    ORL A, #80H             ; 接收缓冲区数据有效标志置 1
    MOV @R0, A
    MOV A, #0A5H            ; 发送 0A5H 应答信号
    CLR REN                 ; 停止接收，等待处理接收数据
    SJMP TXDACK
RERROR:
    MOV A, #0A6H            ; 错误标志
TXDACK:
    CLR FRAMES              ; 清除帧开始标志
    MOV RXDC, #0            ; 复位接收字节计数器
    MOV C, P                ; 奇偶标志 P 送 C
    MOV TB8, C              ; 奇偶标志 P 送 TB8，即 b8 位
    MOV SBUF, A             ; 写串行口缓冲寄存器，启动发送
    SJMP EXIT
NEXT1:
    JNB TI, EXIT
    ; 串行发送结束中断
    CLR TI                  ; 清除发送结束中断
EXIT:
```

```
        POP PSW
        POP ACC
        RETI
    END
```

4.4.5　多机通信及地址自动识别技术

1. 标准 MCS-51 多机通信过程

在某些应用系统中，常需要多个单片机芯片协同工作，这就涉及到多机通信问题。MCS-51 串行口方式 2 和方式 3 具有主从通信功能。在由 MCS-51 组成的主从式多机通信系统中，只有一台主机，从机最多为 256 台；主机可以与任一从机通信，但从机之间不能直接通信，只能通过主机进行。由 MCS-51 构成的多机通信系统如图 4-29 所示。

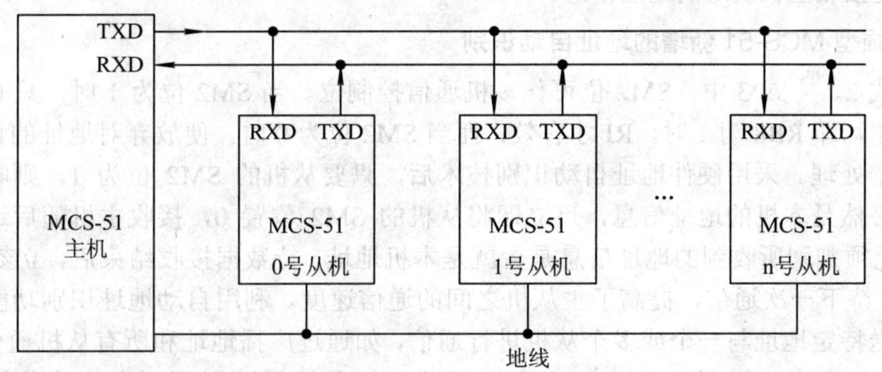

图 4-29　由 MCS-51 构成的多机通信系统

在主从式多机通信系统中，主机、从机只能工作在方式 2 或方式 3 中，主机的 SM2 位必须为 0，确保主机能够接收从机发送的地址信息(第 9 位为 1)和数据信息(第 9 位为 0)；主机发出的信息有两类：地址信息(用于确定与主机通信的从机地址，特征是发送的第 9 位 TB8 为 1)和数据信息(发送的第 9 位 TB8 位为 0)，即在多机通信系统中，方式 2、方式 3 只有 8 位数据，第 9 位(即 TB8)是地址/数据标志。如果主机发送的数据信息中既有数据信息又有命令信息，可根据需要用 b7 位做标志(如果只需要少量的命令信息，也可以使用某些特征字符，如 A5H 等作命令信息)。在监听阶段，从机的 SM2 位为 1，以便接收主机发出的地址信息，当发现主机送出的地址与本机地址相同时，即认为主机要与自己通信，将本机地址信息发送给主机，然后使 SM2 位为 0，以便接收主机随后送出的数据信息。

主机与特定从机的通信过程如下：

(1) 主机发送从机地址(TB8 位为 1)，然后进入接收状态，接收从机应答信号(实际上就是响应从机的地址信息)。

(2) 所有从机均接收主机送出的地址信息，并与本机地址比较，当接收到的地址信息与本机地址相符时，表示被选中，将本机地址信息发给主机，然后执行“CLR SM2”指令，使 SM2 位为 0，以便接收主机随后送出的数据信息。对于未被选中的从机，SM2 位依然为 1，不接收主机送出的数据信息。

(3) 主机收到从机的应答信号后，发出数据信息(TB8 位为 0)。

(4) 从机正确接收主机数据信息后，发应答信号给主机，并将 SM2 位置 1，主机与从机通信过程结束。

从机与主机的通信过程如下：

(1) 发送前从机先检测 TXD 引脚，如果在特定时间(20/波特率)内，TXD 引脚依然为高电平，则表明没有其他从机给主机发送信息，主机的 RXD 引脚处于空闲状态。

(2) 从机确认主机的 RXD 引脚处于空闲状态后，发出地址信息(TB8 位为 1)到主机。

(3) 从机收到主机的应答信号(实际是从机地址信息)后，发送数据(TB8 位为 0)给主机，然后令从机的 SM2 位为 0，以便接收主机发送的接收确认信号。

(4) 主机正确接收后，再发确认信号给从机。

从机收到主机发来的“接收正确”信号后，表明通信过程结束——可将 SM2 位置 1，以便从机能接收主机发送的地址信息。

2. 增强型 MCS-51 新增的地址自动识别

在方式 2、方式 3 中，SM2 位可作多机通信控制位。当 SM2 位为 1 时，只有收到的第 9 位数据，即 RB8 为 1 时，RI 才有效；而当 SM2 位为 0 时，便放弃对地址的识别，一律视为数据处理。采用硬件地址自动识别技术后，只要从机的 SM2 位为 1，则收到的第一帧信息必然是本机的地址信息，可立即将从机的 SM2 位置 0，接收主机随后送来的数据信息，无须判别所收到的地址信息是否就是本机地址，待数据接收结束后，立刻将 SM2 位置 1，等待下一次通信，提高了主从机之间的通信速度。利用自动地址识别功能可使主机通过发送特定地址与一个或多个从机进行通信，如通过广播地址和所有从机通信。启动地址自动识别功能时，从机的 SM2 位必须为 1，且还需要用到两个特殊功能寄存器 SADDR(从机地址寄存器)和 SADEN(从机地址屏蔽寄存器)，每个从机有惟一的地址屏蔽寄存器 SADEN，用来确认 SADDR 中的哪些位是有用的哪些位是无用的。自动地址识别结构如图 4-30 所示。

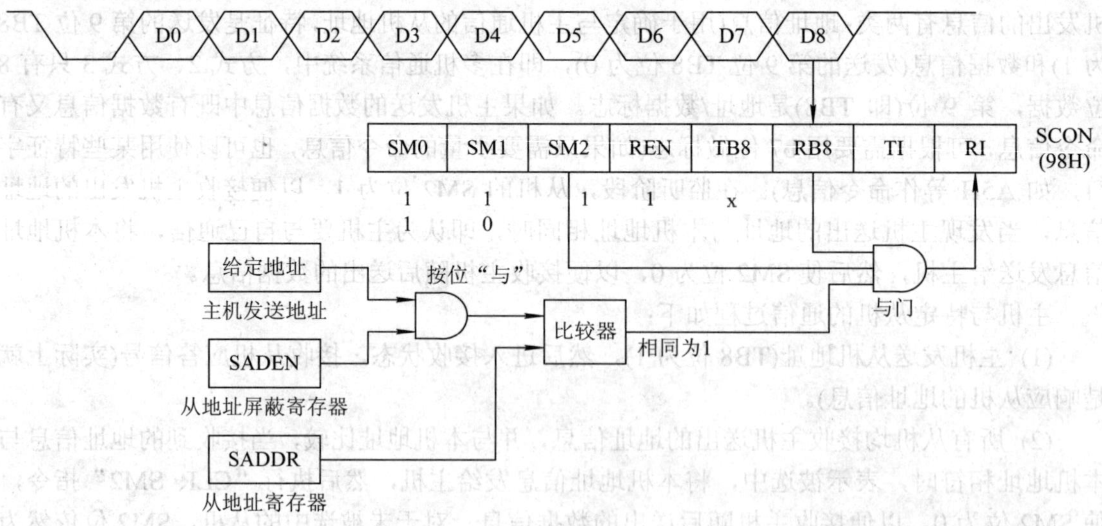

图 4-30　自动地址识别

从图 4-30 中看出，采用地址自动识别功能后，有效接收条件是：当 SM2 位为 1 时，主机发出的地址(其特征是第 9 位数据为 1)与从机地址屏蔽码 SADEN 按位“与”后等于从机地址寄存器 SADDR。这样主机就可以通过发出特定地址与单一从机或一组从机通信、通过发出广播地址与所有从机通信。构造从机地址码、从机地址屏蔽码的方法很多，例如在一主四从多机系统中，从机地址码和从机地址屏蔽码可按如下方法构造。

从机编号	0 机	1 机	2 机	3 机
从机地址屏蔽码	1010 0001	1010 0010	1010 0100	1010 1000
从机地址码	1111 0000	1111 0000	1111 0000	1111 0000
SADEN 和 SADDR 相与	1010 ***0	1010 **0*	1010 *0**	1111 0***
选定 123 机地址 1010 0001	不	选中	选中	选中
选定 023 机地址 1010 0010	选中	不	选中	选中
选定 013 机地址 1010 0100	选中	选中	不	选中
选定 012 机地址 1010 1000	选中	选中	选中	不
选定 0 机地址 1010 1110	选中	不	不	不
选定 1 机地址 1010 1101	不	选中	不	不
选定 2 机地址 1010 1011	不	不	选中	不
广播地址码 1111 0000	选中	选中	选中	选中

又如在一主八从多机通信系统中，从机地址码和从机地址屏蔽码可按如下方法构造：

从机编号	7 机	6 机	5 机	4 机	3 机	2 机	1 机	0 机
从机地址屏蔽码寄存器 SADEN	10000000B (80H)	01000000B (40H)	00100000B (20H)	00010000B (10H)	00001000B (08H)	00000100B (04H)	00000010B (02H)	00000001B (01H)
从机地址码 SADDR	10000000B (80H)	01000000B (40H)	00100000B (20H)	00010000B (10H)	00001000B (08H)	00000100B (04H)	00000010B (02H)	00000001B (01H)

很显然，该方法用地址码中的 b0 位作 0 号从机选中标志，b1 位作 1 号从机选中标志，依次类推，用 b7 位作 7 号从机选中标志。于是主机发出的地址码(b7～b0)中对应位为 1，则相应编号从机即被选中，如主机发送地址码中只有 1 位为 1，如 01H、02H、04H、08H、10H、20H、40H、80H 时，将分别选中 0～7 号从机(单一从机)；而当主机地址码中两位或两位以上同时为 1，就选择一组从机；当主机地址码为 0FFH 时，将选中所有从机(也就是广播方式)。

可见利用地址自动识别功能的关键是构造从地址屏蔽码(存放在 SADEN)、从地址码(存放在 SADDR)和给定地址码(即主机呼叫码)。

在多机通信系统中，如果任何时候主机只需与单一从机通信时，则构造从地址屏蔽码(存放在 SADEN)、从地址码(存放在 SADDR)就非常简单，从图 4-26 可以看出：当所有从机从地址屏蔽码 SADEN 为 0FFH，并规定每一从机有惟一地址码(存放在 SADDR 中)时，则主机呼叫码与从机地址相同，主机就可以与特定从机通信。显然从机编码范围在 00H～0FFH 之间，即在这样的系统中，最多允许有 256 个从机。当从机数量有限时，为了提高串行通信的可靠性，从机地址码中要 0、1 交错出现，如在“一主八从”串行通信系统中，各从机地址可取为“10101rrrB”(其中的 rrr 是二进制形式的从机编码，范围在 000～111 之间)。

由于复位后，SADEN 和 SADDR 均为 00H，这样从机收到的任何地址码与 SADEN 相与的结果为 00H，比较器输出恒为 1，只要 TB8 为 1，所有从机中断标志 RI 有效，这就是没有地址自动识别功能的标准 MCS-51 多机通信方式。

3. 总线冲突

在图 4-29 所示的多机通信系统中，可能会遇到两个或两个以上从机同时申请与主机通信(或某一从机正在与主机通信时，另一从机需要与主机通信)的情形，这就涉及到总线冲突问题。为此，可选择如下方式之一解决：

(1) 主机定时查询方式。在这一方式中，从机不主动发送数据，由主机定时查询各从机状态。优点是不占用硬件资源，但从机数据有效后，需要等待主机查询，不能立即上传。

(2) 使用 I/O 引脚作为串行总线使用标志。空闲时该引脚处于输入状态，当从机需要与主机通信时，先读该引脚状态，当引脚为高电平时，表明其他从机没有使用串行总线，将该引脚置为低电平后，向主机发送数据，通信结束后恢复总线使用标志 I/O 引脚的输入状态。

4.4.6 RS-232C 串行接口标准及应用

RS-232C 是美国电子工业协会 EIA(Electronic Industry Association)于 1962 年制定的一种串行通信接口标准(1987 年 1 月修改的 RS-232C 标准称为 RS-232D，不过两者差别不大，因此仍用旧标准)。RS-232C 标准规定了在串行通信中数据终端设备(简称 DTE，如个人计算机)和数据通信设备(简称 DCE，如调制解调器)间物理连接线路的机械、电气特性，以及通信格式和约定，是异步串行通信中应用较广的总线标准之一。

1. RS-232C 的引脚功能

完整的 RS-232C 接口由主信道、辅信道共 22 根连线组成，不过该标准对引脚的机械特性并未做出严格规定，一般采用标准的 25 芯 D 型插座(通过 25 芯 D 型插头连接)，各引脚信号含义如图 4-31(a)所示。

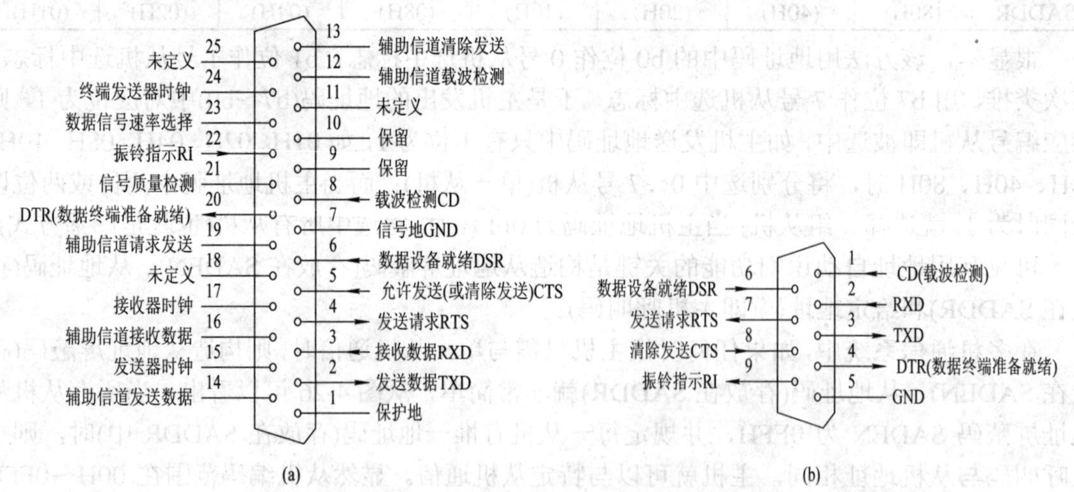

图 4-31　RS-232C 接口插座

(a) 25 芯 D 型插座 RS-232C 接口信号名称及主要信号流向；

(b) 9 芯 D 型插座上的 RS-232C 接口信号名称及主要信号流向

尽管辅信道也可用于串行通信，但速率低，很少使用。此外，当两个设备以异步方式通信时，也无须使用主信道中所有的联络信号，因此 RS-232C 接口也可以用 9 芯 D 型插座(如微机系统中的串行口)，各引脚信号含义如图 4-31(b)所示。

2. RS-232C 串行接口标准中主信道重要信号含义

RS-232C 串行接口标准主信道重要信号含义：

TXD：串行数据发送引脚，输出。

RXD：串行数据接收引脚，输入。

DSR：数据设备(DCE)准备就绪信号，输入，主要用于接收联络。当 DSR 信号有效时，表明本地的数据设备(DCE)处于就绪状态。

DTR：数据终端(DTE)就绪信号，输出。用于 DTE 向 DCE 发送联络，当 DTR 有效时，表示 DTE 可以接收来自 DCE 的数据。

RTS：发送请求，输出。当 DTE 需要向 DCE 发送数据时，向接收方(DCE)输出 RTS 信号。

CTS：发送允许或清除发送，输入。作为“清除发送”信号使用时，由 DCE 输出，当 CTS 有效时，DTE 将终止发送(如 DCE 忙或有重要数据要回送 DTE)；而作为“允许发送”信号使用时，情况刚好相反：当接收方接收到 RTS 信号后进入接收状态，就绪后向请求发送方回送 CTS 信号，发送方检测到 CTS 有效后，启动发送过程。

3. 电平转换

为保证数据可靠传送，RS-232C 标准规定发送数据线 TXD 和接收数据线 RXD 均采用 EIA 电平，即传送数字“1”时，传输线上的电平在 –3～–15 V 之间；传送数字“0”时，传输线上的电平在 +3～+15 V 之间。但单片机串行口采用正逻辑的 TTL 电平，这样就存在 TTL 电平与 EIA 电平之间的转换问题，例如当单片机与 PC 机进行串行通信时，PC 机 COM1 口或 COM2 口发送引脚 TXD 信号是 EIA 电平，不能直接与单片机串行口接收端 RXD 引脚相连；同样单片机串行口发送端 TXD 引脚输出信号采用正逻辑的 TTL 电平，也不能直接与 PC 机串行口 COM1 口或 COM2 的 RXD 端相连。

RS-232C 与 TTL 之间电平转换芯片主要有传输线发送器 MC1488(把 TTL 电平转成 EIA 电平)、传输线接收器 MC1489(把 EIA 电平转成 TTL 电平)、MAX232 以及 Sipex202/232 系列 RS232 电平转换专用芯片。

其中传输线发送器 MC1488 含有 4 个门电路发送器，TTL 电平输入，EIA 电平输出；而传输线接收器 MC1489 也含有 4 个接收器，EIA 电平输入，TTL 电平输出，但由 MC1488 和 MC1489 构成的 EIA 与 TTL 电平转换器需要 ±12 V 双电源，而单片机应用系统中一般只有 +5 V 电源，如果仅为了实现电平转换增加 ±12 V 电源，会使系统体积大、成本高。而 MAX232 以及 Sipex202/232 系列芯片集成度高，单 +5 V 电源(内置了电压倍增电路及负电源电路)工作，只需外接 5 个容量为 0.1～1 μF 的小电容即可完成两路 RS-232 与 TTL 电平之间转换，是单片机应用系统中最常用的 RS-232 电平转换芯片，其内部结构及典型应用电路如图 4-32 所示。

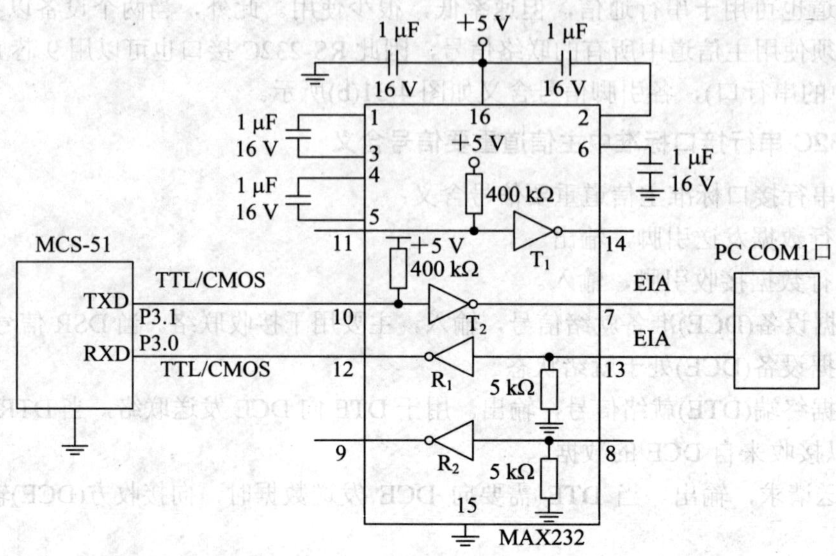

图 4-32　MAX232 电平转换芯片内部结构及应用

4. RS-232C 的连接

其实 RS-232C 接口联络信号没有严格定义，通过 RS-232C 接口标准通信的两个设备可能只使用其中的一部分联络信号，在极端情况下可能不用联络信号，只通过 TXD、RXD 和 GND 三根连线实现串行通信。此外，联络信号的含义和连接方式也可能因设备种类的不同而有差异。正因如此，通过 RS-232C 接口通信的设备可能遇到不兼容问题。

下面是常见的 RS-232C 连接方式:

(1) 两设备通过 RS-232C 标准连接时，可能只需“发送请求”信号 RTS 和“发送允许”信号 CTS 作联络信号，如图 4-33 所示。

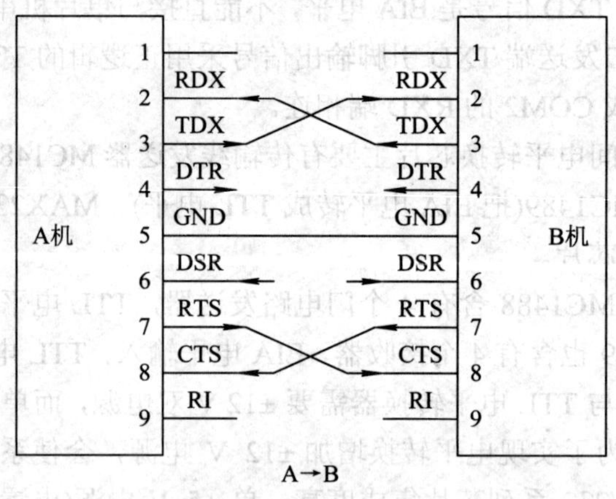

图 4-33　只有 RTS、CTS 联络信号的串行通信

(2) 没有联络信号的串行通信。如果通信双方“协议”好了收发条件(如通信数据量、格式等)，且在规定时间内准备就绪，则可以不用任何联络信号，如图 4-34 所示。在图 4-34 中，如果通信双方距离很近，如同一设备内的不同模块或同一电路板上的两个 CPU，就无

须使用电平转换芯片，将对应引脚直接相连即可。

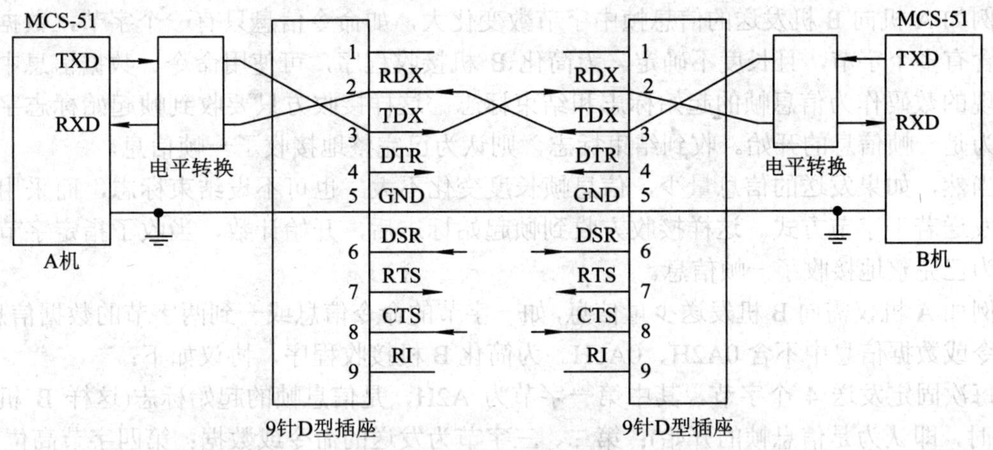

图 4-34　没有联络信号的串行通信

在 MCS-51 单片机应用系统中，由于彼此之间需要传输的数据量少，常使用没有联络信号的串行通信，只需明确如下的收发条件即可：

● 波特率(CPS)。发送、接收双方的波特率必须相同，误差不得超过一定的范围，否则不能正确接收。

● 数据位长度(8 位还是 9 位)。

● 以二进制代码发送还是 ASCII 码形式发送。对于单片机与单片机之间的串行通信来说，以二进制代码发送还是 ASCII 码发送问题都不大；但当单片机与 PC 机串行通信时，以 ASCII 码发送可能更有利于 PC 控件的检测。

● 校验有无及校验方式。在串行通信中，除了使用奇偶校验、帧错误侦测等帧内检测方式外，还可能使用其他的检验方式——和校验(往往仅保留和的低 8 位或低 7 位，甚至低 4 位)、某一特征数码的倍数等。有时可能同时使用两种校验方式，以保证通信的可靠性。

● 信息帧格式。包括信息帧起始标志、结束标志、信息帧长度、校验方式及校验信息位置等。常使用发送信息(命令、数据)中不可能出现的状态编码作为信息帧的起始和结束标志(也常作为发送信息类别——是数据，还是命令的识别码)。

● 字节与字节之间的等待时间。接收方接收了一个字节信息后，往往需要对信息进行判别、存储等初步处理。在没有联络信号情况下，当通信波特率较高时，发送了一个字节后，必须等待特定时间后，才能发送下一字节，等待时间应略大于接收方处理一字节所需的最长时间。因此，为提高通信速度，接收中断服务程序执行时间应尽可能短。当然，通过联络信号检测接收设备是否就绪将缩短发送等待时间，例如在图 4-30 所示串行通信线路中，接收中断有效后，将 RTS 置为低电平，表示接收方忙，完成数据处理后，清除 RTS“忙”状态，这样发送方只要检测到接收方非忙即发送。

● 正确接收后的确认信号及时间(即发送了数据信息后，必须在多长时间内收到应答信号，否则就认为失败)。

● 出错处理方式。对发送方来说，最常用的错误处理方式是重新发送(即明确发送失败后是否重发以及重发次数等)；对接收方来说，接收异常后，是否要求发送方重发、在什么时候、用什么代码通知发送方等。

● 串行中断优先级。

例如 A 机向 B 机发送的信息帧中字节数变化大，如命令信息只有一个字节，数据信息可能含有多个字节，且长度不确定。为简化 B 机接收程序，可使用命令、数据信息中不可能出现的数码作为信息帧的起始标志和结束标志。这样接收方只要收到帧起始标志字节，即认为是一帧信息的开始。收到结束标志，则认为已完整地接收了一帧信息。

当然，如果发送的信息量少，信息帧长度变化不大。也可不设结束标志，而采用每次固定发送若干字节方式。这样接收方收到帧起始标志后，开始计数，当收了指定字节后，即认为已完整地接收了一帧信息。

例如 A 机仅需向 B 机发送少量信息，如一字节的命令信息或一到两字节的数据信息时，且命令或数据信息中不含 0A2H、0A6H。为简化 B 机接收程序，协议如下：

每次固定发送 4 个字节。其中第一字节为 A2H，是信息帧的起始标志(这样 B 机收到 A2H 时，即认为是信息帧的开始)；第二、三字节为发送的命令或数据；第四字节高位为 0，低 7 位为二、三字节和低 7 位。对于长度为一字节的命令或数据，用无用信息 A6 或其他信息填充。

对于 B 机来说，如果收到的内容为 A2H，则认为是一帧的开始，复位接收计数器，当接收了 4 个字节后，即认为已完整地接收了一帧信息，校验正确后发特征字，如 A5H 给 A 机，表明正确接收了 A 机发来的信息。

下面是串行通信中常用的信息帧格式：

[帧首字节标志] + n 个字节信息(数据或命令) + [校验字节(可选)] + [帧尾字节标志] (发送信息量不固定)

[帧首字节标志] + [信息长度字节] + n 个字节信息(数据或命令) + [校验字节(可选)] (发送信息量不固定)

[帧首字节标志] + N 个字节信息(数据或命令) + [校验字节(可选)] (固定长度)

习 题 4

4-1 增强型 MCS-51 有几个中断优先级？试通过修改 IP、IPH 寄存器内容，使串行口中断优先级最高，定时器 T1 的中断优先级最低。

4-2 MCS-51 外中断有几种触发方式？一般情况下，采用哪种触发方式较好？

4-3 CPU 响应中断请求后，不能自动清除哪些中断请求标志？

4-4 MCS-51 CPU 在什么时候查询中断请求标志？满足什么条件才响应？

4-5 子程序和中断服务程序有何异同？为什么子程序返回指令 RET 和中断返回指令 RETI 不能相互替代？

4-6 为什么同优先级中断服务可以使用同一工作寄存器区？

4-7 如果某一中断服务程序中没有改写工作寄存器 R0～R7 指令，则进入中断服务程序后，是否需要切换工作寄存器区？简要说明原因。

4-8 如果 $\overline{\text{INT0}}$ 引脚出现 100～200 ms 低电平信号时，在 P1.0 引脚输出低电平，但 $\overline{\text{INT0}}$ 引脚存在尖脉冲干扰。请问应选择什么触发方式？请写出中断服务程序。

4-9 MCS-51 子系列具有几个定时/计数器？简述定时/计数器 T1 的主要用途。

4-10 如果系统的晶振频率为 12 MHz，试分别指出定时/计数器方式 1 和方式 2 最长定时时间。

4-11　如果系统的晶振频率为 12 MHz，利用定时/计数器 T0，在 P1.0 引脚输出周期为 100 ms 的方波。

4-12　试利用定时/计数器 T2 的时钟输出功能，试在 P1.0 引脚上输出周期为 10 ms 的方波。

4-13　试利用定时/计数器 T2 的时钟输出功能，在 P1.0 引脚上不断重复输出频率为 450 Hz，持续和停止时间均为 4 s 的方波信号。

4-14　在什么情况下增强型 MCS-51CPU，如 87C54、P89C52 存在三个外部中断？请说明，并指出各自中断输入端、可能的触发方式、中断标志、中断服务程序入口地址。这时定时器 T2 只能工作在什么方式？

4-15　画出利用串行口方式 0 和两片 74HC164“串行输入并行输出”芯片扩展 16 位输出口的硬件电路，并写出输出驱动程序。

4-16　当串行口工作在什么方式时串行输入、输出与定时/计数器 T1、T2 溢出率无关？

4-17　编写与 PC 机串行通信的程序(系统晶振频率为 11.0592 MHz，波特率为 2400，8 位数据，奇偶校验)。

4-18　假设系统晶振频率为 12 MHz，试利用定时/计数器 T2 定时中断功能，实现每 25ms 将内部 RAM 80H～87H 单元内容依次送 P1 口。

4-19　利用增强型 MCS-51 串行口自动地址识别功能构造“一主八从”多机通信系统。假设只需要“一对一”的通信方式，请写出串行口的初始化程序段(系统晶振频率为 11.0592 MHz，波特率为 2400，使用定时器 T1 溢出率作为通信波特率)。

4-20　说明执行如下两条指令后，累加器 Acc 内容一般不同的原因。

```
MOV SBUF, A
MOV A, SUBF
```

第 5 章 MCS-51 内核衍生型单片机芯片及应用

以增强型 MCS-51 作内核的衍生型嵌入式单片机芯片品种很多，如 8×C51RX(如 P89C51RX、P89V51RD2、SST89E(V)××RD2、AT89C51RD2 及 AT89C51ED2)、LPC 系列(如 P87LPC76X 系列、P89LPC900 系列、AT89LPC21X 系列、W79E8××系列、STC12C54××系列)，以及 Infeon 的 XC866 与 XC886 芯片等。本章将简要介绍通用性强、性价比高、硬件资源丰富的 8XC51RX 系列单片机芯片，以及新增硬件资源及其使用方法。在叙述过程中，采用对比手法，着重介绍这些芯片新增功能及其用法，不介绍与 8×C5×、8×C5××2 系列相同的硬件功能。

5.1 P89C51RX 系列单片机概述

P89C51RX 系列 MCU 以增强型 80C51 作内核，硬件资源、指令系统、引脚排列与相同封装形式的增强型 MCS-51 芯片保持 100%兼容。与增强型 MCS-51 相比，P89C51RX 系列的最大特点是扩展了片内存储器的种类、容量，在 P89C51RX 系列芯片中程序存储器容量最大可达 64 KB，片内 RAM 存储器容量为 512～2048 字节，并集成了可编程计数器阵列 PCA(完全兼容 Intel 8XC51FX 系列内嵌的可编程计数器阵列)、硬件看门狗计数器 WDT。可见，P89C51RX 系列硬件资源丰富，一片 P89C51RX 芯片即可构成一个功能相对完善的单片机应用系统。

P89C51RX 系列包括 Philips 公司的 P89C51R××H 系列(Philips 公司第一代 P89C51RX 系列芯片)、P89C51R××(Philips 公司第二代 P89C51RX 系列芯片)、P89V(LV)51RD2 芯片和 ATMEL 公司的 P89C51RX 系列(包括 AT89C51RX 系列、AT89C51ED2、T89C51RX、TS87C51RX)以及 SST 公司的 SST89E(V)554RC、SST89E(V)564RD 和 SST89E(V)5XRD2 系列芯片。

1. Philips 公司第一代 P89C51R××H 系列芯片

1999 年 3 月，Philips 公司先后推出了以增强型 80C51 作内核的新一代 8 位单片机芯片 P89C51RC+H、P89C51RD+H、P89C51RA+H、P89C51RB+H、P89C51RA2H、P89C51RB2H、P89C51RC2H、P89C51RD2H 等(统称为第一代 P89C51RX 系列芯片，彼此之间只是片内存储器种类、容量以及编程电压不同)。P89C51RX 系列具有如下特点：

(1) 采用增强型 80C51 内核，硬件资源、封装形式及引脚排列、指令系统与增强型 MCS-51 芯片保持 100%兼容，即 P89C51RX 系列完全可以替换具有相同封装形式的 8×C5×、8×C5××2 系列芯片。

(2) 扩充了片内 RAM 存储器容量，在 P89C51RX 内部，除了 256 字节的内部 RAM 外，还集成了 256～768 字节的内部扩展 RAM(简称 ERAM)。为此，在辅助功能寄存器 AUXR 中增加了内部扩展 RAM/外部 RAM 选择位 EXTRAM。当 EXTRAM 位为 0 时，MOVX 指令的读写对象为内部扩展 RAM；反之，当 EXTRAM 位为 1 时，MOVX 指令的读写对象为外部 RAM。

(3) 集成了与 Intel 8×C51FX 系列芯片完全兼容的可编程计数器阵列 PCA 模块。

(4) 可使用与 MCS-51 相同的“12 时钟/机器周期”模式(在标准时钟模式下，晶振频率为 0～33 MHz)，也可以采用“6 时钟/机器周期”模式(晶振频率为 0～20 MHz，指令执行时间快一倍)。

(5) 内置了硬件看门狗计数器 WDT。

(6) 具有 7 个中断源(4 个中断优先级)。

2. Philips 公司第二代 P89C51RX 系列芯片

2002 年 5 月，Philips 公司推出了第二代 P89C51RX 系列芯片，主要特征是器件型号中没有字母“H”，与第一代 P89C51RX 系列芯片相比，做了如下改进：

(1) 第一代 P89C51RX 芯片时钟模式配置位 FX2 的记录载体为 OTP ROM，缺省时为 6 时钟模式，可编程为 12 时钟模式，但编程后不能再恢复为 6 时钟模式；而第二代 P89C51RX 系列芯片时钟模式配置位 FX2 的记录载体为 Flash ROM，缺省时为 12 时钟模式，可编程为 6 时钟模式，但可通过并行编程方式擦除，恢复为 12 时钟模式。

(2) 增加了时钟模式控制寄存器 CKCON。即当 FX2 位处于擦除状态(未编程，FX2 位为 1)时，可通过软件修改时钟控制寄存器 CKCON 的 X2 位来选择系统时钟模式(但值得注意的是位于 Flash ROM 保密字节内的系统时钟配置位 FX2 比 CKCON 寄存器内的 X2 位优先，即当 FX2 位被编程后，X2 位无效)。

(3) 当 CPU 运行在“6 时钟/机器周期”状态时，可通过 CKCON 寄存器选择外设时钟模式，如图 5-1 所示。

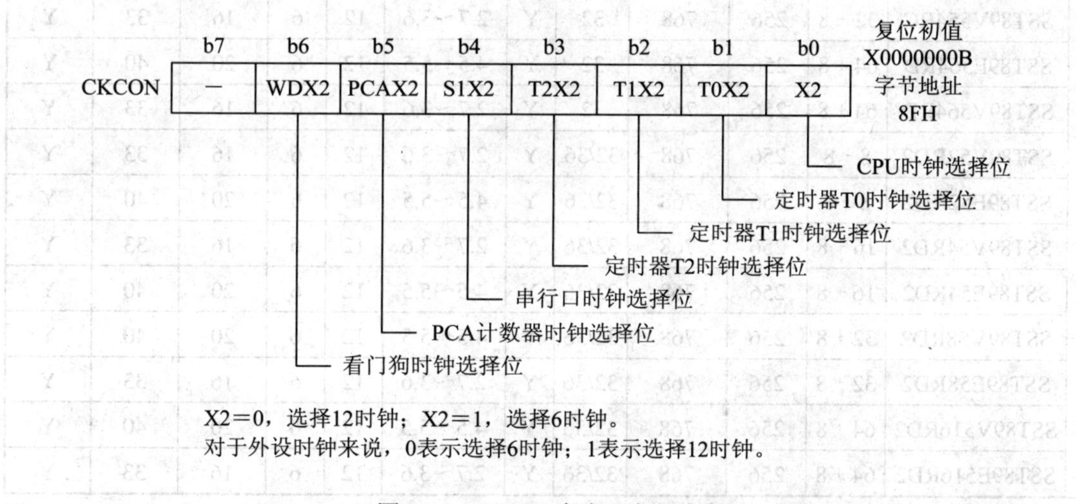

图 5-1　CKCON 寄存器各位含义

不过，当 CPU 运行在“12 时钟/机器周期”模式下，外设时钟固定为“12 时钟/机器周期”，与 CKCON 寄存器外设时钟选择位无关。具体情况如表 5-1 所示。

表 5-1　第二代 P89C51RX 系列芯片 MCU 和外设时钟选择关系

FX2 位状态 (位于 Flash ROM 保密字节内)	X2 位状态 (CKCON.0)	外设时钟控制位 (CKCON.6～CKCON.1)	CPU 时钟	外设时钟
擦除(未编程)	0(默认)	×	12 时钟	12 时钟
擦除(未编程)	1	0	6 时钟	6 时钟
擦除(未编程)	1	1	6 时钟	12 时钟
编程	×(无效)	0	6 时钟	6 时钟
编程	×(无效)	1	6 时钟	12 时钟

P89C51RX 系列芯片常见型号如表 5-2 所示。

表 5-2　P89C51RX 系列常见型号

型　号		片内 ROM Flash /KB	片内 RAM 容量		I/O 引脚数目	SPI	电源电压 /V	缺省时钟	可选时钟	最高工作频率 /MHz		支持字节 IAP
			内部 RAM /B	内部扩展 RAM/B						6 时钟	12 时钟	
Philips	P89C51RD2××	64	256	768	32		4.5～5.5	12	6	20	33	
	P89C51RC2××	32	256	256	32		4.5～5.5	12	6	20	33	
	P89C51RB2××	16	256	256	32		4.5～5.5	12	6	20	33	
	P89C51RA2××	8	256	256	32		4.5～5.5	12	6	20	33	
ATMEL	AT89C51RD2	64	256	1792	32/48	Y	4.5～5.5	12	6	30	60	
	AT89C51ED2	64 + 2					2.7～5.5	12	6	20	40	
	AT89C51RC2	32	256	1024	32	Y	4.5～5.5	12	6	20	33	
	T89C51RD2	64 + 2	256	1024	32/48		3.0～5.5	12	6	20	40	
SST	SST89E554RC	32 + 8	256	768	32	Y	4.5～5.5	12	6	20	40	Y
	SST89V554RC	32 + 8	256	768	32	Y	2.7～3.6	12	6	16	33	Y
	SST89E564RD	64 + 8	256	768	32	Y	4.5～5.5	12	6	20	40	Y
	SST89V564RD	64 + 8	256	768	32	Y	2.7～3.6	12	6	16	33	Y
	SST89V52RD2	8 + 8	256	768	32/36	Y	2.7～3.6	12	6	16	33	Y
	SST89E52RD2	8 + 8	256	768	32/36	Y	4.5～5.5	12	6	20	40	Y
	SST89V54RD2	16 + 8	256	768	32/36	Y	2.7～3.6	12	6	16	33	Y
	SST89E54RD2	16 + 8	256	768	32/36	Y	4.5～5.5	12	6	20	40	Y
	SST89V58RD2	32 + 8	256	768	32/36	Y	4.5～5.5	12	6	20	40	Y
	SST89E58RD2	32 + 8	256	768	32/36	Y	2.7～3.6	12	6	16	33	Y
	SST89V516RD2	64 + 8	256	768	32/36	Y	4.5～5.5	12	6	20	40	Y
	SST89E516RD2	64 + 8	256	768	32/36	Y	2.7～3.6	12	6	16	33	Y

3. ATMEL 公司 T89C51RX 系统芯片

ATMEL 公司也于 2000 年前后推出以 Flash ROM 作为片内程序存储器的 AT89C51RX 系列、T89C51RX 系列、以 OTP ROM 作为片内程序存储器的 TS87C51RX 系列芯片。其中

AT89C51RX、T89C51RX 芯片硬件资源、引脚排列与 P89C51RX 系列保持 100%，但资源比 P89C51RX 系列多，主要体现在：

(1) 部分型号芯片，如 AT89C51ED2、T89C51RX 全系列等，集成了 2KB、可擦写 10 万次的 E^2PROM 存储器，方便了系统参数的保存与修改。

(2) AT89C51RX 系列芯片部分型号，如 AT89C51RC2、AT89C51RB2、AT89C51RD2 集成了 SPI 串行总线接口部件。

(3) 在 PLCC68 封装、VQFP64 封装的 T89C51RX 芯片品种中，增加了 P4、P5 两个 8 位 I/O 口，即 I/O 引脚数目为 48 根(6 口 × 8 位)。

(4) 工作电压范围宽。P89C51RX 系列电源电压为 5.0 V ± 10%，而 T89C51RX 系列电源电压为 3.0～5.5 V；低电压版本，电源电压为 2.7～3.6 V。

(5) 集成了溢出时间可调的硬件看门狗电路。

(6) 改进了 X2 时钟模式，即在 6 时钟/机器周期状态下，可以选择每一外设的时钟频率。即 T89C51RX 系列芯片内 CKCON 寄存器各位含义与 Philips 第二代 P89C51RX 系列芯片相同。

(7) 可以选择外部 RAM 读选通 $\overline{RD}$ 、写选通 $\overline{WR}$ 脉冲宽度。缺省状态下，读选通 $\overline{RD}$ 、写选通 $\overline{WR}$ 脉冲宽度为 6 时钟周期(与传统的 MCS-51 兼容)，但在 T89C51RX 中，可以选择 30 时钟周期，以便读写存取速度慢的外部 RAM 存储器。

5.2　P89C51RX 引脚功能

P89C51RX 系列具有 PDIP40、PLCC44(CLCC44)LQFP44 三种封装形式，引脚排列与相同封装形式的增强型 MCS-51 芯片保持兼容，如图 5-2 所示。由于 P89C51RX 比增强型 MCS-51 多了 5 模块可编程计数器阵列 PCA，因此 P1 口的 P1.2～P1.7 引脚具有复用功能，既可作为一般 I/O 引脚使用，也可作为 5 个 PCA 模块的计数脉冲输入端、捕获/比较模式外部输入/输出端。

引脚	名称	名称	引脚
1	T2/P1.0	V_{CC}	40
2	T2EX/P1.1	P0.0	39
3	ECI/P1.2	P0.1	38
4	CEX0/P1.3	P0.2	37
5	CEX1/P1.4	P0.3	36
6	CEX2/P1.5	P0.4	35
7	CEX3/P1.6	P0.5	34
8	CEX4/P1.7	P0.6	33
9	RST	P0.7	32
10	RXD/P3.0	$\overline{EA}/V_{PP}$	31
11	TXD/P3.1	ALE/$\overline{P}$	30
12	$\overline{INT0}$/P3.2	$\overline{PSEN}$	29
13	$\overline{INT1}$/P3.3	P2.7	28
14	T0/P3.4	P2.6	27
15	T1/P3.5	P2.5	26
16	$\overline{WR}$/P3.6	P2.4	25
17	$\overline{RD}$/P3.7	P2.3	24
18	X2	P2.2	23
19	X1	P2.1	22
20	GND	P2.0	21

(a)

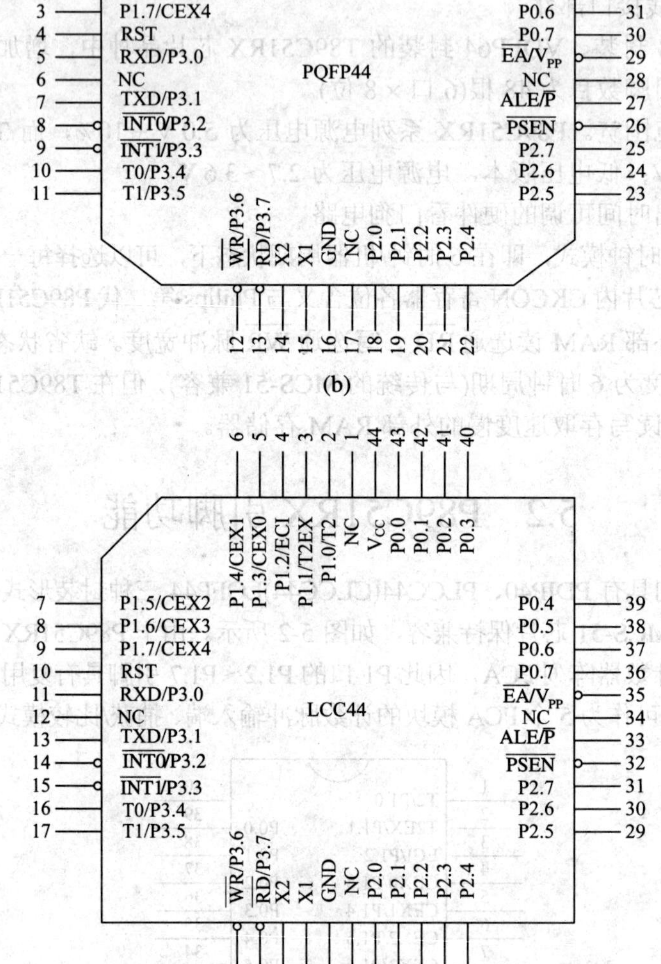

图 5-2　P89C51RX 系列芯片封装形式及引脚排列

(a) DIP 封装；(b) PQFP 封装；(c) LCC 封装

5.3　P89C51RX 系列片内存储器结构

在介绍 P89C51RX 系列 MCU 内部资源前，先列出 P89C51RX 系列芯片特殊功能寄存器(或寄存器位)，如表 5-3 所示。

表 5-3　P89C51RX 系列特殊功能寄存器

SFR 寄存器名	符　号	位地址/位定义名								字节地址	复位后初值
		b7	b6	b5	b4	b3	b2	b1	b0		
* 累加器	Acc	E7H	E6H	E5H	E4H	E3H	E2H	E1H	E0H	E0H	00H
* B 寄存器	B	F7	F6	F5	F4	F3	F2	F1	F0	F0H	00H
辅助功能寄存器	AUXR	—	—	—	—	—	—	EXTRAM	A0	8EH	××××××00B
辅助功能寄存器 1	AUXR1	—	—	ENBOOT	—	GF2	0	—	DPS	A2H	××××00×0B
时钟控制寄存器	CKCON	—	WDX2	PCAX2	SIX2	T2X2	T1X2	T0X2	X2	8FH	×0000000B
堆栈指针	SP									81H	07H
数据指针低 8 位	DPL									82H	00H
数据指针高 8 位	DPH									83H	00H
* 程序状态字	PSW	D7H	D6H	D5H	D4H	D3H	D2H	D1H	D0H	D0H	000000×0B
		Cy	AC	F0	RS1	RS0	OV	F1	P		
模块 0 捕获寄存器高位	CCAP0H									FAH	××H
模块 0 捕获寄存器低位	CCAP0L									EAH	××H
模块 1 捕获寄存器高位	CCAP1H									FBH	××H
模块 1 捕获寄存器低位	CCAP1L									EBH	××H
模块 2 捕获寄存器高位	CCAP2H									FCH	××H
模块 2 捕获寄存器低位	CCAP2L									ECH	××H
模块 3 捕获寄存器高位	CCAP3H									FDH	××H
模块 3 捕获寄存器低位	CCAP3L									EDH	××H
模块 4 捕获寄存器高位	CCAP4H									FEH	××H
模块 4 捕获寄存器低位	CCAP4L									EEH	××H
模块 0 工作方式寄存器	CCAPM0	—	ECOM	CAPP	CAPN	MAT	TOG	PWM	ECCF	DAH	×0000000B

续表一

SFR 寄存器名	符　号	位地址/位定义名								字节地址	复位后初值
		b7	b6	b5	b4	b3	b2	b1	b0		
模块 1 工作方式寄存器	CCAPM1	—	ECOM	CAPP	CAPN	MAT	TOG	PWM	ECCF	DBH	×0000000B
模块 2 工作方式寄存器	CCAPM2	—	ECOM	CAPP	CAPN	MAT	TOG	PWM	ECCF	DCH	×0000000B
模块 3 工作方式寄存器	CCAPM3	—	ECOM	CAPP	CAPN	MAT	TOG	PWM	ECCF	DDH	×0000000B
模块 4 工作方式寄存器	CCAPM4	—	ECOM	CAPP	CAPN	MAT	TOG	PWM	ECCF	DEH	×0000000B
*PCA 计数控制寄存器	CCON	CF	CR	—	CCF4	CCF3	CCF2	CCF1	CCF0	D8H	00×00000B
PCA 模式寄存器	CMOD	CIDL	WDTE	—	—	—	CPS1	CPS0	ECF	D9H	00×××000B
PCA 计数器高位	CH									F9H	00H
PCA 计数器低位	CL									E9H	00H
*中断允许控制寄存器	IE	AFH	AEH	ADH	ACH	ABH	AAH	A9H	A8H	A8H	0x000000B
		EA	EC	ET2	ES	ET1	EX1	ET0	EX0		
*中断优先级控制寄存器	IP	BFH	BEH	BDH	BCH	BBH	BAH	B9H	B8H	B8H	xx000000B
		—	PPC	PT2	PS	PT1	PX1	PT0	PX0		
中断优先级控制寄存器(高 8 位)	IPH	—	PPCH	PT2H	PSH	PT1H	PX1H	PT0H	PX0H	B7H	xx000000B
*I/O 端口 0(P0 口)	P0	87H	86H	85H	84H	83H	82H	81H	80H	80H	FFH
		P0.7	P0.6	P0.5	P0.4	P0.3	P0.2	P0.1	P0.0		
*I/O 端口 1(P1 口)	P1	97H	96H	95H	94H	93H	92H	91H	90H	90H	FFH
		P1.7	P1.6	P1.5	P1.4	P1.3	P1.2	P1.1	P1.0		
*I/O 端口 2(P2 口)	P2	A7H	A6H	A5H	A4H	A3H	A2H	A1H	A0H	A0H	FFH
		P2.7	P2.6	P2.5	P2.4	P2.3	P2.2	P2.1	P2.0		
*I/O 端口 3(P3 口)	P3	B7H	B6H	B5H	B4H	B3H	B2H	B1H	B0H	B0H	FFH
		P3.7	P3.6	P3.5	P3.4	P3.3	P3.2	P3.1	P3.0		

续表二

SFR 寄存器名	符　号	位地址/位定义名								字节地址	复位后初值
		b7	b6	b5	b4	b3	b2	b1	b0		
串行数据缓冲	SBUF									99H	不确定
*串行控制	SCON	9FH	9EH	9DH	9CH	9BH	9AH	99H	98H	98H	00H
		SM0/FE	SM1	SM2	REN	TB8	RB8	TI	RI		
电源控制及波特率选择	PCON	SMOD1	SMOD0	—	POF	GF1	GF0	PD	IDL	87H	00xx0000B
从地址寄存器	SADDR									A9H	00H
从地址掩蔽寄存器	SADEN									B9H	00H
定时/计数器方式控制寄存器	TMOD	GATE	C/$\overline{T}$	M1	M0	GATE	C/$\overline{T}$	M1	M0	89H	00H
*定时/计数器控制	TCON	8FH	8EH	8DH	8CH	8BH	8AH	89H	88H	88H	00H
		TF1	TR1	TF0	TR0	IE1	IT1	IE0	IT0		
定时器 T1 高 8 位	TH1									8DH	00H
定时器 T0 高 8 位	TH0									8CH	00H
定时器 T1 低 8 位	TL1									8BH	00H
定时器 T0 低 8 位	TL0									8AH	00H
*定时/计数器 T2 控制寄存器	T2CON	CFH	CEH	CDH	CCH	CBH	CAH	C9H	C8H	C8H	00H
		TF2	EXF2	RCLK	TCLK	EXE2N	TR2	C/$\overline{T2}$	CP/$\overline{RL2}$		
定时/计数器 T2 模式控制寄存器	T2MOD	—	—	—	—	—	—	T2OE	DCEN	C9H	xxxxxx00B
定时器 T2 低 8 位	TL2									CCH	00H
定时器 T2 高 8 位	TH2									CDH	00H
定时器 T2 重装、捕获低 8 位	RCAP2L									CAH	00H
定时器 T2 重装、捕获高 8 位	RCAP2H									CBH	00H
硬件看门狗复位计数器	WDTRST									A6H	

注：① 带灰色背景的寄存器或寄存器位为 P89C51RX 系列新增寄存器或寄存器位(与增强型 MCS-51 比较)；② 带*号寄存器具有位寻址功能(特征是字节地址被 8 整除)；③ 寄存器中保留位用“—”表示，不宜使用，初始化时只能写入 0。

5.3.1 片内程序存储器

P89C51RX 系列采用 Flash ROM 作为片内程序存储器，容量从 8～64 KB，无须通过 EPROM、Flash ROM 芯片扩展外部程序存储器，因此 $\overline{EA}$ 引脚接电源 Vcc(或通过 2.0～4.7 kΩ 电阻接电源 Vcc)。

可以在通用编程器上对 P89C51RX 系列芯片编程，也可以用 ISP、IAP 方式进行编程。

5.3.2 片内数据存储器

P89C51RX 数据存储器包括片内 RAM 和外部 RAM 两大部分，其中片内 RAM 存储器包括 256 字节的内部 RAM(与增强型 MCS-51 芯片相同)和 256～768 字节的内部扩展 RAM(即 ERAM)，如图 5-3 所示。

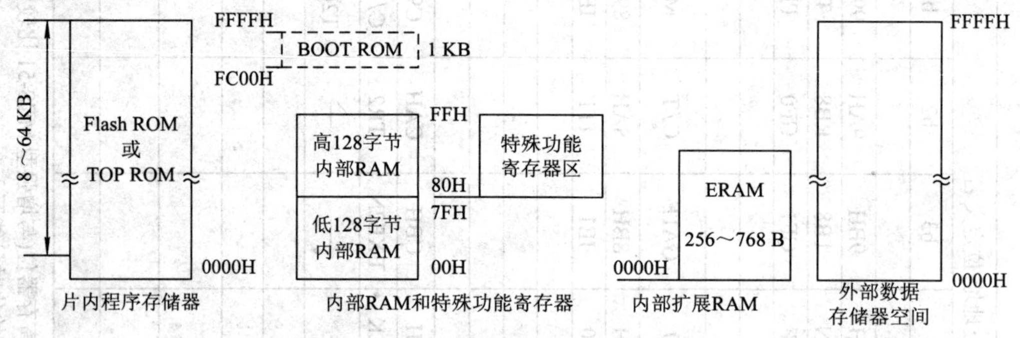

图 5-3　P89C51RX/87C51RX 存储器结构

256 字节内部 RAM、外部 RAM 读写方法与增强型 MCS-51 相同；内部扩展 RAM 地址空间与外部 RAM 地址空间重叠，也通过 MOVX 指令读写。为区别 MOVX 指令的读写对象——是内部扩展 RAM，还是外部 RAM，在 89C51RX 系列辅助功能寄存器 AUXR 中增加了 EXTRAM 选择位。当 EXTRAM 为 0 时，MOVX 指令读写对象为内部扩展 RAM；反之，当 EXTRAM 为 1 时，MOVX 指令读写对象为外部 RAM。由于复位时，AUXR 寄存器内容为××××××00B，因此复位后，MOVX 指令读写对象为内部扩展 RAM。当需要读写外部 RAM 时，须通过如下指令，将 EXTRAM 位置 1。

```
ORL AUXR, #00000010B        ；由于 AUXR 寄存器不具有位寻址功能，只能通过或
                            ；指令将指定位置 1。
MOV DPTR, #XXXXH            ；外部 RAM 地址送 DPTR
MOVX A, @DPTR               ；读外部 RAM 单元内容
```

在读写内部扩展 RAM 期间，P0、P2 口及 $\overline{RD}$、$\overline{WR}$ 引脚无效，因此当以 R0 或 R1 作间接寻址寄存器读写内部扩展 RAM 时，只能访问扩展 RAM 的前 256 字节。

不过，在 MCS-51 单片机应用系统中，一般无须切换 EXTRAM 位，理由如下：

(1) 对于没有外部扩展 RAM 的 89C51RX 应用系统，无须切换 EXTRAM 位的状态，原因是复位后 EXTRAM 为 0，MOVX 指令读写对象必然为 ERAM。

(2) 对于具有外部扩展 RAM 的应用系统，如果扩展的外部 RAM 容量很大(如 16 KB，甚至 32 KB 以上)，那么也不必切换 EXTRAM 位的状态。原因是复位后 EXTRAM 位为 0，

当 DPTR 指针在 ERAM 地址空间范围内时，MOVX 指令操作对象为 ERAM；而当 DPTR 指针超出 ERAM 地址空间时，自动访问外部 RAM——即不使用地址空间与 ERAM 重叠的外部扩展 RAM 单元。表面看似乎有点浪费，但在实际应用中问题不大，除非应用系统中所需的外部 RAM 单元超出扩展 RAM 芯片的容量。

例 5.1　编写一段程序，将外部 RAM 中 2000H～200FH 单元内容送内部扩展 RAM 的 0000～000FH 单元。

参考程序如下：

```
        MOV DPTR, #2000H          ; 外部 RAM 单元首地址送 DPTR
        MOV R7, #10H              ; 传送字节数送 R7
        INC AUXR1                 ; 切换数据指针
        MOV DPTR, #0000H          ; 将内部扩展 RAM 首地址送另一数据指针
LOOP:
        INC AUXR1                 ; 切换数据指针，使 DPTR 指向外部单元
        ORL AUXR, #00000010B
        MOVX A, @DPTR             ; 读外部 RAM 单元内容到 Acc
        INC DPTR                  ; 指向外部 RAM 下一单元
        INC AUXR1                 ; 切换数据指针，使 DPTR 指向内部扩展 RAM
        ANL AUXR, #11111101B      ; EXTRAM 位清 0，使 MOVX 指令读写对象为 ERAM
        MOVX @DPTR, A             ; 数据送内部扩展 RAM
        INC DPTR                  ; 指向内部扩展 RAM 下一单元
        DJNZ R7, LOOP             ; R7 不为 0 循环
```

5.4　可编程计数器阵列 PCA 及其应用

P89C51RX 系列可编程计数器阵列含有 5 个结构相同的 16 位捕捉/比较计数器，每个模块均可以编程为捕捉模式、软件定时器模式、高速输出模式、脉宽调制(PWM)模式，此外模块 4 还可作为看门狗定时器 WDT 使用，如图 5-4 所示。

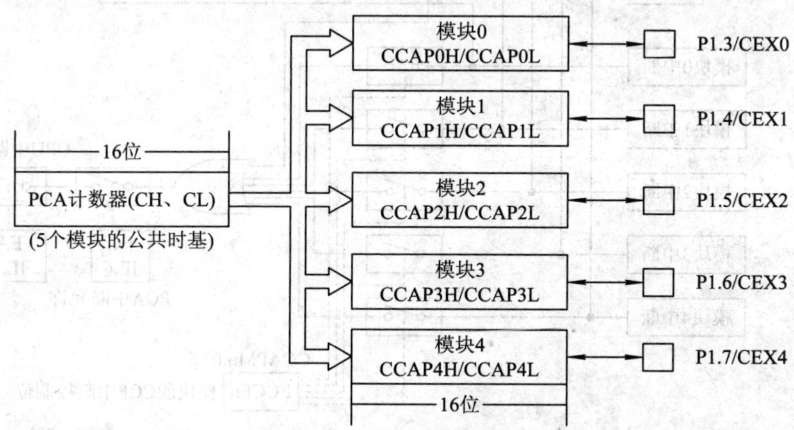

图 5-4　可编程计数器阵列 PCA

5.4.1 PCA 结构及控制

在 P89C51RX 中，为简化硬件结构，PCA 单元电路内五个计数模块共用一个 16 位加法计数器(CH 和 CL)作为计时基准，计数脉冲来源由 PCA 模式寄存器 CMOD 的 CPS1、CPS0 位决定，允许/禁止 PCA 计数器计数则由 PCA 控制寄存器 CCON 的 CR 位控制，如图 5-5 所示。

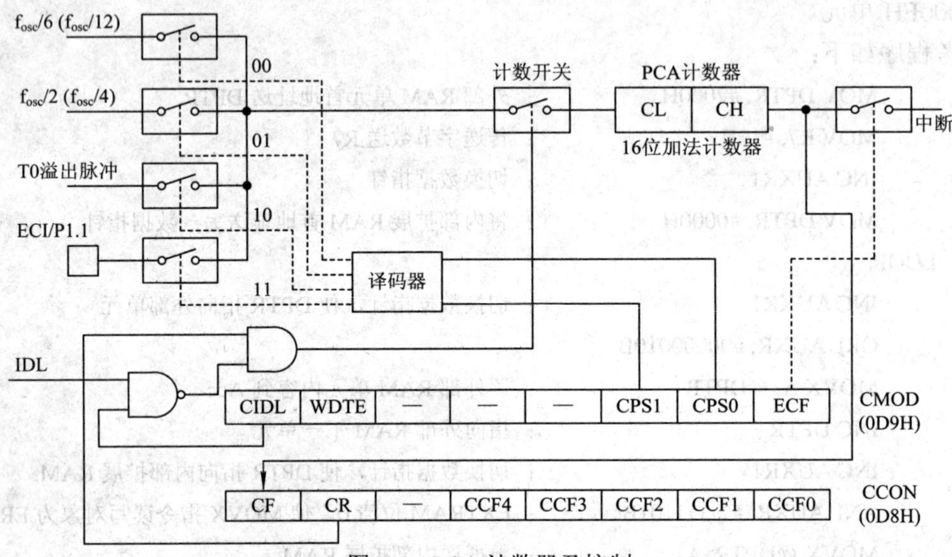

图 5-5 PCA 计数器及控制

PCA 中断控制逻辑如图 5-6 所示。当某一模块产生捕捉(将 PCA 计数器捕捉到相应模块的捕捉/比较寄存器中)或匹配(PCA 计数器与相应模块捕捉/比较寄存器内容相等)时，CCON 寄存器相应模块匹配/捕捉标志位 CCFn 置 1，能否产生 PCA 中断请求由相应模块的 ECCFn 位控制。

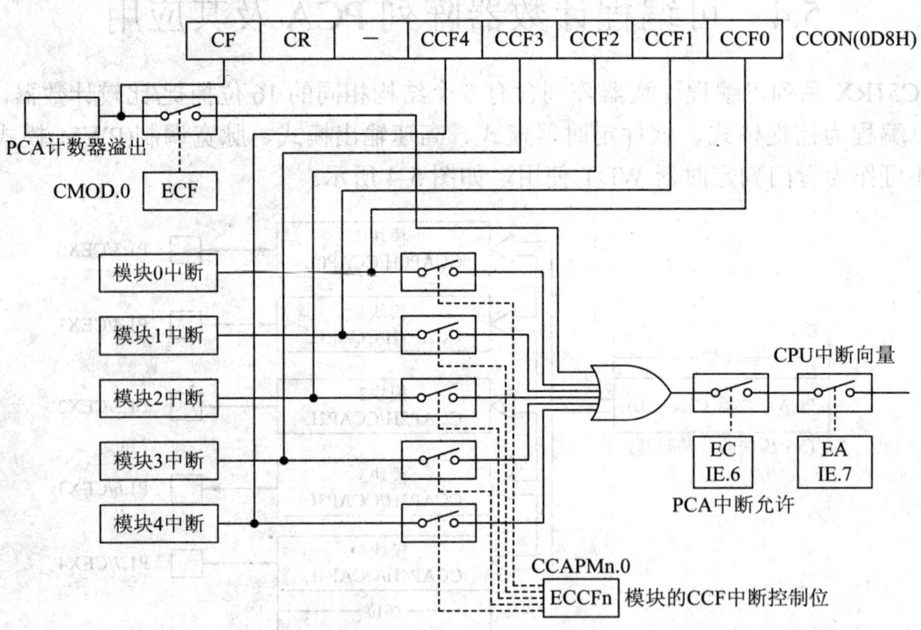

图 5-6 PCA 中断控制逻辑

可见，PCA 单元内 6 个中断标志位相或后作为一个中断源，共用同一中断开关 EC，中断入口地址为 0033H。

在 P89C51RX 单片机内，与可编程计数器阵列 PCA 有关的特殊功能寄存器含义如下：

1. PCA 模式寄存器 CMOD

PCA 模式寄存器 CMOD 各位含义如下：

b7	b6	b5	b4	b3	b2	b1	b0	
CIDL	WDTE	—	—	—	CPS1	CPS0	ECF	CMOD(0D9H)

(1) CPS1、CPS0——用于选择 PCA 计数器计数脉冲来源。PCA 内五个模块共用一个 16 位加法计数器(CH 和 CL)，计数脉冲来源由 CMOD 寄存器的 CPS1、CPS0 位决定：

CPS1、CPS0	计数脉冲源
00	内部时钟信号 $f_{osc}/6$(6 时钟模式)或 $f_{osc}/12$(12 时钟模式)
01	内部时钟信号 $f_{osc}/2$(6 时钟模式)或 $f_{osc}/4$(12 时钟模式) (可见，PCA 模块最高计数频率比 T0、T1、T2 高了 3 倍)
10	定时器 T0 的溢出脉冲
11	来自 ECI/P1.2 引脚的外部脉冲。在 6 时钟模式下，外部脉冲最高频率为 $f_{osc}/4$；在 12 时钟模式下，外部脉冲最高频率为 $f_{osc}/8$

(2) ECF——PCA 计数器 CH/CL 溢出中断允许。当 PCA 计数器溢出时，PCA 控制寄存器 CCON 的溢出标志 CF 有效。如果 ECF = 1，且中断允许寄存器 IE 的 EC、EA 位为 1，则 CPU 将响应 PCA 计数器溢出中断。

(3) CIDL——节电状态下 PCA 运行控制。当 CIDL = 0 时，在节电状态下，PCA 计数器继续计数(图 5-5 中与非门输出恒为 1，与 PCON 寄存器节电运行控制位 IDL 无关)；反之，当 CIDL = 1 时，在节电状态下，PCA 计数器停止计数(由于 CIDL 位为 1，图 5-5 中与非门输出状态由 PCON 寄存器节电运行控制位 IDL 决定，当 IDL 位为 1 时，与非门输出为 0，PCA 计数器停止计数)。

(4) WDTE——禁止/允许模块 4 看门狗工作。

2. PCA 计数器(CH 和 CL)

16 位加法计数器，计数脉冲由 CMOD 寄存器的 CPS1、CPS0 位定义，每来一个脉冲，计数器加 1，当 CH 溢出时，CCON 寄存器内的溢出标志 CF 置位。

3. PCA 控制寄存器 CCON(具有位地址)

b7	b6	b5	b4	b3	b2	b1	b0	
CF	CR	—	CCF4	CCF3	CCF2	CCF1	CCF0	CCON(0D8H)

(1) CCF4～CCF0——分别是模块 4～0 的中断标志位。当产生匹配(比较)或捕捉时由硬件置 1。但 CPU 响应 PCA 中断请求后，不能自动清除，需要通过软件清 0。

(2) CR——PCA 计数器启动控制位。在正常状态下，CR = 1 时，计数脉冲开关闭合，每来一个计数脉冲，计数器加 1；当 CR = 0 时，PCA 计数器停止计数。

(3) CF——PCA 计数器溢出标志。当 PCA 计数器溢出时，CF 自动置 1(不自动清除，需要软件清 0)。

4. 模块比较/捕捉寄存器(CCAPnH 和 CCAPnL)和工作方式寄存器 CCAPMn

每一模块对应一个 16 位比较/捕捉寄存器(即高 8 位 CCAPnH 和低 8 位 CCAPnL)、模块工作方式寄存器 CCAPMn。

每一模块的工作方式由对应模块的工作方式寄存器 CCAPMn 决定，如模块 0 的工作方式由模块 0 的工作方式寄存器 CCAPM0 决定、模块 1 的工作方式由模块 1 的工作方式寄存器 CCAPM1 决定，依此类推，模块 4 的工作方式由模块 4 的工作方式寄存器 CCAPM4 决定。模块工作方式寄存器 CCAPM0～CCAPM4 的结构、各位含义相同，如下所示：

b7	b6	b5	b4	b3	b2	b1	b0	
—	ECOMn	CAPPn	CAPNn	MATn	TOGn	PWMn	ECCFn	CCAPM0 (0DAH) CCAPM1 (0DBH) CCAPM2 (0DCH) CCAPM3 (0DDH) CCAPM4 (0DEH)

其中：

ECOMn——比较器允许/禁止位。

CAPPn——上升沿捕捉允许/禁止位。

CAPNn——下降沿捕捉允许/禁止位。

MATn——匹配允许/禁止位。如果 MATn = 1，则当 PCA 计数器当前值与对应模块的比较/捕捉寄存器相同时，将 CCON 寄存器中对应中断标志位置 1。

TOGn——触发输出允许/禁止位。如果 TOGn = 1，则当 PCA 计数器当前值与对应模块的比较/捕捉寄存器相同时，触发相应模块的 CEX 引脚翻转。

PWMn——脉冲宽度调制允许/禁止位。

ECCFn——允许/禁止 CCF 中断。

CCAPMn 寄存器定义的模块工作方式如表 5-4 所示。

表 5-4 PCA 模块工作方式

CCAPMn(n = 0～4) 寄存器位								模块工作方式
—	ECOMn	CAPPn	CAPNn	MATn	TOGn	PWMn	ECCFn	
×	0	0	0	0	0	0	0	无
×	0	1	0	0	0	0	×	16 位捕捉 (CEXn 引脚上升沿触发)
×	0	0	1	0	0	0	×	16 位捕捉 (CEXn 引脚下降沿触发)
×	0	1	1	0	0	0	×	16 位捕捉 (CEXn 引脚上升、下降沿触发)
×	1	0	0	1	0	0	×	16 位软件定时器
×	1	0	0	1	1	0	×	16 位高速输出
×	1	0	0	0	0	1	0	8 位 PWM 输出
×	1	0	0	1	x	0	×	看门狗定时器(模块 4)

5.4.2　PCA 模块初始化步骤

PCA 模块初始化步骤包括：

(1) 初始化 PCA 模式寄存器 CMOD，选择 PCA 计数器计数脉冲源、允许/禁止节电状态下 PCA 计数器计数、禁止/允许 PCA 计数器溢出中断。

(2) 计数初值送 CH/CL，完成 PCA 计数器 CH/CL 的初试化。

(3) 初始化相应模块工作方式寄存器 CCAPMn，选择所需的工作模式。

(4) 初始化相应模块的比较/捕捉寄存器(CCAPnL、CCAPnH)。注意：必须先初始化低 8 位 CCAPnL，后初始化 CCAPnH，否则会关闭模式寄存器 CCAPMn 的 ECOMn 位(或者说完成 CCAPnH 寄存器初始化后，比较器使能控制位 ECOMn 自动置 1)。

(5) 启动 PCA 计数器(即执行“SETB CR”命令，将 CCON 寄存器的 CR 位置 1)。

5.4.3　PCA 模块工作模式

1. 捕捉模式

当 CCAPMn 寄存器的 CAPP(上升沿捕捉)、CAPN(下降沿捕捉)之一为 1，而其他位为 0 时，相应的 PCA 模块就工作于捕捉模式，如图 5-7 所示。

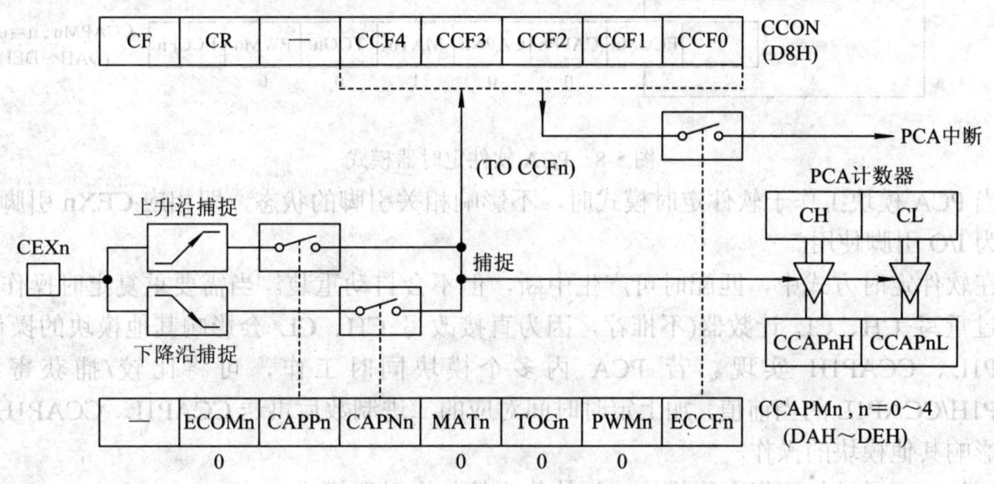

图 5-7　捕捉模式

对于下降沿捕捉来说，当 CEXn 引脚出现高到低电平变化时，将就 PCA 计数器(CH、CL)的当前值分别写入(即捕捉)模块的比较/捕捉寄存器(CCAPnH、CCAPnL)中；对于上升沿捕捉来说，当 CEXn 引脚出现低到高电平变化时，将 PCA 计数器(CH、CL)的当前值捕捉到相应模块的比较/捕捉寄存器(CCAPnH、CCAPnL)中。在发生捕捉时，CCON 寄存器对应的中断标志位 CCFn 自动置 1，如果相应的 CCAPMn 寄存器的 ECCF 位为 1，将产生 PCA 中断请求。

对于捕捉方式来说，可以使用 CEXn 引脚的下降沿触发，也可以使用上升沿触发，或上升沿、下降沿均触发(双触发)方式。

捕捉模式常用于测量 CEXn 引脚上的脉冲周期、两信号相位差等。

2. 软件定时器

当 PCA 模式寄存器 CMOD 的 WDTE 位为 0；而模块模式 CCAPMn 寄存器的 MATn 位为 1(否则匹配时相应 CCFn 位不置 1，无法通过查询或中断方式确定定时时间到)，其他位为 0 时，相应 PCA 模块工作于定时器状态，定时时间由 CH/CL 初值、模块比较/捕捉寄存器 CCAPnH、CCAPnL 决定，如图 5-8 所示。完成比较/捕捉寄存器高 8 位 CCAPnH 装入后，ECOM 位置 1，比较即处于允许状态。当 PCA 计数器 CH/CL 等于模块比较/捕捉寄存器(即发生匹配)时，CCON 寄存器相应标志位 CCFn 即有效，如果 ECCFn 位为 1，将产生 PCA 中断请求。

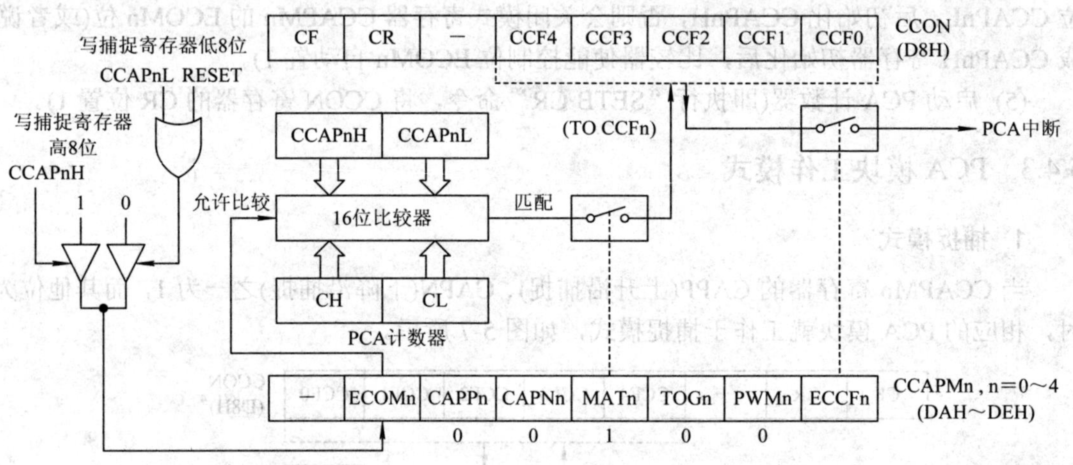

图 5-8 PCA 软件定时器模式

当 PCA 模块工作于软件定时模式时，不影响相关引脚的状态，即相应 CEXn 引脚依然可作为 I/O 引脚使用。

在软件定时方式中，匹配时可产生中断，但不会自动重装。当需要重复定时操作时，可通过重写 CH、CL 计数器(不推荐，因为直接改写 CH、CL 会影响其他模块的操作)或 CCAP1L、CCAP1H 实现。若 PCA 内多个模块同时工作，可将比较/捕获寄存器 CCAP1H/CCAP1L 的当前值，加上定时时间对应的二进制数后再送 CCAP1L、CCAP1H，就不会影响其他模块的操作。

例如，可通过如下指令将模块 1 初始化为软件定时器模式。

```
    MOV CCAPM1, #00001001B    ；MAT1 位为 1，匹配时中断标志置 1；ECCF1 为 1，
                              ；允许模块 1 中断
    ；首次加载指令
    Next_read:
MOV A, CH
    MOV B, CL                 ；首次装入对 CH、CL 进行飞读加载
    CJNE A, CH, Next_read
    XCH A, B
    ADD A, #XXH-zz            ；加上定时时间对应的二进制数 YYXXH
                              ；根据 PCA 时钟频率，减 2 或 6
```

```
MOV CCAP1L, A            ；初始化模块 1 比较捕获寄存器低 8 位
MOV A, B
ADDC A, #YYH
MOV CCAP1H, A            ；初始化模块 1 比较捕获寄存器高 8 位
```

在中断服务程序中加载指令(因为刚匹配过，无需飞读，也不用补偿)

```
MOV A, CCAP1L            ；取模块 1 比较捕获寄存器低 8 位
ADD A, #XXH              ；加上定时时间对应的二进制数据 YYXXH
MOV CCAP1L, A
MOV A, CCAP1H            ；取模块 1 比较捕获寄存器高 8 位
ADDC A, #YYH             ；加上定时时间对应的二进制数据 YYXXH
MOV CCAP1H, A
```

完成 CCAPnH 寄存器初始化后，比较使能控制位 ECOMn 自动置 1。以上两指令顺序不能颠倒，因为在执行“MOV CCAP1L, A”指令时，ECOM1 被硬件清 0，禁止比较器工作。

3. 高速输出模式

高速输出模式也是一种软件定时方式。在软件定时模式中，如果模块控制寄存器 CCAPMn 的 TOG 位为 1，则匹配(定时时间到)时，将触发 CEXn 引脚状态翻转。当 MATn、ECCFn 位为 1 时，触发引脚翻转的同时，将产生 PCA 中断请求，如图 5-9 所示。使用 PCA 模块高速输出模式触发引脚状态翻转获得的定时信号比用软件定时器在中断服务程序中通过“CPL P1.X”指令获得的定时信号要精确得多。

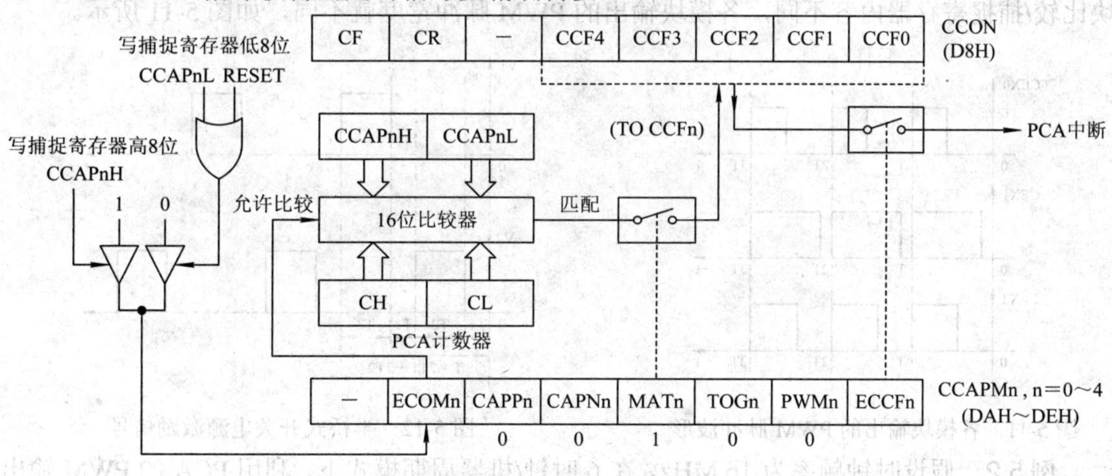

图 5-9　高速输出模式

4. 8 位 PWM 输出

8 位 PWM 输出结构如图 5-10 所示。

当 CCAPMn 寄存器内容为 01000010B(即 42H)时，对应模块工作于 8 位 PWM 输出方式：当 CL(PCA 计数器低 8 位)小于比较/捕捉寄存器低 8 位 CCAPnL 时，对应的 CEXn 引脚输出低电平；当 CL 大于等于比较/捕捉寄存器低 8 位 CCAPnL 时，对应的 CEXn 引脚输出高电平。在 PWM 输出方式中，CL 计数器溢出时，自动将比较/捕捉寄存器高 8 位 CCAPnH

装入比较/捕捉寄存器低 8 位初值 CCAPnL(即溢出时重装新的比较值)。

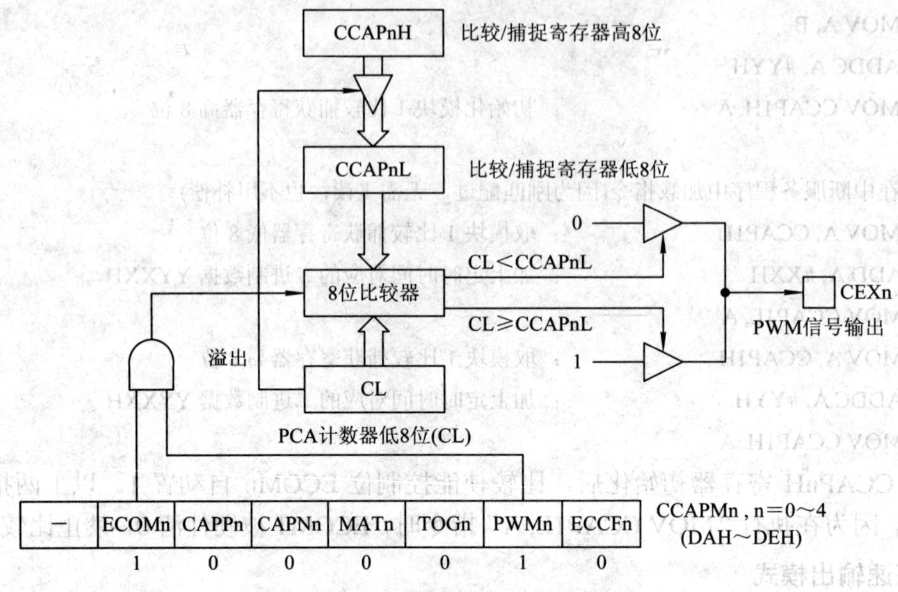

图 5-10　8 位 PWM 输出方式

显然，PWM 脉冲低电平时间为 CCAPnL × PCA 计数器脉冲源周期；PWM 脉冲高电平时间为(256 − CCAPnL) × PCA 计数器脉冲源周期；而 PWM 脉冲周期等于 256 × PCA 计数器脉冲源周期。可见，脉宽比受模块比较/捕捉寄存器低 8 位 CCAPnL 控制，因此称为脉宽调制。

由于 5 个模块共用同一计数器，因此各模块输出的 PWM 脉冲的周期相同，但只要各模块比较/捕捉寄存器内容不同，各模块输出的 PWM 脉冲宽度就不同，如图 5-11 所示。

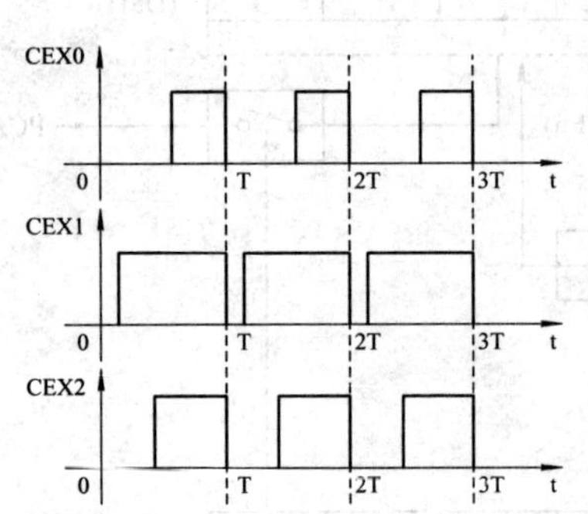

图 5-11　各模块输出的 PWM 脉冲波形

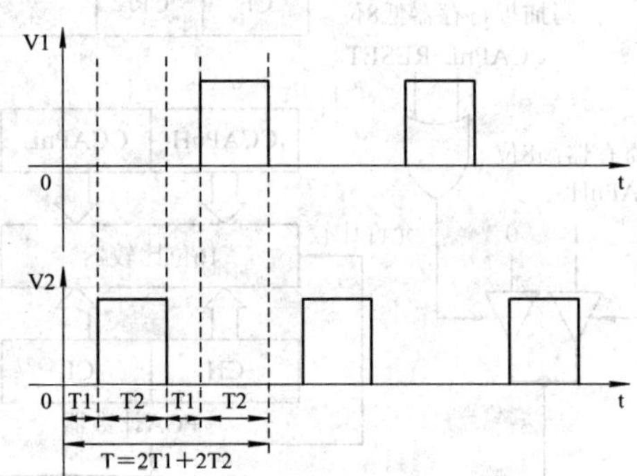

图 5-12　半桥式开关电源激励信号

例 5.2　假设时钟频率为 16 MHz，在 6 时钟/机器周期模式下，利用 PCA 的 PWM 输出模式产生如图 5-12 所示半桥式脉冲宽度调制变换器开关电源所需激励信号。

分析：在半桥式开关电源中，两开关管交替导通，为了防止两管同时导通造成过流损坏，要求两管同时截止 3～5 μs，如图 5-12 中的 T1 时间。激励信号脉宽为 T2，周期 T = 2T1 + 2T2。控制 T2、T1 时间相对长短即可控制输出电压的大小：当输出电压偏低时，T2 增加，T1 减小；反之，当输出电压偏高时，T2 减小，T1 增加。

由于 PCA 中 5 个模块共用同一 PCA 计数器，只用两个模块无法获得图 5-12 所示激励信号，可以使用三个模块：其中模块 0 输出脉冲低电平时间为 2T1 + T2，高电平时间为 T2；

模块 1 输出脉冲低电平时间为 T1，高电平时间为 T1 + 2T2；模块 2 输出脉冲低电平时间为 T1 + T2，高电平时间为 T1 + T2(即模块 2 输出方波)，如图 5-11 所示。这样模块 0 输出信号就是 V1；而 $V2 = \overline{CEX0} \cdot CEX1 \cdot \overline{CEX2}$，如图 5-13 所示，其反相信号 $\overline{V1}$、$\overline{V2}$ 可直接作为与激励变压器初级绕组相连的三极管基极驱动信号。

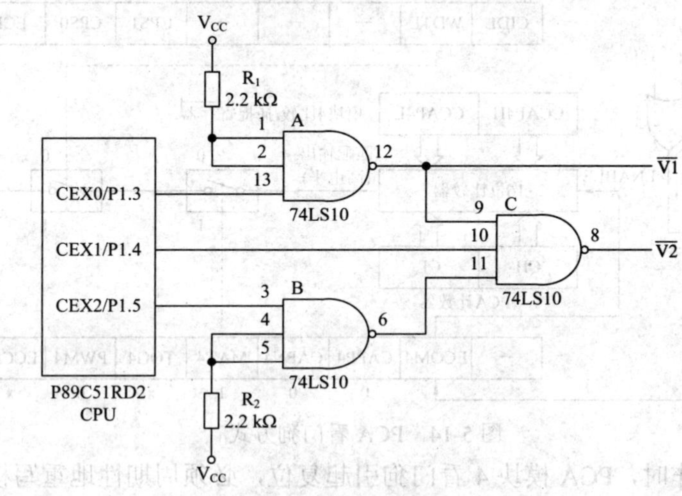

图 5-13　利用 P89C51RX 脉宽调制获得的半桥式开关电源激励信号

参考程序如下：

```
; PCA 初始化
    MOV CMOD, #00000010B      ; CIDL = 0，节电状态下停止 PCA 计数；计数脉冲频率为 fosc/2，
                              ; 即 8 MHz；禁止 PCA 溢出中断。PWM 周期为 256 × 0.125 μs，
                              ; 即 32 μs，频率为 31.25 kHz
    MOV CH, #00H
    MOV CL, #00H
    MOV CCAP0L, #50H          ; 假设正常情况下，T2 = 10 μs，即初值为 80
    MOV CCAP0H, #50H
    MOV CCAP1L, #30H          ; 假设正常情况下，T1 = 6μs，即初值为 48
    MOV CCAP1H, #30H
    MOV CCAP2L, #80H          ; 模块 2 输出方波，初值固定为 128
    MOV CCAP2H, #80H
    MOV CCAPM0, #42H          ; PCA 模块 0 工作于 PWM 模式
    MOV CCAPM1, #42H          ; PCA 模块 1 工作于 PWM 模式
    MOV CCAPM2, #42H          ; PCA 模块 2 工作于 PWM 模式
    SETB CR                   ; 启动 PCA 计数器
```

5. 看门狗模式

如果 PCA 模式寄存器 CMOD 的 WDTE 位为 1，且模块 4 的模式寄存器 CCAMP4 为 01001x0xB 时，则模块 4 工作于看门狗状态，如图 5-14 所示，可见看门狗模式也是一种软件定时方式，只是溢出后将触发 CPU 内部复位操作。将初值写入模块 4 比较/捕捉寄存器高

8 位后，模块 4 的模式寄存器 CCAPM4 的 ECOM4 位即为 1(允许比较)，看门狗定时器就开始工作：当 PCA 计数器等于模块 4 的比较/捕捉寄存器时，高电平的匹配输出信号将触发 CPU 内部复位操作(与硬件看门狗 WDT 不同，PCA 模块 4 看门狗仅引起 CPU 内部复位，但不将 CPU 的复位引脚 RST 置高电平)。

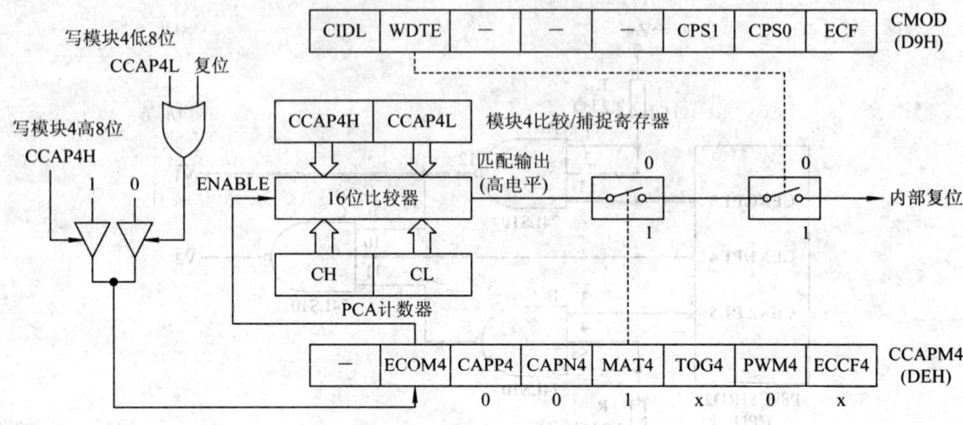

图 5-14 PCA 看门狗方式

为防止正常操作时，PCA 模块 4 看门狗引起复位，必须周期性地重写模块 4 的比较/捕捉寄存器的初值，使模块 4 的比较/捕捉寄存器与 PCA 计数器不等(尽管周期性重写 PCA 计数器初值，同样达到 PCA 计数器与模块 4 比较/捕捉寄存器不等的目的，但这势必会影响其他模块的工作，因为 5 个模块共用同一计数器 CH/CL，除非只使用了 PCA 模块 4 的看门狗功能)。

通过如下指令初始化 PCA 模块 4，使其工作于看门狗模式：

```
MOV CCAPM4, #00001000B    ；模块 4 模式寄存器 CCAPM4 的 MAT 位为 1
MOV CCAP4L, #0FFH         ；先初始化模块 4 比较寄存器低 8 位
MOV CCAP4H, #0FFH         ；初始化模块 4 比较寄存器高 8 位，同时自动将 CCAPM4 的
                          ；ECOM 位置 1，使能比较器
ORL CMOD, #40H            ；将 CMOD 的 WDTE 位置 1，允许看门狗工作。
```

下面是在主程序中重写模块 4 捕捉/比较寄存器 CCAP4H、CCAP4L 以防止 PCA 看门狗复位的子程序。

```
PCAWDT:
CLR EA                    ；先禁止中断，防止重写模块 4 捕捉/比较寄存器时产生中断
MOV CCAP4L, #00H          ；把 00H 写入 CCAP4L
MOV CCAP4H, CH            ；把 PCA 计数器当前值高位 CH 写入 CCAP4H
SETB EA                   ；开中断
RET                       ；返回
```

由于 PCA 计数器不停，主程序调用该子程序后，PCA 计数器一定略大于模块 4 的捕捉/比较寄存器，因此只要主程序以略小于 PCA 溢出周期调用该子程序就能防止 PCA 看门狗触发 CPU 复位。

但必须注意不能在定时器中断服务程序内调用上面的子程序，因为即使热冲击、干扰等原因引起 PC“走飞”，造成系统瘫痪后，仍可能响应定时中断，使 PCA 看门狗不能触发

复位操作，恢复系统运行。

5.5 P89C51RX 系列中断控制系统

P89C51RX 系列中断控制系统与增强型 MCS-51 相同，但由于 P89C51RX 系列内嵌了 PCA 计数阵列，因此 P89C51RX 系列具有 7 个中断源(6 个增强型 MCS-51 中断源+PCA 中断源)。P89C51RX 系列使用增强型 MCS-51 中断控制寄存器 IE、中断优先级控制寄存器 IP 和 IPH 中的保留位分别作为 PCA 中断允许位和优先级控制位，PCA 中断入口地址规定为 0033B。即在 P89C51RX 系列中 IE 寄存器的 b6 位是 PCA 中断允许/禁止控制位，IP、IPH 的 b6 位是 PCA 中断优先级控制位，如图 5-15 所示。

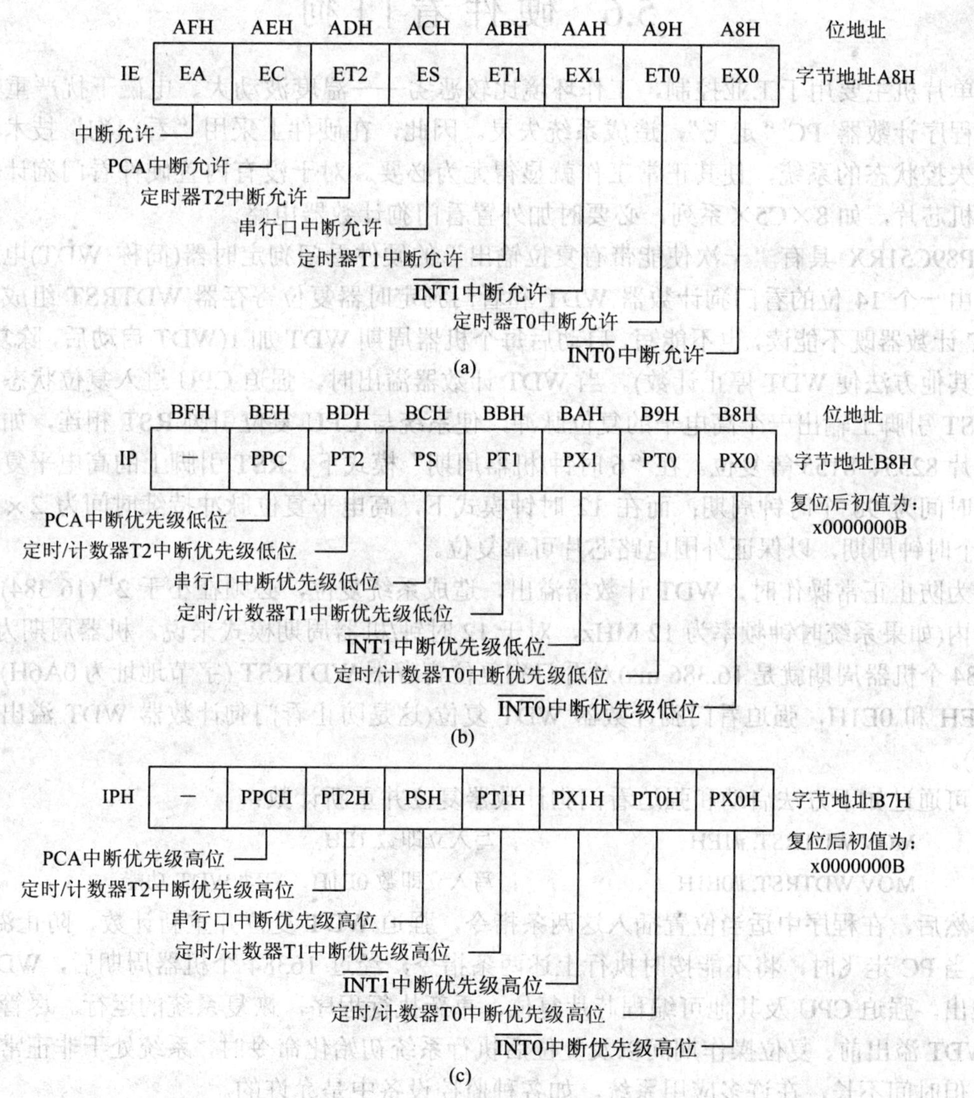

图 5-15 P89C51RX 中断控制寄存器 IE 及优先级 IP、IPH
(a) 中断控制寄存器 IE；(b) 中断优先级 IP；(c) 中断优先级高位 IPH

在同优先级中断中，硬件查询顺序如下：

中断源	入口地址
外中断 $\overline{INT0}$	0003H
定时器 T0 溢出中断	000BH
外中断 $\overline{INT1}$	0013H
定时器 T1 溢出中断	001BH
PCA 计数器中断	0033H
串行口中断	0023H
定时器 T2 中断	002BH

5.6 硬件看门狗

单片机主要用于工业控制，工作环境比较恶劣——温度波动大、电磁干扰严重，容易引起程序计数器 PC“走飞”，造成系统失灵。因此，在硬件上采用“看门狗”技术，复位处于失控状态的系统，使其正常工作就显得尤为必要。对于没有内置硬件看门狗计数器的单片机芯片，如 8×C5×系列，必要时加外置看门狗计数器电路。

P89C51RX 具有“一次使能带有复位输出”的硬件看门狗定时器(简称 WDT)电路，它主要由一个 14 位的看门狗计数器 WDT 和看门狗定时器复位寄存器 WDTRST 组成。其中 WDT 计数器既不能读，也不能写，启动后每个机器周期 WDT 加 1(WDT 启动后，除复位外，没有其他方法使 WDT 停止计数)。当 WDT 计数器溢出时，强迫 CPU 进入复位状态，同时在 RST 引脚上输出一个高电平的复位脉冲，使系统与 CPU 复位引脚 RST 相连，如并行接口芯片 8255、8155 等复位。在“6 时钟/机器周期”模式下，RST 引脚上的高电平复位脉冲持续时间为 98 个时钟周期；而在 12 时钟模式下，高电平复位脉冲持续时间为 2×98，即 196 个时钟周期，以保证外围电路芯片可靠复位。

为防止正常操作时，WDT 计数器溢出，造成系统复位，必须在小于 2^{14}(16 384)个机器周期内(如果系统时钟频率为 12 MHz，对于 12 时钟/机器周期模式来说，机器周期为 1 μs，16 384 个机器周期就是 16.386 ms)对看门狗复位寄存器 WDTRST (字节地址为 0A6H)顺序写入 1EH 和 0E1H，强迫看门狗计数器 WDT 复位(这是防止看门狗计数器 WDT 溢出的惟一方法)。

可通过如下方法启动和强迫看门狗计数器复位并重新计数：

```
MOV WDTRST, #1EH          ; 写入立即数 1EH
MOV WDTRST, #0E1H         ; 写入立即数 0E1H，启动 WDT 功能
```

然后，在程序中适当位置插入这两条指令，强迫 WDT 复位并重新计数，防止溢出。

当 PC 走飞时，将不能按时执行上述两条指令，经过 16384 个机器周期后，WDT 计数器溢出，强迫 CPU 及其他可编程芯片复位，重新执行程序，恢复系统的运行。尽管在走飞到 WDT 溢出前、复位操作期间以及复位后执行系统初始化命令时，系统处于非正常工作状态，但时间不长，在许多应用系统，如各种监控设备中是允许的。

由于在掉电模式下，系统时钟停止输出，因此 WDT 计数器也停止计数，不会产生匹配。对于采用增强型 MCS-51 内核芯片来说，硬件复位或外中断均能使 CPU 退出掉电状态。当

通过复位方式退出掉电状态时，无须考虑 WDT 溢出，原因是复位后 WDT 也被复位。但对于通过外中断退出掉电状态来说，必须保证退出掉电状态后的几个机器周期内 WDT 不会溢出，而触发 CPU 复位。为此，可在进入掉电状态前和掉电中断服务程序中执行上述两条指令，强迫 WDT 复位并重新计数，这样至少要经过 16 384 个机器周期后，WDT 才溢出，以便 CPU 有足够时间执行掉电中断服务程序。

如：

```
    ……
    MOV WDTRST, #1EH        ; 写入立即数 1EH
    MOV WDTRST, #0E1H       ; 写入立即数 0E1H，强迫 WDT 重新计数
    ORL PCON, #02H          ; 使 PCON 寄存器的 PD 位为 1，强迫机器进入掉电状态
```

由于在节电状态下，系统时钟电路仍在工作，即 WDT 计数器仍在计数，为防止 WDT 溢出复位 CPU，在进入节电模式前除了执行写 WDTRST 寄存器外，还需启动一个定时器(定时时间小于 16 384 个机器周期)，在定时器中断服务程序中执行写 WDTRST 寄存器命令，使 WDT 计数器复位，然后再进入节电状态，例如：

```
    ……
    MOV WDTRST, #1EH        ; 写入立即数 1EH
    MOV WDTRST, #0E1H       ; 写入立即数 0E1H，强迫 WDT 重新计数
    ANL TMOD, #0F0H
    ORL TMOD, #01H          ; 这里用定时器 T0 作为节电状态下重写 WDTRST 寄存器的定
                            ; 时器，工作在方式 1，软件启动
    MOV TLO, #80H
    MOV THO, #0C1H          ; 假设晶振频率为 12 MHz，在 12 时钟模式下，为保险起见将
                            ; 定时器 T0 溢出时间设为 16.0 ms，因此对应的初值为 0C180H
    SETB ET0                ; 允许定时器 T0 中断
    SETB EA                 ; 开中断
    SETB TR0                ; 启动定时器 T0
    ORL PCON, #01H          ; 将 PCON 寄存器 IDL 位置 1，使 CPU 进入节电状态
```

定时器 T0 中断服务程序：

```
TIME0:
    PUSH PSW
    MOV TLO, #80H
    MOV THO, #0C1H          ; 重装初值
    MOV WDTRST, #1EH        ; 写入立即数 1EH
    MOV WDTRST, #0E1H       ; 写入立即数 0E1H，强迫 WDT 复位并重新计数
    ORL PCON, #01H          ; 将 PCON 寄存器 IDL 位置 1，使 CPU 再进入节电状态
    POP PSW
    RETI
```

但必须在其他中断服务程序中关闭节电重写 WDTRST 寄存器的定时器 T0，避免正常运行状态下响应 T0 中断造成 WDT 失效。

可见，硬件看门狗和 PCA 模块 4 看门狗各有优缺点：硬件看门狗溢出不仅触发 CPU 复位，同时在 RST 引脚输出高电平复位脉冲，这适合于系统含有需要同步复位的其他外设芯片，但硬件看门狗定时时间短(仅为 16 384 个机器周期)，且不可变。

PCA 模块 4 看门狗定时时间与 PCA 计数脉冲周期、捕捉/比较寄存器 CCAP4H、CCAP4L 初值有关，选择不同的初值即可获得不同的定时时间，灵活性大，但缺点是 PCA 模块 4 看门狗仅能复位 CPU，不输出复位脉冲，这适合于系统中没有需要同步复位的外设芯片(当然可通过软件延迟方式，使用 CPU 某一 I/O 引脚输出单脉冲信号，作为系统内其他芯片的复位信号)。

5.7　SST 公司 SST89E(V)RD 及 SST89C5XRD2 系列芯片

1. SST89E(V)系列芯片特点

SST(Silicon Storage Technology)公司 SST89E(V)系列 80C51 内核芯片包括了 SST89E554RC、SST89V554RC、SST89E564RD、SST89V564RD、SST89E554A 以及 SST89E(V)5XRD/RD2 系列芯片，与 Philips、ATMEL 公司的 89C51RX 系列兼容性好(内置的 5 模块可编程计数器阵列 PCA 与 P89C51RX 系列完全兼容)，但功能更强(功能及技术指标与 Philips 公司的 P89V51RD2、P89LV51RD2 相似)，价格更低。

主要差别如下：

(1) 大部分型号集成了 SPI 总线接口。

(2) 硬件看门狗溢出时间可调(而 P89C51RX 系列内置的硬件看门狗属于“一次使能复位输出”，溢出时间不可调)。

(3) 提供软件复位功能，并内置了掉电检测电路(而 P89C51RX 系列只有上电检测电路)。

(4) 程序存储器结构略有不同，将程序存储器分为两大块，即 Block0 和 Block1。支持 ISP 和单字节写入的 IAP 编程，理论上可作 E^2PROM 存储器使用。但由于程序存储器只支持扇区(容量为 128 字节)擦除，没有单字节擦除功能，因此当需要重写扇区内任一已编程字节时，先将该扇区内所有字节读到内部扩展 RAM 中，修改后，执行扇区擦除操作，再整体写入。换句话说，需采用“读—改—擦除—写入”方式完成。

(5) 预置了 ISP 编程引导指令码，通过 PC 串行口即可实现代码下载，无须专用编程器。芯片出厂前已将 ISP 编程引导指令码写入 Block1 块的前 4K(旧型号为前 2 KB)空间内。因此，最好不要擦除 Bolck1 的前 4 KB 代码，以免失去 ISP 编程功能(意外删除 ISP 编程引导码后，只能通过并行编程器重新写入)。

(6) SST89E 系列所有型号芯片均集成了 768 字节的 ERAM，读写方式与 P89C51RX 相同。

2. SST89E(V)系列不同型号芯片之间的差异

SST89E554A、SST89E(V)5XRD、SST89E(V)5XRD2 系列(包括了 SST89E(V)52RD/RD2、SST89E(V)54RD/RD2、SST89E(V)58RD/RD2、SST89E(V)516 RD/RD2 等芯片)与 SST89E(V)564RD、SST89E(V)554RC 完全兼容，可直接替换相同存储器容量的 SST89E(V)系列芯片，彼此之间区别在于：

PLCC 及 44-lead TQFP 封装的 SST89C5XRD2 系列芯片提供了一个 4 位的 P4 口(P4.3～P4.0)及两个外部输入端($\overline{\text{INT2}}$、$\overline{\text{INT3}}$)，因此 SST89C5XRD2 系列芯片中断源总数为 10 个。而 SST89E(V)5XRD 系列没有 P4 口，即 SST89E(V)58RD 与 SST89E(V)554RC、SST89E(V)516RD 与 SST89E(V)564RD 相同。

DIP、PLCC 封装引脚排列如图 5-16 所示。

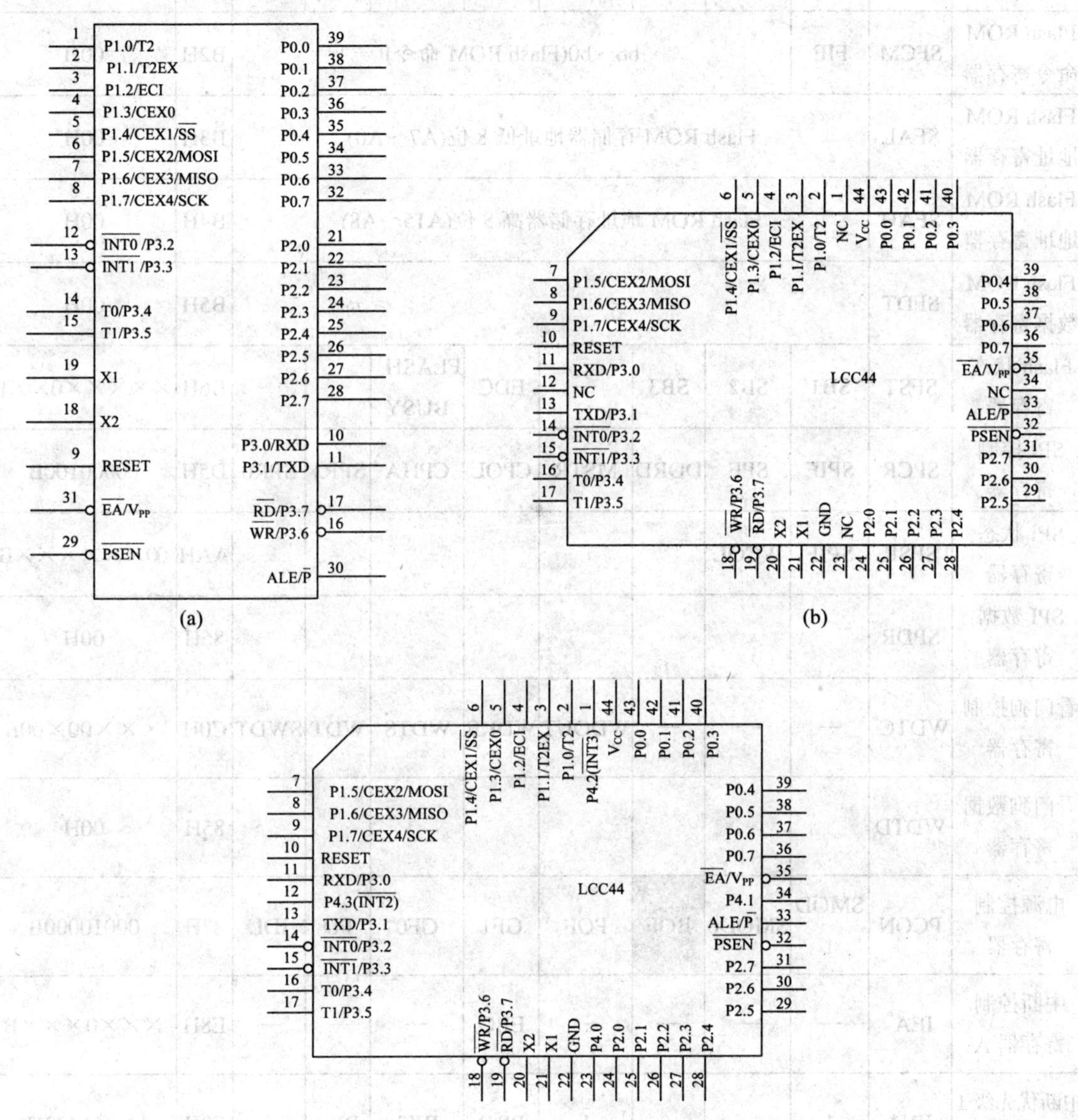

图 5-16　SST89E(V)系列芯片引脚排列

(a) DIP；(b) SST89E554/564(PLCC-44)；(c) SST89E5XRD2(PLCC-44)

3. SST89E(V)系列新增特殊功能寄存器(位)

为方便查阅、使用，表 5-5 列出 SST89E(V)系列新增的特殊功能寄存器及寄存器位。

表 5-5　SST89E(V)系列新增特殊功能寄存器及寄存器位

SFR寄存器名	符号	位地址/位定义名								字节地址	复位后初值
		b7	b6	b5	b4	b3	b2	b1	b0		
Flash ROM 配置寄存器	SFCF	—	IAPEN		—	—	—	SWR	BSEL	B1H	×0×××××B
Flash ROM 命令寄存器	SFCM	FIE	b6～b0(Flash ROM 命令)							B2H	00H
Flash ROM 地址寄存器	SFAL	Flash ROM 存储器地址低 8 位(A7～A0)								B3H	00H
Flash ROM 地址寄存器	SFAH	Flash ROM 地址存储器高 8 位(A15～A8)								B4H	00H
Flash ROM 数据寄存器	SFDT									B5H	00H
Flash 状态寄存器	SFST	SB1	SB2	SB3	—	EDC	FLASH_BUSY	—	—	B6H	××××0××B
SPI 控制寄存器	SPCR	SPIE	SPE	DORD	MSTR	CPOL	CPHA	SPR1	SPR0	D5H	00000100B
SPI 状态寄存器	SPSR	SPIF	WCOL							AAH	00××××××B
SPI 数据寄存器	SPDR									86H	00H
看门狗控制寄存器	WDTC*	—	—	—	WDOUT	WDRE	WDTS	WDT	SWDT	C0H	×××00×00B
看门狗数据寄存器	WDTD									85H	00H
电源控制寄存器	PCON	SMOD1	SMOD0	BOF	POF	GF1	GF0	PD	IDL	87H	00010000B
中断控制寄存器 A	IEA*	—	—	—	—	EBO	—	—	—	E8H	×××0×××B
中断优先级 1 低 8 位	IP1*	1	—	—	1	PBO	PX3	PX2	1	F8H	1××10001B
中断优先级 1 高 8 位	IP1H	1	—	—	1	PBOH	PX3H	PX2H	1	F7H	1××10001B
外中断 2、3 控制寄存器	XICON	—	EX3	IE3	IT3	—	EX2	IE2	IT2	AEH	00H
P4 口寄存器	P4	1	1	1	1	P4.3	P4.2	P4.1	P4.0	A5H	FFH

说明：

(1) 带“＊”寄存器具有位寻址功能。

(2) 带灰色背景寄存器是 SST89E554A、SST89E5XRD2 系列新增的特殊功能寄存器。

(3) 在 PCON 寄存器中，除新增的 BOF 位外，其他位含义与 P89C51RX 系列相同。

(4) 与 P89C51RX 系列特殊寄存器(参见表 5-3)相比，SST 系列没有时钟控制寄存器 CKCON(即 SST 时钟选择在 Flash ROM 存储器中)、看门狗复位寄存器 WDTRST(因为 SST89E 系列看门狗计数器与 P89C51RX 系列不兼容，有专用的看门狗控制寄存器)。

(5) SST89E 系列辅助功能寄存器 AUXR1 的 b5 位没有定义。

5.7.1　SST89E(V)系列程序存储器结构及映像

SST89E(V)564RD、SST89E(V)554RC、SST89E554A、SST89E(V)5XRD2 芯片 Flash ROM 程序存储器由 Block0(64KB/32KB/16KB/8KB)和 Block1(8KB)组成，支持 ISP 及单字节写入的 IAP 编程方式，可作数据存储器使用。每个存储器块被分成若干扇区，每扇区容量为 128 字节。

对 SST89E(V)564RD、SST89E(V)516RD2 芯片来说，程序存储器实际容量为 72 KB，其中 Block0 容量为 64 KB，物理地址为 0000～FFFFH；Block1 容量为 8 KB，物理地址为 10000～11FFFH。但因 PC 指针只有 16 位，最大寻址范围为 64 KB，这就涉及到存储器 Block0、Block1 重定位问题。

对 SST89E(V)554RC、SST89E(V)554A、SST89E(V)58RD2 芯片来说，程序存储器实际容量为 48 KB，其中 Block0 容量为 32 KB，物理地址为 0000～7FFFH；Block1 容量为 8 KB，物理地址为 E000～FFFFH。

对 SST89E(V)54RD2 芯片来说，程序存储器实际容量为 24 KB，其中 Block0 容量为 16 KB，物理地址为 0000～3FFFH；Block1 容量为 8 KB，物理地址为 E000～FFFFH。

对 SST89E(V)52RD2 芯片来说，程序存储器实际容量为 16KB，其中 Block0 容量为 8 KB，物理地址为 0000～1FFFH；Block1 容量为 8 KB，物理地址为 E000～FFFFH。

当 Block0 容量小于 64 KB 时，尽管 Block1 在 PC 指针寻址范围内，但同样允许存储器 Block0、Block1 重定位。

在 SST89E(V)系列单片机芯片中，与程序存储器有关的特殊功能寄存器如表 5-6 所示。

表 5-6　与 Flash ROM 存储器有关特殊功能寄存器

SFR 寄存器名	符号	位地址/位定义名								字节地址	复位后初值
		b7	b6	b5	b4	b3	b2	b1	b0		
Flash ROM 配置寄存器	SFCF	—	IAPEN		—	—	—	SWR	BSEL	B1H	×0××××××B
Flash ROM 命令寄存器	SFCM	FIE	b6～b0(Flash ROM 命令)							B2H	00H
Flash ROM 地址寄存器	SFAL	低 8 位地址 A7～A0								B3H	00H
Flash ROM 地址寄存器	SFAH	高 8 位地址 A15～A8								B4H	00H
Flash ROM 数据寄存器	SFDT									B5H	00H
Flash ROM 状态寄存器	SFST	SB1	SB2	SB3	—	EDC	FLASH_BUSY	—	—	B6H	×××××0××B

其中：

Flash ROM 配置寄存器 SFCF 各位含义如下：

IAPEN(Enable IAP operation)是 IAP 操作开关。当 IAPEN 为 1 时，允许 IAP 编程操作；反之禁止 IAP 操作。

BSEL(Program memory block switching)是存储器块切换开关。

SWR(Software Reset)，即软件复位。当通过软件(如 ORL SFCF, #02H)方式将 SWR 位置 1 时，将产生软件复位操作——PC 指针置为 0000H、重新初始化除 SFCF[1] (SWR)、WDTC[2](WDTS)外所有特殊功能寄存器位(但不改变内部 RAM)。

复位后，Flash ROM 配置寄存器 SFCF 的 b1、b0(为叙述方便常用寄存器名[位编号]表示，如 SFCF 的 b1、b0 位用 SFCF[1,0])初值由硬件配置位 SC1、SC0(这两位内容只能通过编程方式设置)决定，如表 5-7、5-8 所示。

表 5-7 SST89E(V)544、SST89E554A、SST89E(V)52RD2、SST89E(V)54RD2、SST89E(V)58RD2 复位后 Flash ROM 配置寄存器 SFCF[1，0]内容

存储器块地址定位配置位		复位后 SFCF[1，0]位内容		
SC1	SC0	外部复位、上电复位	看门狗计数器溢出复位、掉电复位	软件复位
1(未编程)	1(未编程)	00(缺省值)	X0	10
1(未编程)	0(已编程)	01	X1	11
0(已编程)	1(未编程)	10	10	10
0(已编程)	0(已编程)	11	11	11

表 5-8 SST89E(V)564、SST89E(V)516RD2 复位后 Flash ROM 配置寄存器 SFCF[1，0]内容

存储器块地址定位配置位	复位后 SFCF[1，0]位内容		
SC0	外部复位、上电复位	看门狗计数器溢出复位、掉电复位	软件复位
1(未编程)	00(缺省值)	X0	10
0(已编程)	01	X1	11

由此可见，复位后 SFCF[0](即 BESL)位内容由 SC0 硬件配置位确定；SFCF[1](即 SWR)位内容由 SC1 硬件配置位确定。

当然也可以在运行中，重新设置 SFCF[0](即 BESL)、SFCF[1](即 SWR)位内容。

SFCF[1,0] 位状态编码决定了存储器块 Block0、Block1 在程序存储器地址空间分配，如图 5-17、5-18、5-19、5-20 所示。

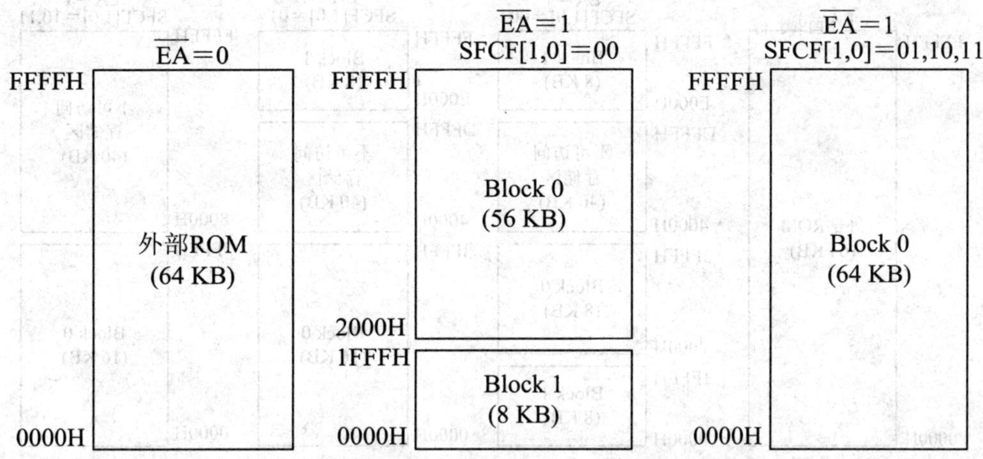

图 5-17　SST89E(V)564RD、SST89V564RD2 存储器结构

当 $\overline{EA}$=1(即 $\overline{EA}$ 引脚接高电平，通常如此)、SFCF[1,0]为 00 时，Block1 被定位在程序存储器的低 8 KB 地址空间(0000H～1FFFH)内，覆盖了 Block 0 块的前 8 KB。这意味着当程序计数器 PC 指针小于 2000H 时，将从 Block1 取指，而当 PC 指针大于 2000H 时，自动切换到 Block0。在这种情况下，当程序计数器 PC 指针小于 2000H 时，允许通过 IAP 编程方式对 Block0 块 2000H 单元后进行擦除、编程操作；当程序计数器 PC 指针大于 2000H 时，允许通过 IAP 编程方式对 Block 1 所有单元后进行擦除、编程操作。

当 $\overline{EA}$ = 1、SFCF[1,0] 为 01、10、11 时，PC 指针不能访问 Block1 存储器块，只能通过 IAP 编程方式对 Block 1 进行操作。

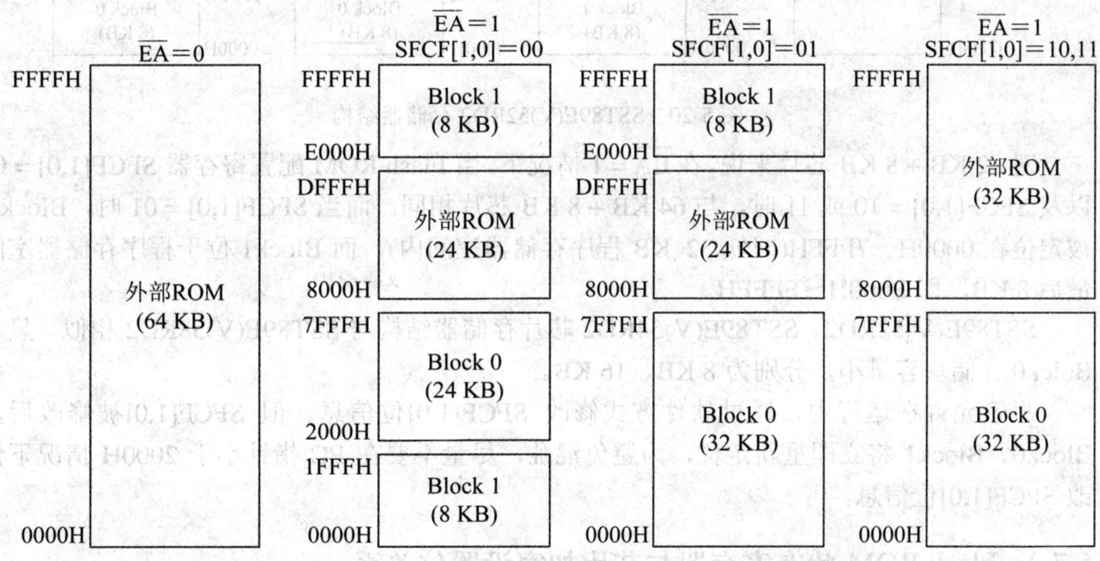

图 5-18　SST89E(V)554RC、SST89E(V)58RD2 存储器结构

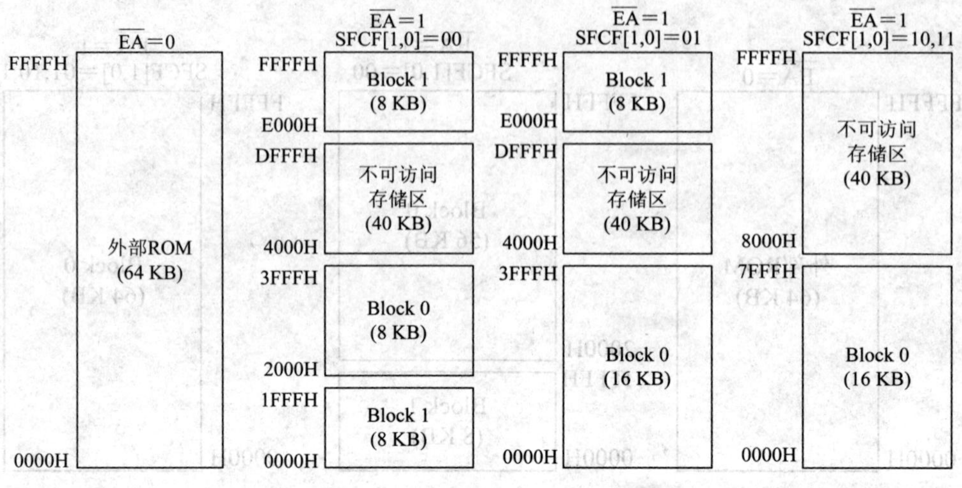

图 5-19　SST89E(V)54RD2 存储器结构

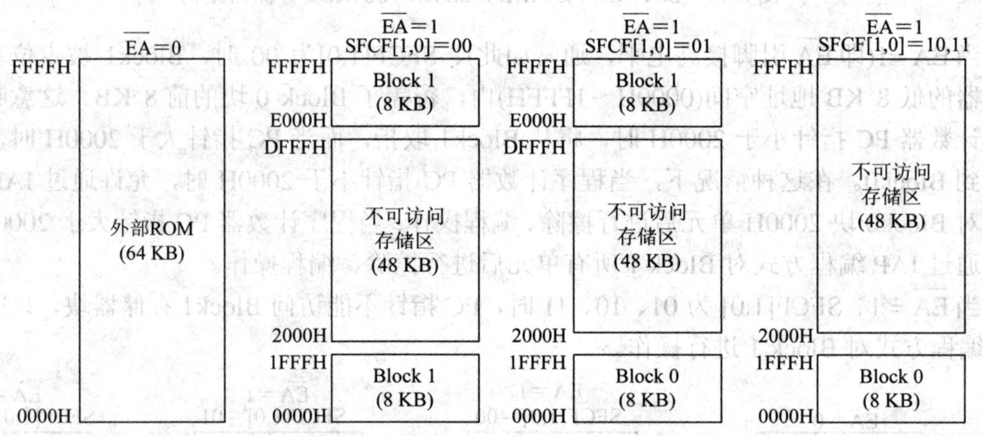

图 5-20　SST89E(V)52RD2 存储器结构

对 32 KB + 8 KB 芯片来说，在 $\overline{EA}$ = 1 情况下，当 Flash ROM 配置寄存器 SFCF[1,0] = 00 以及 SFCF[1,0] = 10 或 11 时，与 64 KB + 8 KB 芯片相同。而当 SFCF[1,0] = 01 时，Block 0 被定位在 0000H～7FFFH(即低 32 KB 程序存储器空间内)，而 Block1 位于程序存储器空间最后 8 KB，即 E000H～FFFFH。

SST89E(V)52RD2、SST89E(V)54RD2 芯片存储器结构与 SST89E(V)58RD2 相似，只是 Bolck0 存储块容量小，分别为 8 KB、16 KB。

尽管允许在运行中，通过软件方式修改 SFCF[1,0]位信息。但 SFCF[1,0]被修改后，Block0、Block1 将立即重新定位，为避免混乱，尽量不要在 PC 指针小于 2000H 情况下修改 SFCF[1,0]位信息。

5.7.2　Flash ROM 状态寄存器与芯片加密设置位关系

Flash ROM 状态寄存器 SFST 是只读寄存器，相当于 Philips 公司 P89C51RX 系列芯片的配置寄存器，只能通过编程方式(并行编程或 IAP)修改。

其中 SB1～SB3 是存储器块 Block0、Block1 加密位映像信息，例如当加密位 SB1 被编程后，SFST[7]位为 1，这样即可通过状态寄存器 SFST 了解存储器块加密的状况。

EDC(Double Clock Status)是双时钟选择映像位，通过编程方式选择双时钟模式时，EDC 为 1，作用类似于 P89C51RX 系列的 FX2 位。

FLASH BUSY 是 Flash ROM IAP 编程操作状态指示位。当该位为 1 时，表示编程操作尚未完成，处于忙状态。

Flash ROM 状态寄存器(SFST)的 SB1～SB3 位编码确定了 Flash ROM 中代码的安全状态，如表 5-9 所示。

表 5-9　加密位设置及加密状态

<table>
<tr><th rowspan="2">安全级别</th><th colspan="4">加密位 SB1～SB3 状态(U 表示未编程；P 表示已编程)</th><th colspan="2">存储器块锁定状态</th><th rowspan="2">说　明</th></tr>
<tr><th>SB1</th><th>SB2</th><th>SB3</th><th>SFST[7,5]</th><th>Block 1</th><th>Block 0</th></tr>
<tr><td>1</td><td>U</td><td>U</td><td>U</td><td>000</td><td>未锁</td><td>未锁</td><td>未加密，允许所有操作</td></tr>
<tr><td>2</td><td>P</td><td>U</td><td>U</td><td>100</td><td>软件锁</td><td>软件锁</td><td>禁止外部程序通过“MOVC”指令读</td></tr>
<tr><td rowspan="5">3</td><td>U</td><td>P</td><td>U</td><td>010</td><td>软件锁</td><td>软件锁</td><td>禁止外部程序通过“MOVC”指令读及校验操作；在 Block 0 执行代码时，可通过 IAP 方式对 Block 1 编程，反之亦然</td></tr>
<tr><td>P</td><td>P</td><td>U</td><td>110</td><td rowspan="2">硬件锁</td><td rowspan="2">软件锁</td><td rowspan="2">禁止外部程序通过“MOVC”指令读及校验操作；在 Block 1 执行代码时，可通过 IAP 方式对 Block 0 编程。Block 1 的 IAP 编程被禁止(因为 Block 1 处于硬件锁定状态)</td></tr>
<tr><td>U</td><td>U</td><td>P</td><td>001</td></tr>
<tr><td>U</td><td>P</td><td>P</td><td>011</td><td rowspan="2">硬件锁</td><td rowspan="2">硬件锁</td><td rowspan="2">禁止外部程序通过“MOVC”指令读及校验操作。禁止 IAP 编程(因为 Block 1、Block 0 均处于硬件锁定状态)</td></tr>
<tr><td>P</td><td>U</td><td>P</td><td>101</td></tr>
<tr><td>4</td><td>P</td><td>P</td><td>P</td><td>111</td><td>硬件锁</td><td>硬件锁</td><td>安全级别最高，除了具备安全级别 3 的硬件锁定特征外，复位期间不理会 EA 引脚的电平状态，只执行 Flash ROM 中的代码</td></tr>
</table>

由此可见：

(1) SB1～SB3 中任一位被编程，就禁止外部程序存储器中的“MOVC”指令读 Flash ROM 中的代码。

(2) 处于硬件锁定状态下的存储器块(Bolck1 或 Block0)的 IAP 编程方式被禁止。

(3) 为保证程序代码不被非法读出，可将 SB1～SB3 位编程为 UPU 状态(即 Block1 和 Block0 均处于软件锁定状态的安全级 3)，两块的 IAP 编程均处于允许状态，根据需要可对其中任一块进行 IAP 编程，灵活性大。不足之处是 PC 指针“走飞”时有可能执行非法的 IAP 编程操作破坏系统代码。

当 SB1～SB3 位编程为 PPU 或 UUP 状态时，Block1 处于硬件锁定状态，而 Block0 处于软件锁定状态，允许通过 IAP 方式对 Bolck0 编程。这适合于关键程序代码位于 Block1 中，可根据需要对 Block0 进行 IAP 编程。

5.7.3 Flash ROM IAP 编程

1. IAP 编程操作初始化

在 SST89E564RD、SST89E554RC 及 SST89E554A 芯片中，允许通过 IAP 方式对芯片、块、扇区、字节、硬件配置位进行擦除及编程操作，其过程如下：

(1) 允许 IAP 操作，即通过“ORL SFCF, #40H”，将 Flash ROM 配置寄存器 SFCF 的 IAP 位置 1。

允许 IAP 进入编程的条件是：对于 PLCC 及 PQFP 封装芯片来说，DISIAPL 引脚处于悬空(对 SST89E(V)564RD、SST89E(V)554RC)、对应存储器块不处在硬件锁定状态。

(2) 初始化 Flash ROM IAP 编程地址寄存器 SFAH 和 SFAL，即将 Flash ROM 单元高、低地址(即目标地址)送地址寄存器 SFAH、SFAL。编程数据送 Flash ROM 数据寄存器 SFDT。

(3) 控制命令及操作完成检测方式送 Flash ROM 命令寄存器 SFCM。等待 $\overline{\text{INT1}}$ 中断或通过检测 Flash ROM 状态寄存器 SFST 的 Flash Busy 位状态，确定当前 IAP 操作是否完成。

启动 IAP 操作后，Flash Busy 位即刻变 1，表示 IAP 编程操作尚未完成。当 IAP 操作结束后，Flash Busy 位清 0，表示 IAP 操作结束。

(4) 通过校验操作，检查被擦除单元是否为 0FFH(即空白)；通过校验操作与写入数据比较，检查字节编程是否成功。

(5) 关闭 IAP 操作。为防止误动作，IAP 操作结束后，执行“ANL SFCF, #10111111B”指令，将 IAPEN 位清 0，禁止 IAP 操作。

2. IAP 编程命令

IAP 编程命令及含义如表 5-10 所示。

表 5-10　IAP 编程命令及含义

IAP 编程命令	SFCM[6:0]	SFDT[7:0]	SFAH[7:0]	SFAL[7:0]	说　明
Chip-Erase	01H	55H	X(忽略)	X(忽略)	(整片擦除)
Block-Erase	0DH	55H	AH	X(忽略)	块擦除
Sector-Erase (执行时间 < 30 ms)	0BH	X	AH	AL	扇区擦除(1 扇区容量为 128 字节，将忽略 AL[6,0])
Byte-Program (执行时间 < 50 μs)	0EH	写入数据	AH	AL	字节编程
Byte-Verity(Read)	0CH	单元内容	AH	AL	字节校验(读操作)
Prog-SB1	0FH	AAH	X(忽略)	X(忽略)	对加密位 SB1 编程
Prog-SB2	03H	AAH	X(忽略)	X(忽略)	对加密位 SB2 编程
Prog-SB3	05H	AAH	X(忽略)	X(忽略)	对加密位 SB3 编程
Prog-SC1	09H	AAH	AAH	X(忽略)	对硬件配置位 SC1 编程
Prog-SC0	09H	AAH	5AH	X(忽略)	对硬件配置位 SC0 编程
Enable-Clock-Double	08H	AAH	55H	X(忽略)	对时钟配置位编程

说明：

(1) 由于执行 IAP 操作的指令码与操作目标地址不能位于同一存储器块内，因此只能在 Bolck1 中对 Block0 进行 IAP 编程操作，反之亦然。只有 IAP 操作指令码位于外部程序存储器时才能执行"整片擦除"操作。

(2) 对包括加密位(即 SB1～SB3)、复位后存储器块映像地址控制位(即 SC0、SC1)、X2 时钟模式选择位 Enable-Clock-Double 等硬件配置位(即表中带背景命令)编程时，IAP 编程操作指令码必须位于 Block1 或外部 ROM 中，否则无效。为此建议最好通过并行编程器完成硬件配置位(bit)的编程。这些硬件配置位一旦被编程后只能通过整体擦除方式恢复为未编程状态。

(3) 当命令寄存器 SFCM 的 EIF 位被初始化为 0 时，可通过读 Flash ROM 状态寄存器 SFST 的 Flash Busy 位确定 IAP 操作是否结束。而当 EIF 位为 1 时，将借用下降沿触发的 $\overline{\text{INT1}}$ 中断作为 IAP 操作结束标志，在这种情况下，进行 IAP 操作前，必须将 $\overline{\text{INT1}}$ 初始化为下降沿触发方式，并置位中断控制寄存器 IE 的 EA、EX1 位为 1，允许 $\overline{\text{INT1}}$ 中断。在 IAP 操作期间 P3.3 引脚只能作为一般 I/O 引脚使用，而不能再作为外部中断 $\overline{\text{INT1}}$ 使用。

(4) 可通过字节校验命令(Byte-Verity)读出指定单元内容，不过当 Block1 与 Block0 地址空间不重叠，且均位于 64 KB 寻址空间内时，通过"MOVC A,@A+DPTR"指令读出指定单元内容同样方便、快捷(但会给芯片升级带来隐患)。

(5) 由于没有单字节擦除操作，因此当需要重写扇区内任一已编程(内容不是 FFH)单元时，需先将该扇区内所有单元读到扩展 RAM 中保存，再执行扇区擦除操作，最后整体写入，即只能采用"读—改—擦除—写入"方式完成。

3. IAP 编程应用举例

(1) 块擦除操作

```
    ORL SFCF, #40H          ; IAP 位置 1，允许 IAP 操作
    MOV SFAH, #XXH          ; 块地址高位送 SFAH 寄存器。SFAH 寄存器内容可以是目标
                            ; 块内任一单元的高 8 位地址
    MOV SFDT, #55H          ; 块擦除特征字送数据寄存器 SFDT
    MOV SFCM, #0DH          ; 块擦除命令码送 SFCM。当采用查询方式检测块擦除操作是
                            ; 否结束时，SFCM.7 为 0
WAIT:
    MOV A, SFST
    JB ACC.2, WAIT          ; 如果 Flash Busy 为 1，就等待
```

当通过 $\overline{\text{INT1}}$ 中断检测 IAP 操作是否结束时，上述程序段可改为：

```
    ORL TCON, #04H          ; INT1 定义为下降沿触发
    ORL IE, #84H            ; EA、EX1 位置 1
    ORL SFCF, #40H          ; IAPEN 位置 1，允许 IAP 操作
```

```
    MOV SFAH, #XXH        ；块地址高位送 SFAH 寄存器。SFAH 寄存器内容可以是
                          ；目标块内任一单元的高 8 位地址
    MOV SFDT, #55H        ；块擦除特征字送数据寄存器 SFDT
    MOV SFCM, #8DH        ；块擦除操作码送 SFCM,采用 INT1 中断检测操作是否结束
```

(2) 扇区擦除操作

```
    ORL SFCF, #40H        ；IAP 位置 1，允许 IAP 操作
    MOV SFAH, #XXH        ；扇区地址高 8 位送 SFAH 寄存器
    MOV SFAL, #XXH        ；扇区地址低位送 SFAL 寄存器
                          ；SFDT 寄存器没有定义
    MOV SFCM, #0BH        ；扇区擦除操作码送 SFCM 寄存器。当采用查询方式检测擦
                          ；除操作是否结束时，SFCM.7 为 0
    或
    ；MOV SFCM, #8BH ；  当采用 INT1 中断检测操作是否完成时，SFCM.7 为 1
```

(3) 字节编程操作

```
    ORL SFCF, #40H        ；IAPEN 位置 1，允许 IAP 操作
    MOV SFAH, #XXH        ；单元地址高 8 位送 SFAH 寄存器
    MOV SFAL, #XXH        ；单元地址低位送 SFAL 寄存器
    MOV SFDT, #XXH        ；写入信息送数据寄存器 SFDT
    MOV SFCM, #0EH        ；字节编程操作命令码 0EH 送 SFCM[6-0],当采用查询方式
                          ；检测块擦除操作是否结束时，SFCM.7 为 0
    或
    ；MOV SFCM, #8EH       ；当采用 INT1 中断检测操作是否完成时，SFCM.7 为 1
```

(4) 字节校验操作(读操作)

```
    ORL SFCF, #40H        ；IAPEN 位置 1，允许 IAP 操作
    MOV SFAH, #XXH        ；待读出单元地址高 8 位送 SFAH 寄存器
    MOV SFAL, #XXH        ；待读出单元地址低位送 SFAL 寄存器
    MOV SFCM, #0CH        ；字节校验操作码 0CH 送 SFCM。在校验操作中，无须查询
                          ；Flash Busy 位状态或等待 INT1 中断有效
    ；指定单元信息出现在数据寄存器 SFDT 中
```

当然，当 IAP 编程操作的目的地址 PC 可以访问时，也可以用“MOVC A, @A+DPTR”指令直接读出。但考虑到程序升级的方便，最好使用如下程序段从指定单元中读取数据。

```
    ；从 Flash ROM 单字节读程序段
    ；入口参数：DPTR 指向读出单元地址
    ；出口参数：A 存放读出的数据
    SF_READ:
        ORL SFCF, #40H        ；将 IAPEN 位置 1，允许 IAP 操作
        MOV SFAH, DPH         ；待读出单元地址高 8 位送 SFAH 寄存器
        MOV SFAL, DPL         ；待读出单元地址低 8 位送 SFAL 寄存器
```

```
MOV SFCM, #0CH           ；字节校验操作码 0CH 送 SFCM。在校验操作中，无须查询
MOV A, SFDT              ；单元信息送 Acc
                         ；关闭 IAP 编程，防止数据意外丢失
ANL SFCF, #10111111B     ；IAPEN 位清 0，禁止 IAP 操作，防止数据意外丢失
RET
```

4. 软件复位

当 Flash ROM 配置寄存器 SFCF 的 SWR(b1)位置 1 时，将触发软件复位操作：重新初始化特殊功能寄存器，并将程序计数器 PC 置为 0000H(但不改变内部 RAM 单元内容)。

5.7.4　SPI 串行总线

SST89E(V)系列内置了 SPI(Serial Peripheral Interface，即串行外设接口)部件。SPI 是一种高速、全双工、同步串行通信方式，数据传输率比 I^2C 串行总线高，通信协议简单，是单片机应用系统常用的一种串行通信方式之一。

SPI 总线有主、从两种工作模式，使用 MOSI(Master Out/Salve In)引脚、MISO(Master In/Salve Out)引脚、输入/输出同步时钟信号 SCK、片选信号 $\overline{SS}$ 来完成两个 SPI 接口设备之间的数据传输。

SPI 总线通信过程由 SPI 主设备控制和启动，主设备提供了用于串行数据输入/输出的同步时钟信号 SCK，因此对主设备来说，SCK 是输出引脚；对从设备来说，SCK 是输入引脚。当主设备对从设备进行写操作时，串行数据由主设备 MOSI 引脚输出到从设备的 MOSI 引脚；而对从设备进行读操作时，串行数据自从设备的 MISO 引脚输出到主设备的 MISO 引脚。显然，MOSI 引脚对主设备是输出，对从设备是输入；而 MISO 引脚对主设备是输入，对从设备是输出。

根据 SPI 总线传输协议，对主设备来说，MISO 引脚总是处于高阻输入状态(在 MCS-51 中，该引脚也可能处于弱上拉状态)，当 SPI 总线处于激活状态时，MOSI、SCK 引脚处于互补推挽输出状态；而当 SPI 总线空闲时，MOSI、SCK 引脚处于高阻态(在 MCS-51 中，这两个引脚空闲时，也可能处于弱上拉状态)，防止争夺 SPI 总线。

对于从设备来说，MOSI、SCK 引脚总是处于高阻输入状态，当 SPI 总线处于选中(片选信号输入端 $\overline{SS}$ 为低电平时)状态时，MISO 引脚处于互补推挽输出状态；而当 SPI 总线处于非选中(片选信号输入端 $\overline{SS}$ 为高电平时)状态时，MISO 引脚处于高阻态(在 MCS-51 中，也可能处于弱上拉状态)，同样也是为了防止争夺总线。

在“单主机多从机”SPI 通信系统中，SPI 总线主设备通过控制从机片选信号 $\overline{SS}$ 输入端电平，选中指定的从设备。

1. SPI 总线控制

SST89E564RD/V564RD SPI 总线最大数据传输率为 10 Mb/s，与 SPI 总线通信有关的特殊功能寄存器包括了 SPI 总线控制寄存器 SPCR(SPI Control Register)、SPI 总线状态寄存器 SPSR(SPI Status Register)、SPI 数据寄存器 SPDR(SPI Data Register)。

1) SPI 控制寄存器 SPCR

SPI 总线工作方式由 SPI 总线控制寄存器 SPCR 控制，各位含义如图 5-21 所示。

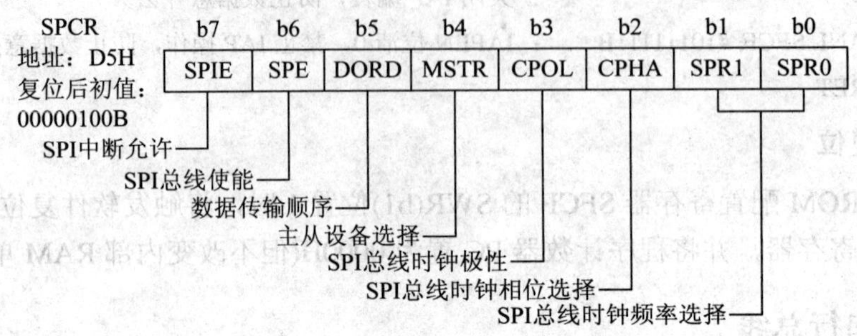

图 5-21 SPI 总线控制寄存器 SPCR 各位含义

SPE——SPI 总线使能控制位。当 SPE = 0 时，SPI 总线被禁止，SPCR 寄存器其他位没有定义，MOSI(P1.5)、MISO(P1.6)、SCK(P1.7)、$\overline{SS}$ (P1.4)作一般 I/O 引脚使用。

MSTR——主从设备选择位。当 SPE = 1 时，由 MSTR 位决定 SST89E(V)系列芯片 SPI 总线是主设备(MSTR = 1)，还是从设备(MSTR = 0)。

由于主设备无需片选信号，因此当 MSTR 位为 1(作主机)时，$\overline{SS}$ (P1.4)引脚可作一般 I/O 引脚使用。

当从设备片选信号 $\overline{SS}$ (P1.4)为低电平时，从设备处于选中状态，MOSI(P1.5)、SCK(P1.7)引脚处于高阻输入状态，MIS0(P1.6)处于推挽输出状态；反之，当 $\overline{SS}$ (P1.4)引脚为高电平时，从设备处于非选中状态，MIS0(P1.6)引脚处于高阻态，避免争夺总线。

DORD——数据传输顺序。当 DORD = 0 时，先发送数据寄存器的 b7 位；反之，当 DORD = 1 时，先发送数据寄存器的 b0 位。

CPOL——SPI 时钟极性选择。当 CPOL = 0 时，空闲时 SCK 输出低电平，时钟前沿对应 SCK 的上升沿，时钟后沿对应 SCK 的下降沿，即采用正极性同步脉冲；当 CPOL = 1 时，刚好相反，空闲时 SCK 输出高电平，时钟前沿对应 SCK 的下降沿，时钟后沿对应 SCK 的上升沿，即采用负极性同步脉冲。

CPHA——SPI 时钟相位选择。当 CPHA = 0 时，SPI 总线在 SCK 时钟前沿读输入数据，在 SCK 时钟后沿输出数据；而当 CPHA = 1 时，SPI 总线在 SCK 时钟前沿输出数据，在 SCK 时钟后沿读输入数据。

SPI 总线数据传输格式如图 5-22 所示。

SPR1、SPR0——SPI 总线时钟 SCK 频率选择位，当 SPR1、SPR0 = 00 时，SCK = f_{osc}/4(即 4 分频)；当 SPR1、SPR0 = 01 时，SCK = f_{osc}/16(即 16 分频)；当 SPR1、SPR0 = 10 时，SCK = f_{osc}/64(即 64 分频)；当 SPR1、SPR0 = 11 时，SCK = f_{osc}/128(即 128 分频)。

在 SPI 通信协议中，同步时钟信号 SCK 由主设备提供(频率高低受从设备 SPI 接口限制)，因此当 SPI 总线初始化为从设备时，SPR1、SPR0 位没有定义，传输率由主设备控制。

对于 SPI 主设备来说，当 SPI 总线使能时，对 SPI 数据寄存器 SPDR 执行写操作即刻触发 SPI 总线数据传输过程。

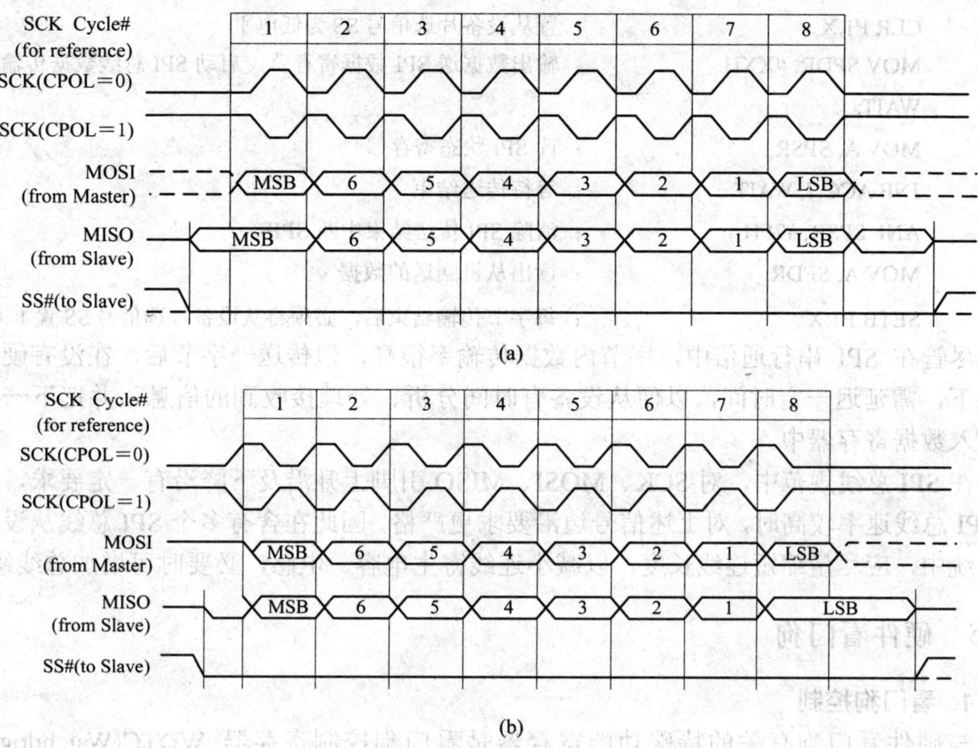

图 5-22　SPI 总线数据传输格式

(a) CPHA = 0 时的数据传输格式；(b) CPHA = 1 时的数据传输格式

2) SPI 状态寄存器 SPSR

SPI 总线状态寄存器 SPSR 各位含义如下：

SPIF——SPI 传送结束标志。当一次串行传输完成后，SPIF 标志置 1，如果 SPI 中断处于允许(SPIE 和 ES 位为 1)状态，那么在满足中断响应条件时，CPU 将响应 SPI 中断。但 CPU 响应 SPI 中断后，不会自动清除 SPIF 标志。

WCOL——SPI 写冲突标志。在数据传送过程中，当对 SPI 数据寄存器 SPDR 进行写操作时，WCOL 标志有效，表示出现写冲突。也只能通过软件将 WCOL 位清零。

2. SPI 初始化

```
MOV SPCR, #11X110XX        ; SPI 总线控制寄存器 SPCR
; SPIE=1，允许 SPI 中断，当 SPI 总线速率较低，如选择 fosc/64 或
; fosc/128 分频时，最好使用中断方式确定传输是否结束
; SPE=1，使能 SPI 总线
; DODR 可以选择 0(先发 b7)或 1(先发 b0)，但收发双方必须一致。
;  MSTR=1，主设备 MSTR 位必须为 1
; COPL=1，推荐用负极性脉冲
; CPHA=0，选择前沿输入(读)，后沿输出(写)
;  SPR1、SPR0 位定义 SPI 总线时钟频率 SPICLK(但受从设备速率限制)
；下面是 SPI 主设备采用查询方式传送一字节的程序段
```

```
CLR P1.X                ; 置从设备片选信号 SS 为低电平
MOV SPDR, #XXH          ; 输出数据送 SPI 数据寄存器，启动 SPI 总线数据传输
WAIT:
MOV A, SPSR             ; 读 SPI 状态寄存器
JNB ACC.7, WAIT         ; 等待传送结束
ANL SPSR, #7FH          ; 清除 SPI 传送结束中断 SPIF
MOV A, SPDR             ; 读出从机回送的数据
SETB P1.X               ; 每字节传输结束后，必须将从设备片选信号 SS 置 1
```

尽管在 SPI 串行通信中，字节内数据传输率很高，但传送一字节后，在没有硬件联络情况下，需延迟一定时间，以便从设备有时间分析、处理接收到的信息，并把下一字节信息放入数据寄存器中。

在 SPI 总线规范中，对 SCK、MOSI、MISO 引脚上升沿及下降沿有一定要求，尤其是当 SPI 总线速率较高时，对上述信号边沿要求更严格，因此在含有多个 SPI 总线从设备的应用系统中，应尽量缩短连线长度，以减小连线寄生电容、电感，必要时可增加总线缓冲器。

5.7.5 硬件看门狗

1. 看门狗控制

与硬件看门狗有关的特殊功能寄存器是看门狗控制寄存器 WDTC(Watchdog Timer Control)和看门狗数据/重装寄存器 WDTD(Watchdog Timer Data/Reload Register)，硬件看门狗结构如图 5-23 所示。

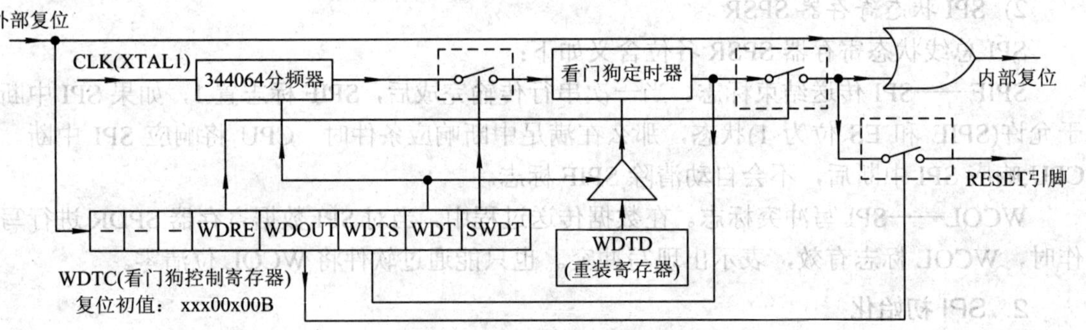

图 5-23 看门狗计数器结构

看门狗控制寄存器 WDTC(具有位寻址)各位含义如下：

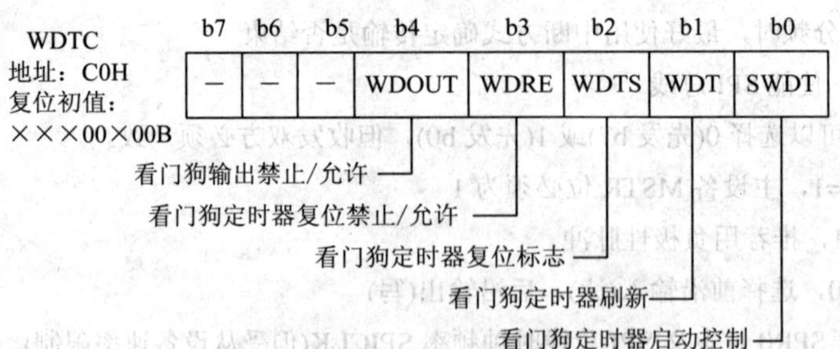

WDRE——禁止/允许看门狗定时器复位。当 WDRE 位为 1 时，看门狗定时器溢出将触

发复位操作；反之，当 WDRE 位为 0 时，看门狗定时器溢出时不产生复位动作。

WDOUT——允许看门狗复位信号输出。当 WDRE 位为 1，即允许看门狗定时器复位时，如果 WDOUT 位为 1，则看门狗计数器复位时将在 RST 引脚上输出持续时间为 32 个时钟周期的高电平复位信号，使外设同步复位；反之，当 WDOUT 位为 0 时，不输出复位信号。

WDTS——看门狗定时器复位标志。如果看门狗定时器溢出触发复位，则 WDTS 标志置 1(硬件复位、上电复位时，该位清 0)。在看门狗溢出处理子程序中，可通过置“1”指令，如“SETB WDTS”清除 WDTS 标志。

WDT——看门狗定时器刷新控制。当 WDT 位置 1 时，将强迫看门狗定时器刷新(重装初值)。

SWDT——看门狗定时器启动/停止控制。当 SWDT 为 0 时，看门狗定时器停止计数。即允许在看门狗启动后，通过该位停止看门狗计数器计数。

可见，SST 芯片看门狗计数器结构简单，计数脉冲来自系统时钟信号，溢出后惟一动作是触发 CPU 复位(即不提供看门狗溢出中断功能)。

2. 溢出时间

从图 5-20 可以看出：系统时钟信号(即 XTAL1 引脚上的时钟信号)送计数器，经过 344064 个周期后，计数器溢出(即该计数器实际上是 344064 分频器)；而溢出信号送看门狗计数器高字节(该计数器是一个 8 位的加法计数器)，因此看门狗溢出时间 t 由看门狗数据 WDTD 内容确定，关系如下：

$$t=\frac{(255-\text{WDTD})\times 344\,064}{f_{osc}}$$

$$\text{WDTD}=255-\frac{t\times f_{osc}}{344\,064}$$

式中，如果时钟频率单位取 MHz，则时间 t 取 μs。

例如当晶振频率为 11.0592 MHz 时，1 秒钟溢出时间对应的 WDTD 内容为 223。当 WDTD 为 0 时，看门狗最长溢出时间接近 8 s，比 P89C51RX 系列硬件看门狗溢出时间长。

3. 看门狗初始化及刷新(喂狗)

使用如下两条指令即可完成看门狗定时器的初始化：

```
CLR SWDT                    ；先禁止看门狗计数
MOV WDTD, #XX               ；根据溢出时间，初始化看门狗数据/重装寄存器 WDTD。
MOV WDTC, #00011111B        ；控制字送看门狗控制寄存器
```

在主程序中插入“SETB WDT”指令，强迫看门狗定时器重装(喂狗)，防止看门狗溢出。可见，SST89E554/E564 芯片“喂狗”指令很简单。

4. 溢出处理

看门狗溢出后，将触发芯片复位，如果是看门狗溢出引起复位，则 WDTS 位置 1。因此，如果看门狗复位后，需要保护数据时，可在主程序入口处检查 WDTS 的状态，并进行相应的处理，如：

```
ORG 0000H
LJMP MAIN
```

```
    ORG 0100H
MAIN:
    JNB WDTS, NO_WD_RST        ；非看门狗溢出复位
    ；看门狗溢出复位，做相应处理
    SETB WDTS                  ；将 WDTS 位置 1，清除看门狗复位标志
    NO_WD_RST:
```

5.7.6　SST 中断控制系统

SST89E564RD、SST89E554A 芯片具有 8 个中断源(6 个增强型 MCS-51 中断源 + PCA 中断源 + 掉电中断 BOF)，其中前 7 个中断源的中断标志、中断控制位以及优先级与 Philips P89C51RX 完全兼容(参阅 5.5 节)。

而 SST89E52RD2、SST89E54RD2、SST89E58RD2、SST89E516RD2 芯片具有 10 个中断源——6 个增强型 MCS-51 中断源 + PCA 中断源 + 掉电中断 BOF + 2 个外部中断 $\overline{INT2}$ 及 $\overline{INT3}$，因此 SST89 系列芯片新增了中断寄存器或寄存器位，如表 5-11 所示。

表 5-11　SST89 系列芯片新增的与中断有关的寄存器(位)

SFR 寄存器名	符号	位地址/位定义名								字节地址	复位后初值
		b7	b6	b5	b4	b3	b2	b1	b0		
中断控制寄存器 A	IEA	—	—	—	—	EBO	—	—	—	E8H	××××0×××B
中断优先级 1 低 8 位	IP1	1	—	—	1	PBO	PX3	PX2	1	F8H	1××10001B
中断优先级 1 高 8 位	IP1H	1	—	—	1	PBOH	PX3H	PX2H	1	F7H	1××10001B
电源控制寄存器	PCON	SMOD1	SMOD0	BOF	POF	GF1	GF0	PD	IDL	87H	00××0000B
外中断 2、3 控制寄存器	XICON	—	EX3	IE3	IT3	—	EX2	IE2	IT2	AEH	00H

1. SST89 系列掉电检测及掉电中断

SST 系列 MCU 内置了掉电检测电路(brown-out detection circuit)，当电源电压 V_{DD} 小于掉电检测电压 V_{BOD}(Brown-out Dctection Voltage)时，BOF 标志位置 1。对于电源电压为 5.0 V 的 SST89E 芯片来说，V_{BOD} 典型值为 3.85 V；对电源电压为 2.7～3.6 V 的 SST89V 芯片来说，V_{BOD} 典型值为 2.35 V。

当出现掉电(即 BOF 位置 1)时，缺省动作是触发 CPU 复位。但当 EBO(掉电中断允许)位为 1 时，将产生掉电中断(以便在掉电中断服务程序中进行数据保护后，再通过软件方式触发复位操作)。

与掉电中断有关的特殊功能寄存器位包括：

BOF(PCON.5)——掉电中断标志；

EBO(IEA.3)——掉电中断允许；

PBO(IP1.3)、PBOH(IP1H.3)分别是掉电中断优先级低位、高位；

2. SST89E(V)5XRD2 系列新增的外中断

与新增的外中断$\overline{INT2}$、$\overline{INT3}$有关寄存器为：

IT2、IE2、EX2 分别是外中断$\overline{INT2}$的触发方式、中断标志及中断允许；PX2(IP1.1)、PX2H(IP1H.1)是外中断$\overline{INT2}$优先级的低位、高位。

IT3、IE3、EX3 分别是外中断$\overline{INT3}$的触发方式、中断标志及中断允许；PX3(IP1.2)、PX3H(IP1H.2)是外中断$\overline{INT3}$优先级的低位、高位。

这些寄存器位含义与外中断$\overline{INT0}$、$\overline{INT1}$对应位完全相同，可参阅第 4 章有关内容。

3. SST89 系列芯片中断控制及中断服务程序入口

SST89 系列中断源、优先级及中断服务程序入口地址如表 5-12 所示，其中掉电中断(最后一个)入口地址为 004BH，这样在程序存储器空间偏紧情况下，主程序代码可从 0050H 单元开始。

表 5-12　SST89 系列中断源

中断源	中断标志位	中断允许控制位	优先级控制位	查询顺序	入口地址	自动清除	掉电唤醒
外中断 0	IE0	EX0(IE.0)	PX0H (IPH.0) PX0 (IP.0)	1 (最高)	0003H	Y(边沿) N(电平)	YES
掉电中断	BOF	EBO(IEA.3)	IP1H.3, IP1.3	2	004BH	NO	NO
定时器 T0	TF0	ET0(IE.1)	PT0H (IPH.1) PT0 (IP.1)	3	000BH	YES	NO
外中断 1	IE1	EX1(IE.2)	PX1H (IPH.2) PX1 (IP.2)	4	0013H	Y(边沿) N(电平)	YES
定时器 T1	TF1	ET1(IE.3)	PT1H (IPH.3) PT1 (IP.3)	5	001BH	YES	NO
PCA 中断	CF/CCF	EC (IE6.0)	PPCH (IPH.6) PPC (IP.6)	6	0033H	NO	NO
外中断 2	IE2 (XICON.1)	EX2 (XICON.2)	PX2H (IP1H.1) PX2 (IP1.1)	7	003BH	Y(边沿) N(电平)	NO
外中断 3	IE3 (XICON.5)	EX3 (XICON.6)	PX3H (IP1H.2) PX3 (IP1.2)	8	0043H	Y(边沿) N(电平)	NO
串行口/SPI 中断	TI/RI/SPIF	ES(IE.4)	PSH (IPH.4) PS (IP.4)	9	0023H	NO	NO
定时器 T2	TF2 /EXF2 (T2CON.7)	ET2 (IE.5)	PT2H (IPH.5) PT2 (IP.5)	10	002BH	NO	NO

习　题　5

5-1　在 Philips 公司第二代 P89C51RX 芯片中，机器周期模式选择由哪两位控制？缺省时运行在“12 时钟/机器周期”模式还是“6 时钟/机器周期”模式？

5-2　与增强型 8×C5×、8×C5××2 系列相比，89C51RX 系列增加了什么功能？

5-3　指出 P89C51RX CPU 内的 RAM 存储器种类、容量以及读写方式。

5-4　对 ERAM 存储器读或写操作时，$\overline{RD}$、$\overline{WR}$ 引脚是否被激活？使用“MOVX A, @DPTR”或“MOVX @DPTR, A”指令访问 ERAM 时，P2 口状态有无变化？

5-5　说出 P89C51RX CPU 内 PCA 模块的功能。

5-6　写出满足下列要求的 PCA 模块初始化指令(时钟频率为 6 MHz)：

(1) 通过模块 1、模块 2 分别产生 697 Hz 和 1209 Hz 方波，持续时间为 65 ms。

(2) 利用模块 3 捕获功能，测试脉冲信号高、低电平时间及信号周期(以机器周期作为度量单位)。

(3) 模块 4 工作于看门狗状态。

(4) 模块 0 未用，禁止 PCA 定时器溢出中断。

5-7　在例 5-2 中如果时钟频率为 12 MHz，则 PWM 脉冲周期最大为多少？写出获得 V1、V2 信号 PCA 计数器初始化程序段。

5-8　SST89E(V)系列 MCU 主要增加了哪些功能？

第 6 章　数字信号输入/输出接口电路

输入/输出接口电路是单片机应用系统中必不可少的单元电路之一，它涉及数据输入电路以及经过单片机处理后的数据输出电路。单片机应用系统总是要对输入信号进行比较、判断或运算处理后，输出适当的控制信号去控制特定设备。

输入/输出量可以是模拟信号，也可以是开关信号。对于模拟信号，经放大、限幅、低通滤波电路，再经 A/D 转换电路转换为数字信号后，单片机才能处理；单片机处理结果也需要经过 D/A 转换、平滑滤波后，才能得到模拟量。本章主要介绍数字信号的输入/输出(I/O)接口电路。

6.1　开关信号的输入/输出方式

开关信号包括脉冲信号、电平信号两类。在单片机控制系统中，常采用如下方式实现开关信号的输入和输出。

1. 直接解码输入/输出方式

在这种方式中，直接利用 CPU I/O 引脚输入/输出开关信号，如图 6-1(a)所示，其中 P1.0、P1.1 作为输入引脚，当 S_1、S_2 断开时，P1.0、P1.1 引脚为高电平；当 S_1、S_2 被按下时，相应引脚为低电平。对于内置了上拉电阻的 I/O 口，如 MCS-51 系列 CPU 的 P1 口，无须外接上拉电阻 R_1、R_2。对于 CMOS 输入结构的 I/O 口，输入时 I/O 引脚处于悬空状态，如 PIC16C 系列 CPU 的 I/O 端口，这类 I/O 引脚作输入引脚使用时，必须外接上拉电阻，使 S_1、S_2 不按下时，输入引脚为高电平。

在图 6-1(a)中，P1.2 作为输出引脚，驱动 LED 发光二极管。如果 CPU I/O 引脚驱动电流有限，则必须外接驱动器，如集电极开路输出的 7407 或 7406 等。

在直接编码输入/输出方式中，每一 I/O 引脚仅能输入或输出一个开关信号，各引脚相互独立，没有编码关系。显然，I/O 引脚利用率低，只适用于仅需要输入或输出少量开关信号的场合。

2. 编码输入/输出方式

在这种方式中，将若干条用途相同(均为输入或输出)的 I/O 引脚组合在一起，按二进制编码后输入或输出。例如，对于 n 条输出引脚，经二进制译码器译码后，可以控制 2^n 个设备；对于 2^n 个不同时有效的输入量，经过编码器与 CPU 连接时，也只需要 n 个引脚，如图 6-1(b)所示。

显然，采用编码输入/输出时，CPU I/O 引脚利用率最高，但硬件开销大，在单片机控制系统中很少采用。

3. 矩阵输入/输出方式

将 CPU I/O 引脚分成两组，用 n 条引脚构成行线，m 条引脚构成列线，行、列交叉点就构成了所需的 n×m 个检测点。显然，所需的 I/O 引脚数目为 n+m，而检测点总数达到了 n×m 个，如图 6-1(c)所示。可见，I/O 引脚的利用率较高，硬件开销少，因此得到了广泛应用。

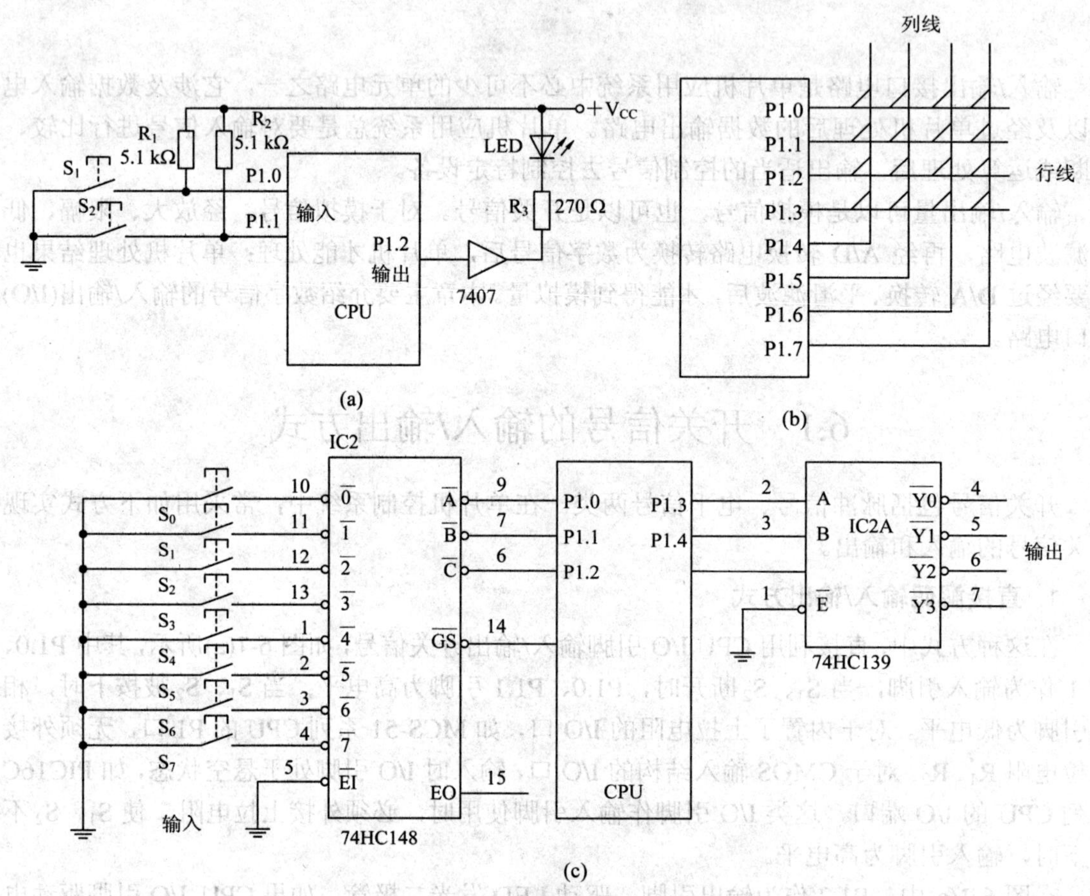

图 6-1　输入/输出方式

(a) 直接解码输入/输出方式；(b) 矩阵输入/输出方式；(c) 编码输入/输出方式

在矩阵编码方式中，如果行线、列线均定义为输出状态，就可输出 n×m 个开关量；当行、列线中有一组为输出线，另一组为输入线时就构成了 n×m 个输入检测点，如矩阵键盘电路。

6.2　I/O 资源及扩展

通过单片机芯片实现数字信号的输入处理和输出控制时，必须了解以下问题：

(1) 准确理解 CPU 各引脚的功能，确定可利用的 I/O 资源，并做出相对合理的使用规划。

例如在 MCS-51 系列单片机中，理论上可以使用的 I/O 端口数目为四个 8 位口，共计 32 根 I/O 线。但当系统中含有外部 ROM 或外部 RAM 存储器时，P0 口将作为地址/数据总线使用，即在取指期间，P0 口输出指令码所在存储单元(外部程序存储器)的低 8 位地址，读出的指令码也从 P0 口输入，即又作数据总线使用；P2 口输出外部程序存储器、外部数据存储器高 8 位地址。因此，在含有外部存储器的 MCS-51 单片机应用系统中，P0、P2 口不能再作为通常意义上的 I/O 总线使用。

内含 OTP ROM、Flash ROM 程序存储器的 MCS-51 及兼容芯片，如 87C51/52/54/58、89C51/52/54/58、87C51×2/52×2/54×2/58×2、89C51×2/52×2/54×2/58X2、AT89S51/52/53 已成为主流芯片，这类芯片无须扩展外部程序存储器，一般只需扩展外部数据存储器和 I/O 端口。但在 MCS-51 系统中，没有独立的 I/O 端口地址空间，即 I/O 地址空间是外部数据存储器空间的一部分，因此，只要系统中使用了可寻址的 I/O 接口芯片，如 8155、8255 等，也不能将 P0 口作为一般意义上的 I/O 引脚使用，P2 口也不能作为一般意义上 I/O 引脚使用，除非扩展外部 RAM 和 I/O 端口地址小于 256 字节，P2 口才可作为一般意义上的 I/O 引脚使用(通过“MOVX @Ri, A”和“MOVX　A, @Ri”访问)。

P3 口是多功能复用端口，只有当不使用其中的第二输入/输出功能时，才可作为一般 I/O 口使用。

例如，P3.6、P3.7 引脚分别是外部数据存储器读写控制信号，因此在含有外部 RAM、可寻址 I/O 芯片的控制系统中，不能再将这两个引脚挪做他用。又如，当使用 $\overline{\text{INT0}}$ 作为电源掉电中断输入端时，P3.2 引脚同样不能作为一般 I/O 引脚使用。

可见，在 MCS-51 系列 CPU 中，只有 P1 口和 P3 口中未用的引脚可作为一般 I/O 引脚使用，即能够使用的 I/O 线数目在 8～16 之间；在使用片内程序存储器芯片的 MCS-51 系统中，如果所需外部 RAM、I/O 端口空间小于 256 字节时，P1 口、P2 口和 P3 口中未用的引脚可作为一般 I/O 引脚使用，即能够使用的 I/O 线数目在 16～24 之间。因此，在 MCS-51 单片机应用系统中常需要通过触发器或 I/O 扩展芯片扩展 I/O 引脚。

(2) 作输出控制信号线时，必须了解 CPU 复位期间和复位后该引脚的状态。MCS-51 系列 CPU 在复位期间和复位后各 I/O 端口的状态可参阅第 2 章有关内容。

(3) 只有了解了 CPU I/O 端口输出级电路结构和负载能力，才可能设计出原理正确、工作可靠的 I/O 接口电路。

对于输出口，当输出高电平时，能给负载提供的最大驱动电流就是该输出口高电平驱动能力，当输出电流大于最大驱动电流时，上拉 MOS 管内阻上的压降将增加，V_{OH} 会下降。当 V_{OH} 小于某一数值后，后级电路会误认为输入为低电平，产生逻辑错误。因此，要注意输出高电平时的负载能力。

而当输出低电平时，输出级饱和，负载电流倒灌。同样，倒灌的电流也不能太大，否则会使输出级因过流而损坏，即使没有损坏，也会因灌电流太大，造成输出低电平 V_{OL} 上升。当 V_{OL} 大于某一数值后，后级电路同样会误以为输入为高电平，产生逻辑错误。

负载能力通常以能驱动多少个 TTL 门电路作为计量单位。MCS-51 系列 CPU 各 I/O 端口内部电路结构已在第 2 章介绍过，这里不再详细介绍。至于 I/O 端口负载能力可从 CPU 芯片技术手册中查到。

(4) 了解 I/O 端口输出电平范围。

(5) 了解输入及 OD 输出状态下，I/O 端口最大耐压。

6.2.1　通过锁存器、触发器扩展 I/O 口

当仅需要扩展少量的 I/O 引脚时，可使用锁存器、触发器或三态门电路实现。

1. 输出口

当 MCS-51 写外部 RAM 时，用 $\overline{WR}$ 作为写选通信号。在时序上，数据输出有效到 $\overline{WR}$ 有效时间 T_{QVWX} 最短为零，而 $\overline{WR}$ 无效到数据输出无效(即数据保持)时间 T_{WHQX} 也不超过一个机器周期。当利用触发器扩展输出口时，触发器送数时钟由外部 RAM 写选通信号 $\overline{WR}$ 和高位地址译码信号经过“与门”或“或非门”产生，这样送数时钟信号就存在一定的延迟，因而只能利用 $\overline{WR}$ 的前沿将数据锁存到触发器中。常用 74HC273(八上升沿触发 D 触发器，带公共清零端)、74 HC174(六上升沿触发 D 触发器)、74 HC 374(八上升沿触发 D 触发器，三态输出)、74 HC 377(八上升沿触发 D 触发器，带使能端)芯片扩展 MCS-51 的输出口，如图 6-2 所示。

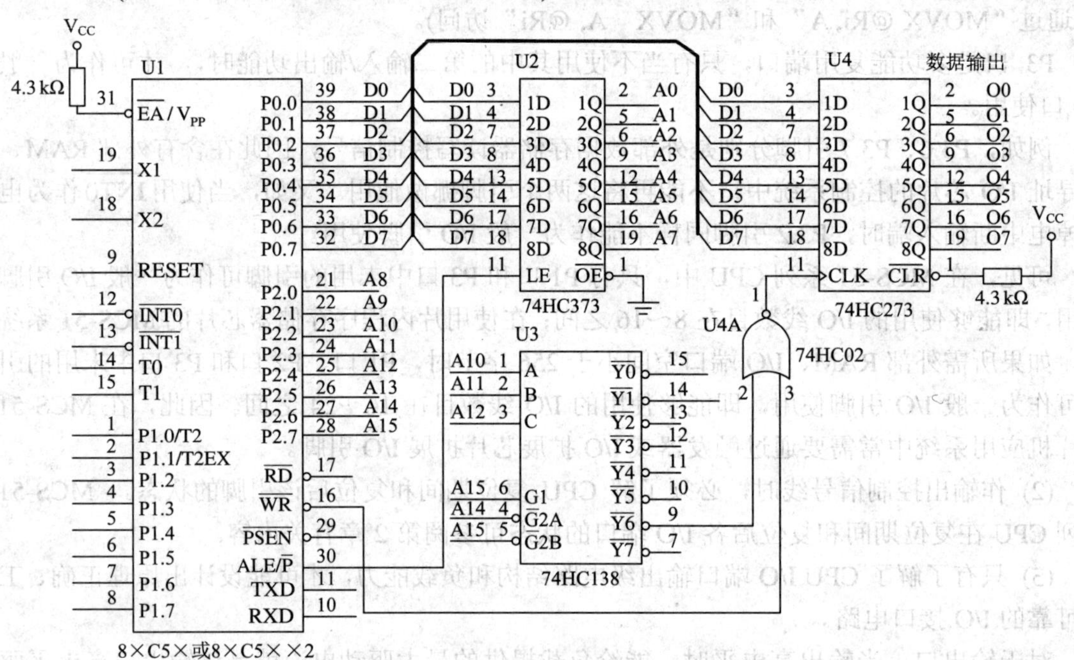

图 6-2　使用 74 HC 273 扩展输出口

当 A15、A14、A13、A12、A11、A10 为 100110 时，U3 译码输出端 $\overline{Y6}$ 有效，或非门 U4A 等效于反相器，可见 CPU 写外部 RAM 选通信号 $\overline{WR}$ 延迟了一个门电路延迟时间(约 15 ns)。端口地址为 9800H，执行如下命令即可将累加器 Acc 内容锁存到 74 HC 273 的输出端。

```
MOV   DPTR, #9800H         ; 输出口地址送数据指针
MOVX  @DPTR, A             ; 累加器 Acc 内容锁存到 74 HC 273 的输出端
```

显然，扩展输出口的状态不能读出，当仅需要修改输出口中个别位状态时，可使用具有位寻址功能的内部 RAM 单元作为扩展输出口的映像地址，采用间接方式访问，即先对映像地址单元进行“读—改—写”操作，再将映像地址单元内容送外部端口。例如通过如下指令即可将 9800H 口的 b0 位取反：

```
PORTP6   DATA 28H              ; 使用 28H 单元作为 9800H 端口的映像地址
```

```
MOV A, PORTP6          ; Acc←9800H 端口映像地址
CPL ACC.0              ; 对 b0 位取反
MOV PORTP6, A          ; 回写映像地址单元
MOV   DPTR, #9800H     ; DPTR←端口地址
MOVX   @DPTR, A        ; 端口映像内容 b0 位取反后送 74 HC 273 输出端
```

由于只能利用 $\overline{WR}$ 的前沿(即下降沿)将输出数据锁存到触发器输出端，因此不能使用高电平送数、下降沿锁存器件，如 74 HC 373 锁存器扩展输出口。对于这类器件，在 $\overline{WR}$ 信号后，不加反相器时，送数时钟 LE 与 $\overline{WR}$ 相位不匹配；而在 $\overline{WR}$ 信号后加反相器时，写入期间，LE 有效，满足相位匹配条件，但数据输出锁存脉冲 LE 的下降沿对应 $\overline{WR}$ 的后沿(即上升沿)，由于 $\overline{WR}$ 延迟不可避免，数据维持时间可能小于芯片正确锁存数据所需的最小时间，导致“$\overline{WR}$ 后沿来到时数据已无效”的现象，使锁存输出数据不可靠。

对于确实需要将数据写入这类“高电平送数，下降沿锁存”的器件，如某些 LCD 显示模块 I/O 口时，可将这类器件的数据输入端、数据锁存使能端 LE 与 CPU 的 I/O 引脚(如 P1.X)或具有输出锁存功能的 I/O 扩展芯片，如 8255、8155 的输出口相连，如图 6-8 所示。

2. 输入口

对输入口来说，一般无须锁存，原则上三态门电路、具有三态输出的总线缓冲器、驱动器、D 型触发器(如 74 HC 374)以及电平触发的锁存器(如 74 HC 373)等均可以作为输入口扩展芯片，如图 6-3 所示。

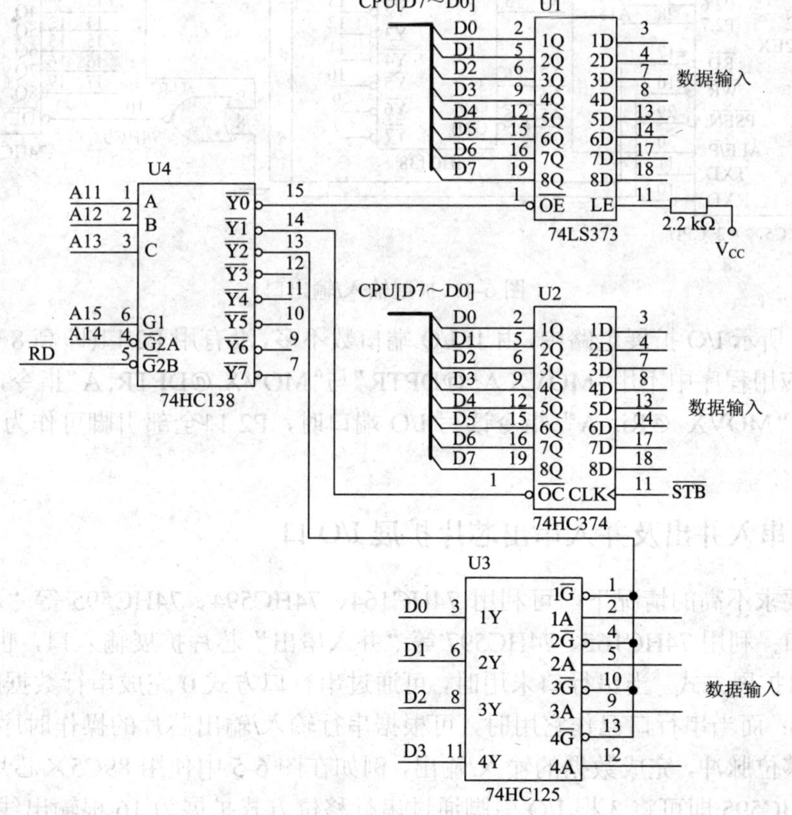

图 6-3　扩展输入口

在图 6-3 中分别使用了两片 74 HC 373、一片 74 HC 125 构成了三个输入口，共扩展了 20 条输入线，其中 U1 的输出允许端 $\overline{\text{OE}}$ 接 U4 的译码输出引脚 $\overline{\text{Y0}}$。当 A15、A14、A13、A12、A11 为 10000，且 $\overline{\text{RD}}$ 为低电平时，$\overline{\text{Y0}}$ 输出低电平，即读 8000H 端口时，$\overline{\text{Y0}}$ 引脚将出现负脉冲(由于输入口无须锁存，因此将 74 HC 373 的锁存输入端 LE 通过 2.2 kΩ 电阻与电源 V_{CC} 相连)，使数据输入端与 CPU 数据总线相连。不难看出，由 U2 构成的第二个输入端口地址为 8800H，其中锁存脉冲 $\overline{\text{STB}}$ 由外部输入设备提供；由 U3 构成的第三个输入端口地址为 9000H。

图 6-4 是一个实用的输入/输出口扩展电路，其中 74 HC 273 构成 8 位输出口，74 HC 373 构成 8 位输入口。

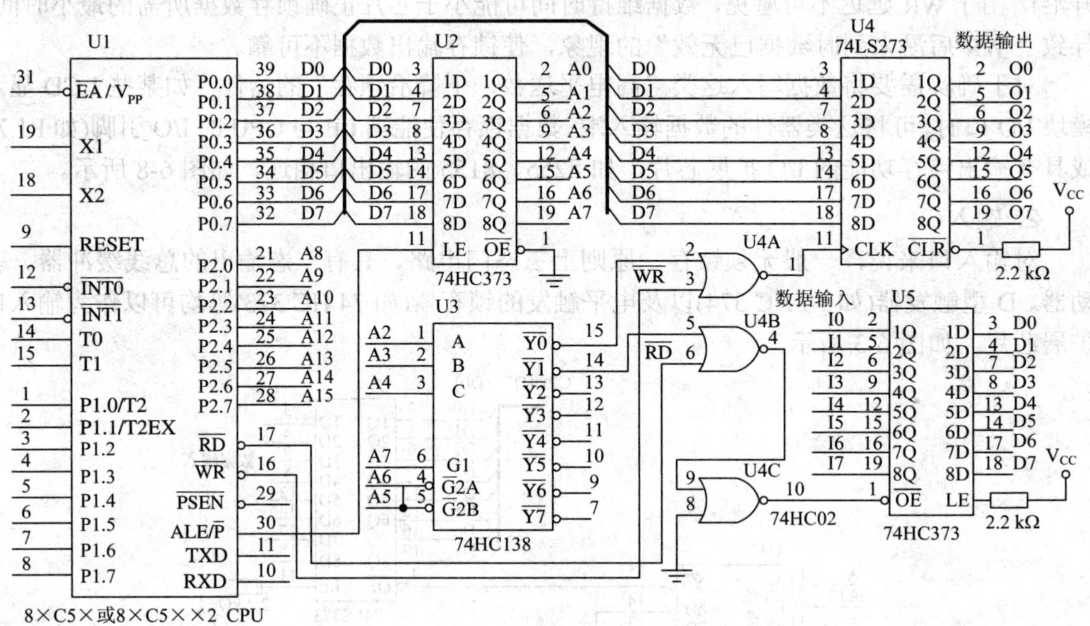

图 6-4　扩展输入/输出口

在图 6-4 所示 I/O 扩展电路中，由于 I/O 端口数不多，没有用 P2 口(即高 8 位地址 A15～A8)引脚，在应用程序中不用“MOVX A, @DPTR”与“MOVX @DPTR, A”指令，而用“MOVX A, @Ri”与“MOVX @Ri, A”指令读写 I/O 端口时，P2 口全部引脚可作为一般 I/O 引脚使用。

6.2.2　利用串入并出及并入串出芯片扩展 I/O 口

在速度要求不高的情况下，可利用 74HC164、74HC594、74HC595 等“串入并出”芯片扩展输出口；利用 74HC165、74HC597 等“并入串出”芯片扩展输入口，也是一种简单、实用的 I/O 口扩展方式。当串行口未用时，可通过串行口方式 0 完成串行数据的输入或输出(参阅第 4 章)；而当串行口已作它用时，可根据串行输入/输出芯片的操作时序，使用 I/O 引脚模拟串行移位脉冲，完成数据的输入/输出，例如在图 6-5 中使用 89C5×芯片三根 I/O 线，借助两片 74HC595 即可将 3 根 I/O 引脚通过串行移位方式扩展为 16 根输出线。

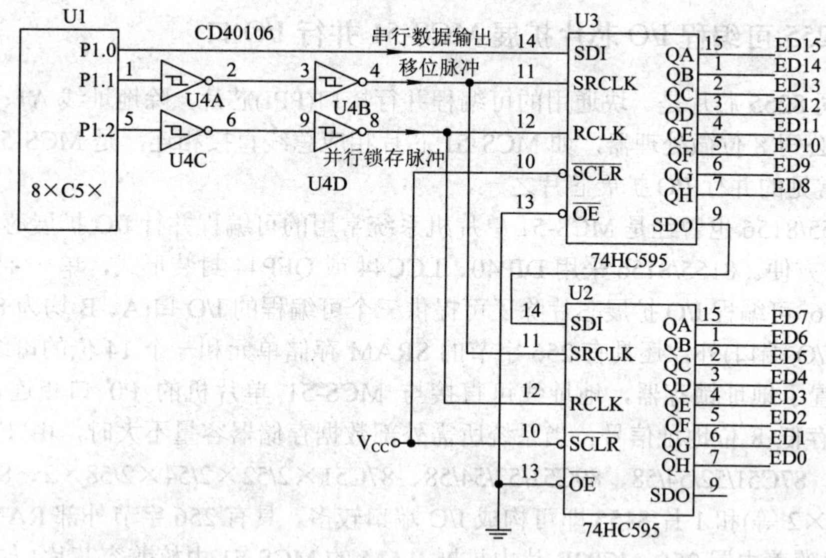

图 6-5　通过“串入并出”芯片扩展输出引脚

假设扩展输出引脚 ED7～ED0 输出信息在内存中的映像地址为 EDATA1；ED15～ED8 输出信息在内存中的映像地址为 EDATA1+1，则可通过如下程序段将数据串行输出到 ED15～ED0 引脚。

```
EDATA1      DATA     38H  ；假设输出数据存放在 38H、39H 单元中
SDI         BIT      P1.0 ；串行数据输入接 P1.0 引脚
SRCLK BIT            P1.1 ；串行移位脉冲接 P1.1 引脚
RCLK  BIT            P1.2 ；并行输出锁存脉冲接 P1.2 引脚
；----------串行数据输出程序段---------
CLR RCLK                  ；并行锁存脉冲置为低电平
MOV R0, # EDATA1
MOV R2, #2                ；共需要串行输出两个字节
LOOP1:
  MOV A, @R0              ；取输出数据
  MOV R3, #8              ；右移 8 次
LOOP2:
  CLR SRCLK               ；串行移位脉冲置为低电平
  RRC A                   ；带进位 Cy 循环右移
  MOV SDI, C              ；串行数据送 SDI
  NOP                     ；插入 NOP 指令适当延迟(是否延迟由 CPU 指令周期决定)
  SETB SRCLK              ；串行移位脉冲置为高电平，形成上升沿
  DJNZ R3, LOOP2
  INC R0                  ；R0 加 1，指向高 8 位
  DJNZ R2, LOOP1          ；循环，输出高 8 位
  SETB RCLK               ；并行输出锁存脉冲置为高电平，形成上升沿
```

6.2.3　用 8255 可编程 I/O 芯片扩展 MCS-51 并行 I/O 口

Intel 公司 8255 芯片是一块通用的可编程并行接口(PPI)芯片，除地址线 A1、A0 外，可直接与 Intel 公司 8 位微处理器，如 MCS-51 芯片相应总线直接相连，是 MCS-51 单片机应用系统中较常见的并行 I/O 扩展芯片之一。

此外 8155/8156 也曾经是 MCS-51 单片机系统常用的可编程并行 I/O 扩展芯片之一，与 MCS-51 接口方便。8155/8156 采用 DIP40、LCC44 或 QFP44 封装形式，单一 +5 V 工作电源。8155/8156 可编程 I/O 扩展芯片除了可提供三个可编程的 I/O 口(A、B 均为 8 位 I/O 口，C 口为 6 位 I/O 端口)外，还具有 256 字节的 SRAM 存储单元和一个 14 位的可编程定时/计数器，并内置了地址锁存器，地址线可直接与 MCS-51 单片机的 P0 口相连，无须使用 74HC373 锁存低 8 位地址信号。当系统所需外部数据存储器容量不大时，由 1 片 CPU(如 8751、8752、87C51/52/54/58、89C51/52/54/58、87C51×2/52×2/54×2/58×2、89C51×2/52×2/54×2/58×2 等)和 1 片 8155 即可构成 I/O 端口较多、具有 256 字节外部 RAM 的单片机应用系统。但随着内置 256～1792B 片内扩展 RAM 的 MCS-51 内核兼容芯片，如 SST 系列、STC 系列、89C51RX 等系列普及，在 MCS-51 单片机应用系统中，已不再采用 8155/8156 PIO 芯片扩展并行 I/O 口。

1. 8255 的结构及引脚功能

8255 采用 DIP40、LCC44 或 QFP44 封装形式，引脚功能及排列如图 6-6 所示，其中：

D7～D0——数据总线，双向，三态，可直接与 CPU 数据总线相连。

A1、A0——地址线，输入。8255 含有 A、B、C 三个 8 位输入/输出口和一个控制/状态寄存器，即 4 个可寻址的 I/O 端口。A1、A0 地址线状态编码与这四个 I/O 端口的对应关系如表 6-1 所示。

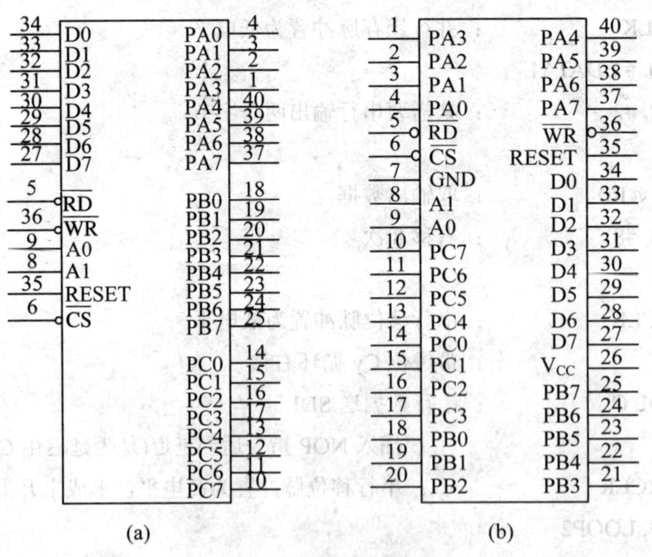

图 6-6　8255A 引脚

(a) 引脚功能；(b) 引脚排列

表 6-1　地址线与对应端口的关系

地址线 A1、A0 编码		对应的端口
A1	A0	
0	0	A 口
0	1	B 口
1	0	C 口
1	1	控制/状态寄存器

$\overline{CS}$——片选信号，输入，低电平有效。

$\overline{WR}$——写选通信号，输入，低电平有效。当$\overline{CS}$、$\overline{WR}$同时有效时，可对 8255 的控制寄存器或输出口锁存器之一进行写操作(由地址线 A1、A0 编码决定写入对象)。

$\overline{RD}$——读选通信号，输入，低电平有效。当$\overline{CS}$、$\overline{RD}$同时有效时，可对 8255 的状态寄存器或输入口锁存器之一进行读操作(由地址线 A1、A0 编码决定读出对象)。

A1、A0 及读写控制信号组合决定了 8255 的工作状态，如表 6-2 所示。

表 6-2　8255 的工作状态

操　作	输 入 信 号					操作对象	操 作 描 述
	$\overline{CS}$	A1	A0	$\overline{RD}$	$\overline{WR}$		
读端口	0	0	0	0	1	A 口	A 口→数据总线 D7～D0
	0	0	1	0	1	B 口	B 口→数据总线 D7～D0
	0	1	0	0	1	C 口	C 口→数据总线 D7～D0
写端口及控制寄存器	0	0	0	1	0	A 口	数据总线 D7～D0→A 口
	0	0	1	1	0	B 口	数据总线 D7～D0→B 口
	0	1	0	1	0	C 口	数据总线 D7～D0→C 口
	0	1	1	1	0	控制寄存器	数据总线 D7～D0→控制寄存器
无效操作	1	×	×	×	×		处于非选中状态，数据总线为高阻态
	0	1	1	0	1		非法操作(控制寄存器不能读)
	0	×	×	1	1		数据总线为高阻态

PA7～PA0——A 口数据输入/输出引脚。

PB7～PB0——B 口数据输入/输出引脚。

PC7～PC0——C 口数据输入/输出引脚。当 A、B 口工作在选通方式时，C 口部分引脚作为 A、B 口的通信联络信号。

8255 内部由 A、B、C 三个并行口和一个控制/状态寄存器组成。其中控制寄存器主要用于选择 A、B、C 三个并行口的工作状态——包括工作方式，输入还是输出。

A 口：作输出口时，是一个 8 位的数据输出锁存和缓冲器；作输入口时，是一个 8 位数据输入锁存器。

B 口：作输出口时，是一个 8 位的数据输出锁存和缓冲器；作输入口时，是一个 8 位数据输入缓冲器。

C 口：作输出口时，是一个 8 位的数据输出锁存和缓冲器；作输入口时，是一个 8 位数据输入缓冲器(即 C 口对输入数据不具备锁存功能)。

2. 8255 工作方式

8255 属于可编程的 I/O 扩展芯片，其工作方式由写入工作方式控制寄存器的工作方式控制字决定，如表 6-3 所示。

表 6-3　8255 工作方式控制字各位的含义

<table>
<tr><td>1</td><td>b6 b5</td><td>b4</td><td>b3</td><td>b2</td><td>b1</td><td>b0</td></tr>
<tr><td rowspan="2">b 位为 1
工作方式
控制字
特征</td><td>A 口
工作方式控制
00(方式 0)
01(方式 1)
1x(方式 2)</td><td>A 口
输入/输出控制
0(输出)
1(输入)</td><td>C 口高 4 位
输入/输出控制
0(输出)
1(输入)</td><td>B 口
工作方式
控制
0(方式 0)
1(方式 1)</td><td>B 口
输入/输出
控制
0(输出)
1(输入)</td><td>C 口低 4 位
输入/输出控制
0(输出)
1(输入)</td></tr>
<tr><td colspan="2">与 A 口工作方式有关的控制位(当 A 口工作在方式 2 时，b4 位没有定义；此外，在该方式下，使用 PC3～PC7 作联络信号，即 b3 位没有定义)</td><td>A 组(PC7～PC4)
输入/输出控制</td><td colspan="2">与 B 口工作方式有关的
控制位</td><td>B 组
(PC3～PC0)
输入/输出控制</td></tr>
</table>

8255 I/O 口有三种工作方式：

方式 0，基本输入/输出方式。特点是对输出信号具有锁存功能，对输入信号没有锁存功能。

方式 1，选通输入/输出方式。特点是使用 C 口部分引脚作为 A、B 通信联络信号，对输入、输出数据均具有锁存功能。

方式 2，双向传输方式。只有 A 口可以工作于方式 2，使用 C 口部分引脚作为双向传输联络信号，对输入、输出数据均具有锁存功能。

可见 8255 三个 I/O 口的地位不完全相同，其中 A 口有三种工作方式，B 口有两种工作方式；C 口较特殊，被分成 A (PC7～PC4)、B(PC3～PC0)两组，只有当 A、B 口工作在方式 0 时，C 口全部引脚可作为输入/输出引脚使用(PC7～PC4、PC3～PC0 处于输入还是输出状态，分别由工作方式控制字的 b3、b0 位决定)，而当 A、B 口工作在方式 1 或方式 2 时，C 口部分引脚作为 A、B 口通信联络信号(这时未用的 C 口引脚仍可作为输入/输出引脚使用，由控制寄存器的 b3、b0 位选择)，具体情况如表 6-4 所示。

表 6-4　A、B 口工作在方式 1 或方式 2 时 C 口引脚的含义

<table>
<tr><td rowspan="2">C 口引脚</td><td colspan="2">方式 1(A 口或 B 口)</td><td colspan="2">方式 2(A 口)</td></tr>
<tr><td>输　入</td><td>输　出</td><td>输　入</td><td>输　出</td></tr>
<tr><td>PC0</td><td>$INTR_B$</td><td>$INTR_B$</td><td></td><td></td></tr>
<tr><td>PC1</td><td>IBF_B</td><td>$\overline{OBF}_B$</td><td></td><td></td></tr>
<tr><td>PC2</td><td>$\overline{STB}_B$</td><td>$\overline{ACK}_B$</td><td></td><td></td></tr>
<tr><td>PC3</td><td>$INTR_A$</td><td>$INTR_A$</td><td>$INTR_A$</td><td>$INTR_A$</td></tr>
<tr><td>PC4</td><td>$\overline{STB}_A$</td><td></td><td>$\overline{STB}_A$</td><td></td></tr>
<tr><td>PC5</td><td>IBF_A</td><td></td><td>IBF_A</td><td></td></tr>
<tr><td>PC6</td><td></td><td>$\overline{ACK}_A$</td><td></td><td>$\overline{ACK}_A$</td></tr>
<tr><td>PC7</td><td></td><td>$\overline{OBF}_A$</td><td></td><td>$\overline{OBF}_A$</td></tr>
</table>

需要注意的是：8255 I/O 引脚采用互补推挽输出电路结构，当 I/O 引脚被定义为输入方式时，相当于悬空，因此需要外接上拉电阻。

其中：

(1) 当 A 或 B 口工作在方式 1，且作为输入口使用时，PC5～PC3 引脚是 A 口的选通信号；PC2～PC0 是 B 口的选通信号(未用的 b7、b6 引脚可作为 I/O 口使用)。各选通信号含义如下：

$\overline{STB}$ ——输入选通信号，输入低电平有效。该信号由外设提供，外设通过 $\overline{STB}$ 信号将数据锁存到 A 或 B 口的输入缓冲器中。

IBF(Input Buffer Full)——输入缓冲器满信号，输出高电平有效(由 $\overline{STB}$ 信号下降沿触发)。该信号有效时，表示输入到 A 或 B 输入缓冲器内的数据未被 CPU 读走，外设不能再把数据输入到缓冲器内。IBF 一般接外设的输出允许控制端。

INTR(Interrupt Request)——中断请求信号，输出高电平有效。$\overline{STB}$、IBF 有效后自动将 INTR 置为高电平状态，一般接 CPU 的中断输入端(由于 MCS-51 外中断采用下降沿或低电平触发，8255 中断请求信号 INTR 需经反相器反相后才能与 $\overline{INT0}$ 或 $\overline{INT1}$ 引脚相连)。

由于 IBF 是 C 口的 PC5 位(对 A 口)或 PC1(对 B 口)，CPU 也可通过读 C 口的状态，确认是否需要读 A、B 口输入缓冲器的内容(即使用查询方式)。

下面以 A 口为例，说明选通输入方式下的数据传输过程，硬件连接如图 6-7(a)所示。

- 当外设需要将数据输入 8255 A 口时，先检查 IBF_A(即 PC5 引脚)的状态。
- 当 IBF_A 无效(低电平)时，即把数据送 A 口。
- 当外设输出 $\overline{STB}$ 信号到 8255 的 PC4 引脚时，将输入数据锁存到 A 口的输入缓冲器中。
- 8255 接收到 $\overline{STB}$ 信号后，在 $\overline{STB}$ 信号下降沿(即前沿)触发 IBF_A，使 PC5 引脚为高电平，通知外设不能再发送数据；另一方面，在 $\overline{STB}$ 信号的上升沿(即后沿)将 $INTR_A$(即 PC3 引脚)置为有效状态，向 CPU 发出中断请求，告知 CPU 可以读取 A 口的输入数据。
- CPU 响应 $INTR_A$ 请求后，向 8255 发出 $\overline{RD}$ 信号，读 A 口数据。8255 接收 $\overline{RD}$ 信号后，在 $\overline{RD}$ 脉冲下降沿使 $INTR_A$ 无效(自动清除 $INTR_A$ 标志)，在 $\overline{RD}$ 上升沿(即后)使 IBF 无效，为接收下一外设数据做准备。这样就完成了一字节数据的接收过程。

(2) 当 A 或 B 口工作在方式 1，且作为输出口时，PC7、PC6、PC3 引脚是 A 口的选通信号；PC2～PC0 是 B 口的选通信号，含义如下：

$\overline{OBF}$ (Output Buffer Full)——输出缓冲器满指示信号，输出低电平有效。当 CPU 把数据写入 8255 的输出口后，该信号有效，指示外设可以读取 8255 输出口上的数据。一般接外设的输入请求端或作为外设输入选通信号 $\overline{STB}$。

$\overline{ACK}$ (Acknowledge)外设响应信号，输入低电平有效，该信号由外设提供。当外设读取了 8255 输出口上的数据后，向 8255 回送应答的信号。

INTR(Interrupt Request)——中断请求信号，输出高电平有效。在 $\overline{ACK}$ 信号后沿，8255 将 INTR 置为高电平，表明 8255 输出口处于空闲状态，可接收 CPU 输出的新数据。一般接 CPU 中断输入端，如图 6-7(b)所示。

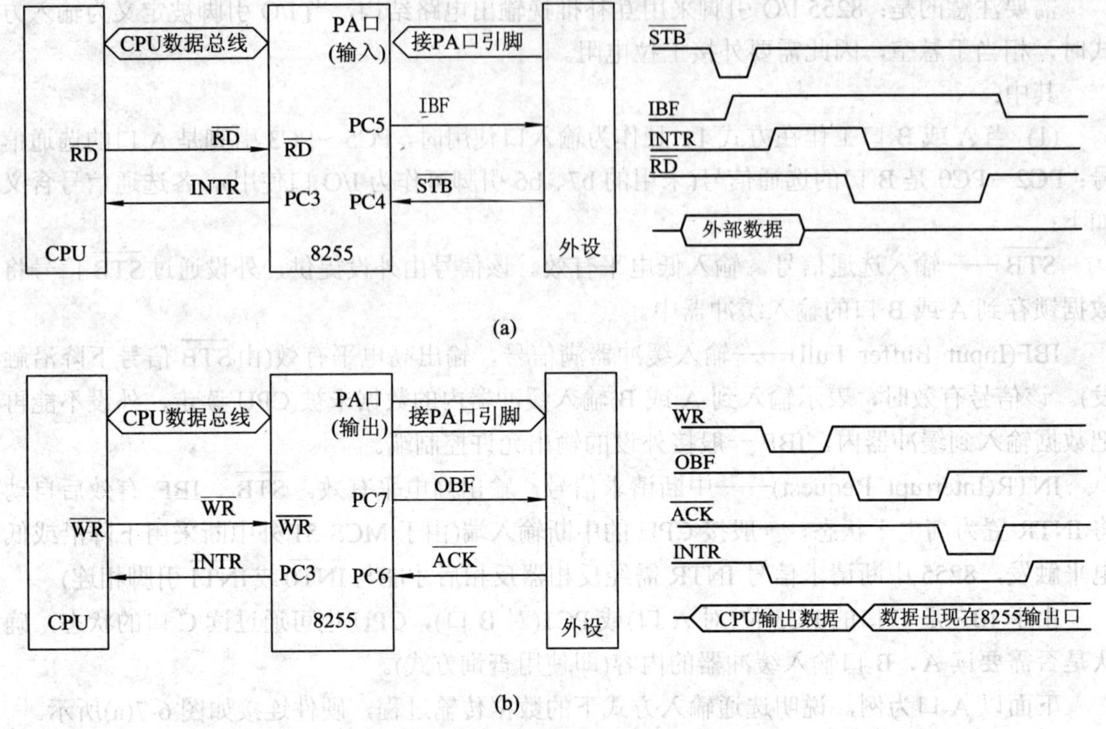

图 6-7　选通输入/输出连接示意图

(a) A 口工作在选通输入方式下信号连接方式及时序；

(b) A 口工作在选通输出方式下信号连接方式及时序

下面以 A 口为例，说明选通输出方式下的数据传输过程，硬件连接如图 6-7(b)所示。

● CPU 把数据写入 8255 的 A 口，8255 芯片在写选通脉冲 $\overline{\text{WR}}$ 的下降沿将 INTR 信号置为低电平(无效)；在 $\overline{\text{WR}}$ 上升沿(即后沿)将 $\overline{\text{OBF}}$ 置为有效(低电平)，指示外设可以读取 A 口上的数据。

● 当外设读取了 A 口数据后，回送一个低电平的 $\overline{\text{ACK}}$ 信号到 8255 芯片的 PC6 引脚，表明外设已读走了 A 口的数据。

● 在 $\overline{\text{ACK}}$ 信号的前沿(即下降沿)，8255 芯片将 $\overline{\text{OBF}}$ (输出缓冲器满)置为无效，使外设感知 A 口上的数据已无效(防止多次读同一数据)；在 $\overline{\text{ACK}}$ 的后沿(即上升沿)，8255 芯片将 INTR 置为高电平，通知 CPU 可输出下一数据到 A 口。

(3) 在双向传输方式(A 口方式 2)下，使用了 PC7～PC3 作为联络信号。

可见，当 A 或 B 工作在方式 1 或方式 2 时，C 口部分引脚作通信联络信号使用，不能再作为一般的 I/O 引脚使用(但未用的 C 口引脚仍可作为一般 I/O 引脚使用)。

例如，当 A 口工作在方式 0(基本输入/输出方式)，B 口工作在方式 1 时，除 PC7～PC4 可作为一般 I/O 引脚使用(输入还是输出由工作方式控制字的 b3 位决定)外，PC3 也可作为一般 I/O 引脚使用(输入还是输出由工作方式控制字的 b0 位决定)。

又如，当 A、B 口均工作在选通输入方式时，PC7～PC6 仍可作为一般 I/O 引脚使用(输入还是输出由工作方式控制字的 b3 位决定)。

3. C 口复位/位置控制字

当 C 口处于输出状态时，具有位控制功能，把“复位/位置控制字”写入控制寄存器后，即可使 C 口相应位置 1 或清 0，C 口复位/位置控制字格式如下：

位	b7	b6	b5	b4	b3	b2	b1	b0
内容	0	×	×	×	被复位/置位的 C 口引脚编号：000 对应 PC0 引脚；001 对应 PC1 引脚；依此类推，111 对应 PC7 引脚			复位/置位控制(或者说 C 口对应引脚输出内容)：0 表示复位；1 表示置位
含义	复位/置位控制字特征	无关位，内容可以取 0 或 1						

例如，当 PC7～PC4 处于输出状态时，把控制字 00001010B(即 0AH)写入控制寄存器，即可使 PC5 引脚输出 0 电平。

4. 8255 芯片与 MCS-51 接口应用举例

MCS-51CPU 与 8255 接口芯片按如下方式连接：

8255 芯片数据总线与 CPU 数据总线直接相连。

读控制信号($\overline{RD}$)、写控制信号($\overline{WR}$)分别与 CPU 读写控制信号相连。

8255 芯片地址线 A1、A0 可直接与 CPU 高 8 位地址，如 A9(即 P2.1 引脚)、A8(即 P2.0 引脚)相连；当然如果已使用了 D 型锁存器(如 74HC373)锁存了 MCS-51 芯片 P0 口低 8 位地址信号 A7～A0，则 8255 芯片地址线 A1、A0 最好与 CPU 地址线 A1、A0 相连，即尽量避免占用 P2 口 I/O 引脚，如图 6-8 所示。

片选信号 $\overline{CS}$ 可直接与 CPU 高位地址线相连或由高位地址译码后产生，如图 6-8 或 6-9 所示。

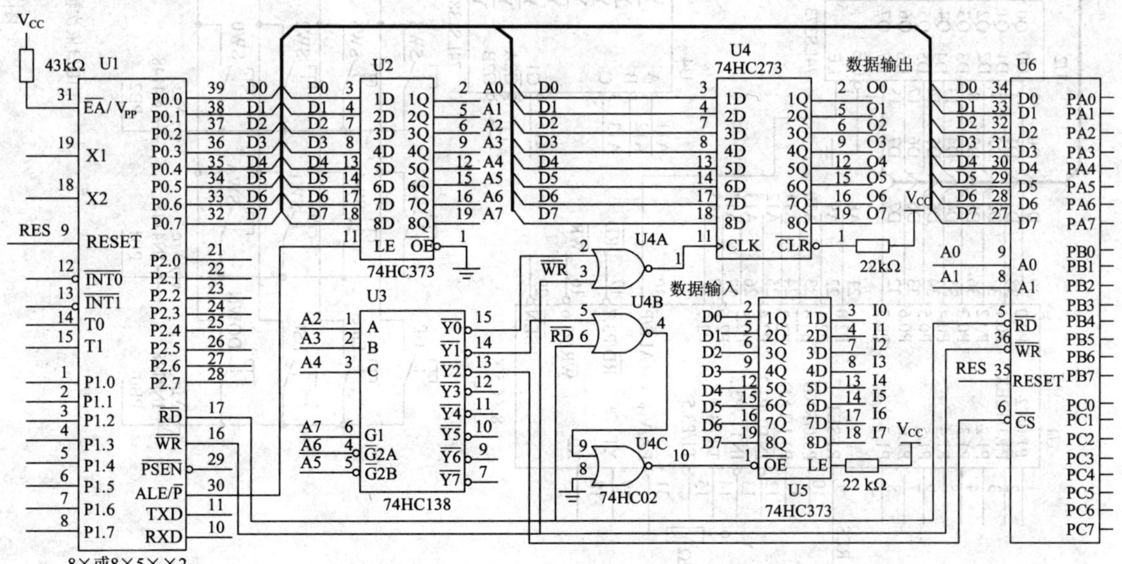

图 6-8　MCS-51 与 8255 芯片的连接

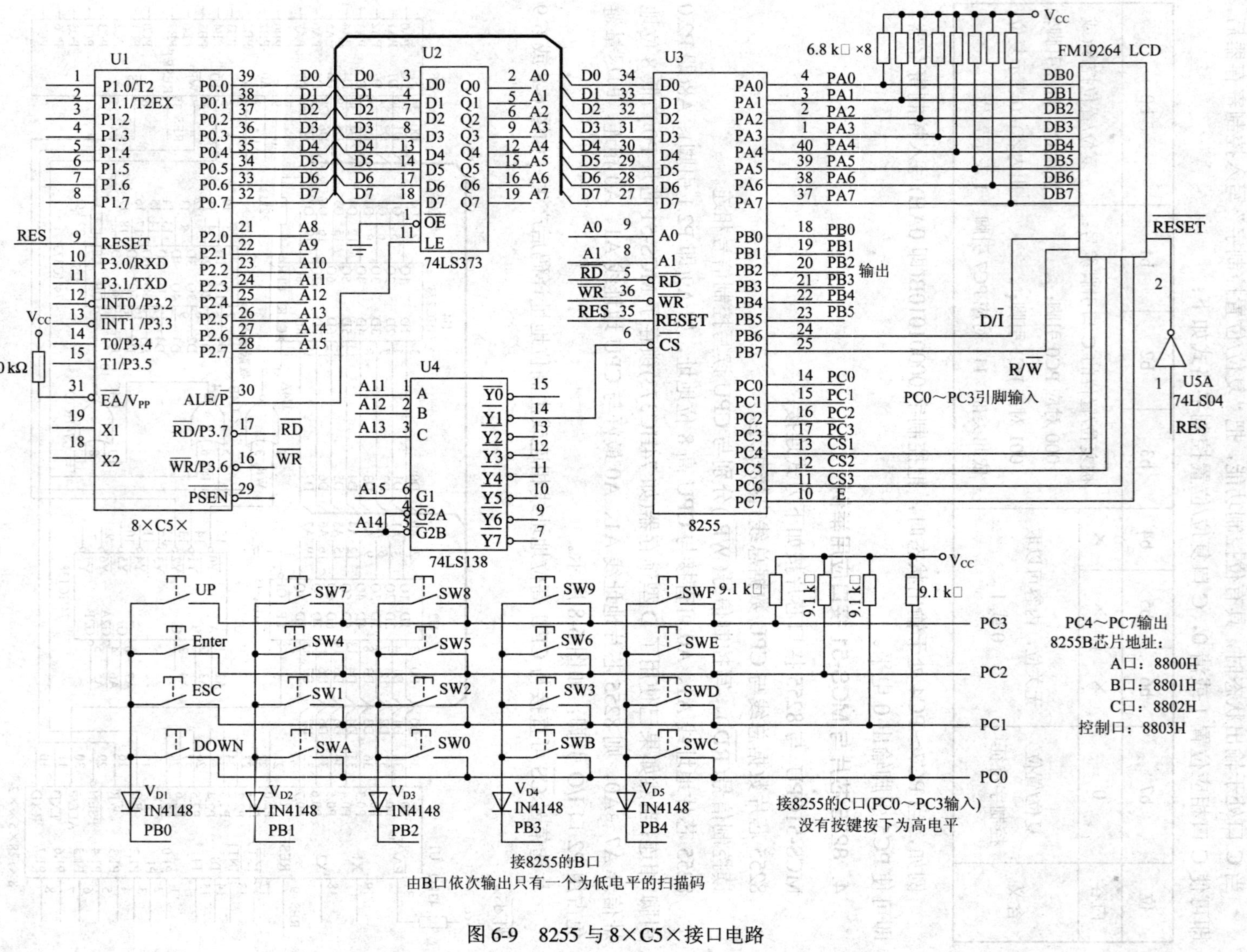

图 6-9 8255 与 8×C5×接口电路

例 6.1　在某单片机应用系统中，需要 4×5(共 20)个按键的矩阵键盘电路，以及驱动 FM19264 点阵式 LCD 显示器，其中 LCD 显示器引脚信号功能如表 6-5 所示。

表 6-5　例 6.1 LCD 显示器引脚功能

引脚信号名称	I/O	功 能 描 述
DB7～DB0	双向	数据总线，双向，三态
D/$\bar{I}$	输入	数据/命令选择。0 表示命令，1 表示数据
R/$\overline{W}$	输入	读/写控制。0 表示写，1 表示读
E	输入	写操作时，高电平送数，下降沿将数据锁存到 LCD 内的数据或命令缓冲器中；读操作时，在 E 为高电平期间，LCD 将数据输出到数据总线 DB7～DB0
$\overline{RESET}$	输入	复位，低电平有效。当 $\overline{RESET}$ 引脚为低电平时，LCD 显示器进行内部复位操作
CS1～CS3	输入	片选信号，高电平有效。该 LCD 显示器由三块 64×64 点阵 LCD 组成，哪一模块被选中由相应的 CS 信号控制

试通过 8255 芯片形成 LCD 显示器和键盘接口电路。

分析：由于该 LCD 显示模块的使能信号 E 采用“高电平送数，下降沿锁存”，不能直接与单片机连接，且所需 I/O 引脚较多，可通过 8255 与 CPU 连接，具体线路如图 6-9 所示。

A、B 口工作在方式 0，其中 A 口与 LCD 的数据总线 DB7～DB0 相连，对 LCD 进行写入操作时，PA 是输出引脚；对 LCD 进行读操作时，PA 口是输入引脚。

B 口输出，其中 PB5～PB0 作为矩阵键盘列扫描线；PB7 接 LCD 的 R/$\overline{W}$ (读/写)控制端，PB6 接 LCD 的 D/$\bar{I}$ (数据/命令选择段)。

C 口 A 组(即 PC7～PC4)输出，分别接 LCD 的使能输入端 E 和片选信号 CS3～CS1；C 口的 B 组(即 PC3～PC0)接矩阵键盘的行线，输入。因此，8255 的工作方式控制字为 81H(对 LCD 进行写操作时)和 91H(对 LCD 进行读操作时)。

而 8255 的片选信号 $\overline{CS}$ 接 U4 的译码输出 $\overline{Y1}$ (当然，如果系统中没有其他 I/O 芯片，也可以用线选法，直接将 8255 的片选信号 $\overline{CS}$ 与未用高位地线相连)，根据 138 译码条件，可知：

8255 A 口地址为 8400H；

8255 B 口地址为 8401H；

8255 C 口地址为 8402H；

8255 控制寄存器口地址为 8403H。

可通过如下指令对 8255 进行初始化：

```
MOV DPTR, #8403H        ；8255 控制口地址送 DPTR
MOV A, #81H             ；工作方式控制字送累加器 A
MOVX @DPTR, A           ；工作方式控制字送 8255 控制口
```

通过如下命令将存放在累加器 A 的数据信息写入 LCD：

```
MOV DPTR, #8400H        ；将 LCD 显示器数据口地址送 DPTR
MOVX @DPTR, A           ；写入数据信息送 A 口
INC DPTR                ；指向 B 口
MOV A, #01000000B       ；送读写、数据/命令标志(B 口低 6 位与 LCD 读写操作无关，可设
                        ；为 0)
MOVX @DPTR, A           ；使 R/W̄ 引脚为低电平；D/I 引脚为高电平
INC DPTR                ；指向 C 口
MOV A, #11110000B
MOVX @DPTR, A           ；即 E 为高，同时选中 CS3-CS1
CLR Acc.7               ；使 E 信号为低电平，以便 LCD 将数据锁存到其内部的数据锁存
                        ；器中
MOVX @DPTR, A
```

6.2.4　利用 MCU 扩展 I/O

当 I/O 引脚资源不够时，在特定应用系统中用另一块 MCU 来扩展 I/O 端口比用三态门、触发器、专用 I/O 扩展芯片如 8255、8155 等扩展 I/O 引脚可能更实用。一方面，不仅扩展了 I/O 引脚，也扩展了其他硬件资源(如定时/计数器、中断输入端等)；另一方面，部分工作可由扩展 MCU 完成，减轻了主 MCU 的负担；再者，MCU I/O 口电平状态可编程设置，从而省去承担逻辑转换的与非门电路芯片；当使用 I/O 口输出级电路结构可编程选择的 MCU，如 P89PLC900 系列、STC12C54××系列芯片扩展 I/O 引脚时，除了具有上述便利条件外，还能简化 I/O 接口电路，如电平转换电路的设计。因此，强烈推荐考虑通过 MCU 扩展 I/O 口。

利用 MCU 扩展 I/O 资源时，可使用 UART、I2C 异步通信方式、类似 SPI 接口同步串行通信方式或并行通信方式实现两 MCU 之间的信息交换。

6.3　简单显示驱动电路

6.3.1　发光二极管

发光二极管 LED 具有体积小，抗冲击、震动性能好，可靠性高，寿命长，工作电压低，功耗小，响应速度快等优点，常用于显示系统的状态或用于系统中某一功能电路，甚至某一输出引脚的电平状态显示，如电源指示、停机指示、错误指示等，使人一目了然。

此外，将多个 LED 管芯组合在一起，就构成了特定字符(文字或数码)的显示器件，如七段、八段 LED 数码管和点阵式 LED 显示器，将发光二极管和光敏三极管组合在一起，就构成了光电耦合器件以及由此衍生出来的固态继电器。因此，了解 LED 发光二极管性能、使用方法，对单片机控制系统的设计非常必要。

发光二极管在本质上与普通二极管差别不大，也是一个 PN 结，同样具有正向导通，反向截止的特性。发光二极管的伏安特性曲线与普通二极管相似，如图 6-10 所示(为了便于比

较，图中用虚线表示普通二极管的伏安特性曲线)。

由图 6-10 看出：

(1) 当外加正向电压小于 0.9～1.1 V 时，LED 不导通；当外加电压大于正向阈值电压时，LED 导通，同时发光。显然，LED 二极管的正向导通电压比普通二极管大，具体数值与 LED 材料有关，如表 6-6 所示。

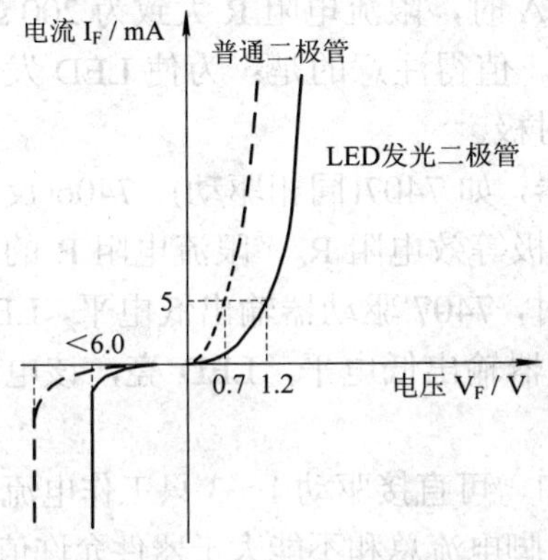

图 6-10 LED 二极管伏安特性曲线

表 6-6 LED 正向压降与材料的关系

LED 材料	正向导通电压 V_F /V
砷化镓(GaAs)	1.2
镓铝砷(GaAlAs)	1.6～1.8
磷化镓(GaP)	1.9～2.5
磷砷化镓(GaAsP)	1.6～1.8

(2) LED 导通后，伏安特性曲线更陡，即 LED 导通后，内阻更小(因此也可作为降压元件使用，如将+5 V 电源降为 3 V 电源)。

(3) LED 二极管反向击穿电压比普通二极管低，一般在 5～10 V 之间。

LED 二极管的亮度与 LED 材料、结构以及工作电流有关。一般说来，工作电流越大，亮度也越大，但亮度与工作电流的关系，因材料而异，例如 GaP 发光二极管，当工作电流增加到一定数值后，电流增加，LED 亮度不再增大，即出现亮度饱和现象；而 GaAsP 发光二极管的亮度随电流的增大而增大，在器件因功耗增加而损坏前观察不到亮度饱和现象。

LED 发光二极管工作电流一般控制在 3～20 mA 之间，最大不超过 50 mA，否则会损坏。为了获得良好的发光效果，LED 平均工作电流控制在 10～15 mA 范围内。

6.3.2 驱动电路

LED 工作电流较大，而 MCS-51 系列 CPU P1～P3 口 I/O 引脚负载能力仅为四个 TTL 门电路，一般不能直接驱动 LED 发光二极管，可使用三极管或驱动 IC 芯片驱动，如图 6-11 所示。

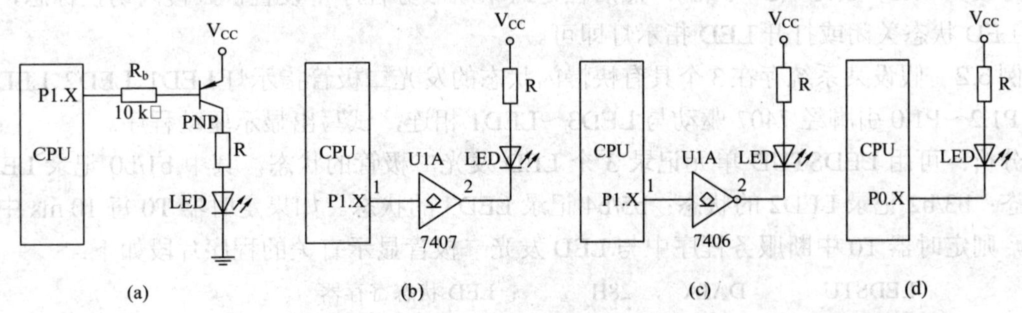

图 6-11 CPU 与 LED 接口电路

(a)、(b)、(d) 低电平有效；(c) 高电平有效其中图(a)采用 PNP 三极管驱动，当 P1.X 引脚输出低电平时，三极管饱和导通，限流电阻 R 与 LED 内阻(几欧姆～几十欧姆)构成了集电极等效电阻 R_c。限流电阻 R 的大小由 LED 二极管工作电流 I_F 决定，即 $I_C = I_F = (V_{CC} - V_F - V_{CES})/R$。其中 I_C 为集电极电流；I_F 为 LED 工作电流；V_{CC} 为电源电压；V_{CES} 为三极管饱和压降，一般在 0.1～0.2 V 之间；V_F 为 LED 导通电压，一般在 1.2～2.5 V 之间。

当 V_{CC} 为 5 V，V_F 取 2.0 V，V_{CES} 取 0.2 V，I_F 取 15 mA 时，限流电阻 R 大致为 200 Ω。

当 P1.X 引脚输出高电平时，三极管截止，LED 不亮。值得注意的是：为使 LED 发光时，驱动管处于饱和状态，发光二极管 LED 不宜串在发射极。

图(b)、图(c)采用集电极开路输出(OC 门)的集成驱动器，如 7407(同相驱动)、7406(反相驱动)，限流电阻 R 与 LED 导通时内阻构成了输出级集电极等效电阻 R_c。限流电阻 R 的计算方法与图(a)相同。在图(b)中，当 P1.X 引脚输出低电平时，7407 驱动器输出低电平，LED 亮。而在图(c)中，当 P1.X 引脚输出高电平时，7406 反相器输出低电平，LED 亮，该电路不足之处是 CPU 复位期间 LED 亮。

对于漏极开路输出的 I/O 口，如增强型 MCS-51 的 P0 口，可直接驱动 1～3 只工作电流不大的小功率 LED 发光二极管，如图(d)所示(但必须注意 I/O 引脚电流总和不能大于器件允许值)。

6.3.3 LED 发光二极管显示状态及同步

一般说来，单个 LED 有“亮”、“灭”两种状态，但在单片机应用系统中，由于 I/O 引脚数量、成本等因素限制，要求一只 LED 发光二极管显示出更多的状态。例如电源监控设备中的电源指示灯就可能用“灭”、“常亮”、“快闪”、“慢闪”四种状态分别表示“无交流”、“交流正常”、“过压”、“欠压”四种状态；又如，带有后备电池设备的电源指示灯也可用“灭”、“常亮”、“快闪”、“慢闪”分别表示“无交流/电池电压正常”、“交流正常/电池电压正常”、“交流正常/电池低压”、“无交流/电池低压”四种状态。在这种情况下，一般用两位记录每一只 LED 发光二极管的状态，如 00 表示灭；01 表示慢闪；10 表示快闪；11 表示常亮，这样一字节的内部 RAM 单元可记录 4 个 LED 指示灯的状态。

当系统中存在两个或两个以上 LED 发光二极管以闪烁方式表示不同的状态时，就遇到 LED 显示同步问题，否则可能出现甲灯亮时，乙灯灭——呈现类似霓虹灯的走动显示效应。

解决方法：快闪、慢闪时间呈倍数关系，如快闪切换时间为 0.15～0.25 s，则慢闪切换时间可设为 0.45～0.75 s(2～3 倍)；然后在定时中断服务程序中设置快、慢闪切换标志，并根据 LED 状态关闭或打开 LED 指示灯即可。

例 6.2 假设某系统存在 3 个具有快慢闪状态的发光二极管指示灯 LED1、LED2、LED3，通过 P1.2～P1.0 引脚经 7407 驱动与 LED3～LED1 相连，试写出显示驱动程序。

分析：可用 LEDSTUD 单元记录 3 个 LED 发光二极管的状态，其中 b1/b0 记录 LED1 的状态；b3/b2 记录 LED2 的状态；b5/b4 记录 LED3 的状态。如果定时器 T0 每 10 ms 中断一次，则定时器 T0 中断服务程序中与 LED 发光二极管显示有关的程序片段如下：

```
LEDSTU      DATA    28H     ; LED 状态寄存器
LEDTIME     DATA    30H     ; LED 显示记时器
LEDTB1      BIT     00H     ; 快闪切换时间(0.16 s)到标志
```

```
    LEDTB2        BIT        01H        ；慢闪切换时间(0.48 s)到标志
    ；定时器 T0 中断服务程序
    PROC CTC0
    CTC0:
    ……                              ；现场及工作区切换略
    ；****LED 显示程序段*****
    INC LEDTIME                     ；显示时间计时器+1
    MOV A, LEDTIME
    CJNE A, #48, NEXT1
NEXT1:
    JC NEXT2
    MOV LEDTIME, #0                 ；计时器已达到 48，从 0 开始计数
    CPL LEDTB2                      ；慢闪切换时间到标志取反
    SJMP NEXT3                      ；快、慢闪切换时间到标志同时有效
NEXT2:
    ANL A, #0FH                     ；仅保留 b3～b0
    JZ NEXT3                        ；低 4 位 b3～b0 为 0，即显示时间被除 16 整数不是 0，说明不
                                    ；是 16 的倍数
    LJMP LEDEND                     ；既不是 48(即 0.48 s)，也不是 16 的倍数，说明时间未到
NEXT3:
    CPL LEDTB1                      ；快闪切换时间到标志取反
    ；--------LED1 显示设置-------
    MOV A, LEDSTU
    ANL A, #03H                     ；保留 LED1 的显示状态
    CJNE A, #0, NEXT11
    SETB P1.0                       ；关闭 LED1
    SJMP LED1END
NEXT11:
    CJNE A, #1, NEXT12
    MOV C, LEDTB2                   ；把慢闪切换标志送 P1.0
    MOV P1.0, C
    SJMP LED1END
NEXT12:
    CJNE A, #2, NEXT13
    MOV C, LEDTB1                   ；把快闪切换标志送 P1.0
    MOV P1.0, C
    SJMP LED1END
NEXT13:
    CLR P1.0                        ；等于 11，常亮，开 LED1
```

```
LED1END:
    ; --------LED2 显示设置-------
    MOV A, LEDSTU
    ANL A, #0CH              ; 保留 LED2 的显示状态
    CJNE A, #0H, NEXT21
    SETB P1.1                ; 关闭 LED2
    SJMP LED2END
NEXT21:
    CJNE A, #4H, NEXT22
    MOV C, LEDTB2            ; 把慢闪切换标志送 P1.1
    MOV P1.1, C
    SJMP LED2END
NEXT22:
    CJNE A, #8H, NEXT23
    MOV C, LEDTB1            ; 把快闪切换标志送 P1.1
    MOV P1.1, C
    SJMP LED2END
NEXT23:
    CLR P1.1                 ; 等于 11，常亮，开 LED2
LED2END:
    ; --------LED3 显示设置-------
    MOV A, LEDSTU
    ANL A, #30H              ; 保留 LED3 的显示状态
    CJNE A, #0H, NEXT31
    SETB P1.2                ; 关闭 LED3
    SJMP LEDEND
NEXT31:
    CJNE A, #10H, NEXT32
    MOV C, LEDTB2            ; 把慢闪切换标志送 P1.2
    MOV P1.2, C
    SJMP LEDEND
NEXT32:
    CJNE A, #20H, NEXT33
    MOV C, LEDTB1            ; 把快闪切换标志送 P1.2
    MOV P1.2, C
    SJMP LEDEND
NEXT33:
    CLR P1.2                 ; 等于 11，常亮，开 LED3
LEDEND:
```

```
    ……              ；恢复现场(略)
    RETI
END
```

6.4　LED 数码管及其显示驱动电路

LED 数码管是单片机控制系统中最常用的显示器件之一，LED 数码管在单片机应用系统中的地位类似于 CRT(阴极射线管)、LCD(液晶)显示器在台式微机系统中的地位。在单片机系统中，常用一只到数只，甚至十几只 LED 数码管显示 CPU 的处理结果、输入/输出信号的状态或大小。

6.4.1　LED 数码管

LED 数码管的外观如图 6-12(a)所示，笔段及其对应引脚排列如图 6-12(b)所示，其中 a～g 段用于显示数字或字符的笔画，dp 显示小数点，而 3、8 引脚连通，作为公共端。一英寸以下的 LED 数码管内，每一笔段含有 1 只 LED 发光二极管，导通压降为 1.2～2.5 V；而一英寸及以上 LED 数码管的每一笔段由多只 LED 发光二极管以串、并联方式连接而成，笔段导通电压与笔段内包含的 LED 发光二极管的数目、连接方式有关。在串联方式中，确定电源电压 V_{CC} 时，每只 LED 工作电压通常以 2.0 V 计算，例如 4 英寸七段 LED 数码显示器 LC4141 的每一笔段由四只 LED 发光二极管按串联方式连接而成，因此导通电压应在 7～8 V 之间，电源电压 V_{CC} 必须取 9 V 以上。

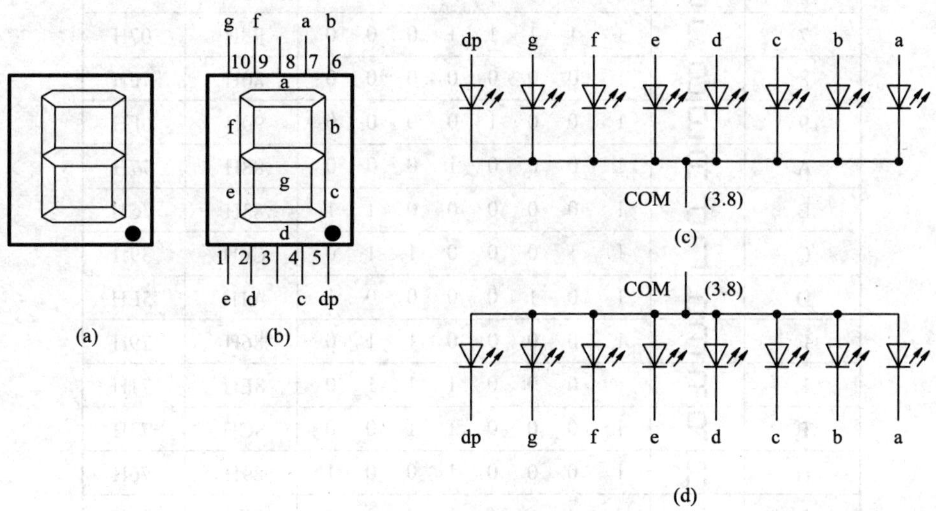

图 6-12　LED 数码管

根据 LED 数码管内各笔段 LED 发光二极管的连接方式，可以将 LED 数码管分为共阴和共阳两大类。在共阴 LED 数码管中，所有笔段的 LED 发光二极管的负极连在一起，如图 6-12(c)所示；而在共阳 LED 数码管中，所有笔段的 LED 发光二极管的正极连在一起，如图 6-12(d)所示。由于共阳 LED 数码管与 OC、OD 门驱动器连接方便，因此在单片机控制系统中，多用共阳 LED 数码管。

LED 数码管有单体、双体、三体等多种封装形式，对于双体、三体封装形式 LED 数码管，其引脚排列与笔段对应关系可能因生产厂家的不同而不同，通过数字万用表或指针式万用表欧姆挡即可判别出连接方式(共阴还是共阳)及其公共端后，即可借助外部电源与一只阻值为 1 kΩ 的限流电阻识别出引脚排列方式。

6.4.2 LED 数码显示器接口电路

从 LED 数码管结构可以看出，点亮不同笔段就可以显示出不同的字符，例如笔段 a、b、c、d、e、f 被点亮时，就可以显示数字“ 0 ”；又如笔段 a、b、c、d、g 被点亮时就显示数字“3”。理论上，七个笔段可以显示 128 种不同的字符，扣除其中没有意义的状态组合后，七段 LED 数码管可以显示的字符如表 6-7 所示。

表 6-7　七段 LED 数码管可以显示的字符

字符	字形	b7 $\overline{\text{dp}}$	b6 $\overline{\text{g}}$	b5 $\overline{\text{f}}$	b4 $\overline{\text{e}}$	b3 $\overline{\text{d}}$	b2 $\overline{\text{c}}$	b1 $\overline{\text{b}}$	b0 $\overline{\text{a}}$	共阳 笔段码	共阴 笔段码
0		1	1	0	0	0	0	0	0	C0H	3FH
1		1	1	1	1	1	0	0	1	F9H	06H
2		1	0	1	0	0	1	0	0	A4H	5BH
3		1	0	1	1	0	0	0	0	B0H	4FH
4		1	0	0	1	1	0	0	1	99H	66H
5		1	0	0	1	0	0	1	0	92H	6DH
6		1	0	0	0	0	0	1	0	82H	7DH
7		1	1	1	1	1	0	0	0	F8H	07H
8		1	0	0	0	0	0	0	0	80H	7FH
9		1	0	0	1	0	0	0	0	90H	6FH
A		1	0	0	0	1	0	0	0	88H	77H
B		1	0	0	0	0	0	1	1	83H	7CH
C		1	1	0	0	0	1	1	0	C6H	39H
D		1	0	1	0	0	0	0	1	A1H	5EH
E		1	0	0	0	0	1	1	0	86H	79H
F		1	0	0	0	1	1	1	0	8EH	71H
P		1	0	0	0	1	1	0	0	8CH	73H
H		1	0	0	0	1	0	0	1	89H	76H
L		1	1	0	0	0	1	1	1	C7H	38H
Y		1	0	0	1	0	0	0	1	91H	6EH
—	—	1	0	1	1	1	1	1	1	BFH	40H
不显示		1	1	1	1	1	1	1	1	FFH	00H

依据显示驱动方式的不同，可将 LED 数码显示驱动电路分为静态显示方式和动态显示方式。

1. LED 静态显示接口电路

LED 静态显示接口电路由笔段代码锁存器、笔段译码器(采用软件译码的 LED 静态显示驱动电路无须笔段译码器)、驱动器等部分组成。在单片机应用系统中，一般不用七段译码器芯片，如 74249、CD4511 等构成笔段译码，而是采用软件方式译码，原因是软件译码灵活、方便。

下面是单片机系统中常用的 LED 静态显示接口电路形式。

(1) 图 6-13(a)是一位的共阳 LED 静态显示驱动电路，P1 口输出笔段代码，通过 7407 驱动 LED 数码管。该电路优点是结构简单，直接利用 P1 口锁存器作笔段代码锁存器，缺点是占有了 P1.0～P1.6 七根 I/O 线。

驱动程序如下：

```
    MOV DPTR,# LEDTAB        ; 笔段码表首地址送 DPTR
    MOVC A,@A+DPTR           ; 取数字对应的笔段码，待显示的数字存放在 A 累加器中
    MOV P1,A                 ; 取出的笔段码送 P1 口显示
LEDTAB:                      ; 笔段码表首地址
    DB C0H,0F9H,0A4H,...     ; 笔段代码表
```

例如，显示数字“0”时，要求 a、b、c、d、e、f 笔段亮，即 P1.0～P1.5 输出低电平，P1.6 输出高电平，P1.7 与笔段无关，规定输出高电平，因此数字“0”的笔段代码为 C0H。同理，可以推算出其他数字或字符的笔段代码。

(2) 在图 6-13(b)中，通过八上升沿 D 型触发器 74HC273 扩展输出口，分别作为 LED1、LED2 的笔段代码锁存器。

根据 74HC138 译码条件，U3 锁存脉冲接 U2 的 1 脚，因此 LED1 笔段码锁存器地址(也就是 LED1 数码管 I/O 口地址)为 8000H；U4 锁存脉冲接 U2 的 4 脚，因此 LED2 笔段码锁存器地址为 8400H。显示驱动程序如下：

```
MOV DPTR, #LEDTAB        ; 笔段码表首地址送 DPTR
MOVC A,@A+DPTR           ; 取相应数字的笔段代码，待显示的数字存放在 A 累加器中
MOV DPTR, #80000H        ; LED1 笔段码锁存器地址送 DPTR
MOVX @DPTR, A            ; 输出笔段码
```

(3) 如果 LED 数码管工作电流小于 10 mA，使用 74HC273 芯片后，可省去驱动芯片 7407，如图 6-13(c)所示。

(4) 当系统中 I/O 引脚资源不紧张时，可使用 I/O 引脚作 D 型触发器的锁存脉冲，如图 6-13(d)所示。

驱动程序如下：

```
MOV DPTR, #LEDTAB        ; 笔段码表首地址送 DPTR
MOVC A,@A+DPTR           ; 取相应数字的笔段代码，待显示的数字存放在 A 累加器中
MOV P0, A                ; 笔段码送 P0 口
CLR P2.6
SETB P2.6                ; 形成 LED1 锁存脉冲上升沿，将出现在 P0 口的笔段码锁存
```

当然，也可以使用并行 I/O 扩展芯片锁存 LED 显示位的笔段码。

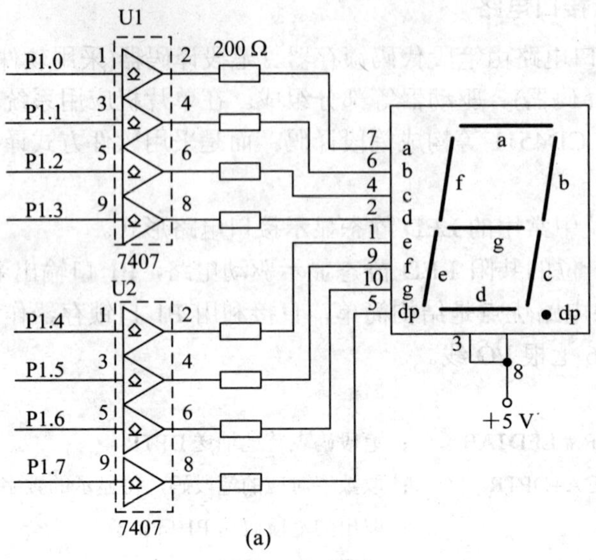

(a)

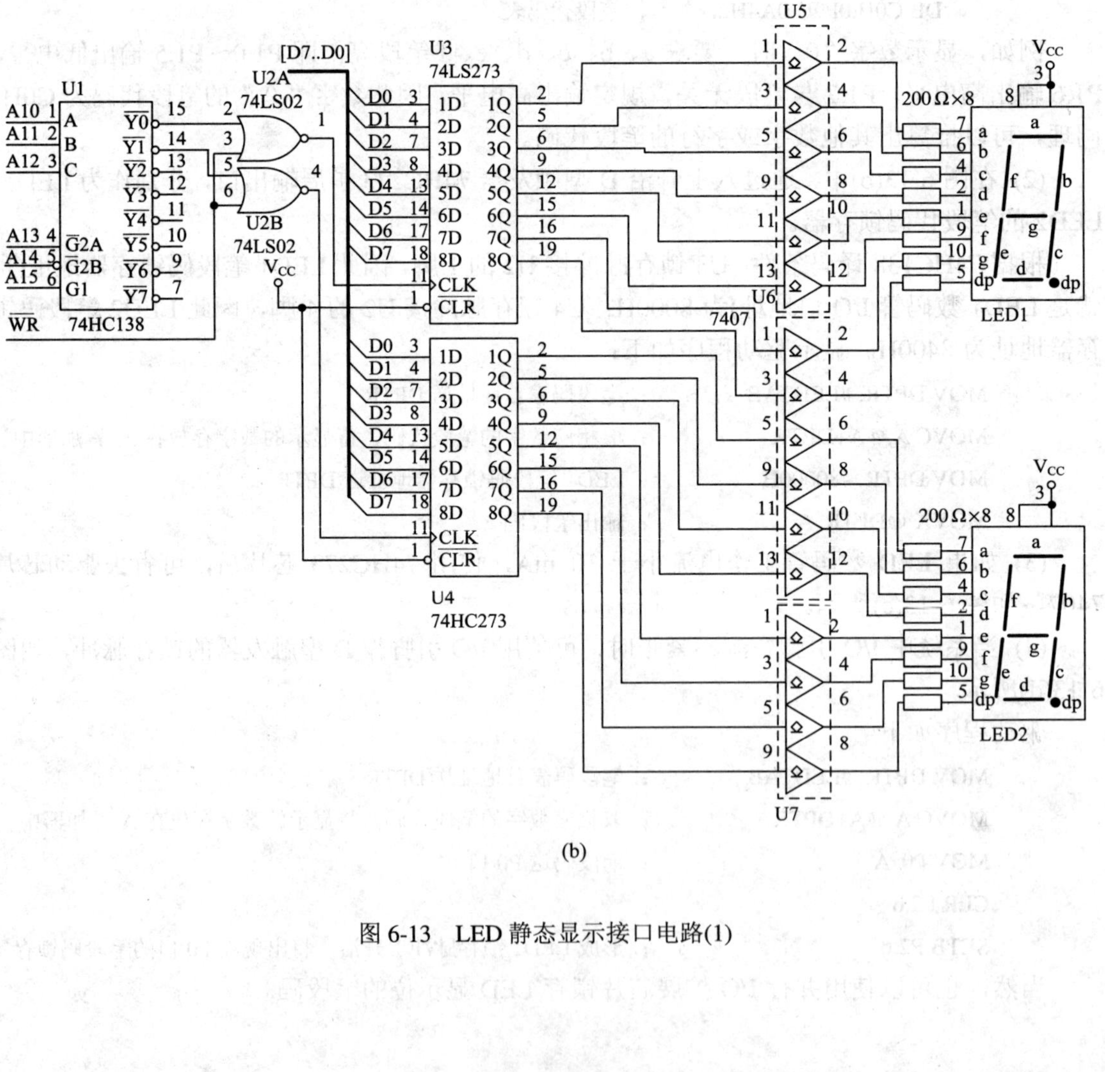

(b)

图 6-13　LED 静态显示接口电路(1)

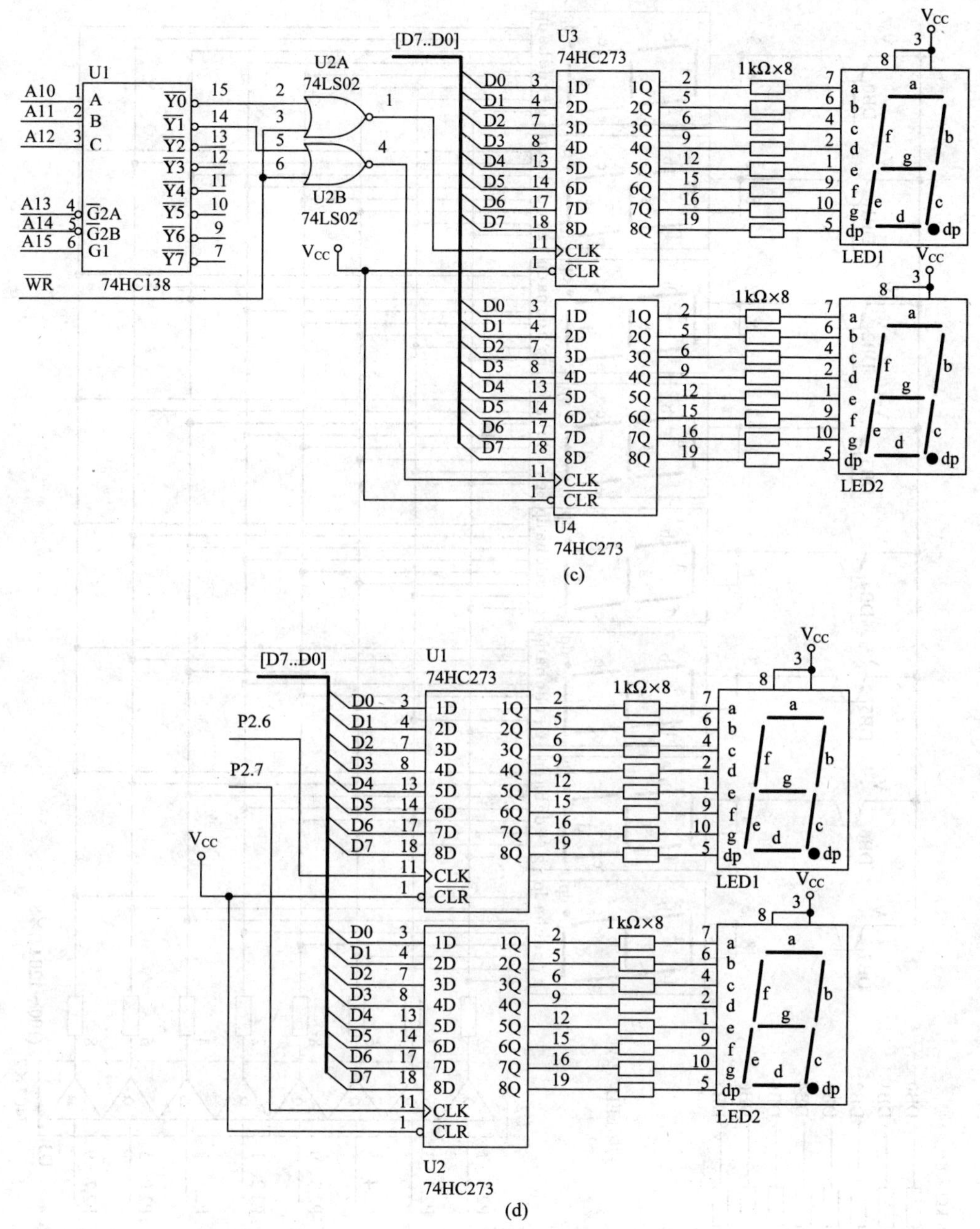

图 6-13　LED 静态显示接口电路(2)

2. 动态显示方式 LED 显示器

在静态显示方式中，显示驱动程序简单，CPU 占用率低，但每一位 LED 数码管需要一个 8 位锁存器来锁存笔段码，硬件开销大(元件数目多，印制板面积也会随之增加)，仅适用于显示位数较少(4 位以下)的场合。当需要显示的位数在 4～12 时， 多采用按位扫描软件译码(在单片机系统中一般不用硬件译码)的动态显示方式或按笔段扫描的动态显示方式，如图 6-14 所示。

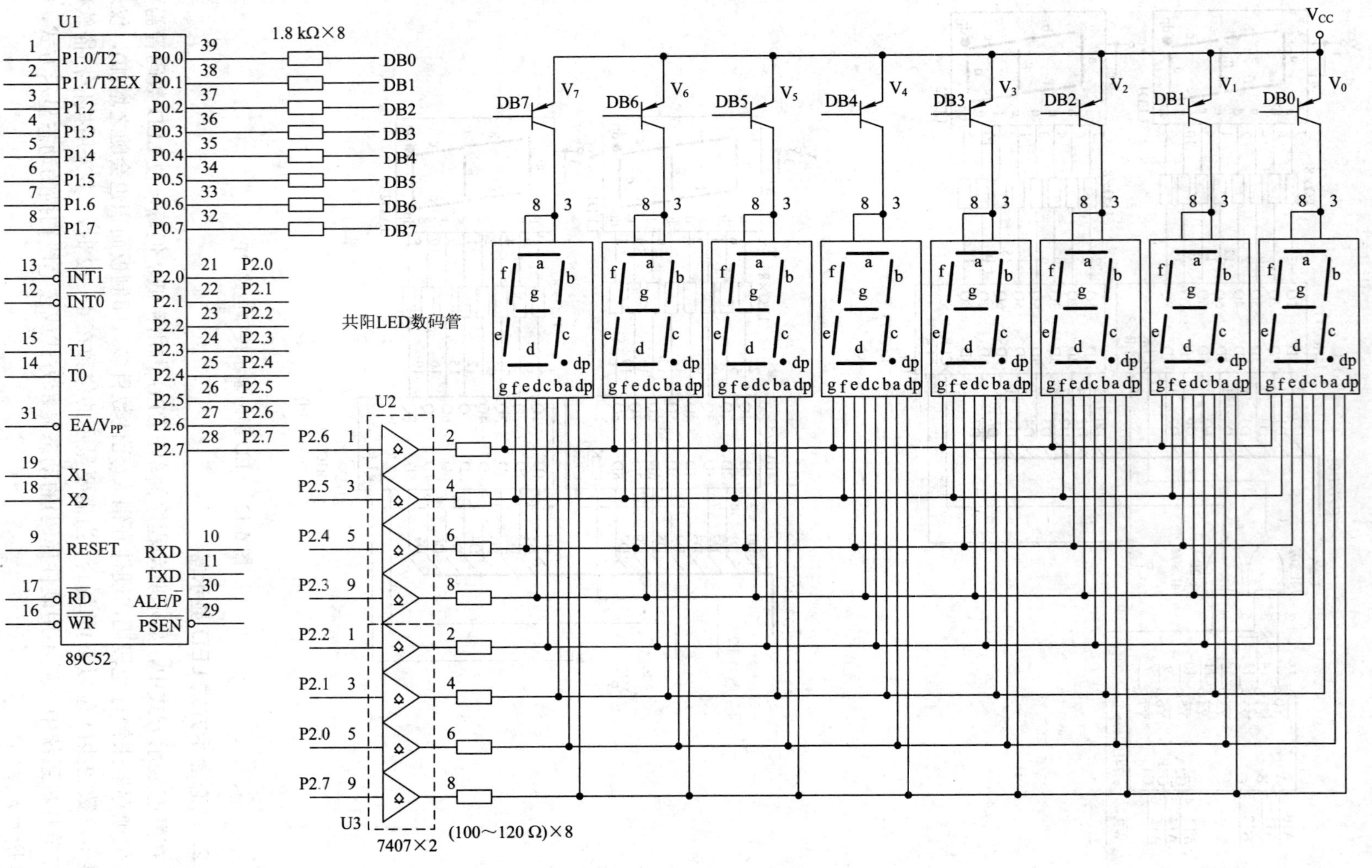

图 6-14 由 P0、P2 口构成的 8 位 LED 动态显示驱动电路

在按位扫描的动态显示方式中，各位笔段引脚 a～dp 并联在一起，共用一个笔段代码锁存器(由于单片机 I/O 口、I/O 扩展电路，如 8155、8255 等大多具有输出锁存功能，因此往往不再需要笔段代码锁存器)、译码器(采用软件译码时，不用译码器)及驱动器；为了控制各 LED 数码管轮流工作，各显示位的公共端与位译码(采用软件译码时不用)、锁存、驱动电路相连。这样即可依次输出每一显示位的笔段代码和位扫描码，轮流点亮各 LED 数码显示管，实现按位动态显示。可见，在动态显示方式中，仅需要一套笔段代码锁存、译码(软件译码除外)、驱动器和一个位扫描码锁存、驱动器，硬件开销少。

在动态显示方式中，各 LED 数码管轮流工作，为了防止出现闪烁现象，LED 数码管刷新频率必须大于 25 Hz，即同一 LED 数码管相临两次点亮时间间隔要小于 40 ms。对于具有 N 个 LED 数码管的动态显示电路来说，如果 LED 显示器刷新频率为 f，那么刷新周期为 1/f，则每一位的显示时间为 1/(f × N)秒。显然，位数越多，每一位的显示时间就越短，在驱动电流一定的情况下，亮度就越低(正因如此，在动态 LED 显示电路中，需适当增大驱动电流，对高亮度 LED 来说，一般取 10～20 mA；对普通亮度 LED 来说，一般取 20～30 mA，以抵消因显示时间短引起的亮度下降)。为保证一定的亮度，实验表明：对于普通亮度 LED 来说，在驱动电流取 30 mA 的情况下，每位显示时间不能小于 1 ms。

在图 6-14 中，使用 P2 口作为笔段码锁存器，7407 作笔段码驱动器(由于在 LED 动态显示电路中，为获得足够亮度，限流电阻小，LED 瞬态电流大，一般不能省去笔段码驱动器)；P0 口作位扫描码锁存器，用中功率 PNP 管作位驱动器。显然，笔段、位扫描均采用软件译码方式。

显示时，依次将各位笔段码送 P2 口，位扫描码送 P0 口，即可分时显示所有位。就微观来说，任一时刻只有一只 LED 数码管工作，利用人眼视觉惰性特征，只要刷新频率不小于 25Hz，宏观上就看到所有位同时显示，且没有闪烁感。

从图中可以看出，在软件译码的动态 LED 显示电路中，无论位数多寡，都只需一套笔段码锁存器与驱动器，一套位扫描码锁存器与驱动器，硬件开销少。因此，在单片机应用系统中得到了广泛应用。

P0 口漏极开路，低电平驱动能力强，可吸收 3.2 mA 的灌电流，当 PNP 三极管电流放大系数 β 大于 100 时，集电极最大电流 I_{Cmax} 达 320 mA，足可以驱动 10 只动态工作电流为 30 mA 的发光二极管。在本例中，基极限流电阻取 2 kΩ，基极电流 I_B 在 1.80～2.2 mA 之间。笔段限流电阻为 100～120 Ω，当 LED 压降取 2 V 时，LED 工作电流 I_F 约为 20～24 mA 之间。该电路结构简单，仅使用 8 只中功率 PNP 管、2 块 7407 同相驱动器；驱动程序编写、调试容易。

在动态扫描显示方式中，一般使用定时中断方式，本例使用定时器 T2。由于显示位较多，刷新频率取 50 Hz，即一位显示时间为(1/50 × 8)即 2.5 ms。因此定时器 T2 溢出时间为 2.5 ms，假设晶振频率为 11.0592 MHz，则定时器 T2 初值为 63232 (F700H)。

用软件方式完成笔段译码时，一般采用双显示缓冲区结构：显示数码缓冲区和笔段代码缓冲区。当有数据进入数码缓冲区时，执行查表操作，把显示数码缓冲区内数码转换为笔段码并保存到笔段代码缓冲区内；在显示定时中断服务程序中，只需将笔段码缓冲区信息输出到笔段代码锁存器中，因为不会经常改写显示内容。这样能有效减少显示驱动程序的执行时间，提高系统响应速度。

图 6-14 显示驱动参考程序如下：

```
        LEDBUF1   DATA   70H     ; 数码显示缓冲区(为调试方便，高位存放在低地址中)
        LEDBUF2   DATA   78H     ; 笔段代码缓冲区(采用双缓冲区结构)
        LEDSP     DATA   6FH     ; LED 位扫描指针
        NDHZ      BIT    08H     ; 灭 0 标志
        ORG 0000H
        LJMP MAIN
        ORG 002BH
        LJMP CTC2
        ORG 100H
MAIN:
        MOV SP, #0DFH                ; 对于具有 256 字节内部 RAM 芯片来说，将 E0H-FFH，
                                     ; 共计 32 字节作为堆栈区
        ; ---复位后，将 01H～0FF 内部 RAM 单元清 0
        MOV R0, #01H
LOOP1:
        MOV @R0, #0
        INC R0
        CJNE R0,#0, LOOP1
        ; ----初始化定时器 T2
        MOV TH2, #0F7H
        MOV TL2, #00H                ; 初值 0F700 送定时器 T2
        MOV RCAP2H, #0F7H
        MOV RCAP2L, #00H             ; 初始化重装初值
        MOV T2CON, #00000100B        ; 初始化 T2 工作方式(自动重装初值、定时)并启动了 T2
        ; -----初始化中断控制器
        SETB ET2                     ; 允许定时器 T2 中断
        SETB EA                      ; 开中断
        HERE: SJMP HERE              ; 虚拟主程序
; 定时器 T2 作显示定时器(溢出时间为 2.5 ms,自动重装初值方式)
PROC CTC2
CTC2:
        PUSH PSW
        PUSH ACC                     ; 保护现场
        SETB RS1
        SETB RS0                     ; 切换工作区
        MOV A, LEDSP                 ; 取扫描位指针
        ANL A, #07H                  ; 仅保留低 3 位
        ADD A, #LEDBUF2              ; 与笔段码缓冲区首地址相加，以便获得笔段码地址
        MOV R0, A                    ; 对应位笔段地址保存在 R0 中
```

```
    MOV P2, @R0                ；笔段码送 P2 口
    ；送扫描码
    MOV A, LEDSP
    ANL A, #07H                ；仅保留低 3 位
    CJNE A, #0, NEXT1
    MOV P0, #01111111B         ；输出位扫描码(P0.7 位亮)
    SJMP EXIT
NEXT1:
    CJNE A, #1, NEXT2
    MOV P0, #10111111B         ；输出位扫描码(P0.6 位亮)
    SJMP EXIT
NEXT2:
    CJNE A, #2, NEXT3
    MOV P0, #11011111B         ；输出位扫描码(P0.5 位亮)
    SJMP EXIT
NEXT3:
    CJNE A, #3, NEXT4
    MOV P0, #11101111B         ；输出位扫描码(P0.4 位亮)
    SJMP EXIT
NEXT4:
    CJNE A, #4, NEXT5
    MOV P0, #11110111B         ；输出位扫描码(P0.3 位亮)
    SJMP EXIT
NEXT5:
    CJNE A, #5, NEXT6
    MOV P0, #11111011B         ；输出位扫描码(P0.2 位亮)
    SJMP EXIT
NEXT6:
    CJNE A, #6, NEXT7
    MOV P0, #11111101B         ；输出位扫描码(P0.1 位亮)
    SJMP EXIT
NEXT7:
    MOV P0, #11111110B         ；输出位扫描码(P0.0 位亮)
EXIT:
    INC LEDSP                  ；指针加 1
    CLR TF2
    POP ACC
    POP PSW
    RETI
END
```

```
DISPTAB:                    ；七段共阳 LED 笔段码(0-F)
DB 0C0H,0F9H,0A4H,0B0H,99H,92H,82H,0F8H,80H,90H,88H,83H,0C6H,0A1H,86H,8EH

；把显示缓冲区内待显示数码转换为笔段码，并存放在笔段码缓冲区(检查高位是否为 0，若是
；要灭 0)
PROC DISPC
DISPC:
    MOV R0, #LEDBUF1        ；数码缓冲区首地址送 R0
    MOV R1, #LEDBUF2        ；笔段码缓冲区首地址送 R1
    MOV R2, #7              ；记录转换位
    MOV DPTR, #DISPTAB      ；把共阳 LED 笔段表首地址装入 DPTR
    SETB NDHZ               ；灭 0 标志置 1
LOOP1:
    MOV A, @R0              ；取显示数码
    JNB NDHZ, NEXT1
    ；灭 0 标志有效，说明高位 0，要检查数码是否为 0
    CJNE A, #0, NEXT2
    ；本位数码为 0，不显示
    MOV @R1, #0FFH          ；直接送 FF 码
    LJMP NEXT3
NEXT2:
    CLR NDHZ                ；高位为 0，但本位不是 0，要清灭 0 标志
NEXT1:
    MOVC A, @A+DPTR
    MOV @R1, A              ；笔段数码送笔码显示缓冲区
NEXT3:
    INC R0
    INC R1
    DJNZ R2, LOOP1          ；循环直到十位
    ；转换个位(个位不灭 0)
    MOV A, @R0              ；取显示数码
    MOVC A, @A+DPTR
    MOV @R1, A              ；笔段数码送笔码显示缓冲区
    RET
END
```

当 CPU I/O 引脚资源紧张时，可采用 D 型触发器、可编程 8255 并行 I/O 扩展芯片构成动态 LED 显示器的笔段码锁存器和位扫描码锁存器，如图 6-15 所示。图(a)使用两片 74 HC 273 构成笔段码锁存器和位扫描码锁存器，而图(b)用 8255 的 B 口作为笔段码锁存器；A 口作为位扫描码锁存器。由于 8255 A 口负载能力有限，不能直接驱动 LED，为此图中采用中功率 PNP 管(如 8550)增大笔段驱动电流。

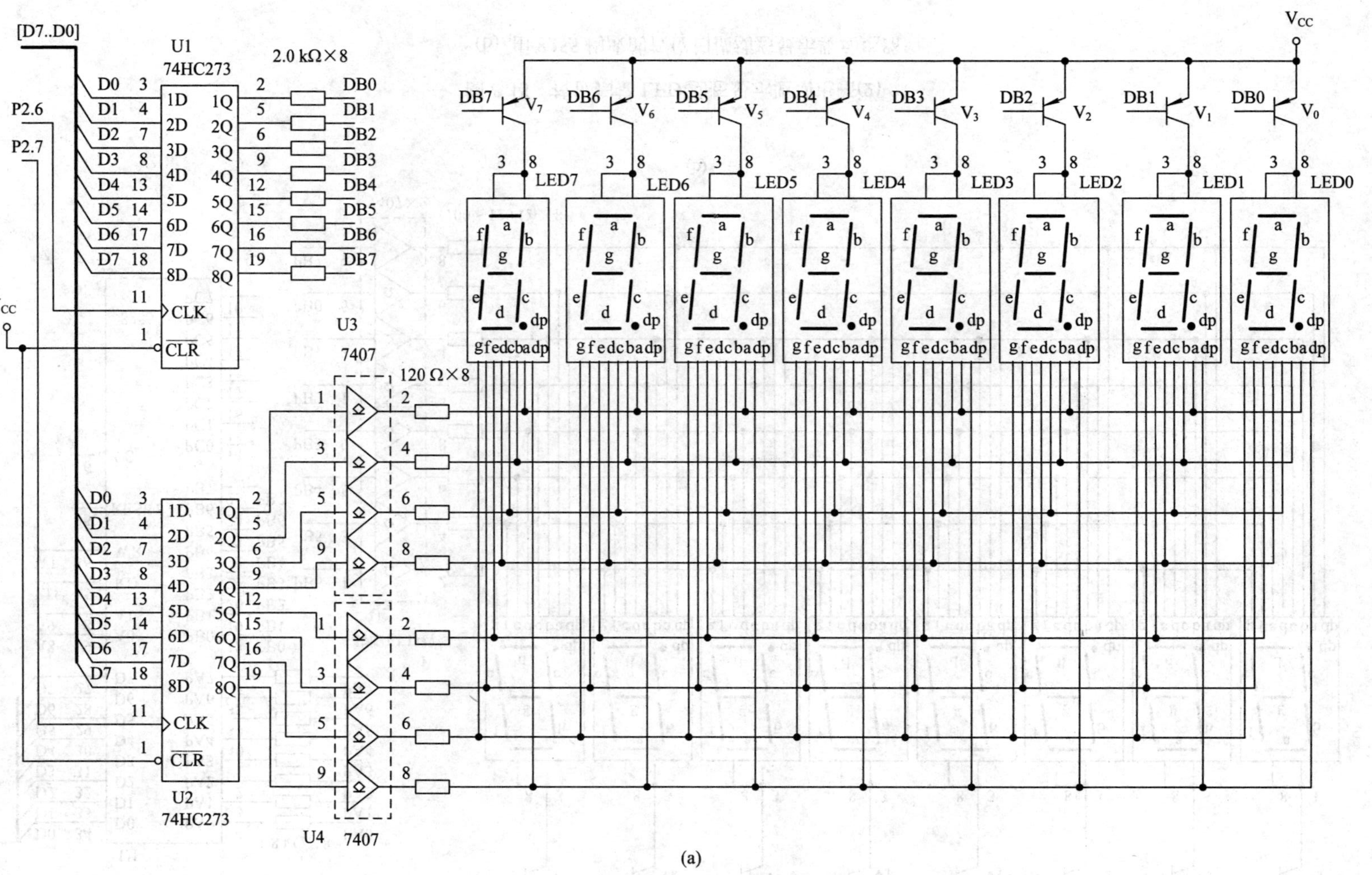

(a)

图 6-15　按位扫描 LED 动态显示驱动电路(1)

(a) 由 74HC273 构成按位扫描动态显示驱动电路

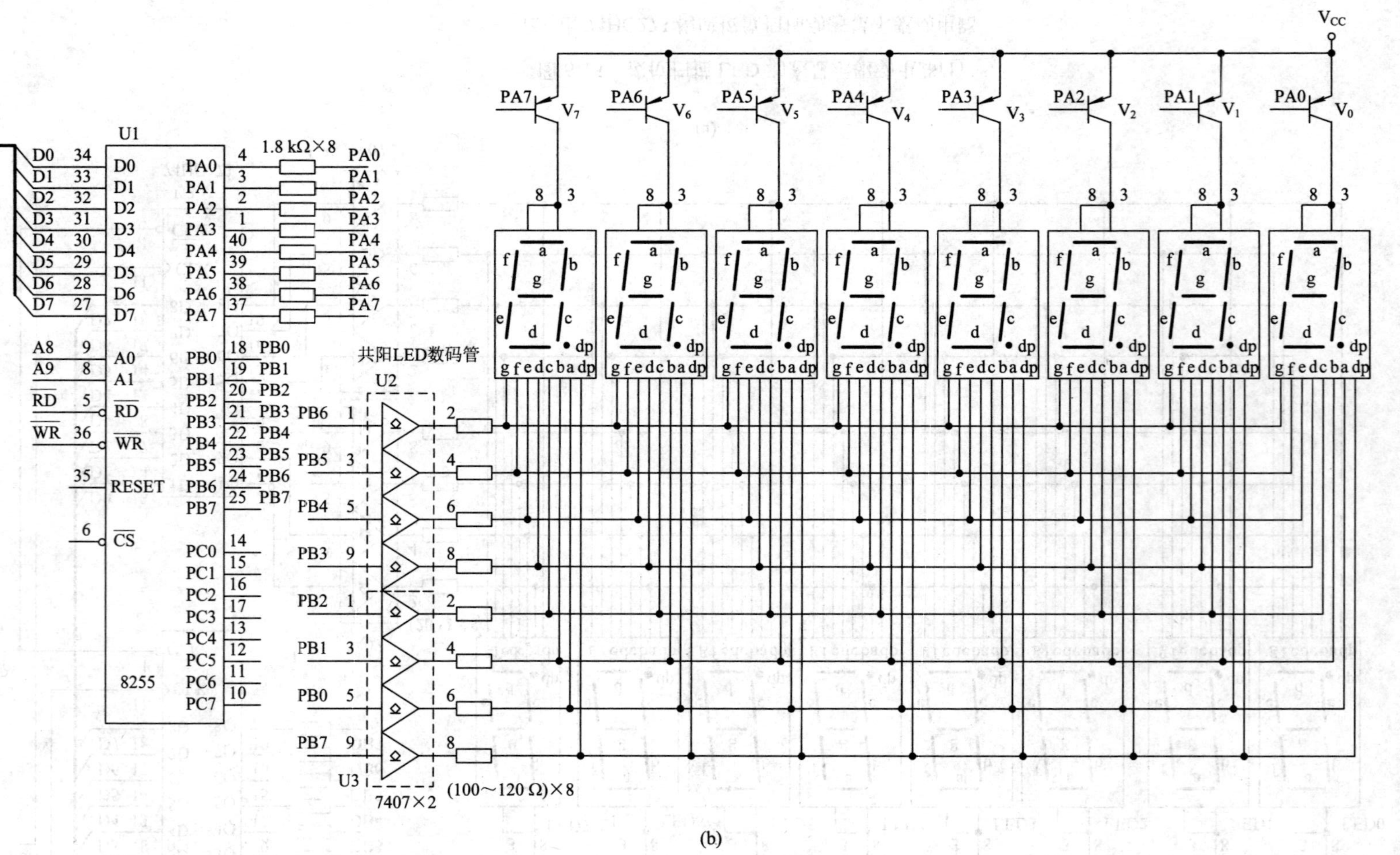

图 6-15　按位扫描 LED 动态显示驱动电路(2)

(b) 由 8255 构成的按位扫描动态显示驱动电路

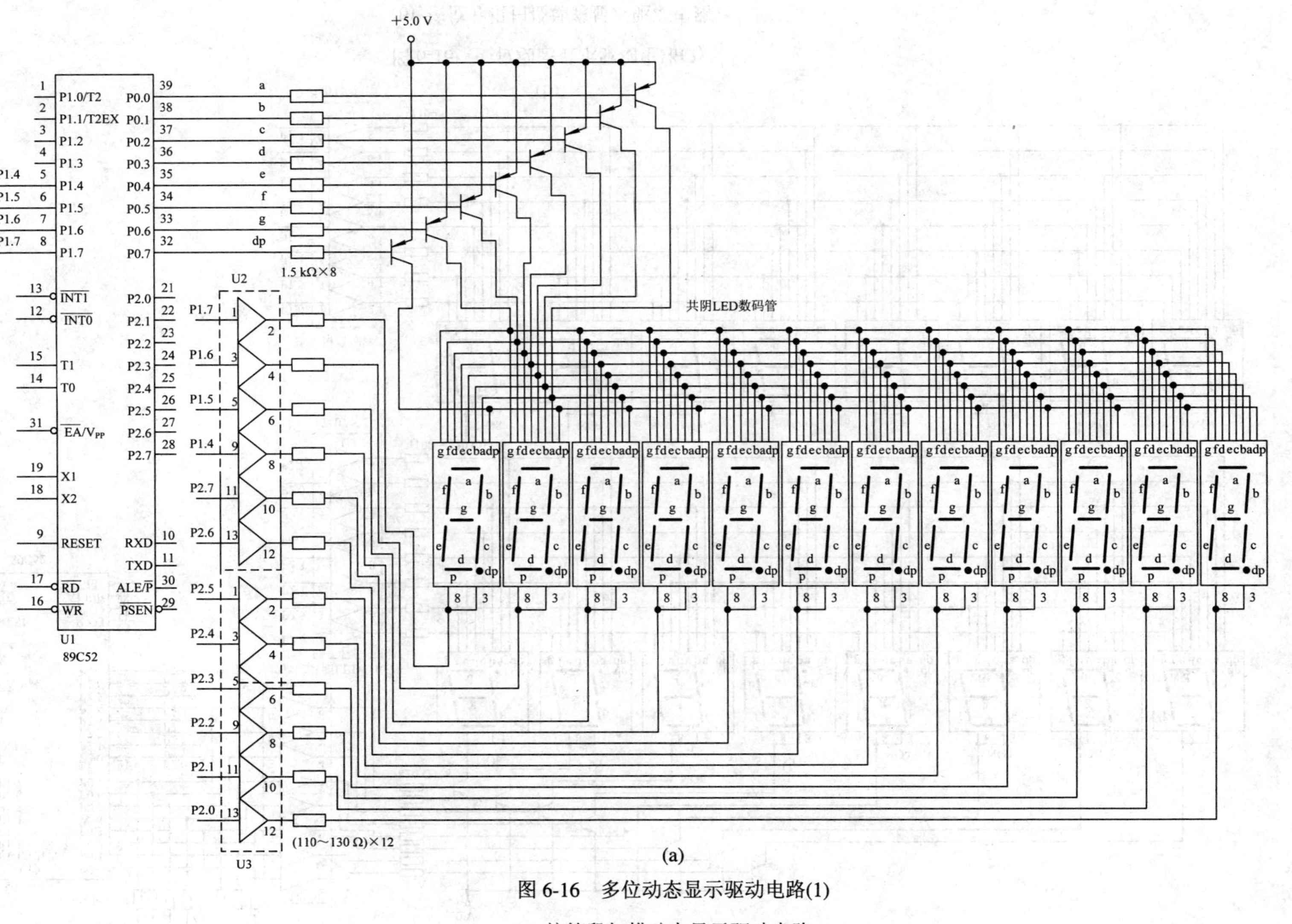

(a)

图 6-16　多位动态显示驱动电路(1)

(a) 按笔段扫描动态显示驱动电路

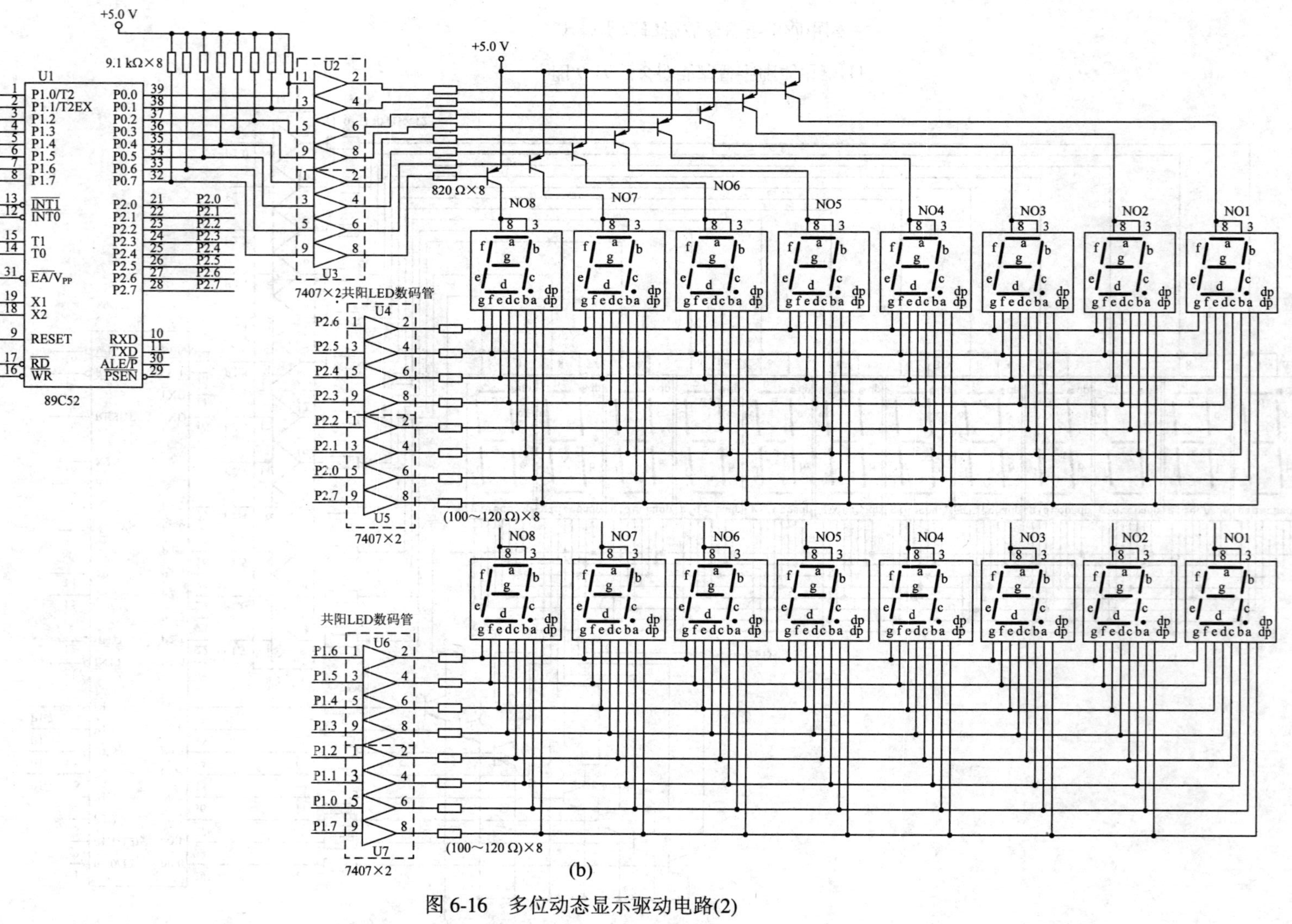

(b)

图 6-16　多位动态显示驱动电路(2)

(b) 按位分组扫描动态显示驱动电路

当显示位数较多，如 12 位以上时，即使将显示刷新率降到 25 Hz(实际上当刷新频率降到 25 Hz 时已出现轻微的闪烁感)后，仍不能保证每位显示时间大于 1 ms 时，可采用按字段扫描方式或按位分组扫描方式的动态显示驱动电路。

在按字段扫描方式中，不论位数多少，对于八段数码显示器来说，笔段引脚只有 8 根，即使显示刷新频率为 50 Hz，按字段扫描时，每一字段显示时间依然为 1/(50 × 8) = 2.5 ms。显示时每次点亮一个字段(即扫描信息从字段引脚 dp～a 输入)，同一字段的显示信息由位选择电路控制，如图 6-16(a)所示，显示时先将显示数码缓冲区内数码转换为笔段码，然后将笔段码缓冲区内信息转化为位笔段显示信息码，如下图所示。显示时只将位笔段显示信息送位选择口。

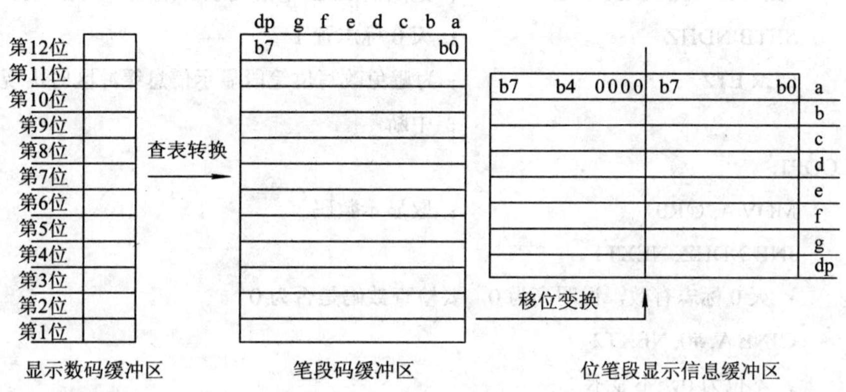

图 6-16(a)所示按字段扫描 LED 动态显示驱动程序如下：

```
；P0 口输出笔段扫描码；P2 口输出 1～8 位笔段显示信息；P1 高 4 位输出 9～12 位笔段显示
；信息
；刷新率定为 50 Hz，即同一笔段必须在 1/50，即 20 ms 内点亮一次，每笔段显示时间为
；20/8 = 2.5 ms，即定时器溢出时间为 2.5 ms

；由于不会经常改写显示缓冲区内容，为提高系统反应速度，设三缓冲区：显示数码缓冲区、
；笔段码缓冲区、位笔段显示信息缓冲区
      LEDBUF1    DATA    80H      ；数码显示缓冲区(为调试方便，高位存放在低地址中)
      LEDBUF2    DATA    90H      ；笔段代码缓冲区
      LEDBUF3    DATA    0A0H     ；位笔段显示信息缓冲区(共占用 16 字节)
      LEDSP      DATA    6FH      ；LED 字段指针
      NDHZ       BIT     08H      ；灭 0 标志
      ORG 0000H
      LJMP MAIN
      ORG 002BH
      LJMP CTC2
      ORG 100H
MAIN:
```

```
        MOV SP, #0AFH
        HERE SJMP HERE
; 将显示缓冲区内数码转换为笔段码(检查高位是否为 0，若是要灭 0)
PROC DISPC
DISPC:
    MOV R0, #LEDBUF1
    MOV R1, #LEDBUF2
    MOV R2, #11                ; 先转换高 11 位(个位不灭 0)
    MOV DPTR, #DISPTAB         ; 把共阴 LED 笔段码表首地址装入 DPTR
    SETB NDHZ                  ; 灭 0 标志置 1
    CLR ET2                    ; 为避免改写位笔段显示信息缓冲区时出现混乱，禁止 T2
                               ; 中断
LOOP1:
    MOV A, @R0                 ; 取显示数码
    JNB NDHZ, NEXT1
    ; 灭 0 标志有效，说明高为 0，要检查数码是否为 0
    CJNE A, #0, NEXT2
    ; 本位为 0，不显示
    MOV @R1, #00H              ; 直接送 00 码(共阴 LED)
    LJMP NEXT3
NEXT2:
    CLR NDHZ                   ; 清灭标志
NEXT1:
    MOVC A, @A+DPTR
    MOV @R1, A                 ; 笔段码送笔段码缓冲区
NEXT3:
    INC R0
    INC R1
    DJNZ R2, LOOP1             ; 循环直到十位
    ; 转换个位
    MOV A, @R0                 ; 取显示数码
    MOVC A, @A+DPTR            ; 查笔段码表
    MOV @R1, A                 ; 送笔段码缓冲区
    ; 把每一位的笔段码转换为位笔段显示信息
    MOV R1, #LEDBUF3
    MOV R3, #8                 ; 记录移动笔段数
LOOP2:
```

```
    MOV R0, #LEDBUF2
    MOV R2, #0                  ；记录转换位
    CLR C                       ；清除 Cy 标志
LOOP3:
    MOV A, @R0
    RRC A                       ；把笔段码移到 Cy
    MOV @R0, A                  ；回写

    MOV A, @R1                  ；取位字段显示信息
    RLC A                       ；把 CY 移到位显示信息
    MOV @R1, A                  ；回写
    INC R0
    INC R2                      ；指向下一位
    CJNE R2, #4, NEXT4
    ；将 9～12 位笔段显示信息对调，因为 9～12 位笔段显示信息从 P1.6～P1.4 引脚输出
    MOV A, @R1
    SWAP A
    ANL A, #0F0H                ；将 9～12 位笔段显示信息低 4 位置 0
    MOV @R1, A                  ；回写
    INC R1                      ；8～1 位笔段显示信息存放在下一字节
NEXT4:
    CJNE R2, #12, LOOP3
    INC R1
    DJNZ R3, LOOP2
    SETB ET2                    ；允许定时器 T2 中断
    RET
END

；定时‘计数器 T2 作显示定时器(溢出时间为 2.5 ms，自动重装初值)
PROC CTC2
CTC2:
    PUSH PSW
    PUSH ACC
    SETB RS1
    SETB RS0                    ；切换工作区
    MOV A, LEDSP
    ANL A, #07H                 ；仅保留低 3 位
```

```
    RL A                          ; 一个笔段显示信息占用两个字节
    ADD A, #LEDBUF3
    MOV R0, A                     ; 笔段显示信息地址保存在 R0 中
                                  ; 12～9 位笔段显示信息送 P1 口高 4 位
    MOV A, P1                     ; 不改变 P1.3～P1.0
    ANL A, 0FH
    ORL A, @R0
    MOV P1, A
    INC R0
    MOV P2, @R0                   ; 8～1 位笔段显示信息送 P2 口
    ; 输出笔段扫描码
    MOV A, LEDSP
    ANL A, #07H                   ; 仅保留低 3 位
    CJNE A, #7, NEXT1
    MOV P0, #01111111B            ; 输出 dp 段扫描码(P0.7 位为 0)
    SJMP EXIT
NEXT1:
    CJNE A, #6, NEXT2
    MOV P0, #10111111B            ; 输出 g 段扫描码(P0.6 位为 0)
    SJMP EXIT
NEXT2:
    CJNE A, #5, NEXT3
    MOV P0, #11011111B            ; 输出 f 段扫描码(P0.5 位为 0)
    SJMP EXIT
NEXT3:
    CJNE A, #4, NEXT4
    MOV P0, #11101111B            ; 输出 e 段扫描码(P0.4 位为 0)
    SJMP EXIT
NEXT4:
    CJNE A, #3, NEXT5
    MOV P0, #11110111B            ; 输出 d 段扫描码(P0.3 位为 0)
    SJMP EXIT
NEXT5:
    CJNE A, #2, NEXT6
    MOV P0, #11111011B            ; 输出 c 段扫描码(P0.2 位为 0)
    SJMP EXIT
NEXT6:
```

```
    CJNE A, #1, NEXT7
    MOV P0, #11111101B          ; 输出 b 段扫描码(P0.1 位为 0)
    SJMP EXIT
NEXT7:
    MOV P0, #11111110B          ; 输出 a 段扫描码(P0.0 位为 0)
EXIT:
    INC LEDSP                   ; 字段指针加 1
    CLR TF2
    POP ACC
    POP PSW
    RETI
END
DISPTAB:                        ; 七段共阴 LED 笔段码(0～F)
DB 3FH, 06H, 5BH, 4FH, 66H, 6DH, 7DH, 07H, 7FH, 6FH, 77H, 7CH, 39H, 5EH, 79H, 71H
```

在按位分组扫描方式中，每次同时显示各组中的一位。例如，在图 6-16(b)所示电路中，将 16 个 LED 数码显示管分成两组，其中 P1 口输出第一组(1～8 位)LED 数码显示管的笔段代码；P2 口输出第二组(9～16 位)LED 数码显示管的笔段代码；位扫描信号由 P0 口输出(由于要同时显示两只 LED 数码管，当两只 LED 数码管共 16 个笔段全亮时，所需驱动电流较大，P0 口不能提供，需要在 P0 口后加驱动器)。显示时，依次将第一组(即 1～8 位)笔段码送 P1 口，第二组(即 9～16 位)笔段码送 P2 口，然后再将扫描码送 P0 口，这样一次扫描将同时显示两位，尽管显示位数多了，但每一 LED 数码显示管显示时间并没有缩短。显然，在这种显示方式中，每组需要一套笔段锁存、驱动电路，硬件成本略有上升，但显示驱动程序与只有一组的动态显示电路相比，相对较简单。

6.4.3　LED 点阵显示器及其接口电路

LED 数码显示器能够显示的字符信息有限，为了能够显示更多、更复杂的字符，如汉字，甚至图形等信息，常采用点阵式 LED 显示器。在点阵式 LED 显示器中，行、列交叉点对应一只发光二极管(假设正极接行线，负极接列线；当然也可以倒过来，只是驱动电路略有不同)，二极管的数量决定了点阵式 LED 显示器的分辨率。图 6-17 给出了 16 × 64 点阵式 LED 及其显示驱动电路，该点阵 LED 可显示两行 7×7 点阵西文字符(每行 8 个)或一行 16 × 16 点阵汉字字模(每行 4 个)。将若干小块 LED 点阵式显示器的行线或列线连接在一起，就可以构成更大点阵的 LED 显示器。在大屏幕 LED 显示器中，发光二极管数目可能高达上万只。

点阵式 LED 显示驱动多采用动态扫描方式，由行(或列)扫描电路及信息显示输出电路(列或行)组成。其中行扫描电路由行扫描信息锁存器(可并行输出，也可以串行输出)、行驱动器两部组成(一般点阵 LED 显示器由 MCU 芯片控制，无须硬件译码电路)，每次扫描一行；信息显示由列线输出，由列锁存器、列驱动器(为保证一定的亮度，列驱动电流 I_F 一般取 10～20 mA，必须在锁存器后加驱动电路)组成。

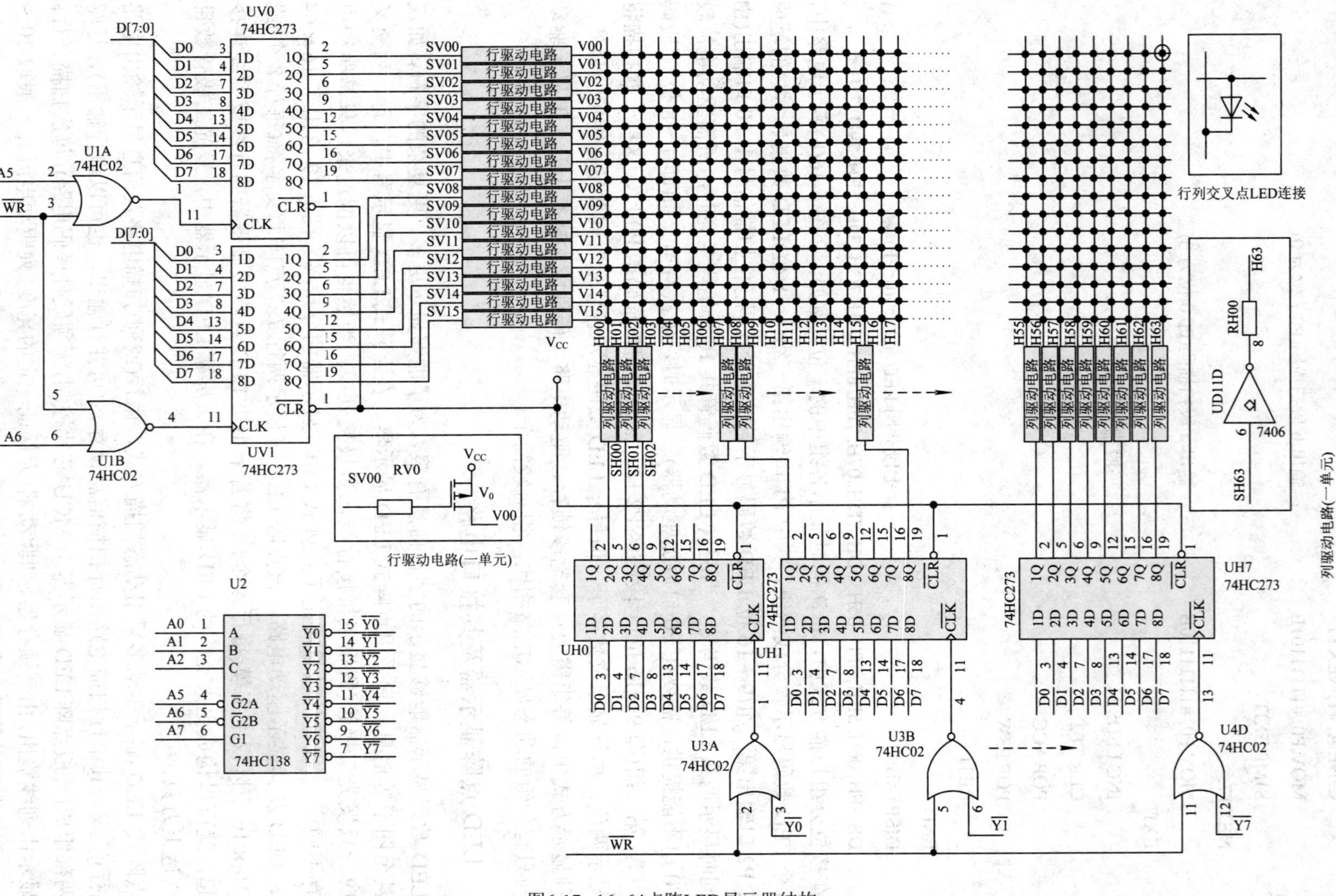

图6-17 16×64点阵LED显示器结构

为便于读者理解点阵 LED 显示驱动方式，在图 6-17 中，用 2 片(UV0、UV1)上升沿触发的 D 型触发器 74HC273 构成行扫描信号锁存器，用 8 片(即 UH0～UH7)上升沿触发的 D 型触发器 74HC273 构成列信息锁存器(由于 MCS-51 速度慢，最好采用并行方式输出行列信息)；行驱动器由大功率 P 沟 MOS 管组成(当同一行上所有 LED 被点亮时，驱动电流较大，大小为列数与 I_F 相乘，因此最好采用功率 MOS 管驱动)；当行扫描锁存器输出低电平时，PMOS 管导通，驱动电压通过 MOS 管源极 S→漏极 D 施加到点阵 LED 显示器对应行线上，而当行扫描锁存器输出高电平时，PMOS 管截止。显示信息由列线输入，对于要显示像点，列锁存器输出高电平，经 OC 输出 7406 反相后，列线输出低电平，对应 LED 导通，而对于非显示像点，列锁存器输出低电平，经 OC 输出 7406 反相后，列线输出高电平，对应 LED 截止。

行扫描驱动电路中电阻 RV00～RV15 可取 20～30 Ω，目的是防止 MOS 管栅极产生尖峰过冲脉冲；而列驱动电路中限流电阻 RH00～RH63 的计算方法与 LED 数码管按位动态扫描方式相似，即

$$\text{RH00～RH63} = \frac{V_{CC} - V_F - |V_{SD}| - V_{OL}}{I_F}$$

其中 V_F 为 LED 工作电压，可按 2 V 计算；$|V_{DS}|$为行扫描驱动 PMOS 管导通电压，大小与 PMOS 管导通电阻、行驱动电流有关；V_{OL} 为 7406 输出低电平电压，在 I_F 为 10～20 mA 时，可取 0.4 V。

根据列锁存器与列线的连接关系，先确定 LED 行线上显示点与锁存器位对应关系，从而确定显示 RAM 与 LED 屏像素对应关系(指屏幕行上每 8 个像点与显示 RAM 按顺序还是倒序关系对应)。

对于图 6-17 来说，根据列锁存器与列线连接关系，即列锁存器 UH0 的 b0 位对应行线的第 0 个像素，b1 位对应行线的第 1 个像素……，b7 位对应行线的第 7 个像素；UH1 的 b0 位对应行线的第 8 个像素……，b7 位对应行线的第 15 个像素，UH7 的 b7 位对应行线的第 63 个像素。显然，所需显示 RAM 容量为 16(行) × 8B(每行含有 64 列，即 8 字节)，共计 128 字节。可见，LED 分辨率越高，所需显示 RAM 容量就越大。对于 48 × 192 点阵 LED 屏来说，将需要 48(行) × 24 B，即 1152 B。

在图 6-17 中，使用一片 74HC138 作为列信息锁存器 74HC273 的译码选择端，其译码输出信号与 MCS-51 外部 RAM 写选通信号 $\overline{\text{WR}}$ 经或非运算后作为 74HC273 锁存时钟 CLK。假设系统需要扩展的并行 I/O 口不多，仅使用低 8 位地址 A7～A0，即 P2 口依然作为通用 I/O 引脚使用。根据连线关系，不难确定出各行、列锁存器地址，如下所示：

芯片序号	地址	说明
UH0	80H	列锁存器信息第 0 字节
UH1	81H	列锁存器信息第 1 字节
UH2	82H	列锁存器信息第 2 字节
UH3	83H	列锁存器信息第 3 字节
UH4	84H	列锁存器信息第 4 字节
UH5	85H	列锁存器信息第 5 字节

```
UH6          86H       列锁存器信息第 6 字节
UH7          87H       列锁存器信息第 7 字节
UV0          20H       行锁存器信息第 0 字节
UV1          40H       行锁存器信息第 1 字节
```

为避免闪烁，行扫描频率取 50 Hz，则行扫描间隔为 1.25 ms，即每隔 1.25 ms 输出一行，在定时中断服务程序中，显示驱动参考程序如下：

```
        V_SCAN_NO        data  40H    ；行扫描计数器
        DISP_RAM_Buf     EQU  80H     ；ERAM 的 80-FFH 作显示缓冲区
        UH0              EQU  80H     ；列显示信息首地址
        UV0              EQU  20H     ；行锁存器信息第 0 字节
        UV1              EQU  40H     ；行锁存器信息第 1 字节
；------行扫描驱动程序---
        MOV A, V_SCAN_NO              ；取行扫描指针
        INC A                         ；行扫描指针加 1
        CP A, #16
        JC V_SCAN_NEXT1
；行扫描指针≥16，指针回零
        CLR A
    V_SCAN_NEXT1:
        MOV V_SCAN_NO, A              ；回写行扫描指针
        RL A                          ；一个字表项占用 2 字节
        MOV DPTR, # SCAN_TAB          ；行扫描码表头送 DPTR
        MOVC A, @A+DPTR               ；通过查表取出行扫描信息低 8 位
        CPL A                         ；取反！
        MOV R0, # UV0                 ；行扫描首字节输出口地址送 R0
        ORL AUXR, #00000010B          ；由于 AUXR 寄存器不具有位寻址功能，只能通过
                                      ；或指令将 EXTRAM 位置 1，使 MOVX 读写对象为
                                      ；外部 RAM
        MOVX @R0, A                   ；扫描码 0 字节送行扫描输出口
        INC DPTR                      ；指针加 1
        MOV A,V_SCAN_NO               ；取行扫描指针
        RL A                          ；一个字表项占用 2 字节
        MOVC A, @A+DPTR               ；通过查表取出行扫描信息高 8 位
        CPL A                         ；取反！
        MOV R0, # UV1                 ；行扫描 1 字节输出口地址送 R0
        MOVX @R0, A                   ；扫描码 1 字节送行扫描输出口

    ；------显示信息输出程序---
        LD A, V_SCAN_NO               ；取当前扫描行编号
```

```
        RL A
        RL A
        RL A                            ; 每行有 8 个字节，即行号需乘 8
        MOV R1, A                       ; 行首显示 RAM 单元地址送 R1
        MOV R0, #UH0                    ; 列信息锁存器首地址送 R0
        MOV R7, #8                      ; 每行含有 8 个字节
    H_RAM_LOOP1:
        ANL AUXR, #11111101B            ; 将 EXTRAM 位清 0,使 MOVX 读写对象为 ERAM
        MOVX A, @R1                     ; 读出对应行显示 RAM 信息
        ORL AUXR, #00000010B            ; 将 EXTRAM 位置 1，使 MOVX 读写对象为外部
                                        ; RAM
        MOVX @R0, A                     ; 显示信息送列锁存器
        INC R0                          ; 指向行内下一列锁存单元
        INC R1                          ; 指向行内下一显示 RAM 单元
        DJNZ R7, H_RAM_LOOP1
        RET
    SCAN_TAB:                       ; 行扫描码
        DW 0001H, 0002H, 0004H, 0008H, 0010H, 0020H, 0040H, 0080H
        DW 0100H, 0200H, 0400H, 0800H, 1000H, 2000H, 4000H, 8000H
```

当行数超过 16 时，在行频率为 50 Hz 条件下，每行显示时间将小于 1 ms。为保证一定亮度，可采用图 6-16 所示的分组驱动方式。例如对于 48 行点阵 LED 屏，可分为 3 组(每组 16 行)，即需要额外增加两套列驱动电路，连线也变得更加复杂。为此，常使用专用集成控制芯片(或 PFGA)作高点阵 LED 驱动电路中的控制芯片。

6.5　LCD 显示器件及其驱动电路

液晶，即液态晶体，是某些有机化合物特有的物态，其物理特性介于液态和晶体之间，它既有液体的流动性，又有晶体光学各向异性。利用液晶旋光特性制成的显示器称为液晶显示器，简称 LCD(Liquid Crystal Device)。LCD 显示器体积小，重量轻，工作电压低(3～6 V)，功耗小(μW/cm^2 以下，比 LED 显示器低得多，特别适合作为靠电池作动力的应用系统的显示部件)，分辨率高，可逼真地实现彩色显示；通过平面刻蚀工艺，可设计出任意形状的显示图案，广泛用作数字化仪器仪表(如示波器、万用表)、家用电器(如钟表、手机、数码相机、空调机遥控器)、笔记本电脑等电子设备的显示器件。因此，了解 LCD 显示器结构、种类、工作原理，以及与单片机的连接方式等具有重要意义。

6.5.1　LCD 显示器的结构

LCD 显示器件属于一种利用光反射的被动显示器件，适宜在明亮场合下使用，即对于反射式 LCD 显示器，需要在光的照射下，才能看到显示的字符或数字；对于透射式的 LCD

显示器，需要在背景光的照射下，才能观察到显示的字符或数字。这是 LCD 显示器件的缺点。

液晶显示器种类很多，根据显示原理，可以将 LCD 显示器分为电场效应型、电流效应型、电热效应型与热光效应写入型等。电场效应型又可细分为扭曲向列型(TN)、超扭曲向列型(STN)、宾主效应型、铁电效应型等。下面简要介绍仪器仪表中常用的依据 TN 型液晶电控旋光显示原理获得的反射式场效应型和透射式场效应型 LCD 显示器的结构。

1. 反射式场效应型

反射式场效应型LCD显示器结构如图6-18所示，经过特殊工艺处理后的棒状液晶分子，靠近上电极(也称为笔段电极或正面电极)沿 X 轴方向排列，靠近下电极(也称为公共电极或背电极)沿 Y 轴排列，即相互垂直。在上下电极之间的分子排列方向由平行于 X 轴逐渐转到平行于 Y 轴，即在上下电极之间的液晶分子逐步被扭曲，按这样结构排列的液晶分子对入射光的偏振方向会产生 90° 的旋转作用。如果在上下电极上分别装上两块偏振片，上偏振片的偏振方向与上电极下液晶分子的排列方向相同，即沿 X 轴方向，而下偏振片的偏振方向与下电极上液晶分子的排列方向也相同，即沿 Y 轴方向。那么，当上下电极之间没有加电压时，沿 Z 轴入射的光，经上偏振片后，仅有沿 X 轴方向的入射光，经过液晶分子旋转到达下偏振片时，入射光的偏振方向平行于 Y 轴，而下偏振片的偏振方向也平行于 Y 轴，入射光穿透了上下偏振片，达到反射片。反射光经过液晶分子的旋转后，同样可以穿过上偏振片，即这时液晶呈透明状态。

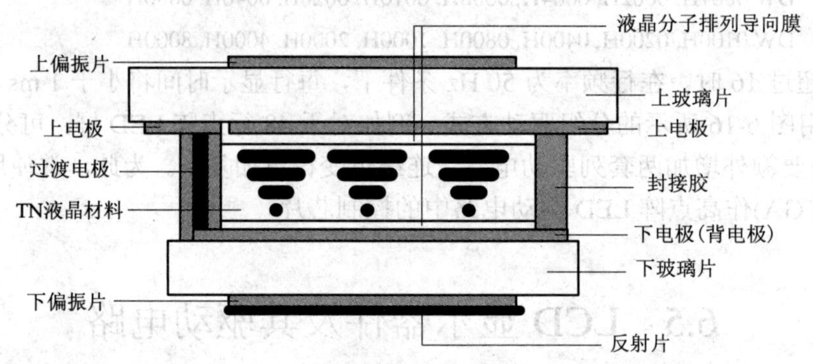

图 6-18　反射式场效应型 LCD 显示器结构

但当上下电极之间加一定大小的电压后，上下电极间的液晶分子被极化，沿 Z 轴方向排列，失去旋光作用，入射光到达下偏振片时的偏振方向不变，与下偏振片的偏振方向呈 90°，被下偏振片全部吸收。由于没有反射光，变成黑色，即产生了显示效果，这就是反射式场效应型 LCD 显示器件的基本工作原理。

2. 透射式场效应型

在反射式场效应型结构中，如果上下两偏振片的偏振方向相同，均平行于 X 轴，并采用背景光照射，便构成透射式场效应型。背景光经下偏振片后，变成偏振光，偏振方向平行于 X 轴，当两电极间没有电压时，液晶分子具有旋光作用，到达上偏振片时，从下偏振片透射出来的偏振光被旋转 90°，即平行于 Y 轴，与上偏振片偏振方向垂直，结果被上偏振片全部吸收，看不到背景光，呈现暗场；而当电极间加一定数值的电压时，液晶分子的排列方向平行于 Z 轴，失去了旋光作用，从下偏振片透射出来的偏振光的偏振方向不变，依然平行于 X 轴，与上偏振片偏振方向一致，可以透过上偏振片，即看到了电极下的背景光，呈现明亮场，产生了显示效果。

反射式场效应型和透射式场效应型 LCD 显示器件属电压驱动，工作时，流过上下电极间的电流很小，仅为微安级。在这两种类型的 LCD 显示器中，反射式场效应型最常见，在反射式场效应型 LCD 显示器中，根据上电极形状的不同，又可以分为字段型、字符型 LCD 显示器和点阵式 LCD 显示器。

从 LCD 结构中我们也可以看出：在有光源照射的条件下，才能看到 LCD 显示器显示的图案，因此一些需要在黑暗环境下，如夜间使用的 LCD 显示器内均设有照明灯，同时也能理解观看角度垂直时，效果最好。由于 LCD 显示时液晶分子需要重新排列，因此反应速度不及 LED 快。

6.5.2　LCD 显示器驱动电路

从原理上看，液晶显示器两电极所用的驱动电压可以是直流电压，也可以是交流电压，但用直流电压驱动时，将引起液晶电解，严重缩短 LCD 显示器的寿命，实验证实采用直流驱动时，LCD 的寿命仅有数十到数百小时，最多不超过 1000 小时，而用交流驱动时，LCD 显示器寿命高达数万小时，所用的交流驱动信号一般为低频方波信号，原因是方波驱动时显示效果最好。因此，LCD 显示器件驱动电路与 LED 显示器件驱动电路不相同。在 LCD 显示驱动电路中，最常用的方法是将交流驱动信号与显示控制信号异或后接笔段，即上电极，而交流驱动信号接下电极，图 6-19 是八段 LCD 显示器的基本驱动电路。

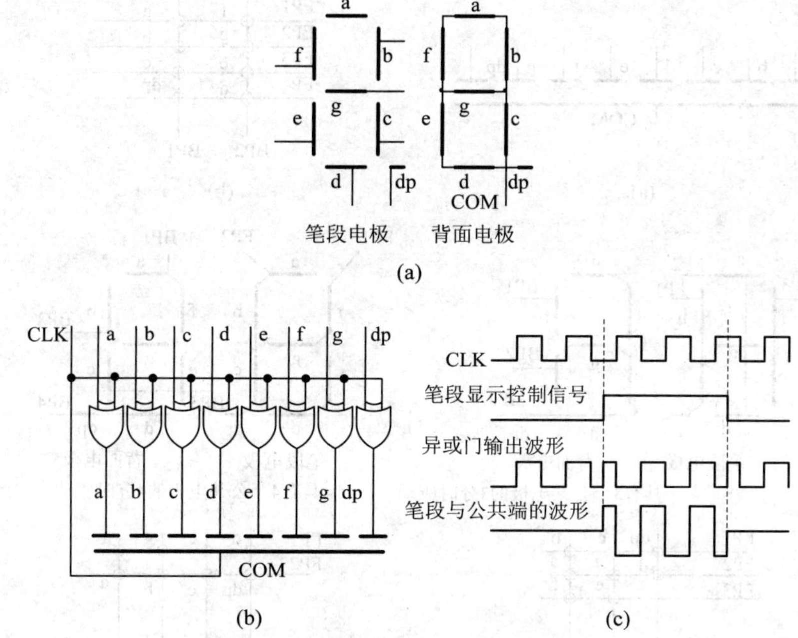

图 6-19　八段 LCD 显示器驱动电路

(a) 电极连接；(b) 基本驱动电路；(c) 驱动波形

低频方波驱动信号 CLK 与笔段显示控制信号异或后，当某一笔段显示控制信号为 0 时，异或门等同于同相器，笔段上的驱动信号与公共端信号同相(假设不考虑门电路的延迟)，笔段与公共端的电位差总为 0，相当于没有加驱动信号，不显示。当对应笔段显示控制信号为 1 时，异或门相当于反相器，加在相应笔段的驱动信号与低频方波驱动信号 CLK 相位相反，这时笔段电位与公共端波形反相，可以显示。由于 LCD 属于容性负载，工作频率越高，所需的驱动电流就越大。此外，当工作频率太高时，对比度会下降，甚至不显示。因此，最好采用低频方波信号驱动 LCD，对于静态显示，CLK 信号的频率为 25～50 Hz 之间；对于动态显示，CLK 信号的频率为 100～200 Hz 之间，CLK 的上限频率由液晶显示器的特性决定，一般不超过 1000 Hz。

LCD 显示驱动电路也可以分为静态显示驱动及动态显示驱动两种方式。LCD 显示驱动方式与 LCD 电极连接方式有关，LCD 显示器件上下电极连接方式不同，所需的驱动电路形式也不同，图 6-20 是四种常见的 LCD 数码显示器电极连接方式，其中图(a)可以使用静态显示驱动方式，而图(b)只能用动态显示驱动方式。 对于点阵式液晶显示器，只能用动态显示驱动方式。

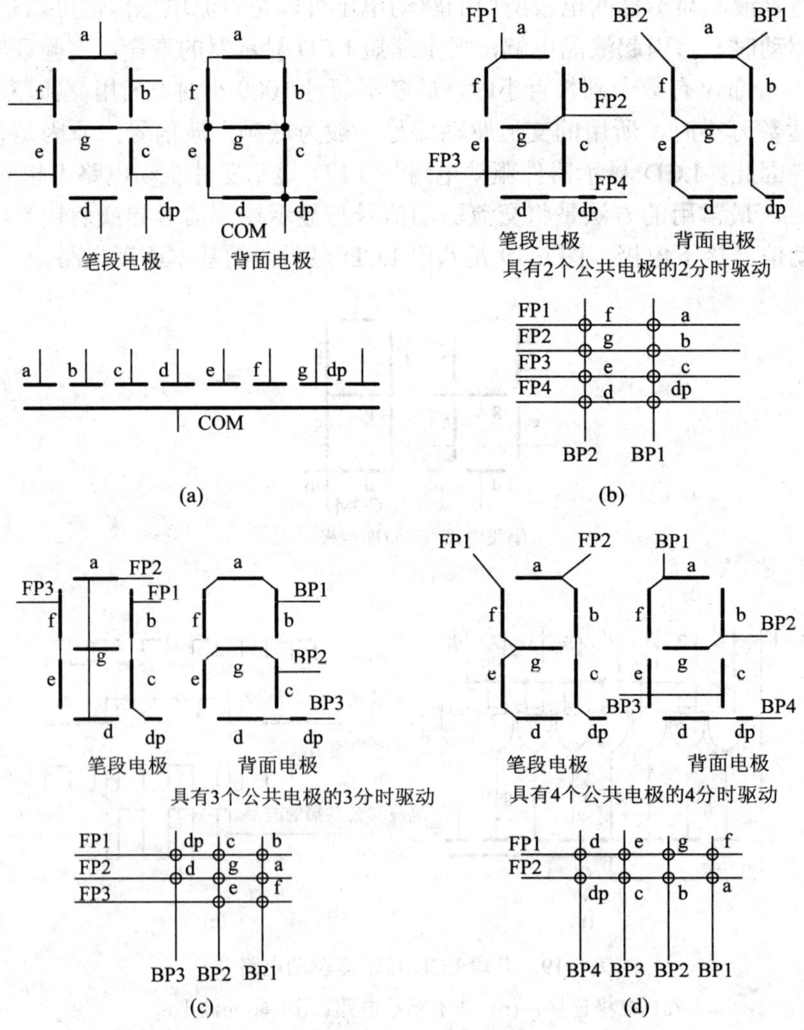

图 6-20　八段 LCD 数码显示器笔段电极连接方式及其等效电路

在 LCD 显示器件中，对于显示笔段或点阵，上下两电极间施加的交流驱动信号相位相反，以获得高的显示亮度；对于非显示笔段或点阵，上下两电极间电位差的绝对值，不允许超过显示阈值电压，最好是 0，否则将产生交叉效应，影响显示清晰度，同时为了延长 LCD 寿命，只能用交流信号驱动，即所有点阵或笔段(包括显示和不显示)上下电极间的驱动信号直流分量为 0。另外，在多个 LCD 数码显示器或点阵 LCD 显示器中，不选中的位或列，不能悬空，否则也会出现交叉效应。因而，LCD 显示驱动电路较 LED 要复杂得多，需要经过特殊设计才能与单片机连接。

1. LCD 静态显示驱动电路

对于七段或八段 LCD 数码显示器来说，当位数较少，如在 6 位以内时，可采用静态显示器驱动方式，特点是软件设计简单，硬件开销大，与 LED 数码管静态显示电路相似，每一显示位均需要笔段(点阵)锁存器、译码器(硬件或软件译码)、驱动器(核心电路为异或门)；再把所有位的公共端 COM 连在一起，由低频方波驱动即可。

2. 动态 LCD 显示驱动原理

当显示位数较多，如 8 位以上时，如果采用静态显示驱动方式，引线数目较多，硬件开销也大，与 LED 显示电路相似，在这种情况下一般也采用动态显示驱动方式。

为了减少 LCD 数码显示器件引线数目，用于动态驱动显示的七段或八段 LCD 数码显示器，电极连接方式与用于静态驱动显示的 LCD 不同，一般将下电极(即背电极)组合成两组、三组或四组，采用 2 分时驱动、3 分时驱动或 4 分时驱动，如图 6-20(b)所示。

LCD 数码显示器动态驱动方式与点阵显示器驱动方式的本质相同，字段电极相当于行引出线，而下电极(背电极)相当于列引出线，字符中的每一笔段对应行列相应的交叉点。

由于 LCD 显示器件的特殊性，任何时候字段电极与背面电极之间的电位差均不能超出阈值电压。因此，不能简单地在动态显示驱动方式的 LCD 电极上加高电平或低电平，例如在图 6-20(b)所示的 4 背电极结构 LCD 数码显示器中，当需要显示笔段 f 时，如果在字段电极 FP1 加高电平 V_C，FP2 加 0 电平；背面电极 BP1 为 0 电平，BP4～BP2 为高电平 V_C，则除了 FP1 与 BP1 交汇点，即 f 段上下两电极间电位差为 V_C 外，FP2 与 BP2、BP3、BP4 交点对应的 b、c、dp 字段两电极间电位差的绝对值也是 V_C，超出了阈值电压，同样会亮；另一方面，LCD 两电极间不能施加直流电压，即两电极驱动信号平均值应该为零。因而，LCD 显示驱动电路要复杂得多，需要采用偏压法和双频法驱动。

1) 偏压法

常用的偏压法有 1/2 偏压、1/3 偏压、1/4 偏压、1/7 偏压、1/9 偏压等几种方式，但偏压方式与电极数量之间没有必然的联系，即 1/2 偏压可以用于含有 2、3、4 背电极的 LCD 显示器中，1/3 偏压同样可用于驱动 2、3、4 背电极的 LCD 显示器中。

下面以 2 背电极结构的 LCD 数码显示器为例，分析 1/2 偏压驱动的基本工作原理。

对于具有两个背电极 BP1、BP2 的 LCD 数码显示器，扫描信号从列(背电极)输入，显示信息从行(正面电极)输入，每拍显示一列信息。列扫描信号采用正极性脉冲，因此第 1 拍，BP1 为 1，电压幅度为 V_C，BP2 必然为 0，电压幅度为 $V_C/2$；第 2 拍，BP1 为 0，电压幅度为 $V_C/2$，BP2 必然为 1，电压幅度为 V_C；此外考虑到驱动信号不含直流信号，扫描一次，要保证高低电平均衡，因此还需要在第 3 拍使 BP1 为 0，电压幅度为 0，BP2 为 1，电压幅

度为 $V_C/2$；第 4 拍，使 BP1 为 1，电压幅度为 $V_C/2$，BP2 为 0，电压幅度为 0，即完成扫描所需拍数是电极个数的两倍。于是，2 背电极结构的 LCD 数码显示器在 1/2 偏压驱动下扫描信号 BP1、BP2 的真值表如表 6-8 所示，而 BP1、BP2 扫描信号的波形如图 6-21 所示，列扫描信号波形相位关系固定，与行输出显示信息无关。

表 6-8 2 背电极结构在 1/2 偏压驱动下的行扫描信号真值表及电压幅度

扫描信号拍编号	1	2	3	4
BP1	1	0	0	1
BP2	0	1	1	0
BP1 电压幅度	V_C	$V_C/2$	0	$V_C/2$
BP2 电压幅度	$V_C/2$	V_C	$V_C/2$	0

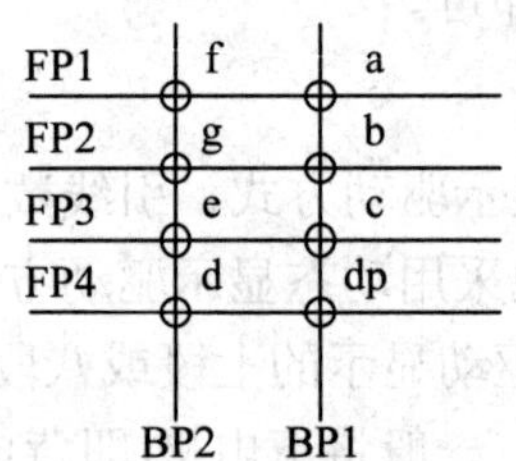

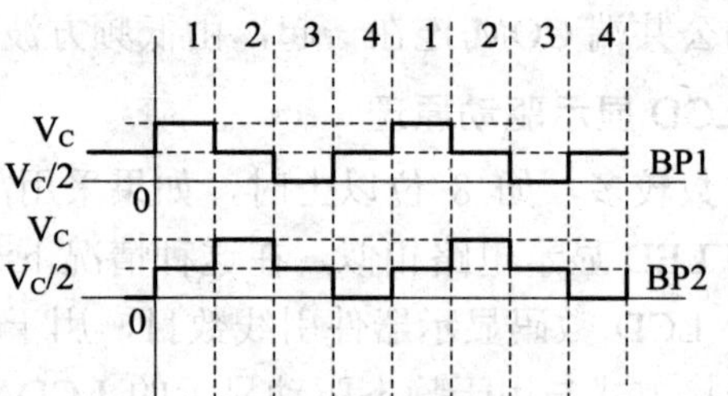

图 6-21 2 背电极结构 BP1、BP2 扫描信号的波形

为提高显示清晰度，列扫描信号采用正极性脉冲，则行驱动信号必然采用负极性脉冲：对于 1/2 偏压来说，当扫描信号 BP1、BP2 为 1、0 时，即第 1 拍，显示字段正面电极输出为 0，不显示字段输出为 $V_C/2$；当扫描信号 BP1、BP2 为 0、1 时，即第 2 拍，显示字段正面电极输出为 0，不显示字段输出为 $V_C/2$；当扫描信号 BP1、BP2 为 0、1 时，即第 3 拍，显示字段正面电极输出为 V_C，不显示字段输出为 $V_C/2$；当扫描信号 BP1、BP2 为 1、0 时，即第 4 拍，显示字段正面电极输出为 V_C，不显示字段输出为 $V_C/2$，即后两拍显示信息采用正极性脉冲。

为了便于理解 1/2 偏压的工作原理，图 6-22 给出了 FP1 输出信号波形，以及 FP1 与背电极 BP1、BP2 之间的驱动信号。

可见，对于显示字段，字段上下两电极间驱动信号电压幅度绝对值为 V_C；而对于非显示字段上下两电极间驱动信号电压幅度绝对值为 $V_C/2$，如果 LCD 显示器阈值电压大于 $V_C/2$，则电极间驱动电压等于 $V_C/2$ 时，不会显示。这就是 1/2 偏压法的工作原理，即 1/2 偏压驱动适用于阈值电压大于 $V_C/2$ 的 LCD 器件。

对于阈值电压小于 $V_C/2$ 的 LCD 显示器件可采用 1/3、1/4、1/7 或 1/9 偏压法。

下面以 3 背电极为例，介绍 1/3 偏压下扫描信号的构成方法：3 背电极 BP1、BP2、BP3 扫描信号周期由 6 拍组成，构造 1/3 偏压法扫描信号在不同节拍下幅度的指导思想仍然是扫描信号电压关于 $V_C/2$ 对称，当扫描信号采用正极性脉冲时，前三拍扫描列给出的扫描信号幅度为 V_C，非扫描列给出的电压幅度为 $V_C/3$；后三拍扫描列给出的扫描信号幅度为 0，非扫描列给出的电压幅度为 $2V_C/3$，以保证扫描信号以 $V_C/2$ 为对称轴，满足平均电压原则。

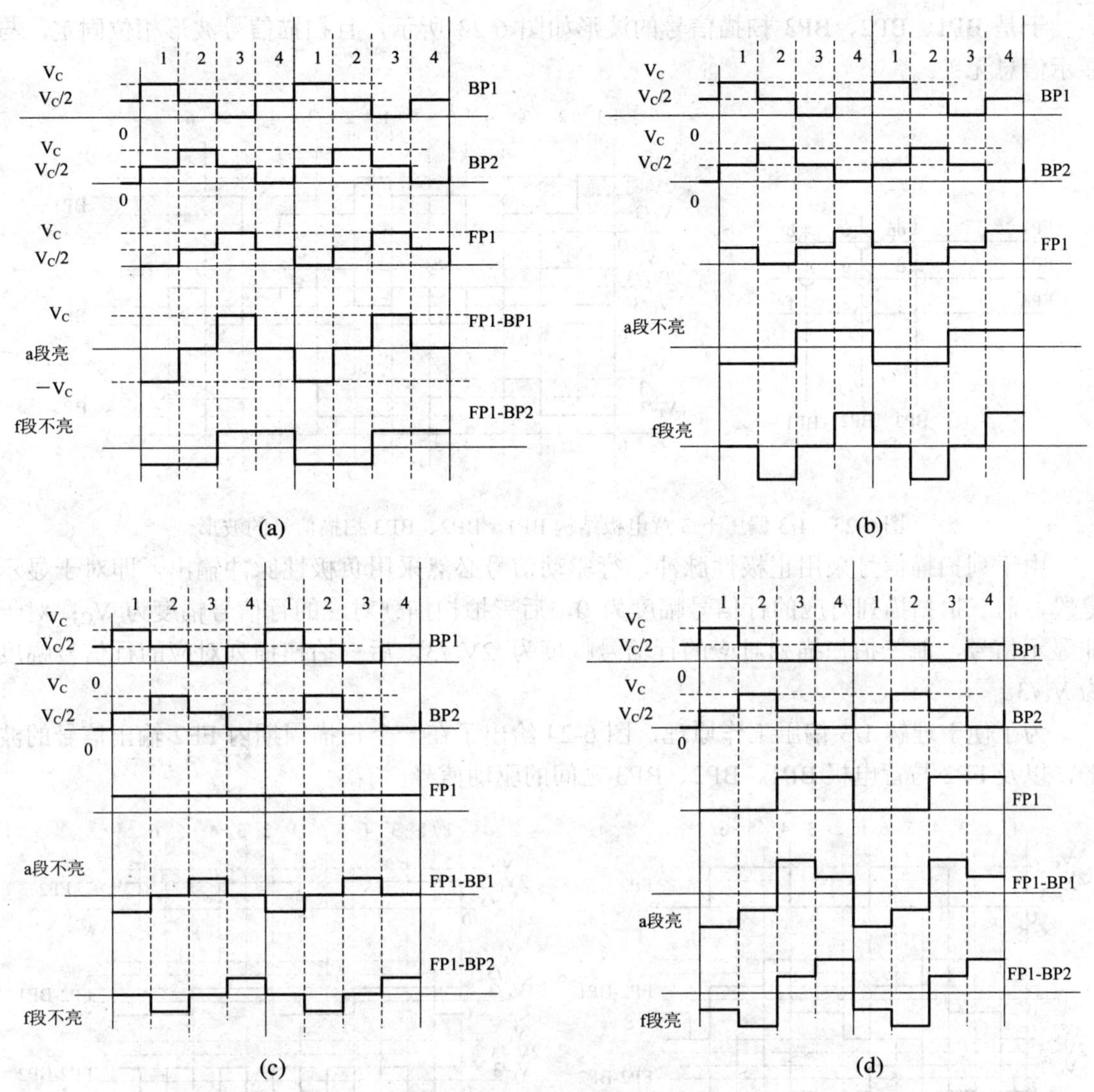

图 6-22　1/2 偏压驱动信号波形

因此，3 背电极 1/3 偏压法扫描信号真值表及扫描信号电压不同节拍下的幅度如表 6-9 所示。

表 6-9　3 背电极结构在 1/3 偏压驱动下的扫描信号真值表及电压幅度

扫描信号拍号	1	2	3	4	5	6
BP1	1	0	0	0	1	1
BP2	0	1	0	1	0	1
BP3	0	0	1	1	1	0
BP1 电压幅度	V_C	$V_C/3$	$V_C/3$	0	$2V_C/3$	$2V_C/3$
BP2 电压幅度	$V_C/3$	V_C	$V_C/3$	$2V_C/3$	0	$2V_C/3$
BP3 电压幅度	$V_C/3$	$V_C/3$	V_C	$2V_C/3$	$2V_C/3$	0

于是 BP1、BP2、BP3 扫描信号的波形如图 6-23 所示，且扫描信号波形相位固定，与显示信息无关。

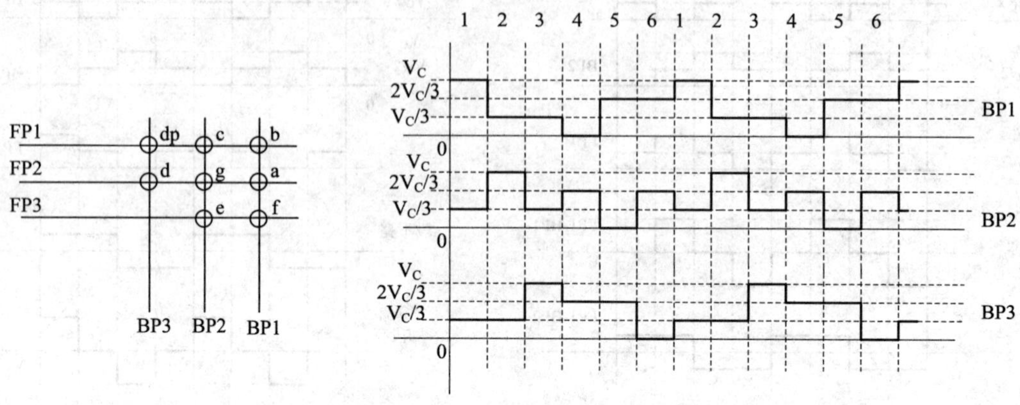

图 6-23　1/3 偏压下 3 背电极结构 BP1、BP2、BP3 扫描信号的波形

由于列扫描信号采用正极性脉冲，行驱动信号必然采用负极性脉冲输出，即对于显示笔段，前三拍扫描列对应的行信号幅度为 0，后三拍扫描列对应的行信号幅度为 V_C；对于非显示信号，前三拍扫描列对应的行信号幅度为 $2V_C/3$，后三拍扫描列对应的行信号幅度为 $V_C/3$。

为了便于理解 1/3 偏压工作原理，图 6-24 给出了在一个扫描周期内 FP2 输出信号的波形，以及 FP2 与背电极 BP1、BP2、BP3 之间的驱动信号。

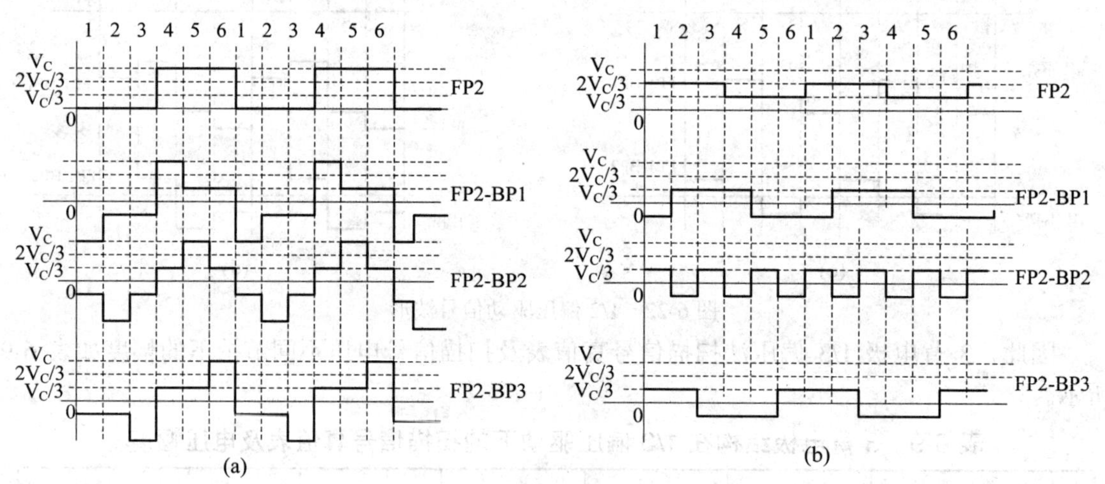

图 6-24　1/3 偏压驱动信号波形

(a) a、g、d 三段均亮；(b) a、g、d 三段均不亮

其实，在 3、4 等多电极结构的 LCD 动态显示驱动电路中，列扫描信号一个周期内不同时刻电压幅度的选择方案并不唯一。例如，在上面介绍的 1/3 偏压中，对于非扫描列，前 3 拍扫描信号幅度取 $2V_C/3$，后 3 拍扫描信号幅度取 $V_C/3$ 也是可以的，只要满足平均电压原则，即在一个扫描信号周期内，相对于 $V_C/2$ 的电压平均值为 0 即可。

从图 6-24 可以看出：显示笔段两电极间电位差为 V_C，而不显示字段两电极电位差均为 $V_C/3$。可见用 1/3 偏压法适合驱动阈值电压大于 $V_C/3$ 的 LCD 显示器件，适应性比 $V_C/2$ 偏压法更强。

对于 4 背电极结构的 LCD 数码或点阵显示器，当采用 1/7 偏压驱动时，列扫描信号周期由 8 个节拍组成，前 4 拍，扫描列输出的电压幅度为 V_C，非扫描列输出的电压为 $3V_C/7$；后 4 拍，扫描列输出的电压幅度为 0，非扫描列输出的电压为 $4V_C/7$，于是背电极 BP1、BP2、BP3、BP4 一个周期内不同节拍(时刻)的真值表及电压幅度如表 6-10 所示。

表 6-10　4 背电极结构在 1/7 偏压驱动下的扫描信号真值表及电压幅度

扫描信号拍号	1	2	3	4	5	6	7	8
BP1	1	0	0	0	0	1	1	1
BP2	0	1	0	0	1	0	1	1
BP3	0	0	1	0	1	1	0	1
BP4	0	0	0	1	1	1	1	
BP1 电压幅度	$1V_C$	$3V_C/7$	$3V_C/7$	$3V_C/7$	0	$4V_C/7$	$4V_C/7$	$4V_C/7$
BP2 电压幅度	$3V_C/7$	$1V_C$	$3V_C/7$	$3V_C/7$	$4V_C/7$	0	$4V_C/7$	$4V_C/7$
BP3 电压幅度	$3V_C/7$	$3V_C/7$	$1V_C$	$3V_C/7$	$4V_C/7$	$4V_C/7$	0	$4V_C/7$
BP4 电压幅度	$3V_C/7$	$3V_C/7$	$3V_C/7$	$3V_C/7$	$4V_C/7$	$4V_C/7$	$4V_C/7$	0

可见在 1/n 偏压下，动态 LCD 显示器背电极扫描信号真值表在不同节拍下对应的电压幅度按如下规律形成：

(1) 扫描信号周期包含的节拍数是背电极数 N 的两倍。

(2) 扫描信号对 $V_C/2$ 的平均值必须为 0。为了提高显示笔段或点阵的亮度，前 N 拍采用正极性脉冲时，扫描列输出电压的幅度为 V_C，非扫描列输出电压小于 $V_C/2$。例如在 1/3 偏压中，非扫描列输出电压为 $V_C/3$；在 1/4 偏压中，非扫描列输出电压为 $V_C/4$；在 1/7 偏压中，非扫描列输出电压为 $3V_C/7$；在 1/9 偏压中，非扫描列输出电压为 $4V_C/9$。

为了使扫描信号对称(关于 $V_C/2$ 对称)，后 N 拍采用负极性脉冲，即扫描列输出电压的幅度为 0，非扫描列输出电压大于 $V_C/2$。例如在 1/3 偏压中，非扫描列输出电压为 $2V_C/3$；在 1/4 偏压中，非扫描列输出电压为 $3V_C/4$；在 1/7 偏压中，非扫描列输出电压为 $4V_C/7$；在 1/9 偏压中，非扫描列输出电压为 $5V_C/9$。

(3) 笔段或点阵显示信息由行电极(正面电极)并行输出，每节拍显示一列。前 N 拍，显示笔段或点阵对应电极输出信号为 0(负脉冲)，非显示笔段或点阵电极输出信号大于 $V_C/2$。例如，在 1/3 偏压中，为 $2V_C/3$；在 1/4 偏压中，为 $3V_C/4$；在 1/7 偏压中，为 $4V_C/7$；在 1/9 偏压中，为 $5V_C/9$。

后 N 拍，显示笔段或点阵对应电极输出信号为 V_C(正脉冲)，非显示笔段或点阵电极输出信号小于 $V_C/2$。例如，在 1/3 偏压中，为 $V_C/3$；在 1/4 偏压中，为 $3V_C/4$；在 1/7 偏压中，为 $3V_C/7$；在 1/9 偏压中，为 $4V_C/9$。

这样可使显示笔段或点阵上下两电极间电压幅度为 V_C，保证了显示的清晰度；而非显示笔段或点阵上下两电极间电压幅度不超过 V_C/n，且上下电极间的驱动信号不含直流分量，避免 LCD 发生电解而降低其使用寿命。

将两个或两个以上的 LCD 数码显示器背电极分别并在一起，各位笔段正面电极单独引出就构成了图 6-25 所示的多位动态显示驱动 LCD 器件。

按同样方式，可构成 8 位，甚至更多显示位的 LCD 模块。

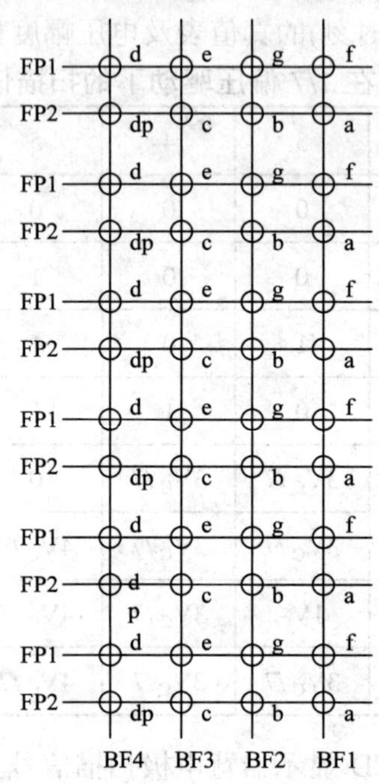

图 6-25　4 背电极结构的 6 位动态显示驱动 LCD 模块

2) 双频法

双频法驱动的原理是当 LCD 两电极间施加频率大于 1000 Hz 的高频信号时，液晶散射透明，这样即可利用高频信号驱动不需显示的点阵或笔段，而用低频信号驱动需要显示的点阵或笔段。

例如，在需要显示的点阵对应的行电极上加+$V_C/2$ 的低频方波信号，不需显示的点阵对应的行电极上加−$V_C/2$ 低频方波信号；同时在需要显示的点阵对应的列电极上加−$V_C/2$ 低频方波信号，不需显示的点阵对应的列电极上加 V_C 高频方波信号，则除了需要显示的点阵的上下两电极将是幅度为 V_C 的低频方波信号外，而其他点阵电极间施加的方波信号将是幅度小于 $V_C/2$ 的低频信号加上一个幅度为 V_C 的高频信号，产生散射不显示。

3. 单片机与 LCD 动态显示接口电路举例

由于 LCD 器件的特殊性，其显示驱动电路要复杂得多，只有单一背电极的字段型 LCD 数码显示器可采用较简单的静态驱动电路外，其他 LCD 器件均需要采用动态显示驱动电路。好在 VLSI 技术、工艺取得长足进步后，几乎所有的商品化的字符型、点阵图形 LCD 显示器均被制成 LCD 显示模块(也称为 LCM)，即将偏压产生电路(由电阻分压器和缓冲器构成)、背电极扫描电路、显示控制电路、一定容量的显示 RAM、接口电路及背光照明电路与 LCD 显示器制作在同一 PCB 板上，形成了 LCD 显示模块。电子线路设计者只需了解 LCD 模块所用控制芯片型号、接口电路引脚含义、操作时序、显示 RAM 与 LCD 屏上各点阵之间的对应关系，即可设计出符合要求的 LCD 模块接口电路，无须了解 LCD 显示器工作原理、驱动方式等有关 LCD 器件特性的知识。

作为特例，下面仅简要介绍字段型 LCD 静态显示驱动和 1/3 偏压 4 背电极 8 段 LCD 数码显示器的动态驱动电路，有关 LCM 显示接口电路可参阅配套实验书。

1) 字段型 LCD 数码显示器静态驱动电路

在图 6-26 所示字段型 LCD 数码显示器静态驱动电路中，使用 8255 接口芯片 PA、PB、PC 口(均处于基本 I/O 方式)分别作为 3 位 LCD 显示器笔段码锁存器、驱动器(采用软件译码方式)，使用 MCS-51 的 P3.2 引脚作为背电极锁存器、驱动器。

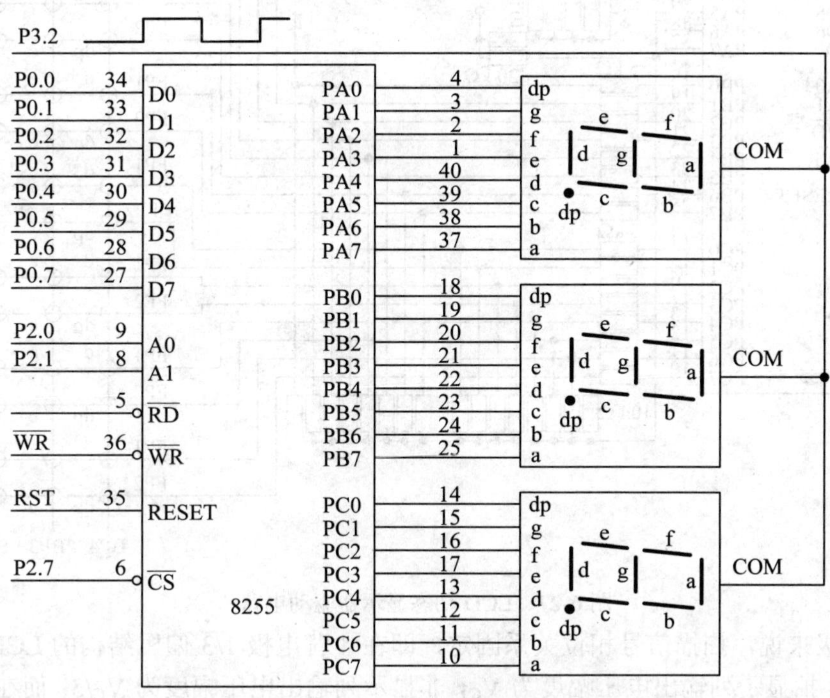

图 6-26　由 8255 驱动 LCD 静态显示器驱动电路

由于 LCD 需要低频方波驱动，可通过定时器(如 T2)每隔 10 ms 或 20 ms 溢出一次，溢出时对 P3.2 引脚取反，即获得 50 Hz 或 25Hz 的低频方波驱动信号。

在内部 RAM 中用 DispBuff0、DispBuff1、DispBuff2 三个字节作为个位、十位、百位笔段码显示缓冲区(不显示笔段对应位为 0，显示笔段对应位为 1)。定时器溢出时，先对背电极驱动信号 P3.2 取反，后再判别 P3.2 引脚的状态：当 P3.2 引脚为低电平时，就把显示缓冲区笔段码直接送 PA～PC 口；反之，当 P3.2 引脚为高电平时，显示缓冲区笔段码取反后送 PA～PC 口。于是，不显示笔段与背电极间压差总为 0(因为缓冲区内不显示笔段位为 0，当背电极为 0 时，压差自然为 0；当背电极为 1 时，已先对笔段码取反，即此时笔段码锁存器为 1，压差也为 0)，不显示；而显示笔段与背电极之间压差绝对值为 Vcc，可以显示。

2) 4 背电极 LCD 数码显示器动态驱动电路

在图 6-27 所示 4 背电极字段型 LCD 数码显示器动态驱动电路中，使用 8255 并行接口芯片 PA 作为背电极扫描信号锁存器(PA0～PA3 输出背电极扫描信号，PA4 作背电极偏压控制信号，PA5 作显示信息偏压控制信号，而 PA6、PA7 未用)、驱动器，PB、PC 口作为 8

个 LCD 数码显示器笔段电极(显示信息)锁存器、驱动器。

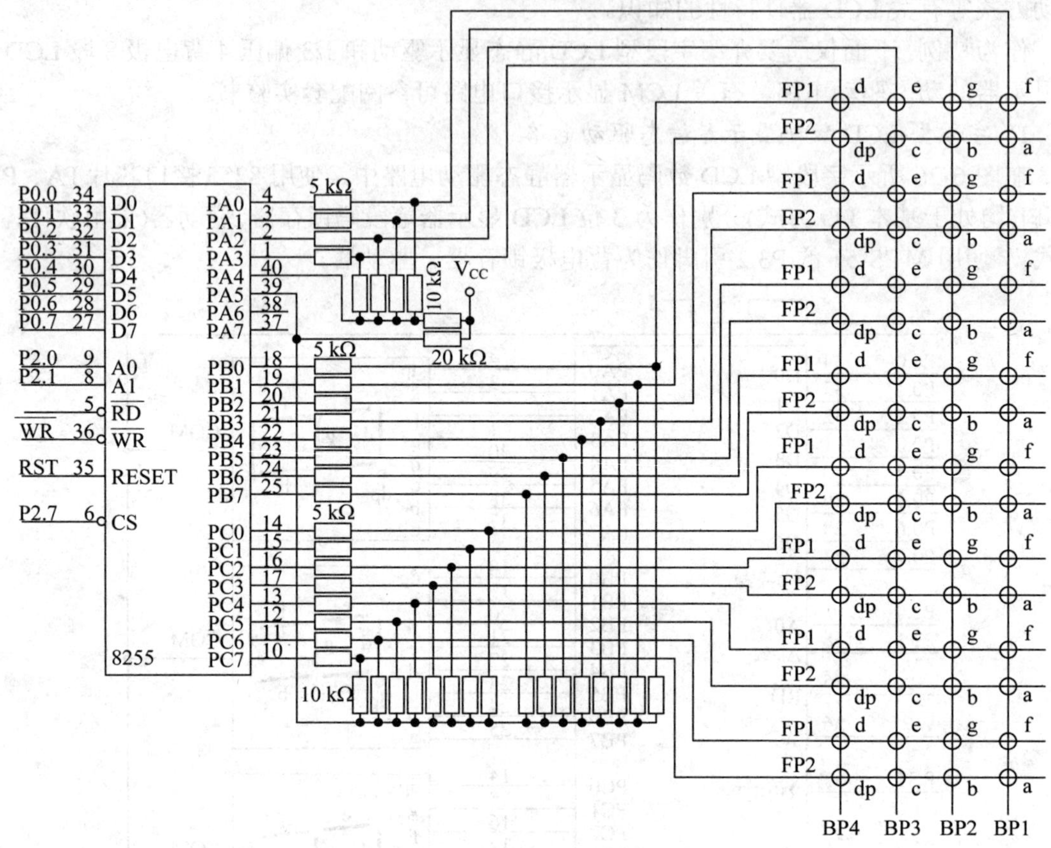

图 6-27　LCD 动态显示器驱动电路

对背电极来说，扫描信号相位关系固定，即在 4 背电极 1/3 偏压结构的 LCD 动态显示电路中，前 4 拍显示列输出电压幅度为 V_C，非显示列输出电压幅度为 $V_C/3$；而在后 4 拍中，显示列输出电压幅度为 0，非显示列输出电压幅度为 $2V_C/3$。因此，背电极各拍扫描码如下：

T0 拍(扫描 PB1)背电极扫描码为：000 10001，即 11H。由于 PA6、PA7 未用，可定义为 00；因 PA5 引脚作为笔段信息偏压控制端，在前 4 拍应为 0(即采用负极性脉冲)。

由于 PA4 引脚输出高电平，PA0 引脚也输出高电平，背电极 BP1 电位为 V_C；而 PA1～PA3 输出低电平，背电极 BP2～BP4 电位近似为 $V_C \times 5\ \text{k}\Omega/(5\ \text{k}\Omega + 10\ \text{k}\Omega)$，即 $V_C/3$。

T1 拍(扫描 PB2)背电极扫描码为：000 10010，即 12H。

T2 拍(扫描 PB3)背电极扫描码为：000 10100，即 14H。

T3 拍(扫描 PB4)背电极扫描码为：000 11000，即 18H。

T4 拍(扫描 PB1)背电极扫描码为：001 01110，即 2EH。注意在后 4 拍笔段偏压控制信号 PA5 应为 1(即采用正极性脉冲)。

T5 拍(扫描 PB2)背电极扫描码为：001 01101，即 2DH。

T6 拍(扫描 PB3)背电极扫描码为：001 01011，即 2BH。

T7 拍(扫描 PB4)背电极扫描码为：001 00111，即 27H。

显示笔段信息从 PB、PC 口输出，即在 T0 拍，同时输出各位的 a、f 笔段码；在 T1 拍，同时输出各位的 b、g 笔段码；在 T2 拍，同时输出各位的 c、e 笔段码；在 T3 拍，同时输出各位的 dp、d 笔段码。且采用负极性输出，PA5 引脚为 0，当笔段信息为 1(即需要显示)时，笔段输出为 0；当笔段信息为 0(不显示)时，笔段输出电压为 $2V_C/3$，即笔段输出码为 1。

在后四拍重复输出各笔段正极性笔段码，即在 T4 拍，同时输出各位的 a、f 笔段码；在 T5 拍，同时输出各位的 b、g 笔段码；在 T6 拍，同时输出各位的 c、e 笔段码；在 T7 拍，同时输出各位的 dp、d 笔段码。公共端即 PA5 引脚输出高电平，当笔段信息为 1(显示)时，笔段信号为 V_C，笔段输出码为 1；当笔段信息为 0(不显示)时，笔段输出信号为 $V_C/3$，笔段输出码为 0。

假设将内部 RAM 20H～27H 作为显示缓冲区，分别存放 8 位 LCD 各笔段代码，存放规律如表 6-11 所示。

表 6-11　8 位 LCD 各笔段代码存放规律

字节地址	位地址								备　注
	7	6	5	4	3	2	1	0	
20H	dp	c	b	a	d	e	g	f	个位
21H	dp	c	b	a	d	e	g	f	十位
22H	dp	c	b	a	d	e	g	f	百位
23H	dp	c	b	a	d	e	g	f	千位
24H	dp	c	b	a	d	e	g	f	万位
25H	dp	c	b	a	d	e	g	f	十万位
26H	dp	c	b	a	d	e	g	f	百万位
27H	dp	c	b	A	d	e	g	f	千万位

28H 单元作为扫描拍计数器；29H、2AH 存放笔段码；根据每一显示位中笔段码的存放规律构造如表 6-12 所示的字型码。

表 6-12　字型码构造

显示字符	笔段码								显示字符	笔段码							
	c	b	a	d	e	g	f	代码		c	b	a	d	e	g	f	代码
0	1	1	1	1	1	0	1	7D	8	1	1	1	1	1	1	1	7F
1	1	1	0	0	0	0	0	60	9	1	1	1	1	0	1	1	7B
2	0	1	1	1	1	1	0	3E	A	1	1	1	0	1	1	1	77
3	1	1	1	1	0	1	0	7A	b	1	0	0	1	1	1	1	4F
4	1	1	0	0	0	1	1	63	C	0	0	1	1	1	0	1	1D
5	1	0	1	1	0	1	1	5B	d	1	1	0	1	1	1	0	6E
6	1	0	1	1	1	1	1	5F	E	0	0	1	1	1	1	1	1F
7	1	1	1	0	0	0	0	70	F	0	0	1	0	1	1	1	17
不显示	0	0	0	0	0	0	0	00									

为了避免产生闪烁感，刷新频率取 50 Hz，即在 20 ms 内，依次显示所有笔段，由于 4

背电极需要 8 拍，于是每拍显示时间为 20 ms/8 = 2.5 ms。为此，可利用定时器，如 T2 每隔 2.5 ms 产生一次中断。

根据以上特征，读者不难写出相应的显示驱动程序。

6.6 键盘电路

在单片机应用系统中，除了复位按钮外，可能还需要其他按键，以便控制系统的运行状态，或向系统输入运行参数。键盘电路一般由键盘接口电路、按键(由控制系统运行状态的功能键和向系统输入数据的数字键组成)以及键盘扫描程序等部分组成。

6.6.1 按键结构与按键电压波形

在单片机控制系统中广泛使用的机械键盘的工作原理是：按下键帽时，按键内的复位弹簧被压缩，动片触点与静片触点相连，按键两个引脚连通，接触电阻大小与按键接触面积及材料有关，一般在数十欧姆以下；松手后，复位弹簧将动片弹开，使动片与静片触点脱离接触，两引脚返回断开状态。可见，机械键盘或按钮的基本工作原理就是利用动片和静片触点的接触和断开来实现键盘或按钮两引脚的通、断。

在图 6-28 所示键盘电路中，没有按键被按下时，P1 口内部上拉电阻将 P1.3～P1.0 引脚置为高电平，而当 S_3～S_0之一被按下时，相应按键两引脚连通，P1 口对应引脚接地。

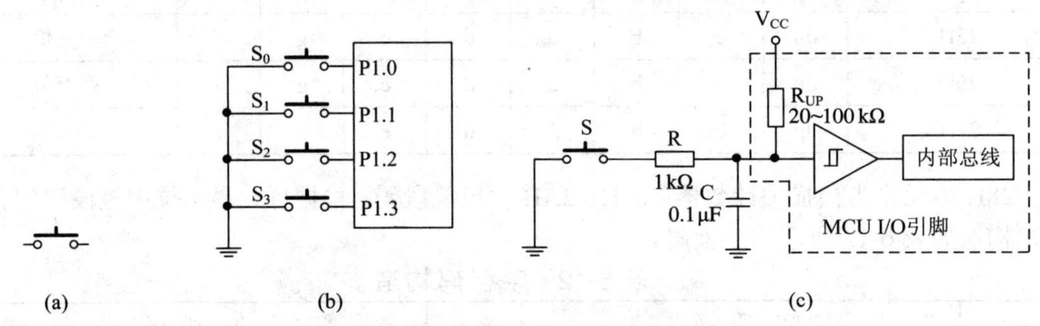

图 6-28　键盘按键的电气符号及简单的键盘电路

(a) 键盘按键；(b) 依赖软件消除抖动的简单按键电路；(c) 带 RC 低通滤波的按键电路

在理想状态下，按键引脚电压变化如图 6-29(a)所示。但实际上，在按键被按下或放开的瞬间，由于机械触点存在弹跳现象，实际按键电压波形如图 6-29(b)所示，即机械按键在按下和释放瞬间存在抖动现象，抖动时间的长短与按键的机械特性有关，一般在 5～10 ms 之间，而按键稳定闭合期长短与按键时间有关，从数百毫秒到数秒不等。为了保证按键由按下到松开之间仅视为一次或数次输入(对于具有重复输入功能的按键)，必须在硬件或软件上采取去抖动措施，避免一次按键输入一串数码。

硬件上，可利用单稳态电路或由 RC 低通滤波与施密特触发器构成按键消抖动电路，如图 6-28(c)所示，其中上拉电阻 R_{UP} 与电容 C 构成了低通滤波电路，因电容两端电压不能突变，致使引脚电压波形按图 6-29(c)所示规律变化，而电阻 R 限制了按键被按下瞬间电容的放电电流，避免产生火花，延长了按键触点寿命。只要电阻 R_{UP}、电容 C 参数选择得当

($\tau = R_{UP} \cdot C$ 一般取 3～10 ms 之间)就能可靠消除按键抖动现象。由于多数 MCU 输入引脚内置了上拉电阻 R_{UP} 以及施密特触发器，仅需外接电阻 R 与电容 C，成本并不高，因此为减小电磁干扰，RC 低通滤波消抖动电路有时也被采用。不过在单片机应用系统中最常见的方法是利用延迟方式消除按键抖动问题，原因是不增加硬件成本。因此，在单片机系统中，按键识别过程如下：

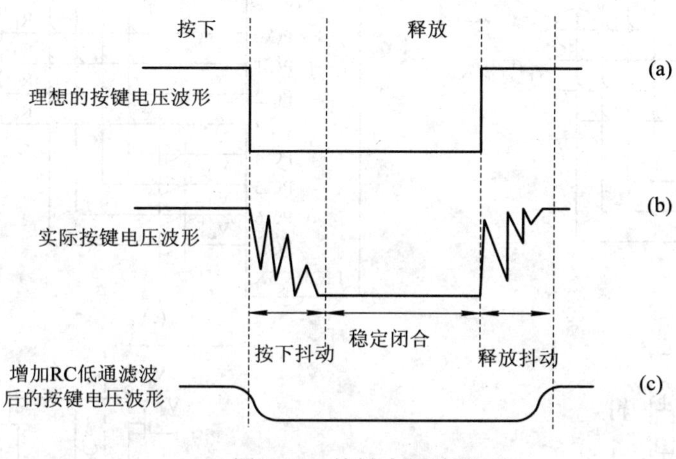

图 6-29　按键电压波形

(a) 理想状态下按键电压波形；(b) 实际按键电压波形；(c) 增加 RC 低通滤波后的按键电压波形

通过随机扫描、定时中断扫描或中断监控方式，发现按键被按下后，延迟 10～20 ms(因为机械按键由按下到稳定闭合的时间为 5～10 ms)后，再去判别按键是否处于按下状态，并确定是哪一按键被按下。

对于每按一次仅视为一次输入的设定来说，在按键稳定闭合后，对按键进行扫描，读出按键的编码(或称为键号)，执行相应操作(不必等待按键释放)；对于具有重复输入功能的按键设定来说，在按键稳定闭合期内，每隔特定时间，如 250 ms(即按下某键不放，一秒内重复输入该键四次)或 500 ms(每秒重复输入该键两次)对按键进行检测，当发现按键仍处于按下状态时，就输入该键，直到按键被释放。

6.6.2　键盘电路形式

根据所需按键个数、I/O 引脚输出级电路结构以及可利用的 I/O 引脚数目，确定键盘电路形式。

对于仅需要少量按键的控制系统，可采用直接解码输入方式，特点是键盘接口电路简单。例如，在空调控制系统中，往往仅需要“开/关”、“工作模式转换”(自动、冷、暖、除湿、送风)、“强”、“弱”等按钮。

对于按键较多的控制系统，可选择矩阵键盘形式。

下面分别介绍这两种键盘接口电路组成及监控程序编写规则。

1. 直接解码输入键盘

通过检测单片机 I/O 引脚电平状态，判别有无按键输入就构成了直接解码键盘，如图 6-28(b)所示。优点是键盘接口电路简单，但占用 I/O 引脚多，用于仅需少量按键的场合。

2. 矩阵键盘

当系统所需按键个数较多，如 6 个以上按键时，为减少键盘电路占用的 I/O 引脚数目，一般采用矩阵键盘形式，如图 6-30 所示。在矩阵键盘电路中，行线是输入引脚，列线是输出引脚(当然也可以倒过来，将行线作为输出引脚，而列线作为输入引脚)。

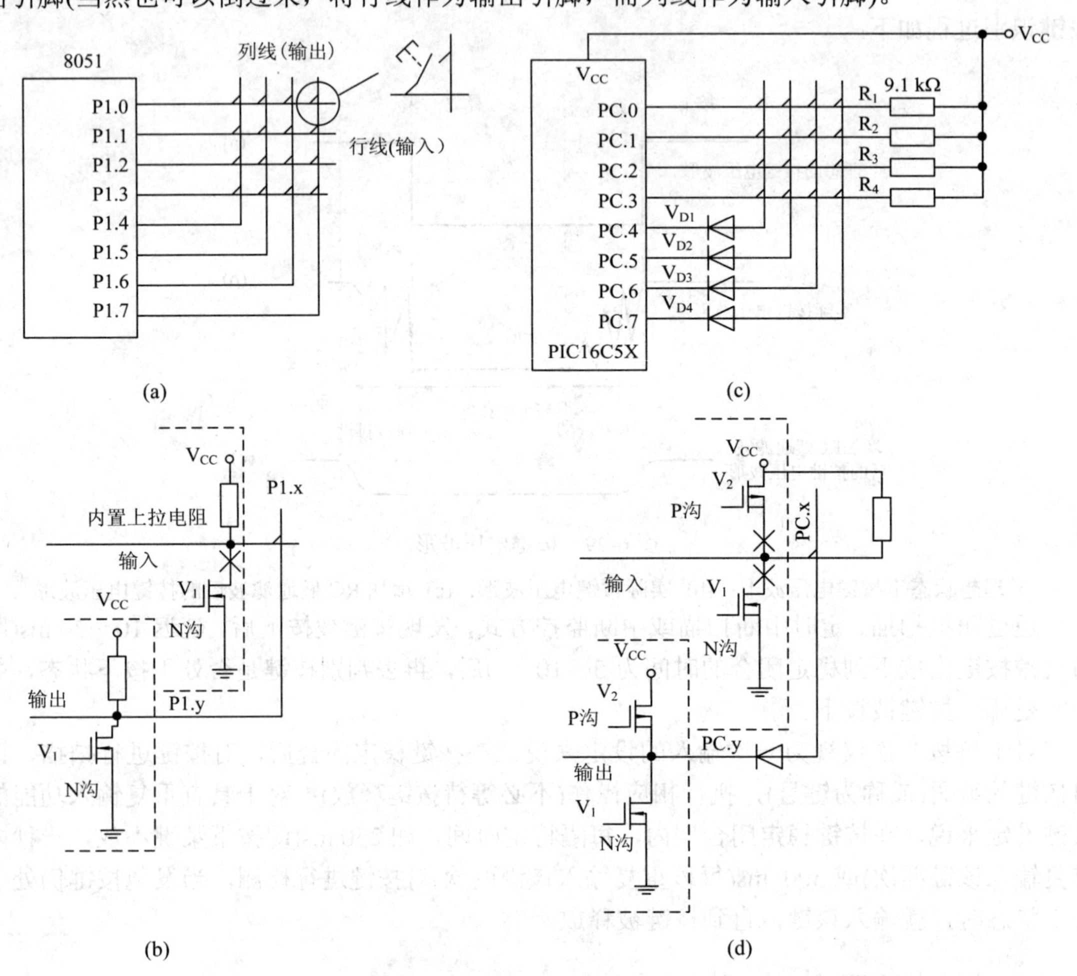

图 6-30　矩阵键盘接口电路

图 6-30(a)使用了 MCS-51 CPU 的 P1 口作矩阵键盘的行、列线，其中 P1.3～P1.0 作为行线，输入；P1.7～P1.4 作为列线，输出。由于 P1.3～P1.0 引脚内置了上拉电阻，因此无需外接上拉电阻。为便于理解，在图 6-30(b)中给出了行、列交叉点的等效电路，根据 MCS-51 I/O 输出级电路结构，在作输入引脚使用前，向 I/O 口锁存器写入“1”，使输出管 V_1 截止。

在图 6-30(a)中，P1.7～P1.4 四条列扫描线轮流输出低电平，然后读 P1.3～P1.0，如果没有按键被按下，则 P1.3～P1.0 引脚均为高电平；如果其中某一按键被按下，P1.3～P1.0 就有一引脚为低电平。例如，当 1.7～P1.4 输出为 1110 时，即 P1.4 引脚输出低电平，如果输入的 P1.2 引脚为低电平，则肯定是 P1.4 列线与 P1.2 行线交叉点对应的按键被按下。该电路也适合具有弱上拉输入、OD 输出的 MCU 矩阵键盘电路，如 STM8S 系列。

图 6-30(c)适用于具有互补 CMOS 输出结构(如 PIC16C5 系列 CPU)芯片 I/O 引脚组成的

矩阵键盘电路。在这种 I/O 引脚结构中，作为输出引脚使用时，上下两驱动管 V_2、V_1 轮流导通，不允许输出引脚“线与”；作为输入引脚使用时，上下两驱动管 V_2、V_1 均截止，引脚悬空，必须外接上拉电阻。为便于理解，图 6-30(d)给出了行列交叉点的等效电路。

在图 6-30(c)中，输出引脚必须接保护二极管，以防止同一行上两个或两个以上按键被同时按下时(在按键过程中，出现这一现象不可避免)，输出引脚通过行线形成“线与”，损坏 CPU I/O 引脚输出级电路。因为当同一行上两个按键被按下时，相应的两条列线通过按键连在一起，而列扫描输出信号中，总有一个输出低电平(相应 I/O 引脚输出级下拉 MOS 管 V_1 导通)，其他为高电平(相应 I/O 引脚输出级上拉 MOS 管 V2 导通)，结果输出高电平引脚通过行线向输出低电平引脚灌入大电流，损坏 I/O 口输出级电路。为此，必须在输出引脚后接反向二极管，以防止输出高电平引脚的输出电流灌入输出低电平引脚。

6.6.3　键盘按键编码

在键盘电路中，按键的个数不止一个，即存在键盘按键编码(键值)问题。按键编码与按键功能(即键名)有关联，但又是两个不同的概念。键盘电路结构不同，确定键值的方式也不同，例如对于图 6-28 这样的简单键盘接口电路，将 S_0 对应的按键值定义为“0”；S_1 对应的按键值定义为“1”；依此类推，S_3 对应的按键值定义为“3”。对于图 6-30 所示的矩阵键盘接口电路，确定键值的方法很多：可用行、列对应的二进制值作为键值，例如当列线 P1.7～P1.4 输出的扫描信号为 1110，如果 P1.4 与 P1.0 交叉点对应按键，即第一个按键被按下时，从 P1.3～P1.0 口读入的信息必然为 1110，因此 P1.0 与 P1.4 交叉点对应的按键值为 1110，1110B(即 0EEH)；同理，P1.0 与 P1.5 交叉点对应的按键值为 1101，1110B(即 0BEH)，P1.0 与 P1.7 交叉点对应的按键值为 0111，1110B(即 7EH)。但通过这种编码方式获得的键值分散性大，且不等距。因此，一般均按顺序对键盘按键进行编码，即将按键行列对应的二进制码作为扫描码，通过查表转换为键值。例如，可按如下顺序对图 6-31 所示矩阵键盘的按键进行编码。

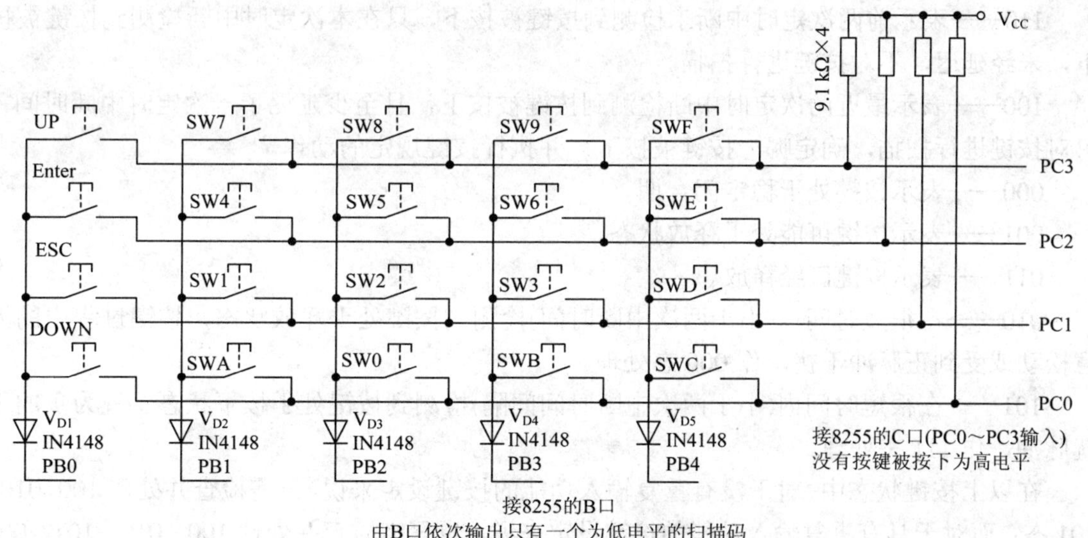

图 6-31　键盘按键扫描码

将 PC0 引脚对应行线的行号定义为 0，PC1 引脚对应行线的行号定义为 1，PC2 引脚对应行线的行号定义为 2，PC3 引脚对应行线的行号定义为 3；PB0 引脚对应列线的列号定义为 0，PB1 引脚对应列线的列号定义为 1，依次类推，PB4 引脚对应列线的列号定义为 4，则键盘任意按键的扫描码为 5×行号 + 列号(因为一行为 5 列)或 4 × 列号 + 行号(因为一列为 4 行)。

6.6.4 键盘监控方式

在单片机应用系统中，可采用查询方式(包括随机扫描方式和定时中断扫描方式)或硬件中断方式监控键盘有无按键输入。

1. 随机扫描方式

在随机扫描方式中，CPU 完成某一特定任务后，执行键盘扫描程序，以确定键盘有无按键被按下，然后根据按键功能执行相应的操作。但这种扫描方式因不能在执行按键规定操作中检测键盘有无输入，失去了对系统的控制；此外该方式只能通过调用延迟程序去除抖动现象，降低了系统的实时性，因此很少采用。

2. 定时扫描方式

定时扫描方式与随机扫描方式基本相同，通过定时中断方式，每隔一定时间(如 10～30 ms，由于按键动作较慢，为提高 CPU 利用率，实践表明每隔 30 ms 对键盘扫描一次较为合理)扫描键盘有无按键被按下，键盘反应速度快，在执行按键功能规定操作过程中，可通过键盘命令进行干预，如取消或暂停等。

在定时扫描方式中，为提高 CPU 利用率，应避免通过被动延迟 10～20 ms 方式等待按键稳定闭合，可在定时中断服务程序中，用 3 个位存储单元记录最近三次定时中断检测到的按键状态(可初始化为 111 态)。如果规定没有按键被按下时为“1”，有按键被按下时为“0”，则按键状态含义下：

111——表示最近三次定时中断均未发现按键被按下；

110——表示前两次定时中断未检测到按键被按下，只在本次定时中断检测到按键被按下，未经延迟，不对按键进行扫描。

100——表示最近两次定时中断检测到按键被按下，且至少延迟了一次定时中断时间；可对按键进行扫描，确定哪一按键被按下，并执行按键规定的动作。

000——表示按键处于稳定闭合期。

001——表示按键可能处于释放状态。

011——表示按键已经释放。

010——在很短时间内(小于两次中断时间)检测到按键处于释放状态，按键过程中的无意松动或受到正脉冲干扰，作 000 态处理。

101——在很短时间内(小于两次中断时间间隔)检测到按键处于按下状态，视为负的干扰脉冲，作 111 态处理。

在以上按键状态中，对于没有重复输入功能的按键设定来说，只需检查并处理 100、010、101 态；而对于具有重复输入功能的按键设定来说，也只需检查并处理 100、010、101、000 四个状态。

再利用一字节内部 RAM 单元保存按键值和按键有效标志(在单片机控制系统中，按键个数一般不超过 64 个，为减小内存开销，可使用该字节的 b7 位作为按键有效标志)。这样不仅记录了最近按了哪一按键，也记录是否已执行了按键规定的动作。

当然，对于只有 16 个按键的小键盘，可使用一个字节记录键盘状态、按键值，其中 b7 位记录按键有效标志；b6-b4 记录按键的状态；b3-b0 记录按键值。

定时中断键盘按键扫描流程如图 6-32 所示。

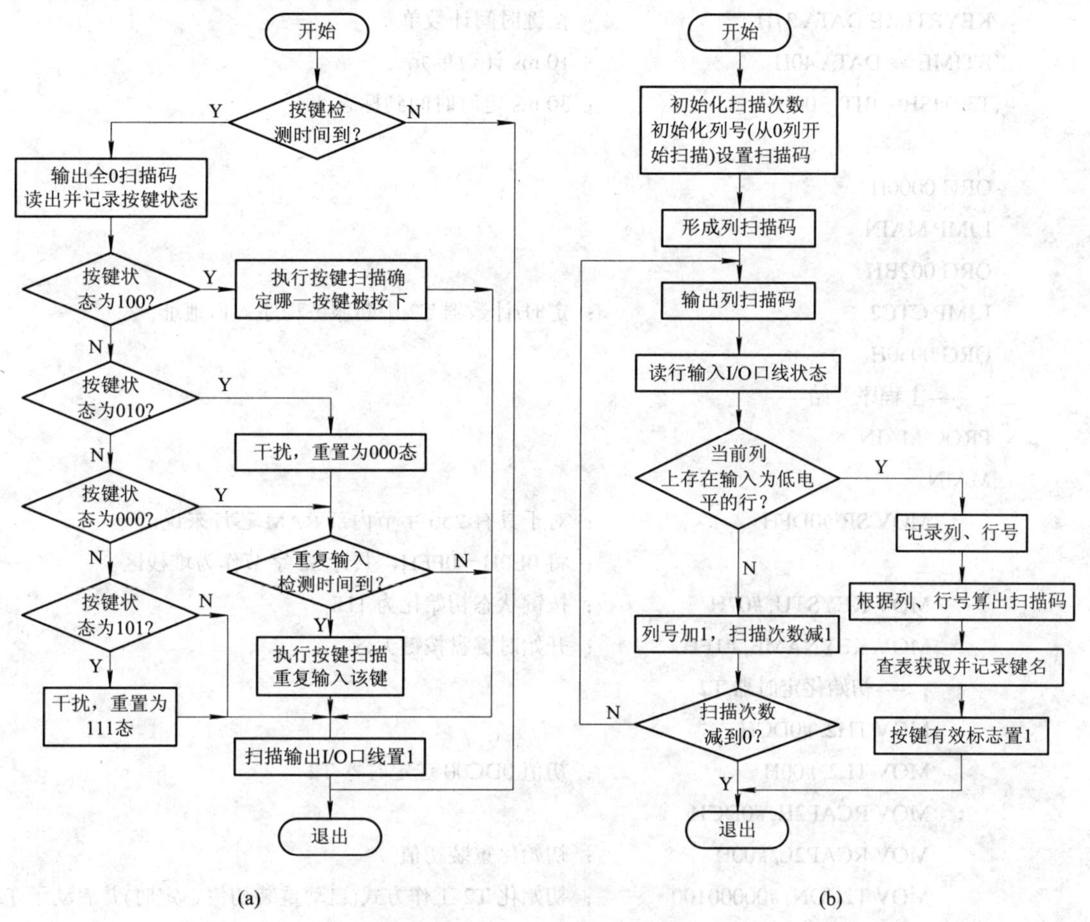

图 6-32　定时中断键盘扫描流程

(a) 按键状态流程；(b) 按键扫描流程

作为特例，下面给出图 6-32 所示矩阵键盘电路的定时中断扫描参考程序。

```
；功能描述：利用定时 T2 中断(溢出时间为 10 ms，晶振频率为 11.0592 MHz)，每 50 ms 对键盘
；扫描，按下某键不放时，每秒重复输入 4 次，按键值记录在 KEYNAME 单元中
；外部程序执行了按键功能后，将按键有效标志清 0，允许接收新按键
KEYNAME DATA 28H      ；b4～b0 位记录按键值
                      ；b7 作为按键值有效标志，b7 为 0 时，表示 b4～b0 位中的按键值
                      ；无效
                      ；b7 为 1 时，表示 b4～b0 位记录的按键值有效，且尚未处理，不能
                      ；接受新按键
                      ；b6 为保留位
```

```
KEYSTU   DATA 2AH             ；键盘按键状态寄存器，其中 b2、b1、b0 分别记录最近
                              ；三次定时中断的按键状态
PORTB     EQU xxxxH           ；8255B 口地址
PORTB_R DATA xxH              ；B 口在内部 RAM 中的映像地址
PORTC     EQU xxxxH           ；8255C 口地址
KEYRTIME DATA 37H             ；按键时间计数单元
BTIME     DATA 40H            ；10 ms 计数单元
T30MSB    BIT   00H           ；30 ms 定时时间到标志

ORG 0000H
LJMP MAIN
ORG 002BH
LJMP CTC2                     ；定时/计数器 T2 中断服务程序入口地址
ORG 0050H
；-----主程序开始-----
PROC MAIN
MAIN:
    MOV SP, #0DFH             ；对于具有 256 字节内部 RAM 芯片来说，
                              ；将 0E0H～0FFH，共计 32 字节作为堆栈区
    MOV KEYSTU, #07H          ；按键状态初始化为 111
    MOV KEYNAME, #1FH         ；开始时键盘按键无效
    ；----初始化定时器 T2
    MOV TH2, #0DCH
    MOV TL2, #00H             ；初值 0DC00 送定时器 T2
    MOV RCAP2H, #0DCH
    MOV RCAP2L, #00H          ；初始化重装初值
    MOV T2CON, #00000100      ；初始化 T2 工作方式(自动重装初值、定时)并启动了 T2
    ；-----初始化中断控制器
    SETB ET2                  ；允许定时器 T2 中断
    SETB EA                   ；开中断
    MOV BTIME, #3             ；初值为 3(即每隔 30 ms 检测一次)
LOOP1:
    JNB T30MSB, LOOP1         ；30 ms 定时时间未到
    CLR T30MSB
    LCALL KEYCHK              ；每 30 ms 检查键盘按键状态
    MOV A, KEYNAME
    JNB ACC.7, LOOP1          ；键盘按键无效，就循环等待
    SJMP $                    ；按键处理虚拟程序
END
```

```
; 定时/计数器 T2 中断服务程序(溢出时间为 10 ms，自动重装初值方式)
PROC CTC2
CTC2:
      PUSH PSW
      PUSH ACC
      ; 按键时间减 1 处理
      MOV A, KEYRTIME
      CJNE A, #0, KEYRNEXT1
      SJMP KEYREXIT
KEYRNEXT1:
      DEC KEYRTIME                 ; 按键时间不为 0，减 1
KEYREXIT:
      DJNZ   BTIME, EXIT           ; 溢出次数减 1，不为 0 跳转 30 ms 计数器已回 0，重新初
                                   ; 始化
      MOV BTIME, #3
      SETB T30MSB                  ; 置位 30 ms 时间到标志
EXIT:
      CLR TF2                      ; 清除定时器 T2 溢出标志
      POP ACC
      POP PSW
      RETI
END

; ---检测键盘按键状态-----------
PROC KEYCHK                        ; 键盘按键状态检测
KEYCHK:
     MOV DPTR, #PORTB              ; B 口地址送 DPTR
     MOV A, PORTB_R                ; 读出 B 口在内部 RAM 中的映像单元
     ANL A, #0E0H
     MOVX @DPTR, A                 ; 将 PB4～PB0 置为低电平
     MOV DPTR, #PORTC              ; C 口地址送 DPTR
     MOVX A, @DPTR                 ; 读出 C 口
     ANL A, #0FH                   ; 屏蔽高 4 位
     CJNE A, #0FH, NEXT1
                                   ; 等于 0F，说明没有按键被按下
     SETB C                        ; C 标志置 1
     SJMP NEXT2
NEXT1:
     CLR C                         ; C 标志清 0
NEXT2:
```

```
    MOV A, KEYSTU
    RLC A                       ；左移一位，记录最新的按键状态
    ANL A, #07H                 ；保留按键状态
    MOV KEYSTU, A               ；保存按键状态
    ；判别按键状态，决定是否执行按键扫描操作
    CJNE A, #2, NEXT3
    ；处于 010 态，视为干扰，作 000 态处理
    ANL KEYSTU, #0F8H           ；重置按键状态
    SJMP NEXT51                 ；检查按键重复输入时间
NEXT3:
    CJNE A, #4, NEXT4
    ；处于 100 态，按键已稳定闭合，可对按键进行扫描
    SJMP NEXT52
NEXT4:
    CJNE A, #0, NEXT5
    ；按键处于稳定按下状态，执行按键扫描操作，处理按键重复输入功能
NEXT51:
    MOV A, KEYRTIME
    CJNE A, #0, NEXT6           ；时间未到！
NEXT52:
    LCALL KEYSCAN               ；执行按键扫描程序，确定哪一按键被按下
    SJMP NEXT6
NEXT5:
    CJNE A, #5, NEXT6           ；处于 101 态，视为干扰，作 111 态处理
    ORL KEYSTU, #07H            ；重置按键状态
NEXT6:
    ；将 PB4～PB0 引脚置为高电平，使输出级截止。
    MOV DPTR, #PORTB            ；B 口地址送 DPTR
    MOV A, PORTB_R              ；读出 B 口在内部 RAM 中的映像单元
    ORL   A, #1FH
    MOVX @DPTR, A               ；写 B 口
    RET
END

PROC KEYSCAN                    ；按键扫描程序
KEYSCAN:
    MOV R7, #5                  ；定义扫描次数
    MOV R1, #0                  ；初始化列地址
    MOV R3, #01111111B          ；扫描码初值
LOOP1:
```

```
    ；生成扫描码
    MOV A, R3
    RL A                        ；左移一位
    MOV R3, A                   ；保存扫描码
    ANL A, #1FH                 ；保留低 5 位
    MOV B, A                    ；暂时保存在 B 寄存器中
    MOV DPTR, #PORTB            ；B 口地址送 DPTR
    MOV A, PORTB_R              ；读出 B 口在内部 RAM 中的映像单元
    ANL A, #0E0H
    ORL A, B                    ；与扫描或
    MOVX @DPTR, A               ；送扫描码
    MOV DPTR, #PORTC            ；C 口地址送 DPTR
    MOVX A, @DPTR               ；读 C 口
    ANL A, #0FH                 ；屏蔽高 4 位
    CJNE  A, #0FH, NEXT1        ；不等于 F，说明该列上有键被按下反之，该列上没有按
                                ；键被按下
    INC R1                      ；列地址加 1，继续扫描
    DJNZ R7, LOOP1
    ；已扫描了所有列，均没发现有键被按下，本次扫描无效
    SJMP EXIT
NEXT1:
    JB ACC.0, NEXT2
    ；ACC.0 位为 0，说明 0 行有按键被按下
    MOV R2, #0                  ；行地址为 0
    SJMP NEXT5
NEXT2:
    JB ACC.1, NEXT3
    ；ACC.1 位为 0，说明 1 行有按键被按下
    MOV R2, #1                  ；行地址为 1
    SJMP NEXT5
NEXT3:
    JB ACC.2, NEXT4
    ；ACC.2 位为 0，说明 2 行有按键被按下
    MOV R2, #2                  ；行地址为 2
    SJMP NEXT5
NEXT4:
    ；Acc.2～Acc.0 均为 1，则可肯定是 Acc.3 为 0
    MOV R2, #3                  ；行地址为 3
NEXT5:
```

```
    ；计算行列地址，查表取得键名
    MOV A, R1
    RL A
    RL A                        ；列地址乘 4(每列对应 4 行)
    ADD A, R2                   ；加行地址
    MOV DPTR, #KEYTAB
    MOVC A, @A+DPTR             ；查表获取键值
    MOV KEYNAME, A              ；按键值送键名寄存器
    ORL KEYNAME, #80H           ；按键有效标志置 1
    MOV KEYRTIME, #25           ；设置按键重复时间，即每秒中允许重复输入 4 次
EXIT:
    RET
END

；***********按键扫描码、键值对应关系******************
KEYTAB:
DB 10H        ；扫描码为 0，即 PB0 与 PC0 交叉点对应“↓”
DB 11H        ；扫描码为 1，即 PB0 与 PC1 交叉点对应“ESC”
DB 12H        ；扫描码为 2，即 PB0 与 PC2 交叉点对应“Enter”
DB 13H        ；扫描码为 3，即 PB0 与 PC3 交叉点对应“↑”

DB 0AH        ；扫描码为 4，即 PB1 与 PC0 交叉点对应数字键“A”
DB 01H        ；扫描码为 5，即 PB1 与 PC1 交叉点对应数字键“1”
DB 04H        ；扫描码为 6，即 PB1 与 PC2 交叉点对应数字键“4”
DB 07H        ；扫描码为 7，即 PB1 与 PC3 交叉点对应数字键“7”

DB 00H        ；扫描码为 8，即 PB2 与 PC0 交叉点对应数字键“0”
DB 02H        ；扫描码为 9，即 PB2 与 PC1 交叉点对应数字键“2”
DB 05H        ；扫描码为 A，即 PB2 与 PC2 交叉点对应数字键“5”
DB 08H        ；扫描码为 B，即 PB2 与 PC3 交叉点对应数字键“8”

DB 0BH        ；扫描码为 C，即 PB3 与 PC0 交叉点对应数字键“B”
DB 03H        ；扫描码为 D，即 PB3 与 PC1 交叉点对应数字键“3”
DB 06H        ；扫描码为 E，即 PB3 与 PC2 交叉点对应数字键“6”
DB 09H        ；扫描码为 F，即 PB3 与 PC3 交叉点对应数字键“9”
DB 0CH        ；扫描码为 10，即 PB4 与 PC0 交叉点对应数字键"C"
DB 0DH        ；扫描码为 11，即 PB4 与 PC1 交叉点对应数字键"D"
DB 0EH        ；扫描码为 12，即 PB4 与 PC2 交叉点对应数字键"E"
DB 0FH        ；扫描码为 13，即 PB4 与 PC3 交叉点对应数字键"F"
```

以上键盘扫描程序不是通过被动延迟方式去除按键抖动，提高了 CPU 利用率；扫描程序结构清晰，代码短；尽管需要定时器支持，但可利用系统主定时器定时，并没有额外占用硬件资源。因此定时中断扫描方式在单片机应用系统中得到了广泛应用。

3. 中断方式

在控制系统中，并不需要经常监控键盘有无按键输入。因此，在查询扫描方式和定时中断扫描方式中，CPU 常处于空扫描状态，在一定程度上降低了 CPU 的利用率。为此，也可用中断方式。例如在图 6-30(a)所示键盘电路中，在键盘输入线上增加 74HC21 与门电路，即构成图 6-33 所示具有中断检测方式的矩阵键盘。

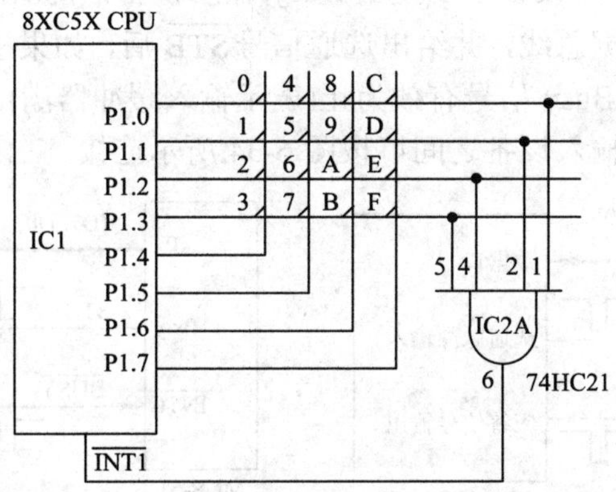

图 6-33　采用中断扫描方式的键盘接口电路

当键盘上任一按键被按下时，74HC21 与门输出低电平，$\overline{\text{INT1}}$ 中断有效(定义为电平触发方式)，表明键盘有按键输入。不过在这一方式中，同样需要考虑按键抖动问题。

可见在键盘电路中，需要认真考虑如下问题：

根据所需的按键个数以及可利用的 CPU I/O 引脚，确定键盘电路形式，即采用直接编码键盘，还是矩阵键盘。

确定按键编码与按键功能。在按键个数有限情况下，可以定义同一按键在不同操作状态下，具有不同的按键功能，即是否需要设置“多功能键”。

确定键盘按键扫描方式，即根据系统实际情况，选择随机扫描方式、定时中断扫描方式(尽可能采用这一扫描方式)或中断检测方式(在键盘输入检测线加与门、与非门电路，这除了需要增加与非门芯片外，还占用了 CPU 一个外中断源，一般不采用)。

不同扫描方式的键盘扫描程序略有区别，但均需要检测有无按键被按下，延迟(但必须避免用软件延迟方式)去除按键抖动，确定键号，根据键号执行相应的操作。

6.7　并行接口及应用实例

6.7.1　MCS-51 与并行输入/输出设备之间的连接

当单片机芯片以并行方式与另一单片机芯片或并行输入/输出设备连接时，就涉及并行接口问题，在并行接口中主要涉及下列信号：

(1) 数据线及宽度。对于 8 位并行接口设备来说，数据线宽度为 8 位，即 D7～D0；对 16 位并行接口来说，数据线宽度为 16 位，即 D15～D0。在单片机应用系统中，由于 I/O 引脚限制，数据线宽度也可能只有 4 位(D3～D0)，即一个字节分两次传送。

(2) 选通脉冲 $\overline{\text{STB}}$ (Strobe)。选通脉冲由输出设备提供，输入设备用 $\overline{\text{STB}}$ 信号锁存数据总线上的数据。至于低电平有效，还是高电平有效由并行通信协议决定。

(3) 应答信号 ACK (Acknowledge)。应答信号由输入设备提供，当输入设备已读取了数据总线上的数据时，向输出设备回送应答的信号。

此外，一些高速并行输入设备，如并行接口打印机带有一定容量的输入缓冲器，可连续接收输入数据，在这类并行设备中多使用 Busy(输入设备忙)联络信号代替应答信号 $\overline{\text{ACK}}$。输出设备将数据输出到数据总线，并给出选通信号 $\overline{\text{STB}}$ 后，如果检测到 Busy 信号无效，就接着输出下一数据，直到 Busy 信号有效为止(表示输入缓冲器满)。

MCS-51 与并行输出/输入设备之间可按图 6-34 所示连接。

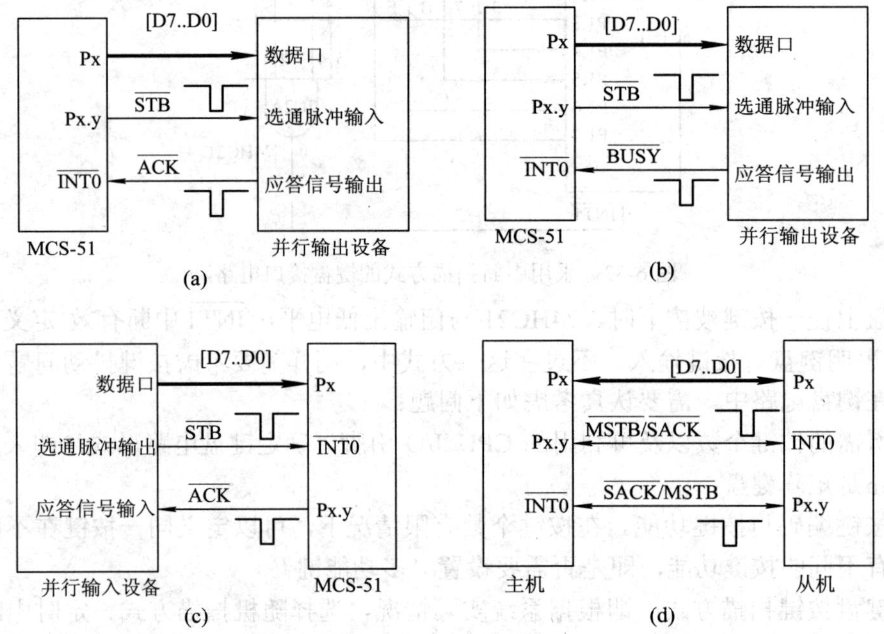

图 6-34 MCS-51 与并行输入/输出设备之间的连接

在图 6-34(a)中，并行接口设备应答信号 $\overline{\text{ACK}}$ 接 MCS-51 外中断输入端 $\overline{\text{INT0}}$，数据输出过程可概括为：MCS-51 通过 Px(P0、P1 或 P2)口将数据 D7～D0 输出到并行输入设备的数据总线上，然后通过另一 I/O 引脚输出选通脉冲 $\overline{\text{STB}}$，作为并行输入设备数据锁存信号，接着允许 $\overline{\text{INT0}}$ 中断，当输入设备读取了数据总线上的输入数据后，向 MS-51 回送应答信号 $\overline{\text{ACK}}$，结果 $\overline{\text{INT0}}$ 中断标志有效，表示一字节数据传输过程结束，MCS-51 可以输出下一数据。

在图 6-34(b)中，使用 $\overline{\text{Busy}}$ 信号代替 $\overline{\text{ACK}}$ 信号，只要 Busy 信号无效，MCS-51 即可不断地输出数据。

在图 6-34(c)中，并行输出设备选通脉冲接 MCS-51 的外中断输入端 $\overline{\text{INT0}}$，数据输入过程可以概括为：当 $\overline{\text{INT0}}$ 中断有效时，表明并行输出设备已将数据送到数据总线上，MCS-51 读 Px 口，获取输入数据，并通过另一 I/O 引脚回送应答信号 $\overline{\text{ACK}}$，这样就完成了一字节数据的输入过程。

而图 6-34(d)是两 CPU 并行通信连接方式。空闲时两个 CPU 数据口均处于输入状态，当主 CPU 向从 CPU 输出数据时，先通过 Px 口把输出数据送数据总线 D7～D0，然后通过 Px.y 引脚输出选通脉冲 $\overline{\mathrm{MSTB}}$，$\overline{\mathrm{MSTB}}$ 接从 CPU 外中断 $\overline{\mathrm{INT0}}$，结果从 CPU 外中断 $\overline{\mathrm{INT0}}$ 有效，表明主 CPU 有数据传入，从 CPU 读数据总线上数据，并通过 Px.y 引脚输出应答信号 $\overline{\mathrm{SACK}}$，而 $\overline{\mathrm{SACK}}$ 信号接主 CPU 外中断输入端 $\overline{\mathrm{INT0}}$，当主 CPU 外中断 $\overline{\mathrm{INT0}}$ 有效后，表明从 CPU 已经接收了输出数据，清除 $\overline{\mathrm{INT0}}$ 中断标志，输出下一数据(如果没有数据输出，则把 Px 口置为输入状态)。

从 CPU 向主 CPU 输出过程也类似，不再重复。

6.7.2　MCS-51 与并行打印机之间的连接

1. 并行打印机接口标准

并行打印机一般采用与 Centronic 标准兼容的 DB-25 并行接口，各信号含义如表 6-13 所示，DB-25 插座引脚编号、信号时序如图 6-35 所示。

表 6-13　Centronic 并行接口标准信号

引脚编号	信号名称	信号流向(输入/输出)	含　义
1	$\overline{\mathrm{STB}}$	输入，低电平有效	输入选通脉冲
2～9	D0～D7	输入	数据总线。由主控设备，如计算机主机向打印机输出控制命令及数据
10	$\overline{\mathrm{ACK}}$	输出，低电平有效	打印机应答信号。表明打印机已可靠接收了主机输出的数据
11	Busy	输出，高电平有效	打印机忙信号，当该信号有效时，表示打印机忙(即打印机输入缓冲器满，不能再接收数据)
12	PE	输出，高电平有效	打印机缺纸。当 PE 为高电平时，表示打印机处于缺纸状态
13	SEL	输出，高电平有效	联机信号。当 SEL 为低电平时，表明打印机处于脱机状态(如打印电缆未连接或用户触发联机按钮造成脱机)
14	备用		
15	$\overline{\mathrm{ERROR}}$	输出，低电平有效	出错信号。当输入命令有错时，该信号有效
16～17	备用		
18～25	GND		接地

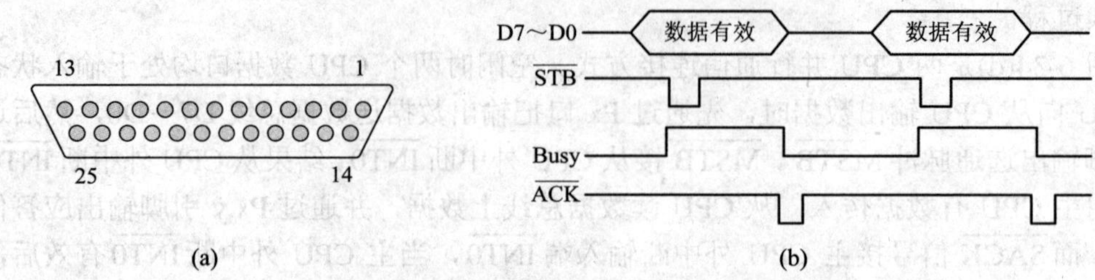

图 6-35　并行打印机插座引脚编号及信号时序

(a) DB-25 插座引脚编号；(b) 接口信号时序

2. MCS-51 与并行打印机之间连接实例

当 I/O 引脚资源不紧张时，并行打印机各信号线直接挂接在 MCS-51 的 I/O 引脚上，如图 6-36(a)所示；当 I/O 引脚资源紧张时，可通过并行 I/O 口扩展芯片，如 8255 与并行打印机相连，如图 6-36(b)所示。为充分利用 8255 功能，当 8255 通过 PA 口输出打印数据时，如果两者数据传输时序匹配的话，可将 8255 芯片 A 口置于方式 1(即选通输出方式)，这时 PC7 是输出缓冲器满信号，将它作为打印机选通脉冲 $\overline{\text{STB}}$；打印机应答信号 $\overline{\text{ACK}}$ 接 PC6 引脚，8255 中断请求 INTR 为高电平有效，可通过 NPN 三极管反相后接 MCS-51 外中断输入端。

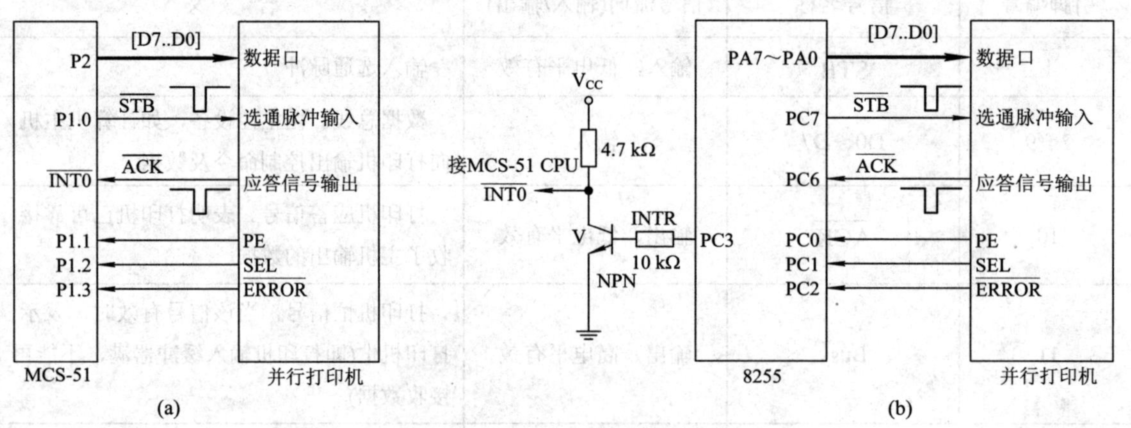

图 6-36　MCS-51 与并行打印机的连接

6.8　光电耦合器件接口电路

光电耦合器件是将砷化镓制成的发光二极管(发光源)与受光源(如光敏三极管、光敏晶闸管或光敏集成电路等)封装在一起，构成电—光—电转换器件，其内部结构如图 6-37 所示。

从发光二极管特性看出：发光强度与流过发光二极管中的电流大小有关，这样就将输入回路中变化的电流信号转化为变化的光信号，而光敏三极管中集电极电流大小与注入的光强度有关，从而实现了“电—光—电”的转换。由于输入回路与输出回路之间通过光实现耦合，因此光电耦合器件也称为光电隔离器件，或简称光耦。

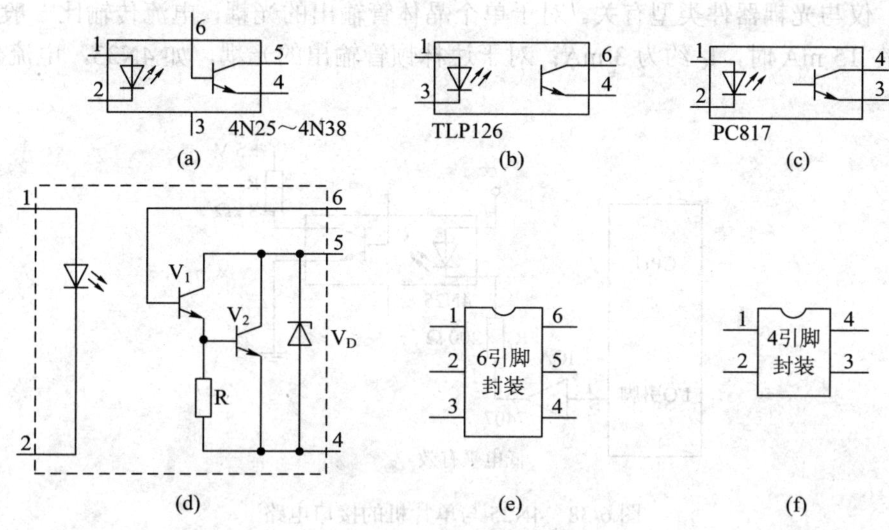

图 6-37　光耦结构及等效电路

光耦器件具有如下特点：

(1) 输入回路与输出回路之间通过光实现耦合，彼此之间的绝缘电阻很高(10^{10} Ω 以上)，并能承受 2000 V 以上高压，因此输入回路与输出回路之间在电气上完全隔离。由于输入、输出自成系统，无须共地，绝缘和隔离性能都很好，因此，有效地避免了输入/输出回路之间的相互作用。

(2) 由于光耦中的发光二极管以电流方式驱动，动态电阻很小，输入回路中的干扰，如电源电压波动、温度变化引起的热噪声等均不会耦合到输出回路。

(3) 作为开关使用时，光耦器件具有寿命长，反应速度快(开关时间在微秒级)的特点，高速光耦开关时间只有 10 ns。

光耦广泛应用于彼此需要隔离的数字系统中，根据受光源结构的不同，可将光耦器件分为晶体管输出的光电耦合器件和晶闸管输出的光电耦合器件两大类。

在晶体管输出的光电耦合器件中，受光源为光敏三极管。光敏三极管可以有基极(如图 6-37(a)所示的 4N25～4N38 等)，也可以没有基极(如图 6-37(b)、(c)所示的 TLP124、TLP126、PC817 等)，部分光耦输出回路的晶体管采用达林顿结构，以提高电流传输比(如图 6-37(d)所示的 4N33、H11G1、H11G2、H11G3 等)，其中泄放电阻 R 的作用是给 V_1 管的漏电流提供泄放通路，防止热电流引起 V_2 管误导通；二极管 V_D 的作用是防止输出管 CE 结反偏，保护输出管)。

晶体管输出的光电耦合器件与单片机的基本接口电路如图 6-38 所示，其中输入回路的工作原理与 LED 发光二极管驱动电路相同，当单片机 I/O 引脚输出低电平时，7407 输出级饱和导通，光耦内部的 LED 发光，工作电流 $I_F = (V_{CC} - V_F - V_{CS})/R$；输出回路的三极管因光照而饱和导通，集电极输出低电平。

在基极开路的情况下，输出回路的集电极电流 I_C 与输入回路发光二极管的工作电流 I_F 有关，I_F 越大，I_C 也越大，I_C/I_F 称为光电耦合器件的电流传输比。电流传输比受 I_F 影响较大，当 I_F 小于 10 mA 时，发光二极管处于非线性区，电流传输比较小；当 I_F 大于 20 mA 时，发光二极管出现亮度饱和现象，电流传输比也会下降；当 I_F 在 10～20 mA 范围内时，I_C/I_F 近似为常数，仅与光耦器件类型有关。对于单个晶体管输出的光耦，电流传输比一般在 0.2 左右，即 I_F 在 15 mA 时，I_C 约为 3 mA；对于达林顿管输出的光耦，如 4N33，电流传输比高达 500。

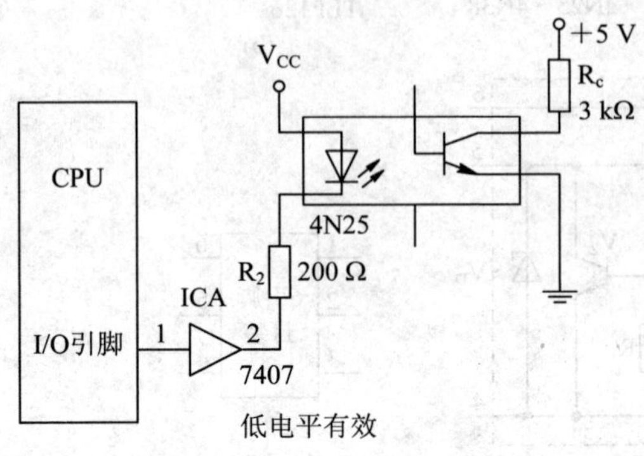

图 6-38　4N25 与单片机的接口电路

当单片机 I/O 引脚输出高电平时，7407 输出级截止，光耦内部的 LED 不导通，三极管由于没有光照而截止，集电极输出高电平。

如果 I/O 引脚输出脉冲信号，则光耦集电极也将输出一个脉冲信号。但由于光耦导通时，需要光注入后才能形成基极电流，导通延迟时间 t_{on} 约为数微秒；输入回路截止时，即停止光注入后，也需要延迟一段时间 t_{off}，集电极才能输出高电平，t_{off} 约为几微秒到几十微秒(与输出回路中三极管的结构有关)。因此，普通光耦只能传输 10 kHz 以内的脉冲信号。

6.9　单片机与继电器接口电路

继电器类也是单片机控制系统中常用的开关元件，用于控制电路的接通和断开，包括电磁继电器、接触器和干簧管。继电器由线圈及动片、定片组成。线圈未通电(即继电器未吸合)时，与动片接触的触点称为常闭触点，当线圈通电时，与动片接触的触点称为常开触点。

继电器的工作原理是利用通电线圈产生磁场，吸引继电器内部的衔铁片，使动片离开常闭触点，并与常开触点接触，实现电路的通、断。由于采用触点接触方式，接触电阻小，允许流过触点的电流大(电流大小与触点材料及接触面积有关)。另外，控制线圈与触点完全绝缘，因此控制回路与输出回路具有很高的绝缘电阻。

根据线圈所加电压类型可将继电器分为两大类，即直流继电器和交流继电器。其中直流继电器使用最为普及，只要在线圈上施加额定的直流电压，即可使继电器吸合。直流继电器与单片机连接非常方便。

直流继电器线圈的吸合电压以及触点额定电流是直流继电器两个非常重要的参数，例如对于 6 V 继电器来说，驱动电压必须在 6 V 左右，当驱动电压小于额定吸合电压时，继电器吸合动作缓慢，甚至不能吸合或颤抖，这会影响继电器寿命或造成被控设备损坏；当驱动电压大于额定吸合电压时，会因线圈过流而损坏。

小型继电器与单片机接口电路如图 6-39 所示，其中二极管 V_D 是为了防止继电器断开瞬间引起的高压击穿驱动管。

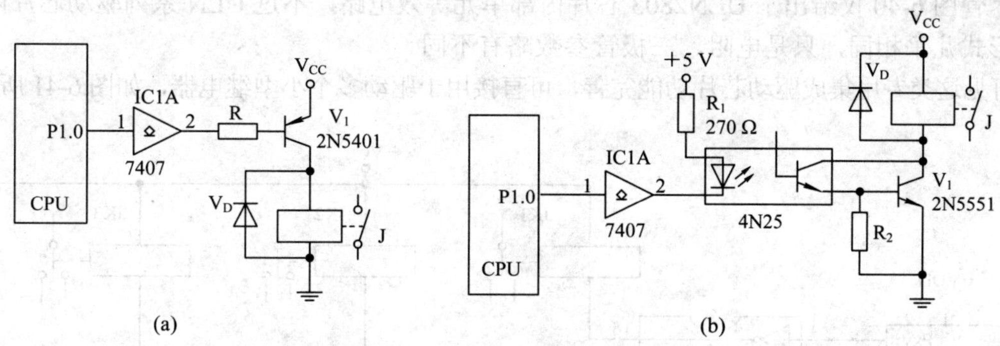

图 6-39　单片机与继电器连接的接口电路

(a) 驱动微型继电器；(b) 驱动较大功率继电器

当 P1.0 输出低电平时，7407 输出低电平，驱动管 V_1 导通，结果继电器吸合。反之，当 P1.0 输出高电平时，7407 输出高电平，V_1 截止，继电器不吸合。在继电器由吸合到断开的瞬间，由于线圈中的电流不能突变，将在线圈产生上负下正的感应电压，使驱动管集电极承受高电压(电源电压 V_{CC}+感应电压)，有可能损坏驱动管，为此需在继电器线圈两端并接一只续流二极管 V_D，使线圈两端的感应电压被钳位在 0.7 V 左右。正常工作时，线圈上的电压上正下负，续流二极管 V_D 对电路没有影响。

由于继电器由吸合到断开的瞬间会产生一定的干扰，图 6-39(a)电路仅适用于吸合电流较小的微型继电器。当继电器吸合电流较大时，在单片机与继电器驱动线圈之间需要增加光耦隔离器件等，如图 6-39(b)所示。其中 R_1 是光耦内部 LED 限流电阻，R_2 是驱动管 V_1 基极泄放电阻(防止电路过热造成驱动管误导通，提高电路工作可靠性)，R_2 一般取 4.7～10 kΩ 之间，太大会失去泄放作用，太小会降低继电器吸合的灵敏度。

当然，如果需要控制的继电器数目较多，为提高系统的可靠性、减小 PCB 板面积、降低成本，对于中小功率直流继电器来说，最好采用 OC 输出高压大电流达林顿结构专用反相驱动器，如 8 反相 OC 输出高压大电流驱动芯片 ULN2803(输入与 TTL 兼容)、ULN2804、ULN2802，7 反相 OC 输出高压大电流驱动芯片 MC1413(输入与 TTL 兼容)、ULN20xx、75468 等。这些反相高压大电流反相驱动器内部包含了 8(或 7)个反相驱动器并在每个驱动器上并接了续流二极管，如图 6-40(b)所示；各单元内部等效电路如图 6-40(a)所示，由达林顿管(V_1、V_2)、限流电阻 R_1、泄放电阻 R_2 及 R_3、保护二极管 V_{D1} 及 V_{D2}、续流二极管 V_D 组成，每个反相驱动器最多可以吸收 200～500 mA 的电流，最大耐压为 50 V，完全可以驱动小功率直流继电器。

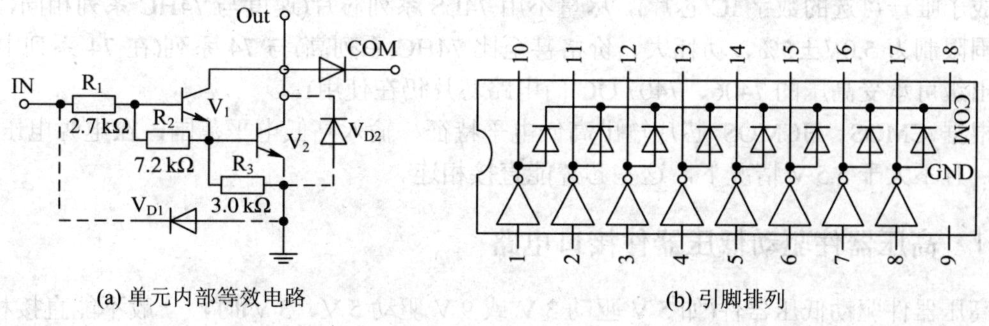

(a) 单元内部等效电路　　(b) 引脚排列

图 6-40　ULN2803 芯片内部单元电路结构与引脚排列

尽管图 6-40 仅给出了 ULN2803 芯片内部单元等效电路，不过 ULN 系列驱动芯片内部电路形式几乎相同，只是电阻、三极管参数略有不同。

可见这类专用集成驱动芯片功能完善，可直接用于驱动多个小型继电器，如图 6-41 所示。

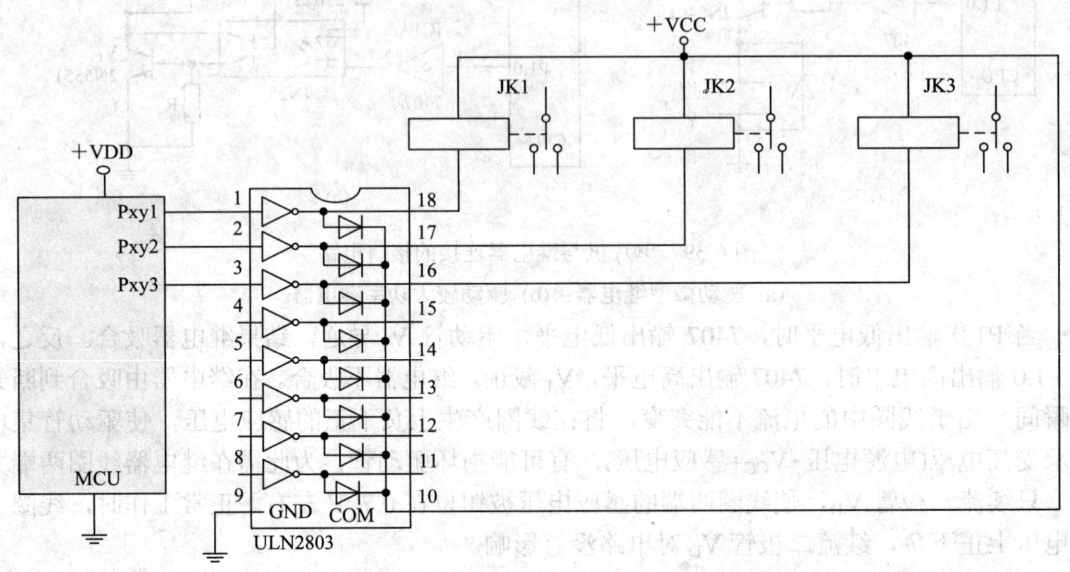

图 6-41　借助 ULN2803 芯片驱动多个直流继电器

6.10　电平转换电路

在数字电路系统中，一般情况下，不同种类器件(如 TTL、CMOS、HCMOS 等)不能直接相连；电源电压不同的 CMOS、HCMOS 器件因输出电平不同也不能直接相连，这就涉及到电平转换问题。所幸的是目前单片机应用系统中的 MCU、存储器、μP 监控芯片、I/O 扩展与接口电路芯片等多采用 HCMOS 工艺；另一方面 74LS 系列数字电路芯片已普遍被 74HC 系列芯片所取代。即数字电路系统中的门电路、触发器、驱动器尽可能采用 74HC 系列(或高速的 74AHC 系列)芯片、CD40 系列或 CD45 系列的 CMOS 器件(速度较 HCMOS 系列慢，但功耗比 HC 系列芯片低、电源电压范围宽。当电源电压大于 5.5 V 时，CMOS 数字逻辑器件就成了唯一可选的数字 IC 芯片)，尽量不用 74LS 系列芯片(速度与 74HC 系列相同，但电源范围限制为 5.0V±5%、功耗大、价格甚至比 74HC 系列高)与 74 系列(在 74 系列中，只有输出级可承受高压的 7406、7407 OC 门电路芯片仍在使用)。

根据 CMOS、HCMOS 芯片输出高低电平特征、输入高低电平范围，在电源电压 V_{DD} 相同，且不大于 5.5 V 情况下，这些芯片能直接相连。

6.10.1　高压器件驱动低压器件接口电路

高压器件驱动低压器件(如 5 V 驱动 3 V 或 9 V 驱动 5 V、3 V)时，一般不能直接相连，应根据高压器件输出口结构(漏极开路的 OD 门、准双向或 CMOS 互补推挽输出)选择相应的接口电路。

对于 OD 输出引脚，可采用图 6-42(a)所示电路，上拉电阻 R 一般取 10～510 kΩ 之间，具体数值与前级输出信号频率有关：输出信号频率高，如 1 MHz 以上方波信号，R 取小一些；输出信号频率低，R 可取大一些，以减小输出低电平时上拉电阻 R 的功耗。

对于 CMOS 互补推挽输出、准双向(如 MCS-51 的 P1、P2、P3 口)输出，需在两者之间加隔离二极管，如图 6-42(b)所示，其中电阻 R 选择与图(a)相同，二极管 V_D 可采用小功率开关二极管，如 1N4148。前级输出高电平时，二极管 V_D 截止，后级输入高电平时，电压 V_{IH} 接近电源电压 V_{DD}。当前级输出低电平时，二极管 V_D 导通，后级输入低电平电压时，$V_{IL} = V_{OL} + V_D$ (二极管导通压降)。显然 $V_{IL} < 1.0$ V，当后级电路为 HCMOS、CMOS 器件时，只要输入级 N 沟道 MOS 的阈值电压 $U_{TH} > 1.0$ V，就能正常工作。

对于后级输入端已内置了上拉电阻(如准双向结构的 MCS-51 P1～P3 口，等效上拉电阻约为 30 kΩ)，则外置上拉电阻 R 可以省略，如图 6-42(c)所示。

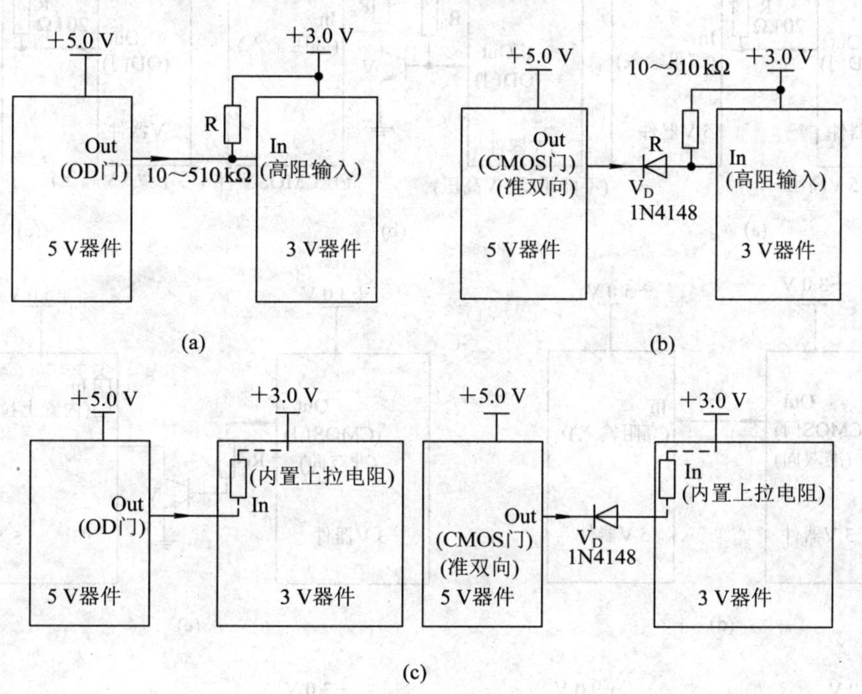

图 6-42　高压器件驱动低压器件接口电路

(a) OD 输出；(b) CMOS 互补推挽(或准双向输出)；(c) 输入端内置了上拉电阻

6.10.2　低压器件驱动高压器件接口电路

低压器件驱动高压器件时，应根据前级输出口电路结构选择图 6-43(a)～(g)所示电路作为相应的接口电路。

当前级为 OD 输出结构时，如果前级输出高电平 $V_{OH} > \frac{1}{2}V_{DD}$(后级电源电压的二分之一)，可采用图 6-43(a)～(c)所示的接口电路，上拉电阻 R 取值原则与图 6-42(a)相同。当处于截止状态的输出管不能承受高压，且两电源电压差小于后级输入高电平电压最小值 V_{IHmin} 时，可采用图 6-43(a)所示电路，该电路缺点是后级输入高电平电压 V_{IH} = 3.5 V(前级电源电压 V_{DD} 为 3.6 V)，仅比 2.5 V 高 1.0 V，即输入高电平噪声容限偏小；此外，输入高电平电压 V_{OH} 偏小，容易引起后级 CMOS 反相器 P 沟道 MOS 管不能可靠截止，漏电流大，仅适用于两电源电压差不大的情形，当两电源电压差较大时，只能采用图 6-43(b)所示电路。反之，当处于截止状态的输出管可以承受高压时(如 P89LPC900 系列 MCU 引脚处于 OD 输出状态时)，则采用图 6-43(c)所示电路，该电路后级输入高电平电压 V_{IH} 接近 5.0 V，噪声容限高。

对于 CMOS 输出或准双向输出结构，可采用图 6-43(d)～(g)电路，其中图 6-43(d)也存在类似图 6-43(a)的缺点。

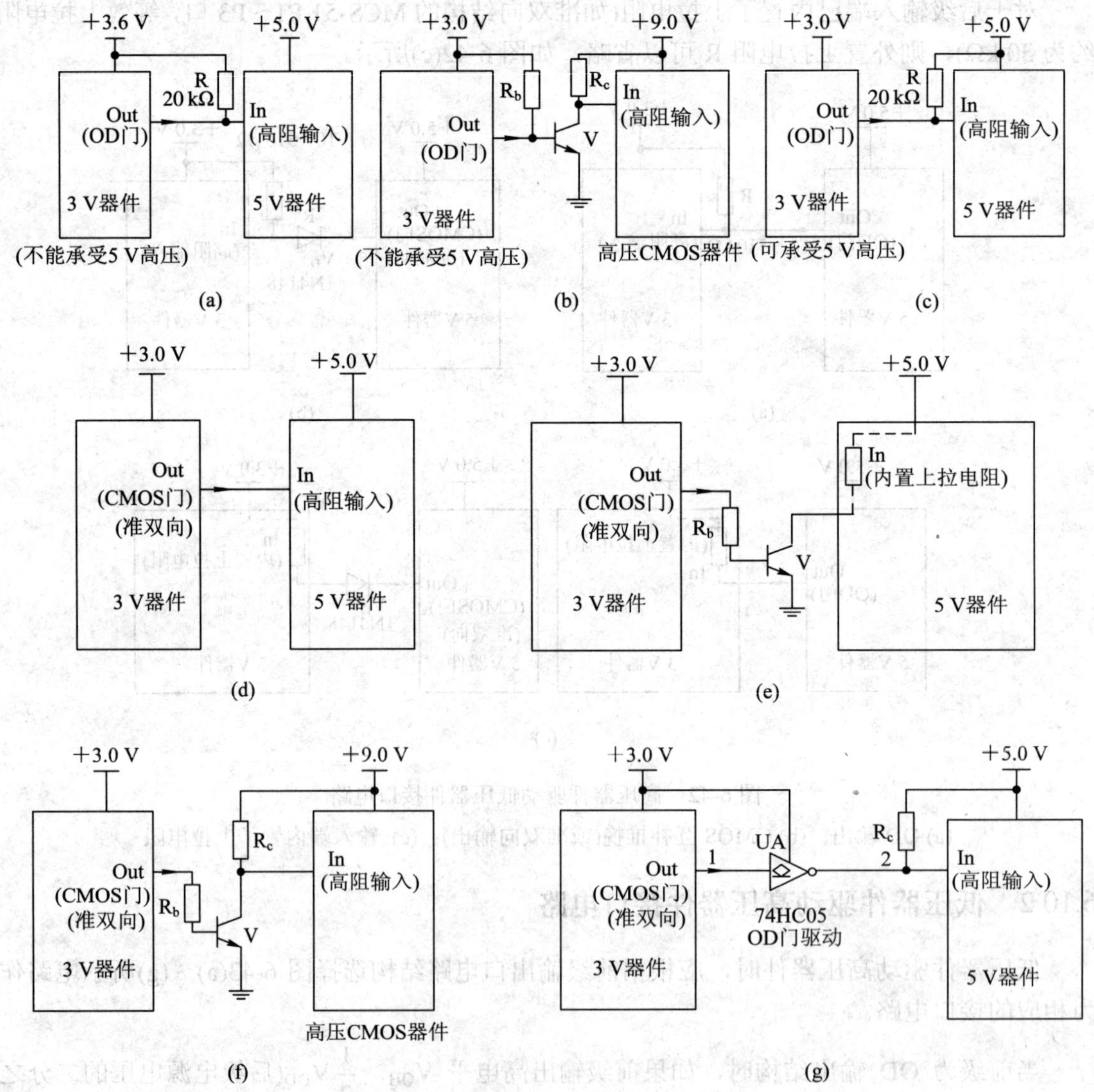

图 6-43 低压器件驱动高压器件接口电路

6.10.3　非轨对轨运放构成的比较器驱动数字 IC 电路

使用非轨对轨运放，如 LM324、LM358、MC4558 等构成的比较器驱动 74HC 数字电路芯片时，要特别留意非轨对轨运放输出高电平电压 V_{OH} 不满幅现象(即 V_{OH} 达不到电源电压 V_{CC})。例如，当电源电压 V_{CC} 为 5.0 V 时，V_{OH} 最大值约为 3.5 V；又如当电源电压 V_{CC} 为 3.3 V 时，V_{OH} 最大值约为 1.8 V。因此当运放电源电压 V_{CC} 为 5.0 V 时，可通过 1～5.1 kΩ 电阻直接驱动电源电压 V_{DD} 为 3.3 V 的 74HC 系列数字 IC，如图 6-44(b)所示。无须二极管隔离，否则会使具有施密特输入特性的 74HC 芯片，如 74HC14 六反相器等无法工作，如图 6-44(a)。而当运放电源电压 V_{CC} 与 74HC 数字 IC 电源电压 V_{DD} 均为 3.3 V 时，由于运放输出高电平电压 V_{OH} = 1.8 V(3.3 V − 1.5 V)远小于 V_{DD}，驱动带施密特输入特性的 74HC 芯片外，尚需要外接上拉电阻，如图 6-44(c)所示。

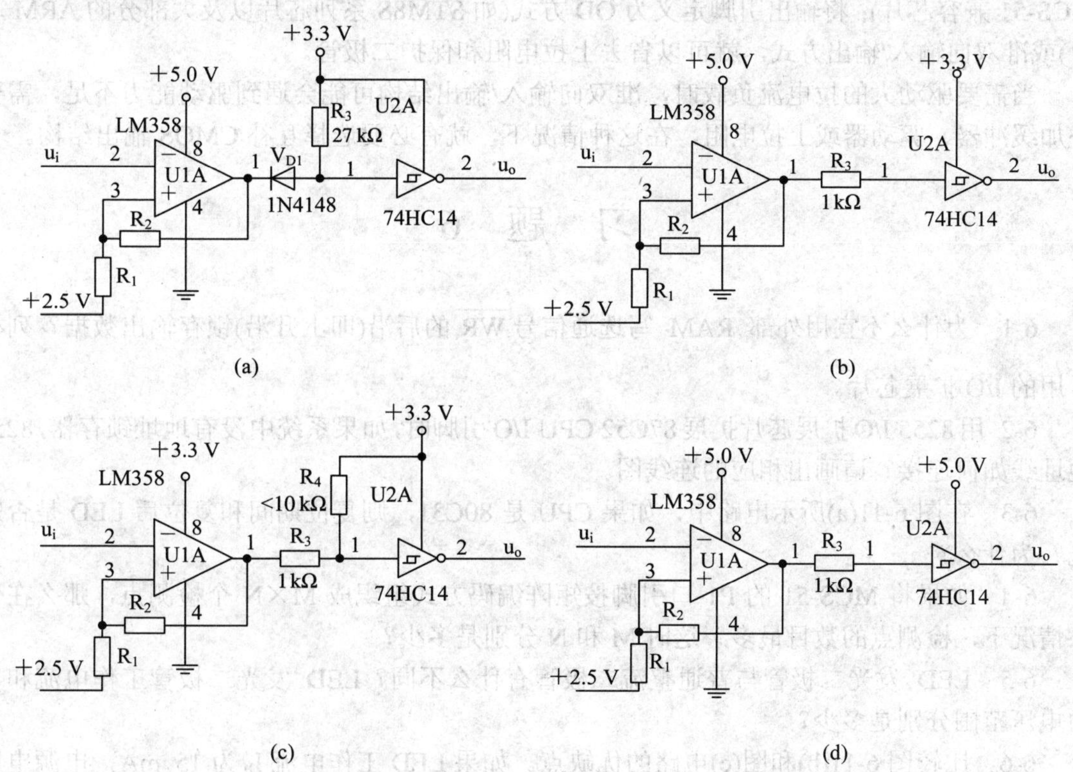

图 6-44　由非轨对轨运放构成的比较器驱动 74HC 数字电路

(a) 通过隔离二极管驱动(错误)；(b) 通过电阻直接驱动(正确)；

(c) 通过上拉电阻驱动(正确)；(d) 通过电阻直接驱动(正确)

6.10.4　利用 MCU 的 I/O 口电路结构简化接口电路

从不同电源电压器件接口电路可知，作为控制部件核心的 MCU 的 I/O 口结构如果能根据需要编程选择为 OD 输出、CMOS 互补推挽输出、准双向输出、高阻输入、上拉、下拉六种方式之一，则可极大地简化包括电平转化电路在内的外围接口电路的设计，这正是一些新的单片机芯片得到电路设计人员青睐的主要原因之一。目前一些 MCS-51 兼容芯片(如 Philips 公司的 P89LPC76X 系列、P89LPC900 系列，ATMEL 公司的 AT89LPC213、214、216 芯片，Winbond 公司的 W79E82×系列，宏晶公司的 STC12C54××、英飞凌公司的 XC886 等)、PIC 系列及其兼容的 8 位 MCU 芯片、绝大部分 32 位 MCU 芯片等均支持 I/O 口重定义功能。

例如，当需要驱动不同电源电压时，令 MCU 输出引脚处于 OD 输出方式，可直接与具有内置上拉电阻的器件(如处于准双向的 MCS-51 I/O 引脚)或借助外接上拉电阻与高阻输入方式的器件，如 CMOS 或 HCMOS 数字电路相连。

又如采用互补 CMOS 输出方式的 I/O 口，做矩阵键盘行、列线时，对于输入引脚需外接上拉电阻；对于输出扫描引脚需外接防止电流倒灌的二极管。如能重新定义，将输入引脚选择上拉输入(如 STM8S 系列芯片以及大部分的 ARM 芯片)或准双输入/输出方式(如 MCS-51 兼容芯片)；将输出引脚定义为 OD 方式(如 STM8S 系列芯片以及大部分的 ARM 芯片)或准双向输入/输出方式，就可以省去上拉电阻和保护二极管。

当需要驱动大的拉电流负载时，准双向输入/输出结构可能会遇到驱动能力不足，需要外加缓冲器、驱动器或上拉电阻，在这种情况下，就有必要选择互补 CMOS 输出结构。

习 题 6

6-1 为什么不宜用外部 RAM 写选通信号 $\overline{WR}$ 的后沿(即上升沿)锁存输出数据？列举常用的 I/O 扩展芯片。

6-2 用 8255 I/O 扩展芯片扩展 87C52 CPU I/O 引脚时，如果系统中没有地址锁存器，8255 地址线如何连接？请画出相应的连线图。

6-3 在图 6-11(a)所示电路中，如果 CPU 是 80C31，则复位期间和复位后 LED 是否发光？为什么？

6-4 如果将 MCS-51 的 P1 口引脚按矩阵编码方式组织成 M×N 个检测点，那么在什么情况下，检测点的数目最多？这时 M 和 N 分别是多少？

6-5 LED 发光二极管与普通整流二极管有什么不同？LED 发光二极管工作电流和导通电压范围分别是多少？

6-6 比较图 6-11(b)和图(c)电路的优缺点。如果 LED 工作电流 I_F 为 15 mA，电源电压 V_{CC} 为 5.0 V，则图中限流电阻 R 如何选择(提示：主要考虑阻值和耗散功率)？

6-7 根据LED数码管内部各LED二极管连接方式的不同，可将LED数码管分为几类？

6-8 LED 数码显示器静态显示驱动方式和动态显示驱动方式各有什么优缺点？点阵 LED 显示器只能采用什么显示驱动方式？

6-9 指出图 6-15(b)所示显示驱动电路的笔段代码锁存器和位扫描码。如果 PC7～PC4 定义为输出，PC3～PC0 定义为输入，假设片选信号 $\overline{CS}$ 接图 6-2 译码输出端 $\overline{Y0}$，请写出 8255 的初始化指令，并将显示缓冲区 37H～30H 内容依次送 8 个显示位显示出来。

6-10 在图 6-38 所示电路中，当光耦输出回路三极管的集电极电流为 1.2 mA 时，输入回路限流电阻 R 的阻值是多少？假设电源电压 V_{CC} 为 5.0 V。

6-11　写出图 6-30(a)所示矩阵键盘电路的扫描程序(采用定时中断检测方式，每隔 50 ms 检测有无按键输入，系统晶振频率为 6 MHz)。

6-12　在 8 位 LED 数码管动态显示电路中，如果每位显示时间为 2.5 ms，则显示刷新频率为多少？如果每位显示时间为 2.0 ms，刷新频率不低于 25 Hz，则最多能显示几位？

第 7 章 单片机应用系统开发

由于单片机应用系统种类繁多，技术要求及指标各不相同，因此设计方案、设计步骤、开发过程不完全相同，但也存在着一些共性问题。本章针对大多数应用场合，介绍单片机应用系统的一般开发过程和硬件/软件设计基本方法。

7.1 单片机应用系统开发过程概述

单片机应用系统由硬件和软件两部分组成。硬件电路以 MCU 芯片为核心，包括了扩展存储器、输入/输出接口电路及设备；软件部分包括了监控程序和各种应用程序(可统称为控制程序)。硬件电路和控制程序只有密切配合、协调一致，才能组成一个高性能的单片机应

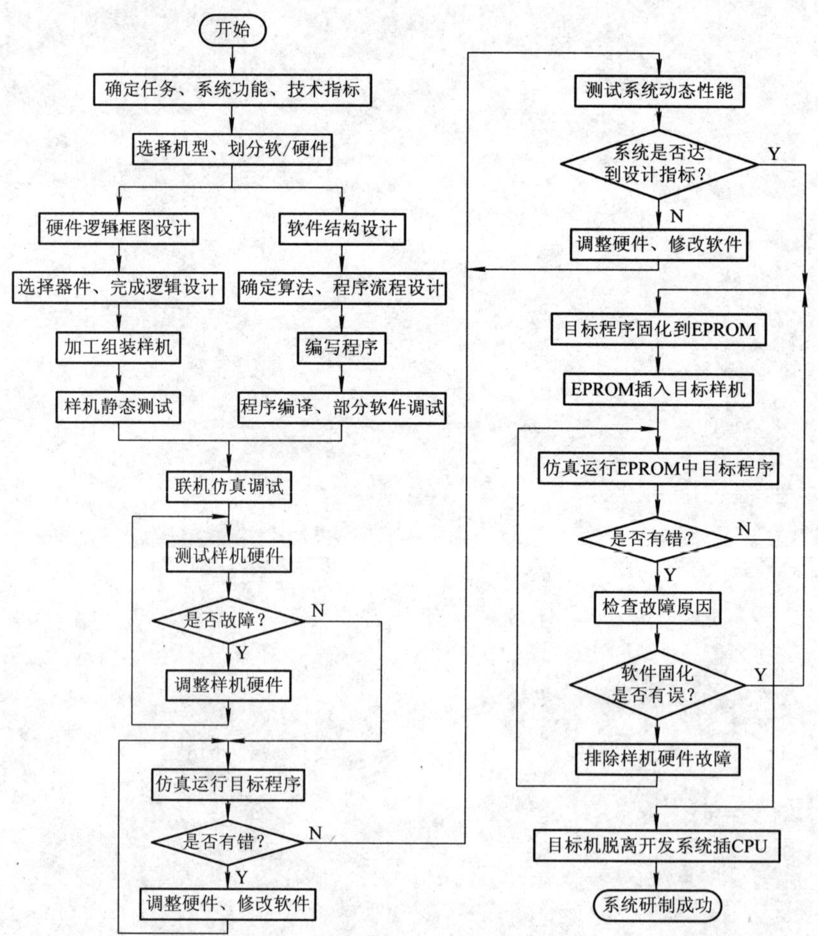

图 7-1 单片机应用系统开发过程

用系统。在系统的开发过程中，软硬件的功能总是在不断地调整，以相互适应。硬件设计和软件设计不能截然分开，硬件设计时应考虑系统资源及软件实现方法，而软件设计时又必须了解硬件的工作原理。

单片机应用系统开发过程包括总体设计、硬件设计、软件设计、仿真调试、可靠性实验和产品化等几个阶段，但各阶段不是绝对分开的，有时是交叉进行的。图 7-1 描述了单片机应用系统开发的一般过程。

7.2 总 体 设 计

设计人员在接到某项单片机应用系统的研制任务后，一般先进行总体设计。总体设计包括以下内容。

1. 理解系统功能和技术指标

接到研制任务后，先对用户提出的任务进行深入细致的分析和研究，参考国内外同类或相关产品的有关资料、标准，根据系统的用途、功能和技术指标以及工作环境，拟定出性能/价格比最高的一套方案，这是系统设计的依据和出发点，也是决定系统设计是否成功的关键。

2. 选择单片机类型

自 20 世纪 70 年代单片机诞生以来，发展十分迅速。目前世界上生产单片机芯片的厂商有几十家，型号有上千种，其中应用比较多的产品有：Intel 公司的 MCS-51 极其兼容芯片(如 Philips 公司的 51 系列、ATMEL 公司的 89S5X 系列)、MCS-51 派生型芯片(如 P89C51RD2 系列、SST 公司的 89E5XRD2 系列、华邦 Winbond 的 W78/W77/W79 系列、Philips 公司的 LPC76X 与 LPC900 系列)、ATMEL 公司的 AVR 系列、ST 公司的 STM8 内核系列、Microchip 公司的 PIC 系列及其兼容芯片、Motorola 公司的 M68HC 系列、Zilog 公司的 Z8 系列等 8 位 MCU 芯片，以及以 ARM 为内核的 32 位嵌入式 MCU 芯片。

一般来说，在选择单片机类型时，主要综合考虑以下几个问题。

1) 货源充足、稳定

所选单片机芯片在国内元器件市场上货源要稳定、充足，有成熟的开发设备(主要指仿真器和编程器)。

对于 MCS-51 及其兼容芯片来说，在研制阶段可选择带 Flash ROM 存储器的 CPU 芯片，如 89C5×系列中的 89C51/52/54/58、89C5××2 系列中的 89C51×2/52×2/54×2/58×2、89C51RX 系列中的 89C51RD2 芯片、SST89E5XRD2 系列芯片等，借助通用编程器即可反复修改监控程序，便于调试；在小批量试产时，可换上相应型号、价格更低的 OTP ROM 存储器芯片，如 87C××系列中的 87C51/52/54/58 或 87C5××2 系列芯片即可，无须修改硬件(如 PCB)和软件。

2) 性价比高

在保证性能指标情况下，所用芯片价格要尽可能低，使系统有较高的性价比。

3) 芯片加密功能完善

这点非常重要，因为系统硬件电路无密可守。如果所选芯片加密功能不完善，容易被破解，这对委托方与开发者的利益都可能造成潜在的损害。

4) 研发周期短

在研制任务重、时间紧的情况下，应考虑采用自己比较熟悉的系列，这样可以较快地进行系统硬件与软件设计。原则上选择用户广泛、技术成熟、性能稳定而自己又熟悉的系列与型号。

3. 关键器件的选择

在选定单片机类型后，通常还要对系统中一些严重影响系统性能指标的器件(如传感器、微弱信号放大器件等)进行选择。例如，一个设计合理的测控系统往往因传感器件的精度或使用条件等因素的限制而达不到应有的效果。

4. 软硬件功能划分

同一般的计算机系统一样，单片机应用系统的软件和硬件在逻辑功能上是等效的。具有相同功能的单片机应用系统，其软硬件功能可以在很宽的范围内变化。一些硬件电路的功能可以由软件来实现，反之亦然。例如，系统日历时钟可以用实时/日历时钟芯片(如MC146818、PCF8563)实现，也可以用定时中断方式实现；又如无线或红外解码电路，既可由相应解码芯片承担，也可以通过软件方式(如利用具有上升、下降沿触发捕获功能的定时器)实现。在应用中，系统的软、硬件功能划分要根据系统要求而定，用硬件实现可提高系统反应速度、减少存储容量、缩短软件开发周期，但会增加系统硬件成本、降低硬件的利用率，使系统的灵活性与适应性变差。相反，若用软件来实现某些硬件功能，可以节省硬件开支，增强系统的灵活性和适应性，但系统反应速度会下降，软件设计费用和所需存储器容量将相应增加。对产量大、价格敏感的民用产品，原则上能用软件实现的功能，不靠硬件电路完成。在总体设计时，必须权衡利弊，仔细划分好硬件和软件的功能。

7.3 硬 件 设 计

硬件设计的任务就是依据总体设计要求，在选定单片机类型基础上，规划出系统的硬件电路框图、所用元器件及电气连接关系，生成系统的电原理图；根据经验或经过计算确定系统中每一元器件的参数(如电阻阻值及公差、耗散功率、耐压)、型号及封装形式。必要时通过仿真或实验方式对系统内局部电路进行验证，确保电原理图的正确性和可靠性。在系统原理图及元器件参数、型号、封装形式完全确定情况下，就可进入印刷电路板设计(也涉及工艺结构设计内容)阶段。

7.3.1 硬件电路设计及元器件选择

1. 系统构成方式选择

目前用户在构建单片机应用系统时，有以下三种方式可供选择。

1) 专用系统

系统硬件电路配置与系统控制程序完全按照具体应用系统功能、性能指标量身定制。在这类系统中，硬件配置最佳，软硬件资源利用率高，性价比最高。但这类系统不具有二次开发功能。采用这种方式要求设计者具有扎实的电路基础知识、常用元器件知识、灵活应用技能以及一定的电子线路设计经验。

由于多数单片机应用系统对价格敏感，总希望有最高的性价比。因此，多数单片机应用系统的硬件电路、监控程序均需要专门设计。

2) 模块化系统

由于单片机应用系统的扩展和配置具有典型性，因此有些厂家将这些典型配置做成用户板系列(比如主机板、A/D 板、D/A 板、I/O 板、打印机接口板、通信接口板等)，供用户选择。用户可根据具体需要选择有关用户板，组成具有特定功能的应用系统。模块化结构是大、中型应用系统的发展方向，它可大大减少用户在硬件开发上投入的时间和精力，缩短开发周期。

但在这类系统中，部件功能没有得到充分利用，性价比不高。由于系统硬件不是针对目标系统功能专门设计，部件之间匹配性差、元件冗余量大，使系统可靠性变低，功耗大。因此，适用范围受到了很大的限制。

3) 单片单板机系统

受通用 CPU 单板机(如早期的 TP801 等)的影响，有些厂家用单片机来构成单板机，其硬件按典型应用系统配置，并配有监控程序，具有一定的二次开发能力。但是，单板机的固定结构形式常使应用系统不能获得最佳配置，产品批量大时，软硬件资源浪费较大，但可大大减少系统研制时的硬件工作量，并且具有二次开发能力，可提高系统的研制进度。

2. 系统硬件电路设计一般原则

在设计系统硬件电路时，一般应遵循以下原则：

(1) 尽可能选择标准化、模块化的典型电路，且符合单片机应用系统的常规用法。

(2) 系统配置及扩展标准必须充分满足系统的功能要求，并留有余地，以利于系统的二次开发。

(3) 硬件结构应结合控制程序设计一并考虑。软件能实现的功能尽可能由软件来完成，以简化系统的硬件电路，降低成本，提高系统的可靠性。但“软化”的结果将占用 CPU 时间，降低系统实时处理能力，因此，对实时性要求高的场合，应优先考虑用硬件实现。

(4) 系统中相关的器件要尽可能做到性能匹配。例如选用 CMOS 芯片单片机构成低功耗的系统时，系统中全部芯片都应选择低功耗器件。

(5) 单片机外接电路较多时，必须考虑其驱动能力。若驱动能力不足，则系统工作不可靠。这时应增设总线驱动器或者减少芯片功耗，以降低总线负载。

(6) 可靠性及抗干扰设计是硬件系统设计不可缺少的一部分。可靠性、抗干扰能力与硬件系统自身素质有关，诸如构成系统的各种芯片、元器件的正确选择、电路设计合理性、印刷电路板布线、去耦滤波、通道隔离等，都必须认真对待。

为了提高单片机控制系统的可靠性，单片机控制系统中的 IC 芯片旁必须放置相应的滤波电容。这点最容易被线路设计者忽略。

74 系列及 CMOS 小规模数字集成电路，每 1～2 块芯片的电源引脚和地之间应加接一个容量为 0.01～0.1 μF 的高频滤波电容，滤波电容安装位置尽量接近芯片电源引脚。工作频率越高，滤波电容容量就可以越小。例如，系统工作频率大于 10 MHz 时，滤波电容的容量可取 0.01～0.047μF。

74 系列中规模集成电路，如锁存器、译码器、总线驱动器等，以及 MCU、存储器芯片等，每块芯片的电源引脚和地引脚之间均需要加接滤波电容。

此外，在印刷电路板电源入口处应加接容量在 20～47 μF 铝电解或钽电解的低频滤波电容。

(7) TTL 电路未用引脚的处理。在 TTL 单元电路中，一些单元含有多个引脚，当只使用其中部分引脚时，如将“2 输入与非门”作为反相器使用时，就会遇到多余引脚问题。

对于未用的与门(包括与非门)引脚，可采取：

- 当电路工作频率不高时，可悬空(视为高电平，但不允许带长开路线)。
- 当电源电压不超过 5.5 V 时，可直接与电源 V_{CC} 相连。优点是无须增加额外的元器件，缺点是当电源部分出现故障，如电压大于 5.5 V 时，可能损坏与电源相连的与非门电路芯片。
- 将所有未用的输入端连在一起，并通过 2.0 kΩ 电阻接电源 V_{CC}，缺点是需要增加一个电阻。
- 在前级驱动能力足够时，将多余输入端并接到已使用的输入端上。缺点是除了要求前级电路具有足够的驱动能力外，增加了前级电路的功耗。

对于未用的或门(包括或非门)引脚，一律接地。

(8) CMOS、HCMOS 电路未用引脚的处理。

对于未用的与门(包括与非门)引脚，可采取：

- 直接与电源 V_{DD} 相连。优点是无须增加额外的元器件，缺点是当电源部分出现故障时，可能损坏与电源相连的与非门电路芯片。
- 将所有未用的输入端连在一起，并通过 100 kΩ 电阻接电源 V_{DD}，缺点是需要增加一个电阻。
- 在前级驱动能力足够时，将多余输入端并接到已使用的输入端上。缺点是除了要求前级电路具有足够的驱动能力外，增加了前级电路的功耗。

对于未用的或门(包括或非门)引脚，一律接地。

对于 CMOS、HCMOS 电路芯片来说，如果是数字 IC，则未用单元的所有输入端一律接地；而对于模拟比较器、放大器来说，反相端接地；同相端接输出端。

(9) 工艺设计，包括机架机箱、面板、配线、接插件等，必须兼顾电磁兼容要求和安装、调试、维护等操作是否方便。

3. 硬件可靠性设计

由于单片机应用系统主要面向工业控制、智能化、自动化仪器仪表，任何差错都可能造成非常严重的后果。此外，单片机应用系统工作环境恶劣，个别系统甚至要求在无人值守情况下工作。可见，对系统的可靠性要求高，而影响单片机应用系统可靠性的因素很多，如电磁干扰、电网电压波动、温度及湿度变化、元器件质量及参数等，需要针对不同应用条件、可靠性指标在硬件、软件上采取相应的措施。

(1) 抑制输入/输出通道的干扰。采用隔离和滤波技术抑制输入/输出通道可能出现的干扰。常用的隔离器件有：隔离变压器、光电耦合器、继电器和隔离放大器等，应根据传输信号种类(模拟信号还是开关信号、频率、幅度)选择相应的隔离器件。例如，对低速开关、电平信号，可采用光电耦合器作隔离器件；对高频开关信号可采用脉冲变压器作隔离器件。

(2) 供电系统干扰的抑制。单片机应用系统的供电线路是干扰的主要入侵途径，常采用如下措施抑制：

单片机系统的供电线路和产生干扰的用电设备分开供电。通常干扰源为各类大功率设备，如电机。对于小功率的单片机系统，可采用 CMOS 器件，设计成低功耗系统，并用电池供电，干扰即可大大减少。

通过低通滤波器和隔离变压器接入电网。低通滤波器可以吸收大部分电网中的“毛刺”，隔离变压器是在初级绕组和次级绕组之间多加一层屏蔽层，并将它和铁芯一起接地，防止干扰通过初次级之间的电容效应进入单片机供电系统。该屏蔽层也可用加绕的一层线圈来充当(一头接地，另一层空置)。

整流元件上并接滤波电容，可以在很大程度上削弱高频干扰，滤波电容可选用容量在 1000 pF～0.1 μF 无感瓷片电容或 CBB 电容。

数字信号采用负逻辑传输。如果定义低电平为有效电平，高电平为无效电平，就可以减少干扰引起的误动作，提高数字信号传输的可靠性。

(3) 电磁场干扰的抑制措施。电磁场的干扰可采用屏蔽和接地措施。用金属外壳或金属屏蔽罩将整机或部分元器件包起来，再将金属外壳接地，即能起到屏蔽作用。单片机系统中有数字地、模拟地、交流地、信号地、屏蔽地(机壳地)，应分开接不同性质的地。印刷电路板中的地线应接成网状，而且其他布线不要形成回路，特别是环绕外周的环路，接地线根据电路通路最好逐渐加宽，而高频电路板多采用大面积接地连接方式；强信号地线和弱信号地线要分开。

(4) 减小 CPU 芯片工作时产生的电磁辐射。如果 CPU 工作产生的电磁辐射干扰了系统内无线接收电路时，除了对 CPU 芯片采取屏蔽措施外，还必须：在满足速度要求前提下，尽可能降低系统时钟频率，因为时钟频率越低，晶振电路产生的电磁辐射量越小；尽量避免扩展外部存储器，即尽可能使用内含 Flash ROM、OTP ROM 存储器的芯片，且禁止 ALE 输出。

为提高 CPU 工作频率，大部分 MCS-51 及兼容芯片 I/O 引脚输出信号的上升沿、下降沿很陡，如 8×C5×、8×C5××2、8×C51RX 等系列芯片，其 I/O 引脚输出信号边沿过渡时间在 5 ns 左右，因此输出信号的上升、下降沿可能出现过冲，如图 7-2 所示。

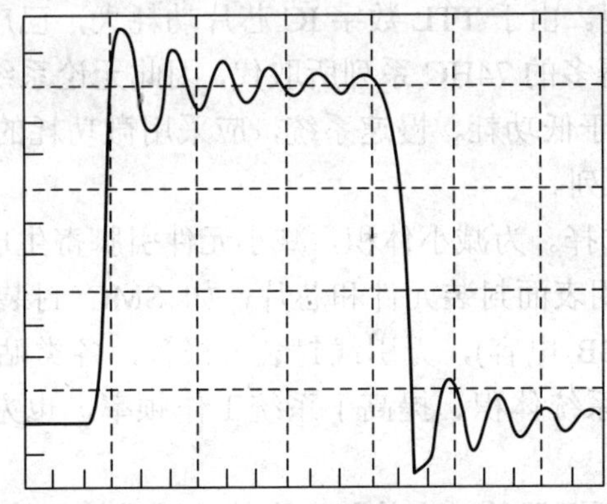

图 7-2 输出信号的上升、下降沿过冲

而过冲幅度与电源电压有关，为减小过冲幅度，可使用 OTP ROM 存储器芯片，如 87C51/52/54/58、87C51×2/52×2/54×2/58×2 等，以便将电源电压降为 2.7～3.6 V。

或选用工作频率低，上升、下降沿过渡时间较长的芯片，如 P89LPC900、P87LPC76×系列芯片，这三个系列芯片出厂时边沿过渡预设为 10 ns，远小于最高工作频率在 33 MHz

的 8×C5×、8×C5××2 系列。

4. 元器件选择原则

单片机应用系统中可用的各种元器件的种类繁多、功能各异、价格不等，这就为用户在元器件功能、特性等方面进行选择提供了较大的自由度。用户必须对自己的系统要求及芯片的特性有充分了解后才能做出正确、合理的选择。

选择元器件的基本原则是选择哪些满足性能指标、可靠性高、经济性好的元器件。选择元器件时应考虑以下因素：

(1) 性能参数和经济性。在选择元器件时必须按照器件手册所提供的各种参数如工作条件、电源要求、逻辑特性等指标综合考虑，但不能单纯追求超出系统指标要求的高速、高精度、高性能。例如，一般 10 位精度的 A/D 转换器价格远高于同类 8 位精度的 A/D 转换器；陶瓷封装(一般适用于 −25℃～+85℃或 −55℃～+125℃)的芯片价格略高于塑料封装(0℃～+70℃)的同类型芯片。

(2) 通用性。在应用系统中，尽量采用通用的大规模集成电路芯片，这样能简化系统设计、安装和调试，也有助于提高系统的可靠性。一般原则是能用一块中大规模芯片完成的功能，不用多个中小规模电路芯片实现；能用 MCU 实现的功能，尽量避免用多块中小规模数字 IC 芯片实现。

(3) 型号和公差。在确定元器件参数之后，还要确定元器件的型号，这主要取决于电路所允许元器件的公差范围。如电解电容器可满足一般的应用，但对于电容公差要求高的电路，则电解电容就不宜采用。

(4) 与系统速度匹配。单片机时钟频率一般可在一定范围内选择(如增强型 MCS-51 单片机芯片可在 0～33 MHz 之间任意选择)，在不影响系统性能的前提下，时钟频率选低些好，这样可降低系统内其他元器件的速度要求，从而降低成本和提高系统的可靠性。另一方面，也将降低了晶振电路潜在的电磁干扰。

(5) 外围电路芯片类型。由于 TTL 数字 IC 芯片功耗大，已广泛被速度与之相近、逻辑及引脚与之兼容、功耗小得多的 74HC 系列所取代，因此无论系统功耗有无要求都尽可能不用 TTL 数字电路芯片。对于低功耗、慢速系统，应采用微功耗的 CMOS 系列数字电路，如 CD4000 系列或 CD4500 系列。

(6) 元件封装方式的选择。为减小体积，减小元件引脚寄生电感、电阻，提高系统工作速度，小功率元件尽量采用表面封装元件和芯片，如 SMC 封装电阻、电容(但电源高频滤波电容应采用穿通封装 CBB 电容)，无引线封装二极管，各类贴片三极管、IC 芯片等。采用贴片元件，不仅减小了系统体积、提高了系统工作频率，也方便了印制板加工，还提高了装配、焊接工艺的质量。

在贴片元件中，对于无源器件，当体积没有特殊要求情况下，应尽量选择 0805 封装尺寸电阻、电容。对于中小规模 IC 芯片，尽量选择引脚间距较大的 SOP 封装形式。个别耗散功率较大的电阻，可选择 1206 封装规格，或用两个 0805 封装电阻并联方式扩大耗散功率代替一个 1206 封装电阻(依次类推，可用两个 1206 封装电阻并联以获得更大的耗散功率)。例如某电路需要一个 1/4 W 的 1 kΩ 电阻，可以选择 1206 封装的 1 kΩ 电阻，但也可以用两个 510 Ω 的 0805 电阻并联取代。

实践证明：元器件尺寸越小，印制板线条宽度与焊盘尺寸就越小，焊接工艺的可靠性就越低。

7.3.2　印制电路板设计

单片机应用系统产品在结构上离不开用于固定单片机芯片及其他元器件的印制板。通常这类印制板布线密度高、焊点分布密度大，常需要双面(个别情况下可采用多层板)才能满足电路电磁兼容性要求。此外，无论采用何种电路 CAD 软件完成 PCB 设计，都不宜采用自动布局、布线方式，必须通过手工方式进行。

在编辑印制板时，需要遵循下列原则：

(1) 晶振必须尽可能靠近 CPU 晶振引脚，且晶振电路周围的元件面及焊锡面内不能走其他的信号线。最好在元件内晶振电路位置放置一个与地线相连的屏蔽层，必要时将晶振外壳和与地线相连的屏蔽层焊接在一起。

(2) 电源、地线要求。在双面印制板上，电源线和地线应尽可能安排在不同的面上，且平行走线，这样寄生电容将起滤波作用。对于功耗较大的数字电路芯片，如 CPU、驱动器等尽可能采用单点接地方式，即这类芯片电源、地线应单独走线，并连到印制板电源、地线入口处。

电源线和地线宽度尽可能大一些，或采用微带走线方式或大面积接地方式。

(3) 模拟信号和数字信号不能共地，即采用单点接地方式。

(4) 在中低频应用系统(晶振频率小于 20 MHz)中，走线转角可取 45°；在高频系统中，必要时可选择圆角模式。尽量避免采用 90° 转角模式。

(5) 在连线时，一般应按原理图中元件连接关系连线，但当电路中存在若干地位等同的单元电路时，可根据连线是否方便重新调整原理图中单元电路的位置。

例如，对于四单元模拟比较器 LM339 来说，假设原理图中局部电路 A 使用 1 单元；局部电路 B 使用 2 单元；局部电路 C 使用 3 单元。如果连线时，发现局部电路 A 使用 3 单元；局部电路 B 使用 1 单元；局部电路 C 使用 2 单元连接交叉最少，则不仅而且应该重新调整原理图中的连接关系，因为四单元模拟比较器 LM339 内各单元地位完全相同。

(6) 对于输入信号线，走线要尽可能短，必要时在信号线两侧放置地线屏蔽，防止可能出现的干扰；不同信号线避免平行走线，上下两面的信号线最好交叉走线，相互干扰可减到最小。

7.4　软 件 设 计

7.4.1　资源分配

一个单片机应用系统所拥有的硬件资源分片内和片外两部分。片内资源是指单片机芯片本身所包含的中央处理器、程序存储器、数据存储器、定时/计数器、看门狗计数器、中断源、I/O 接口以及串行通信接口等。这部分硬件资源的种类和数量，不同公司不同系列单片机之间差别较大，当设计人员选定某一特定型号的单片机芯片进行系统设计时，应充分利用片内的各种硬件资源。但若在应用中，片内硬件资源不足时，要么选择硬件资源更丰富的芯片，要么在片外扩展不足的硬件资源。通过系统扩展，单片机应用系统具有了更多的硬件资源，因而有了更强的功能。

由于定时器/计数器、中断源、串行通信口等资源的分配比较容易，下面主要介绍 ROM 资源和 RAM 资源的分配。

1. I/O 引脚资源分配

单片机芯片各 I/O 引脚功能不完全相同，如部分引脚具有第二输入/输出功能；各 I/O 引脚输出级电路结构不尽相同，如 8×C5×的 P0 口采用漏极开路输出方式，而 P1～P3 口采用准双向结构。此外，在 P89LPC900 系列中，P1.5 引脚只能作为输入引脚使用。因此，在分配 I/O 引脚时，必须根据外部接口电路特性做出合理的选择。

例如，在 8×C5×系统中，当外中断不够用时，可使用定时器 T2 溢出率作为串行口发送、接收波特率，此时 P1.1 引脚就可以作为下降沿触发的外中断源使用。

又如，在 P87LPC762/4 中，当需要 4 根引脚作为直接编码输入键盘时，可考虑使用 P0.3、P0.4、P0.5、P0.6 引脚作为键盘输入引脚，这样基本保留了模拟比较器 2 的资源。

而在输入通道中，OC(集电极开路)或 OD(漏极开路)输出器件(如比较器 339、393 等)接 MCS-51 的 P1～P3 口可省去上拉电阻；而 OD 输出方式的 P0 口适合驱动小功率 PNP 三极管、发光二极管。

2. 程序存储器资源分配

片内 ROM 存储器用于存放程序和数据表格。按照 MCS-51 单片机的复位及中断入口的规定，003FH 以前的地址单元都作为中断、复位入口地址区。在这些单元中一般都设置了转移指令，转移到相应的中断服务程序或复位启动程序。当程序存储器中存放的功能程序及子程序数量较多时，应尽可能为它们设置入口地址表。一般的常数、表格等统一放在表格区内；二次开发扩展区应尽可能放在高位地址区。

3. RAM 资源分配

RAM 分为片内 RAM 和片外 RAM。片外 RAM 的容量比较大，通常用来存放批量大的数据，如采样结果数据；片内 RAM 容量较少，尽可能重叠使用，如数据暂存区与显示、打印缓冲区重叠。

对于 MCS-51 单片机来说，片内 RAM 是指 00H～FFH 单元，这 256 个单元的功能并不完全相同，分配时应注意发挥各自的特点，做到物尽其用。

00～1FH 这 32 个字节可以作为工作寄存器组，在工作寄存器的 8 个单元中，R0 和 R1 具有指针功能，是编程的重要角色，应充分发挥其作用。系统上电复位时，PSW 为 00H，SP=07H，则 RS1(PSW.4)、RS0(PSW.3)位均为 0，CPU 自动选择工作寄存器组 0 作当前工作寄存器，而工作寄存器组 1 为堆栈，并向工作寄存器组 2、3 延伸。例如，此时当 CPU 执行诸如 MOV　R1，#2FH 指令时，R1 即指向 01H 单元。若在中断服务程序中，若也要使用 R1 寄存器且不允许将原来的数据冲掉，则可在主程序中先将堆栈空间设置在其他位置，然后在进入中断服务程序后选择工作寄存器组 1、2 或 3，这时若再执行诸如 MOV　R1，#00H 指令时，就不会冲掉 R1(01H 单元)中原来的内容，因为这时 R1 的地址已改变为 09H、

11H 或 19H。在中断服务程序结束时，可重新选择工作寄存器组 0。因此，一般情况下，主程序及其调用的子程序使用工作寄存器组 0，而定时器溢出中断、外部中断、串行口中断可根据需要(即中断服务程序中是否使用了寄存器 R7～R0。在安排中断服务程序工作区时，为节约资源开销，同优先级中断服务程序应使用同一工作寄存器组)切换到工作寄存器组 1、2 或 3。

20H～2FH 这 16 个字节具有位寻址功能，可用来存放各种软件标志、逻辑变量、位输入信息、位输出信息副本、状态变量、逻辑运算的中间结果等。当这些项目全部安排好后，保留一两个字节备用，剩下的单元可改作其他用途。

30H～7FH 为一般通用寄存器，只能以字节方式读写。通常用来存放各种参数、指针、中间结果，或用作数据缓冲区。由于高 128 字节片内 RAM 仅支持间接寻址方式，灵活性远低于前 128 字节片内 RAM，因此应尽可能将堆栈安排在片内 RAM 的高端，如 D0H～FFH，除非所用芯片仅有低 128 字节。设置堆栈区时应事先估算出子程序和中断嵌套的级数以及程序中栈操作指令使用情况，其大小应留有余量。当系统中扩展了 RAM，应把使用频率最高的数据缓冲区安排在片内 RAM 中，以提高处理速度。

尽管片内扩展RAM(简称ERAM)只能通过MOVX指令读写，似乎各单元地位差别不大。但是其中的前 256 字节既可以用 DPTR 作为间址访问，也可以用 R0、R1 作为间址读写，灵活性也比后 256 字节存储单元大。即在含有 ERAM 的芯片中，不要轻易分配前 256 字节的 ERAM(当内部 RAM 容量不够开销时，用 ERAM 前 256 字节存放一些访问频度较低的变量是一个不错的选择)。

RAM 资源分配规则是：

(1) 堆栈尽可能在后 128 字节内部 RAM 的顶端，大小与子程序(包括中断服务程序)嵌套层数有关；

(2) 位变量、具有寻址功能的字节变量从内部 RAM 的 20H 单元开始(如果 30H～7FH 单元不够分配，可适当考虑借用剩余的可位寻址单元)；

(3) 最常用的字节变量从内部 RAM 的 30H 单元开始；

(4) 不常用的变量或数组从内部 RAM 的 80H 单元开始(如果不够用可考虑将部分安排在 ERAM 的前 256 字节空间内，通过 MOVX A,@Ri、MOVX @Ri，A 指令读写)；

(5) 一般不宜将变量安排在08H～1FH工作寄存器区内。但可以根据中断优先级别大小，在内部 RAM 资源紧张情况下，使用其中 3 区或 2、3 区作为变量存储区。例如，某一应用系统优先级只有两个，则可以将工作寄存器区(18H～1FH)做变量存放区。

如果将系统的各种开销安排后，所剩单元很少，这往往不是好兆头。应该留有一定余地，以便将来系统升级、扩充。ROM、RAM 资源规划好后，应列出一张详细的资源分配清单，作为编程依据。

7.4.2　程序语言及程序结构选择

设计控制程序时可选择 C 语言，如 Keil-C，也可以选择汇编语言。

选择 C 语言时，程序编写、调试相对容易，但编译后代码长，存储程序代码所需空间大，执行速度慢。而采用汇编语言时，情况正好相反。一个设计优良的单片机应用系统，应尽可能采用汇编语言编写监控程序。一方面，单片机芯片程序存储空间较小，在某些应用系统中所用 MCU 片内程序存储器容量只有数千字节，无法存放由 C 语言编写获得的代码；即使程序存储器容量不是问题，但 C 语言源程序编译效率低，相同操作对应了多条指令，运行速度变慢，这意味着在速度相同情况下，需用更高频率的晶振——这在单片机应用系统中不可取。

必须根据系统的监控功能，正确、合理选择程序结构——串行多任务结构程序还是并行多任务结构程序。当系统中，存在多个需要实时处理的任务时，最好选择并行多任务结构程序，否则系统的实时性将无法保证。

7.5　软件可靠性设计

单片机主要面向工业控制、智能化仪器仪表以及家用电器，因此对单片机应用系统的可靠性提出了很高的要求。

在数字系统中总会存在这样或那样的干扰，因此导致计算机系统不可靠的原因很多。我们知道无论是 TTL，还是 CMOS 数字电路芯片在逻辑转换瞬间电源电流 I_{CC} 存在尖峰现象；继电器吸合，尤其是断开瞬间会在电源线上出现尖峰干扰脉冲；外界雷电干扰脉冲、接在同一相线上大功率电机启动与关闭瞬间形成的干扰脉冲也会通过电源线串入控制系统中。此外，环境温度波动、湿度变化等因素也可能影响数字系统信号的输入/输出，甚至产生使程序计数器 PC“跑飞”、内部 RAM、Flash ROM 存储单元数据丢失等不可预测的后果。消除这些干扰信号除了借助硬件低通滤波器、施密特触发器，以及良好的 PCB 布局与布线措施外，在单片机控制系统中则更多地借助软件方式消除，以降低系统硬件成本。此外，仅依靠硬件方式并不能完全解决系统的可靠问题。因此,软件可靠性设计技术得到了广泛的应用。

7.5.1　PC“跑飞”及其后果

CPU 的工作过程总是不断地重复“取操作码→译码→取操作数→执行”过程。在正常情况下，程序计数器 PC 按程序员意图递增或转移。但当系统受干扰时，程序计数器 PC 出错，致使 CPU 不按程序员意图执行程序中的指令系列，脱离正常轨道而“跑飞”，这可能会导致：

(1) 跳过部分指令或程序段的执行。一般说来跳过程序中任何一条有效指令，都会影响程序的执行结果，进而影响系统的可靠性，只是严重程度不同而已。如跳过的指令系列正好是数据输入指令，则随后的数据处理结果将不正确；又如跳过子程序返回指令 RET 或中断服务程序返回指令 RETI 时，将引起堆栈错误，无法返回。

(2) 拆分指令。在复杂指令集(CISC)计算机系统(如 MCS-51)中，CPU 受干扰后，可能将指令操作数当操作码执行，引起混乱。当程序计数器 PC 弹飞到某一单字节指令时，会自动纳入正轨(最多跳过某些指令)。但在取指阶段，PC“跑飞”，落到双字节或三字节指令操作数上，多字节指令将被拆分，即指令“操作数”被当作“操作码”取出，如果操作数对应的“指令码”属于多字节指令，又将继续拆分紧随其后的多字节指令，继续出错，如图 7-3 (a)～(c)所示，除非被拆分指令后为两条单字节指令，如图 7-3(d)所示。

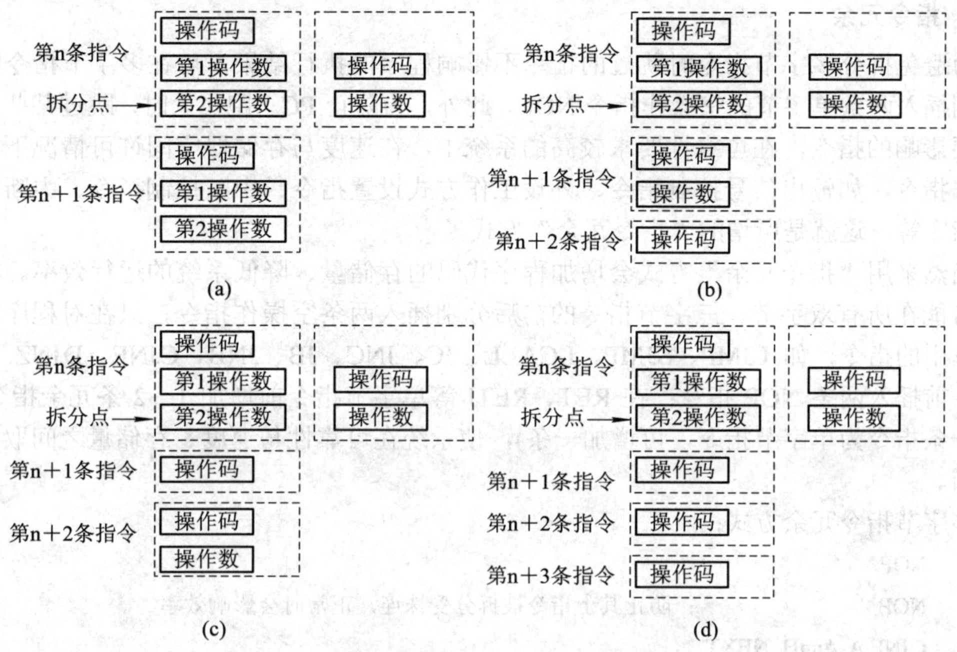

图 7-3　指令拆分示意图

在图 7-3(a)中，只要第 n 条指令最后一个操作数对应的“指令码”为多字节指令，其后的第 n + 1 条指令必定被拆分；在图 7-3(b)中，当第 n 条指令最后一个操作数对应的“指令码”为双字节指令时，其后的第 n + 1 条指令也会被拆分；而在图 7-3(c)中，当第 n 条指令最后一个操作数对应的“指令码”为三字节指令时，其后的第 n + 2 条指令也将被拆分，同时还跳过了第 n + 1 条指令(被当作操作数处理了)。对于图 7-3(d)来说，虽然 PC 已纳入正轨，不再拆分随后的指令系列，但当第 n 条指令最后一个操作数对应的“指令码”为多字节指令时，会跳过第 n + 1 或第 n + 1 与第 n + 2 指令的执行。

可见在 CISC 指令集中，多字节指令不因其上的多字节指令拆分而被拆分的条件是该指令前为两条单字节指令；多字节指令被拆分不再拆分其后指令的条件是其后为两条单字节指令。

(3) 跳到数据区，把数据当指令执行。

PC“跑飞”的后果不能预测，因为我们无法预料 PC 将从何处“飞入”何处，也就无法预测会跳过哪些指令；我们也不能预测将会拆分哪一指令，也就无法预测拆分重组后获得的“指令”的功能：也许会改写内部 RAM、特殊功能寄存器内容，造成数据丢失，或关闭中断、改变外设，如定时/计数器的工作方式，或进入死循环；PC“飞入”数据区，把数据当指令执行的后果也同样不能预料，毕竟我们不能限定数表中各数据项的内容。

7.5.2　降低 PC“跑飞”对系统的影响

在计算机系统中，理论上 PC“跑飞”不可避免，“跑飞”的后果无法预测。只能在软件设计时，采取适当措施尽可能减小 PC“跑飞”对系统造成的影响，提高系统的可靠性。

1. 指令冗余

为避免拆分多字节指令时跳过的指令不影响程序的执行结果，可在多字节指令的前、后分别插入两条单字节的空操作指令 NOP。此外，为防止 PC“跑飞”时，跳过某些对系统有重要影响的指令，在可靠性要求较高的系统中，在速度与存储器空间许可情况下重写特定操作指令，如输出信号控制指令、外设工作方式设置指令、中断控制指令、中断优先级设置指令等。这就是所谓的“指令冗余”方式。

当然采用“指令冗余”方式会增加程序代码的存储量、降低系统的运行效率。在实践中不可能在所有双字节、三字节指令的前后分别插入两条空操作指令，只在对程序流向起决定作用的指令，如 LJMP、SJMP、LCALL、JC、JNC、JB、JNB、CJNE、DJNZ 等多字节指令前插入两条 NOP 指令；在 RET、RETI 等单字节指令前增加 1～2 条冗余指令(如果其上一条指令为单字节指令，可增加一条)，使系统在可靠性与速度、存储量之间取得较好的平衡。

多字节指令冗余方式：

```
    NOP
    NOP             ；防止其上指令被拆分受株连，正常时会影响效率
    CJNE A, #nnH, NEXT
```

单字节指令冗余方式举例：

```
    RET
    RET             ；增加 1～2 条冗余指令，防止其上指令被拆分而跳过
    RET             ；正常时不影响系统速度，仅多占 2 个单元的存储空间
```

为防止“PC”跑飞，拆分重组指令，关闭中断、禁止定时/计数器计数，尤其是软件类看门狗定时器，如 SST89E(V)5XRD2 系列内的看门狗。为此，需在主程序的适当地方，如并行多任务程序结构中的任务调度处或作业调度处插入重开中断、重复启动定时/计数器、软件看门狗计数器等冗余指令。

尽管在 RISC 指令集计算机系统中，每条指令长度都相同，不存在指令被拆分问题，但 PC“跑飞”同样存在跳过某些指令或程序段的风险，在程序中重复书写关键操作指令方式依然必要。

2. 增加数据可靠性方法

为防止 PC“跑飞”时跳过数据输入指令系列，造成随后的数据处理不正确。可在数据输入处理指令前设置接收标志(如 55H、5AH、A5H 或 AAH)，在数据处理前先检查接收标志是否正确，待数据处理结束后再清除正确接收标志。一旦发现标志异常，几乎可以肯定 PC 已“跑飞”，视情况采取相应对策。

由于无法预测 PC“跑飞”拆分重组指令的功能，因此对存放在 RAM 中的重要数据应增加校验信息字节，可根据需要选择和校验、某特征值倍数校验，甚至 CRC 校验方式。当存储空间允许时，除了采用某一校验方式外，还可采用备份方式来进一步提高数据的可靠性。

一旦发现校验错，也可以肯定 PC 已“跑飞”，视情况采取相应对策。

7.5.3 PC“跑飞”拦截技术

在 CISC 指令系统中，采用指令冗余技术只保证了 PC“跑飞”后迅速将其纳入正轨，避免错误扩大化而已，但依然跳过了被拆分指令、视为重组指令操作数的指令码的执行，更为严重的是无法预测拆分重组指令执行后对系统造成的危害。此外无论是 CISC，还是 RISC 指令系统，PC“跑飞”均可能跳过若干指令系列。因此理论上，在做好重要数据、系统状态备份或保护情况下，采用有效的软件拦截技术，在感知 PC“跑飞”后，利用软件复位功能或进入循环等待看门狗计数器溢出方式强迫系统复位，避免系统带病运行，才能彻底解决 PC“跑飞”带来的可靠性问题。

所谓拦截技术是指将“跑飞”的 PC 指针引向指定位置，进行出错处理后，再强迫系统复位的方法。常用的拦截手段包括传统的软件陷阱拦截和远程拦截两种方式。

1. 软件陷阱

用指令冗余方式使“跑飞”的程序安定下来是有条件的，首先跑飞的程序必须落到程序区内，其次必须执行到冗余指令。所谓软件陷阱，就是一条引导指令，强行将捕获的程序引向一个指定的地址，在那里有一段专门对程序出错进行处理的指令。如果我们把这段程序的入口地址记为 ERR 的话，软件陷阱就是一条无条件转移指令，为了增强捕获效果，一般还需在它前面加几条 NOP 指令，所需 NOP 指令条数比指令集中最大指令长度少 1 个字节。

由于 MCS-51 系统指令长度为 1～3 字节，因此需要两条 NOP 指令，即在 MCS-51 系统中真正的软件陷阱由以下 3 条指令构成：

```
NOP
NOP
LJMP ERR
```

软件陷阱可安排在未使用的中断向量区、未使用的大片 ROM 空间以及数据表格前后等正常程序执行不到的地方，故不影响程序的执行效率。

采用硬件看门狗后，在程序存储器空间容量富余情况下，可在每条跳转指令(当存储器容量有限时，为减少程序长度可在关键跳转指令)后，插入软件陷阱指令序列，如：

```
NOP
NOP                     ；冗余指令，防止跳转指令被拆分
SJMP NEONE              ；在短跳转指令后，加软件陷阱
NOP
NOP
CLR EA                  ；关闭中断，进入死循环
；LJMP ERR              ；可选的错误处理
SJMP $
……
NOP
NOP                     ；冗余指令，防止跳转指令被拆分
LJMP START              ；在长跳转指令后，加软件陷阱
```

```
    NOP
    NOP
    CLR EA                 ；关闭中断后，进入死循环
    ；LJMP ERR             ；可选的错误处理
    SJMP $
```

在子程序返回指令 RET、中断返回指令 RETI 后插入的软件陷阱

```
    RET
    RET                    ；重复的冗余指令，避免其上多字节指令被拆分而跳过
    RET                    ；在子程序返回指令后，加软件陷阱
    CLR EA                 ；关闭中断后，进入死循环
    ；LJMP ERR             ；可选的错误处理
    SJMP $
```

在数据表格前、后插入软件陷阱：

```
    ORG ××××
    NOP                    ；位于数据表格前的软件陷阱
    NOP
    CLR EA                 ；关闭中断，进入死循环
    ；LJMP ERR             ；可选的错误处理
    SJMP $
DATATAB:
    DB 23H, ……             ；数据表格
    NOP                    ；位于数据表格后的软件陷阱
    NOP
    CLR EA                 ；关闭中断，进入死循环
    ；LJMP ERR             ；可选的错误处理
    SJMP $
```

一旦 PC 跑飞，掉入陷阱内，可根据情况执行相应的错误处理，如保护数据、设置复位标志后，进入循环等待状态。由于不能执行看门狗计数器清 0 操作，导致看门狗计数器溢出，强迫系统进入复位状态。

对于具有软件复位功能的 MCU 芯片，如 LPC76×、LPC900 系列、SST89E5XRD2 系列等，掉入软件陷阱，执行错误处理后，无须等待，即刻触发软件复位操作，如下所示：

```
    NOP
    NOP
    CLR EA                 ；关闭中断，进入死循环
    ；LJMP ERR             ；可选的错误处理
    MOV AUXR1, #08H        ；使 AUXR1.3，即 SRST 置 1，强迫系统复位(对 LPC900 系列)
                           ；而对于 SST89E5XRD2 系列可通过“ORL SFCF, #02H”指令
                           ；触发软件复位操作
```

这种传统的软件陷阱对 PC 在模块内“跑飞”、模块间“跑飞”均有效，但它拦截的成功率并不高，原因是程序中无条件跳转指令、子程序或中断返回指令的数目毕竟有限；此外由于 MCU 存储空间的限制，未必能在每一无条件跳转指令后插入软件陷阱指令系列，换句话说陷阱的个数有限。三是上述软件陷阱的尺寸太小，仅由几个字节组成，结果“跑飞”的 PC 刚好落入数量有限的小陷阱中的概率不大。为此，还需使用下面介绍的模块间拦截方式来判别 PC 是否已“跑飞”。

2. 远程拦截技术

对于采用模块化程序结构的 MCU 控制系统程序，可采用具有远程拦截功能的模块结构检测 PC 是否从其他模块“飞”入。

1) 拦截原理

进入每一模块前，先保存模块入口地址，然后再执行模块实体内的指令系列。离开时算出模块出口地址与入口地址的差，并与模块长度比较。如果相同，则说明进入本模块时 PC 未“跑飞”，可复位看门狗定时器(简称喂狗)，并按正常步骤退出；反之，说明 PC 指针异常飞入，可根据需要执行错误处理，如数据、系统状态保护等操作后，再执行软件复位或关闭中断后执行循环指令，等待看门狗计数器溢出，强迫系统复位，如图 7-4 所示。

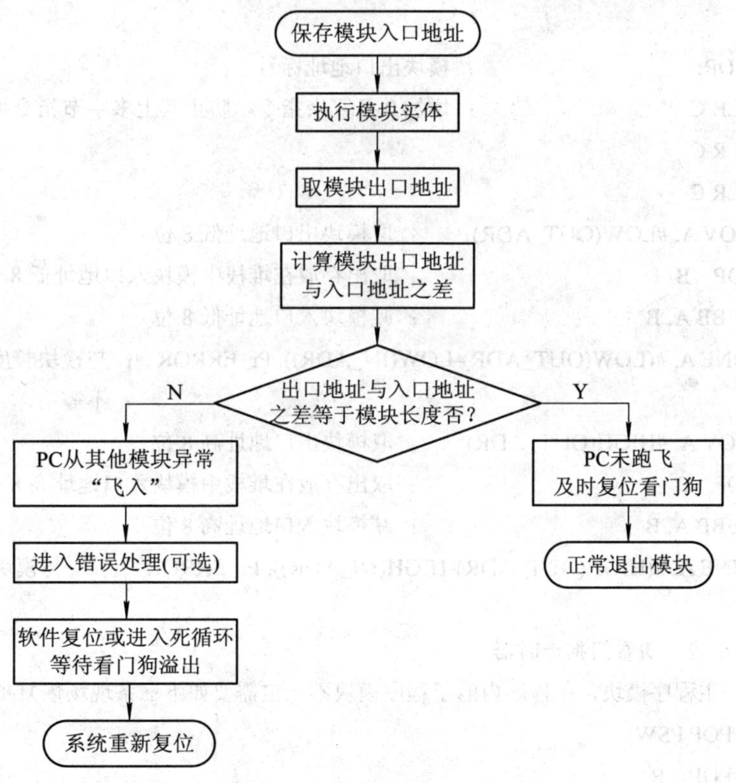

图 7-4　远程拦截判别流程图

2) 模块结构举例

下面分别给出具有远程拦截功能的几种典型模块结构。

(1) 通过堆栈保护入口地址的模块结构。当堆栈深度较大时，可将模块入口地址压入堆栈保存，即可获得适用于主程序、子程序以及中断服务程序等通用的模块结构，如下所示：

```
PROC Mod_name                 ；模块名
Mod_name:
IN_ADR:                       ；模块入口地址标号
    ；PUSH ACC                ；ACC 压入堆栈(主程序模块、主程序内子程序模块一般无需该
                              ；指令)
    ；*主程序模块、主程序内子程序模块不一定需要如下两条现场保护指令
    ；PUSH B
    ；PUSH PSW                ；对中断服务程序，要保护 PSW，因为在求地址差时，改写标
                              ；志位 Cy
    MOV A, #HIGH(IN_ADR)      ；取模块入口地址高 8 位
    PUSH ACC                  ；压入堆栈保存
    MOV A, #LOW(IN_ADR)       ；取模块入口地址低 8 位
    PUSH ACC                  ；压入堆栈保存
    ⋮
    ；模块实体
    ⋮
OUT_ADR:                      ；模块出口地址标号
    CLR C                     ；增加 2 条冗余指令，防止其上多字节指令被拆分后跳过
    CLR C
    CLR C
    MOV A, #LOW(OUT_ADR)      ；取模块出口地址低 8 位
    POP   B                   ；取出存放在堆栈中模块入口地址低 8 位
    SUBB A, B                 ；减模块入口地址低 8 位
    CJNE A, #(LOW(OUT_ADR)-LOW(IN_ADR)), Pr_ERROR  ；与模块长度低 8 位比较，
                                                   ；不等错
    MOV A, #HIGH(OUT_ADR)     ；取模块出口地址高 8 位
    POP   B                   ；取出存放在堆栈中模块入口地址高 8 位
    SUBB A, B                 ；减模块入口地址高 8 位
    CJNE A, #(HIGH(OUT_ADR)-HIGH(IN_ADR)), Pr_ERROR  ；与模块长度高 8 位比较，
                                                     ；不等错
    ；正确，清看门狗定时器
    ；*主程序模块、主程序内的子程序模块不一定需要如下三条现场恢复指令
    ；POP PSW
    ；POP   B
    ；POP ACC
    RETI                      ；根据模块类型，选择相应的退出方式
    RETI                      ；对于中断选择 RETI、对于子程序选择 RET、对于主程序选择
                              ；LJMP
```

```
        RETI                    ；冗余指令
    Pr_ERROR:
        ；进入软件陷阱
        NOP
        NOP
        ；LJMP PRC_ERROR         ；错误处理与数据恢复(可选)
        ORL SFCF, #02H          ；使 SFCF.1，即 SWR 位置 1，触发软件复位(对于 SST89E5XRD2
                                ；系列)
    END
```

在上述程序结构中，如果模块长度用补码形式(入口地址减出口地址)表示，则资源占用率会降低一些，同时还能省去 3 条指令，提高了系统的效率。补码形式表示的模块结构如下所示：

```
    PROC Mod_name               ；模块名
    Mod_name:
    IN_ADR:                     ；模块入口地址标号
        ；*主程序模块、主程序内子程序模块不一定需要如下现场保护指令
        ；PUSH PSW              ；对中断服务程序，要保护 PSW，因为在求地址差时，改写标
                                ；志位 Cy
        ；PUSH ACC              ；Acc 压入堆栈(主程序模块、主程序内子程序模块一般无需该
                                ；指令)
        MOV A, #HIGH(IN_ADR)    ；取模块入口地址高 8 位
        PUSH ACC                ；压入堆栈保存
        MOV A, #LOW(IN_ADR)     ；取模块入口地址低 8 位
        PUSH ACC                ；压入堆栈保存
        ⋮
        ；模块实体
        ⋮
    OUT_ADR:                    ；模块出口地址标号
        CLR C                   ；增加 2 条冗余指令，防止其上多字节指令被拆分后跳过
        CLR C
        CLR C
        POP   ACC               ；取存放在堆栈中模块入口地址低 8 位
        SUBB A, #LOW(OUT_ADR)         ；减模块出口地址低 8 位
        CJNE A, #(LOW(IN_ADR)-LOW(OUT_ADR)), Pr_ERROR   ；与模块长度低 8 位补码比较，
                                                        ；不等错
        POP   ACC                     ；取存放在堆栈中模块入口地址高 8 位
        SUBB A, #HIGH(OUT_ADR)        ；减模块出口地址高 8 位
        CJNE A, #(HIGH(IN_ADR)-HIGH(OUT_ADR)), Pr_ERROR       ；与模块长度高 8 位补码
                                                              ；比较，不等错
```

```
        ; 正确，清看门狗定时器
        ; *主程序模块、主程序内的子程序模块不一定需要如下两条现场恢复指令
        ; POP ACC
        ; POP PSW
        RETI                        ; 根据模块类型，选择相应的退出方式
        RETI                        ; 对于中断选择 RETI、对于子程序选择 RET、对于主程
                                    ; 序选择 LJMP
        RETI                        ; 冗余指令
    Pr_ERROR:
        ; 进入软件陷阱
        NOP
        NOP
        ; LJMP PRC_ERROR            ; 错误处理与数据恢复(可选)
        ORL SFCF, #02H              ; 使 SFCF.1，即 SWR 位置 1，触发软件复位(对于
                                    ; SST89E5XRD2 系列)
    END
```

该结构模块不仅适用于子程序、中断服务程序，也适用于多任务程序结构中的任务模块、任务内的作业模块；采用过程定义伪指令“Proc…End”后，每一模块入口地址、出口地址标号可重复使用，指令完全相同；它不仅适用于 CISC 指令系统，也适用于 RISC 指令系统，通用性强。

唯一缺点是捕获指令多了点，对系统运行效率有一定的影响，不过当模块代码规模较大时，效率降低并不明显(因此不推荐在代码长度短或实时性要求高的模块中采用)；所需堆栈深度较大，尤其是嵌套层次较多时要特别注意堆栈溢出问题。为此，避免在层次较低的子程序模块、高优先级中断服务程序中使用。

(2) 直接保护入口地址的模块结构。当堆栈深度有限时，可直接将模块入口地址保存在内部 RAM 单元中，模块结构如下所示：

```
    Pr_INADRH   DATA nnH            ; 程序头定义的模块入口地址高 8 位
    Pr_INADRL   DATA mmH            ; 程序头定义的模块入口地址低 8 位
    PROC Mod_name                   ; 模块定义伪指令
    Mod_name:                       ; 模块名(全局标号)
    IN_ADR:                         ; 模块入口地址标号
        MOV Pr_INADRH, #HIGH(IN_ADR)      ; 保存模块入口地址高 8 位
        MOV Pr_INADRL, #LOW(IN_ADR)       ; 保存模块入口地址低 8 位
    ……
      ; 模块实体
    ……
    OUT_ADR:                        ; 模块出口地址标号
       CLR C                        ; 2 条冗余“CLR C”指令
       CLR C
```

```
        CLR C
        MOV A, #LOW(OUT_ADR)           ；取模块出口地址低 8 位
        SUBB A, Pr_INADRL              ；减模块入口地址低 8 位
        CJNE A, #(LOW(OUT_ADR)-LOW(IN_ADR)),ERROR；与模块长度低 8 位比较，不等错
        MOV A, #HIGH(OUT_ADR)          ；取模块出口地址高 8 位
        SUBB A, Pr_INADRH              ；减模块入口地址高 8 位
        CJNE A, #(HIGH(OUT_ADR)-HIGH(IN_ADR)),ERROR ；与模块长度高 8 位比较，不等错
                                       ；正确，清看门狗定时器
        NOP
        NOP
        SETB WDT                       ；SST89E5XRD2 系列喂狗指令
        ；返回或跳转
        ；RET
        ；RET                           ；增加 1～2 条冗余指令
        ；RET                           ；如果是子程序，执行 RET 指令返回
        ；RETI                          ；如果是中断服务程序，执行 RETI 指令返回
        ；LJMP nnnn                     ；如果跳转，则执行 LJMP 指令，转入指定标号
    ERROR:
        ；进入软件陷阱
        NOP
        NOP
        ；LJMP PRC_ERROR                ；错误处理与数据恢复(可选)
        ORL SFCF, #02H                 ；使 SFCF.1，即 SWR 位置 1，触发软件复位(对于
                                       ；SST89E5XRD2 系列)
    END
```

需要注意的是：直接保护模块入口地址拦截方式不支持嵌套操作，即在主程序模块中使用后，就不能在子程序模块、中断服务程序模块中使用；在低优先级中断服务程序中使用后，就不能在高优先级中断服务程序中使用，除非每一优先级使用不同的内部 RAM 单元存放各自的入口地址(由于同优先级中断不能嵌套，因此同优先级中断服务程序可以使用同一单元记录入口地址)。

(3) 仅记录模块入口地址低 8 位的模块结构。当内部 RAM 资源有限(没有更多单元存放模块入口地址高位)、堆栈深度也有限时，也可以仅保存模块入口的低 8 位，离开时仅计算模块出口地址与入口地址低 8 位的差，并与模块长度低 8 位比较。可见，这一方式是上述两种结构模块的简化，尽管理论上拦截的准确性有所下降，但实践表明效果也不错，因为应用程序中两模块低位地址差相同的概率不大。

3) 拦截效果

远程拦截结构模块能有效拦截模块间(远距离)“跑飞”现象。显然，模块规模越小，拦截的成功率就越高(为使拦截成功与效率之间取得一定的平衡，实践表明模块长度控制在 0.5～1 KB 为宜)。它不仅能准确感知 PC 是否正常进入本模块，还可以从模块入口地址单元

中判断出从哪一模块飞入，为失控后的系统恢复提供了有价值的线索(如可根据模块功能，将模块入口地址装入 PC，重新执行跳飞的模块)。我们曾将这一检测方式应用于广州某安防设备生产商委托研发的某型号报警主机中，取得了良好的效果。

这种具有远程拦截功能的模块程序经编译后，模块入口、出口地址固定，还能有效地阻止了非授权用户通过反汇编方式在模块内添加(或删除)指令，一定程度上增加了代码的安全性。

7.5.4 提高信号输入/输出的可靠性

1. 提高电平(变化缓慢)信号输入/输出的可靠性

(1) 提高输入信号的可靠性。读取变化缓慢的电平信号，如判别某一按键是否被按下、交流电源是否存在时，可采用“定时读取、多数判决”方式来消除寄生的低频与高频干扰。

为消除低频干扰可采用定时读取方法。每隔特定时间读取输入信号状态，并用 3 个寄存器位记录最近 3 次获取的状态信息，然后根据状态编码确定输入信号的当前状态。至于定时间隔大小取多少合适与输入信号的性质有关，例如对于经全波整流、电容滤波后的交流信号，根据全波整流、电容滤波输出信号特征(周期为 10 ms)，可每隔 5 ms 读一次输入信号状态，于是最近 3 个状态编码含义为

111——交流存在；

110——交流可能不存在，但尚不能准确判定；

100——交流不存在；

000——无交流；

001——可能属于交流恢复状态；

011——交流恢复；

010——正脉冲干扰，应判定为 000 态；

101——负脉冲干扰，也判定为 111 态。

为消除高频干扰，定时时间到可用“3 中取 2”或“5 中取 3”方式代替“一读”方式。假设交流输入信号接 P0.0 引脚，则“3 中取 2”判别方式程序为

```
MOV C, P0.0
MOV ACC.0, C                  ；一读
MOV C, P0.0
MOV ACC.1, C                  ；二读
MOV C, P0.0
MOV ACC.2, C                  ；三读
ANL A, #07H                   ；仅保留 b2～b0 位状态
CJNE A, #03H, NEXT1
；等于 3，即 011，应判定为高电平，此时进位标志 Cy=0
SJMP NEXT2
NEXT1:
CJNE A, #05H, NEXT2
```

```
NEXT2:              ；仅用于根据比较结果设置进位标志 Cy
；结果在进位标志 Cy 中，在 3 次连续读操作中，如果读到高电平次数大于低电平状态时，Cy
；标志为 0，反之为 1
```

(2) 提高输出信号的可靠性。可采用上面介绍的冗余指令方式，多次输出同一数据的方法来避免因 PC“跑飞”可能改变输出信号的状态。

2. 模拟输入通道抗干扰软件方式

作用于模拟输入通道上的干扰可采用数字滤波的方法来消除。如算术平均、滑动平均值、一阶 RC 数字低通滤波法等(或去掉最大、最小值后求平均)。

7.6　系统调试与单片机开发工具

7.6.1　仿真器

1. 仿真器种类

单片机仿真器也称为单片机仿真开发器，是单片机开发的重要工具，种类很多。根据使用的仿真技术，可将仿真器分为 HOOKS 仿真器和 Bondout 仿真器两大类。

基于 Bondout 仿真技术的仿真器使用专门设计的仿真芯片，能真实地仿真某一特定厂家、系列的单片机芯片，不占用硬件资源、仿真频率高。

这类仿真器的缺点是通用性差，某一专用的仿真芯片只能仿真某一系列的单片机 CPU，价格高，开发设备更新换代速度慢，新单片机 MCU 芯片出现后，开发商才会根据市场需要设计配套的仿真芯片。以前国内开发的普及型 MCS-51 仿真器大多采用价格低廉、仅支持标准 MCS-51 系列的仿真芯片；而支持增强型 MCS-51 或更高档次 CPU 的专用仿真芯片价格昂贵，这类仿真器一般用户很难接受。

HOOKS 仿真技术由 Philips 公司开发，该技术的核心是通过分时复用 I/O 引脚方式来重构 MCS-51 系列 CPU 的 P0、P2 口，使支持 HOOKS 技术的 MCS-51 芯片进入 HOOKS 仿真状态后，通过硬件将复用的 P0、P2 口扩展为独立的仿真总线及用户 P0、P2 口。

该方法的优点是无须专用的仿真芯片，如用普通的 51 系列即可进行相同芯片(或硬件资源兼容芯片)仿真，因此成本低，只要实时加入新型 MCU 数据资料，换上相应 MCU 即可仿真新的 MCU 芯片，仿真开发设备更新速度快，投入少。但 HOOKS 仿真器通过硬件、软件模拟 MCS-51 系列芯片的 P0、P2 口，与实际 CPU 的 P0、P2 口尚有区别(如 I/O 负载能力)，仿真频率也不能太高。

目前国内仿真器开发商通过授权、技术转让方式从 Philips 公司引进了 HOOKS 仿真技术，开发了基于 HOOKS 仿真技术的仿真器，如广州周立功单片机发展有限公司的 TKS-HOOKS 系列等。这些仿真器适应性广，通过更改仿真头内的 MCU 芯片即可仿真不同系列的 MCU。例如 TKS-HOOKS 系列内的 TKS-668 仿真器，更换仿真头内的 MCU 后，可仿真 Philips 公司的 8×C5×、8×C5××2、P89C51RX 等系列芯片。

此外，根据仿真器适应性，可把仿真器分为专用仿真器和通用仿真器。专用仿真器只能仿真某一系列的 CPU，如南京伟福公司的 K51 系列和 E51 系列仿真器只能仿真 MCS-51

及兼容芯片，专用仿真器最大特点是价格低廉。通用仿真器适应性强，更换不同的仿真头，即可仿真不同种类的 CPU，如南京伟福公司的 V8 系列、E6000 系列等，更换不同种类仿真头后即可仿真 Intel MCS-51 及兼容 CPU、Philips 公司增强型 80C51 内核 CPU(包括 8×C5×系列、P89C51RX 系列、552 系列、592 系列、76X 系列、LPC900 系列)以及 Microchip 公司的 PIC 系列 CPU，其中 V8 系列还可以仿真 32 位 ARM 芯片，通用性很强。通用仿真器的价格高，一次性投入较大，但与仿真器配套的各系列仿真头价格较低，更重要的是可在同一仿真开发环境下开发不同系列、型号的 MCU 应用系统，源程序的编辑、编译、调试操作相似或相同，效率高，也是物有所值。

2. 仿真器的选择

一般某一型号的仿真器只适用于开发特定系列、型号的单片机。因此选择仿真器时，首先要了解该仿真器能仿真何种类型的单片机 CPU。

仿真器功能越强，程序设计、调试的效率就越高，理想的单片机开发系统必须具有如下功能：

(1) 不占用硬件资源。一些低档的 MCS-51 仿真器(仿真头)只能将 P0、P2 口作为总线使用，不能作为 I/O 口使用。

(2) 可随机浏览、修改内部 RAM、特殊功能寄存器内容。

(3) 可浏览、编辑程序存储器各存储单元内容。

(4) 可随机修改程序计数器 PC 的值。

(5) 可浏览、修改外部 RAM 单元内容。

(6) 具备连续、单步、断点及跟踪执行功能，以方便程序的调试。

(7) 灵活、方便的断点设置和取消功能。断点数目最好没有限制，以方便程序调试。

(8) 开发系统提供的汇编器(仿真开发软件)必须具备如下功能：

- 源程序编辑操作方式与用户熟悉的通用字处理软件，如 Word 相同或相近。
- 方便、灵活的查找和定位功能，以便迅速找到源程序中特定字符串(如标号、变量、操作码或操作数助记符)。

(9) 汇编器(仿真开发软件)应具有一定的容错能力。由于 MCS-51 汇编语言指令助记符与 Intel X86 通用 CPU 相似，因此编辑源程序时，可能将 MCS-51 指令系统的“ANL”(与运算操作助记符)写成“AND”，“ORL”(或运算操作助记符)写成“OR”，“XRL”(异或运算操作助记符)写成“XOR”；又如将“PUSH Acc”指令写成“PUSH A”，“POP Acc”指令写成“POP A”、“DJNZ ACC, LOOP”指令写成“DJNZ A, LOOP”等。这样的错误汇编程序应该能够理解。

(10) 设计良好的汇编器，允许将 LJMP、SJMP 指令统一写做 JMP 指令，汇编时根据目标地址远近，自动翻译为 SJMP 或 LJMP。

(11) 汇编器最好支持“条件汇编”和“过程汇编”伪指令，这对于程序设计、编写将非常方便。采用过程伪指令后，过程内的标号就可以分为两类：公共标号和局部标号。公共标号在整个程序内有效，而局部标号只在本过程内有效，这样不同过程(实际上就是子程序)内就能重复使用公共标号外的标号名，避免了因标号重定义造成的错误，也使不同过程内的局部标号符号含义明确。

过程定义伪指令格式如下：

```
PROC    Sub1, sub2,……              ；其中 PROC 为过程定义伪指令，Sub1、Sub2
                                   ；等是公共标号
        Sub1:
              …                    ；过程内指令
RET                                ；如果过程是子程序，则最后一条指令是返回指令 RET;
                                   ；如果过程是中断服务程序，则最后一条指令是中断返回
                                   ；指令 RETI
END                                ；过程结束伪指令
```

例如：

```
；使 P1.0 引脚上生产 100 ms 低电平和 75 ms 高电平信号
PROC Pwave
Pwave:
    CRL P1.0
；延迟 100 ms
    MOV TIME, #10
LOOP1:
    MOV X_TIME, #109
    MOV Y_TIME, #45
    LCALL DELAY                    ；调用延迟子程序，延迟 10 ms
    DJNZ TIME, LOOP1
    SETB P1.0                      ；延迟 100 ms 后，将 P1.0 引脚置 1
    MOV TIME, #75
LOOP2:
    MOV X_TIME, #96
    MOV Y_TIME, #5
    LCALL DELAY                    ；每次延迟 1 ms，共要进行 75 次
    DJNZ TIME, LOOP2
   RET
END
；通用延迟子程序
PROC Delay
Delay:
        PUSH PSW
        CLR RS0
        SETB RS1                   ；使用 2 区
        MOV R7,Y_TIME              ；取延迟时间参数 Y
LOOP1:
        MOV R6,X_TIME              ；取延迟时间参数 x
```

```
LOOP2:
        DJNZ R6,LOOP2
        DJNZ R7,LOOP1
        POP PSW
        RET
END
```

尽管 Pwave 和 Delay 两个过程都使用了 Loop1 和 Loop2 标号，但它们属于局部标号，只在过程内有效，对应不同的地址，因而汇编时不会给出“标号重复定义”的提示；而 Pwave、Delay 是公共标号，在整个程序内有效。

(12) 除了支持 A51 汇编语言外，最好支持 C 语言。

7.6.2　其他工具

1. 逻辑笔

逻辑笔主要用于判别电路中某点的电平状态(高电平、低电平，还是脉冲)，是数字电路系统常用的检测工具。

2. 万用表(数字或指针式)

万用表是最基本的电子测量工具，主要用于测量电路系统中各节点间电压或各节点对地电压，电路中两点通断，判别元器件的好坏。

3. 通用编程器

由于目前内置 OTP ROM、Flash ROM 存储器芯片的单片机 CPU 已成为主流芯片，程序调试结束后，需要在编程器上将调试好的程序代码写入 CPU 内的程序存储器中。

4. IC 插座

在单片机开发过程中，可能需要各种规格的 IC 插座。例如当遇到目标板上 CPU 插座周围的元器件，如电解电容、晶振等尺寸偏大，妨碍仿真头插入时，可使用一到两块 IC 插座抬高 CPU 插座，以方便仿真头的插入。

7.6.3　系统调试基本方法

当有仿真设备时，程序调试并不困难，可将仿真开发设备代替目标板上的 MCU，借助开发软件提供的单步执行、运行到断点处暂停、跟踪执行等方式，跟踪程序的执行过程，将非常容易发现系统中软件、硬件存在的问题。下面主要介绍在没有仿真设备情况下，如何调试程序的基本方法。

1. 插入特定输出指令方式

在程序特定区域插入特定输出指令，使某一特定引脚输出与正常情况反相的电平，从而判别程序是否执行到该区域，如

```
;\\\测试指令
CLR P3.1                      ；假设正常时 P3.1 引脚输出高电平，有意改为低电平
```

```
SJMP $                    ；循环，等待测试
；\\\测试指令
```

运行时，测试 P3.1 引脚是否为低电平，若是，则肯定，程序已经执行了以上两条指令。测试结束后，一定不要忘了取消增加的测试指令。

2. 将结果写入特定 Flash ROM 单元中

由于存放在RAM中的数据不能保存，必要时可通过IAP编程方式将检测数据写入ROM中特定位置，然后利用编程器读出，即可判别数据采集、处理结果是否正确。

3. 选择特定初值执行

选择特定初始值执行，也能判别数据处理过程的正确性。

习　题　7

7-1　简述单片机应用系统开发步骤。

7-2　简述单片机应用系统开发、维护所需工具及各自用途。

7-3　单片机应用系统干扰源主要有哪些？列举常用的软件、硬件抗干扰措施。

7-4　什么是软件陷阱？简述硬件看门狗和软件看门狗条件下，软件陷阱指令的异同。

7-5　如何迅速判别 MCS-51 CPU 是否工作？

附录 ASCII 码表

位 654→ ↓3210	000	001	010	011	100	101	110	111
0000	NUL	DLE	SP	0	@	P	'	p
0001	SOH	DC1	!	1	A	Q	a	q
0010	STX	DC2	"	2	B	R	b	r
0011	ETX	DC3	#	3	C	S	c	s
0100	EOT	DC4	$	4	D	T	d	t
0101	ENQ	NAK	%	5	E	U	e	u
0110	ACK	SYN	&	6	F	V	f	v
0111	EBL	ETB	’	7	G	W	g	w
1000	BS	CAN	(	8	H	X	h	x
1001	HT	EM	)	9	I	Y	i	y
1010	LF	SUB	*	:	J	Z	j	z
1011	VT	ESC	+	;	K	[	k	{
1100	FF	FS	,	<	L	\	l	|
1101	CR	GS	–	=	M	]	m	}
1110	SO	RS	.	>	N	^	n	~
1111	SI	US	/	?	O	-	o	DEL

NUL	空	ETB	信息组传送结束	DLE	数据链换码
SOH	标题开始	CAN	作废	DC1	设备控制 1
STX	正文结束	EM	纸尽	DC2	设备控制 2
ETX	文本结束	SUB	减	DC3	设备控制 3
EOT	传输结果	ESC	换码	DC4	设备控制 4
ENQ	询问	VT	垂直制表	NAK	否定
ACK	承认	FF	走纸控制	FS	文字分隔符
BEL	报警符	CR	回车	GS	组分隔符
BS	退一格	SO	移位输出	RS	记录分隔符
HT	横向列表	SI	移位输入	US	单元分隔符
LF	换行	SP	空格	DEL	作废
SYN	空转同步				

参 考 文 献

[1] 杨文龙．单片机原理与应用．西安：西安电子科技大学出版社，1999

[2] 余永权，李小青．单片机应用系统的功率接口技术．北京：北京航空航天大学出版社，1992

[3] 孙涵芳，徐爱卿．MCS-51/96 系列单片机原理与应用．北京：北京航空航天大学出版社，1996

[4] 何立民．MCS-51 系列单片机应用系统设计．北京：北京航空航天大学出版社，1990

[5] www.zlgmcu.com

[6] 张波，黄继武，代少伟．消息驱动思想在单片机定时体系中的应用．武汉：武汉大学学报，1998(2)

[7] 陈光东，赵性初．单片微型计算机原理与接口技术．武汉：华中理工大学出版社，1995

[8] FlashFlex51 MCU ST89E52RD2/SST89E54RD2/SST89E58RD2/ SST89E516RD2/ SST89V52RD2/ SST89V54RD2 /SST89V58RD2/SST89V516RD2 Preliminary Specifications. Silicon Storage Technology,Inc.2004

[9] Philips Semiconductors P89LPC933/934/935/936 User manual Rev.02 — 9 June 2005. Koninklijke Philips Electronics N.V. 2005

[10] 潘永雄，胡敏强．基于模块入口出口地址的 PC 指针跑飞拦截技术．计算机应用与软件，2009，26(9):177-179，182.